U0326239

电力能源与环境概论

主　编　曾　芳　张　盼
副主编　齐立强　李晶欣

北　京
冶金工业出版社
2021

内 容 提 要

针对能源技术科学与环境科学交叉融合，本书把环境科学基本理论与电力能源生产及污染物控制技术有机结合，形成一本具有电力特色的能源环境类教材。本书主要内容包括：环境与环境问题，生态学基础与环境科学体系建立，常规能源的利用与电力能源生产，电力能源生产与大气环境问题，电力能源生产与水环境问题，电力能源生产与固体废弃物污染，电力能源生产与物理性污染，新能源利用与电力能源可持续发展。让读者在了解环境问题的基础上，进一步认识到电力能源生产带来的大气污染、水污染物、固体废弃物、物理性污染问题及解决的方法。

本书可作为高等院校相关专业本科生教材，同时由于本书具有电力能源特色，也可作为燃煤电厂技术人员参考书目及培训教材使用。

图书在版编目(CIP)数据

电力能源与环境概论/曾芳，张盼主编. —北京：冶金工业出版社，2019.9（2021.1 重印）
普通高等教育“十三五”规划教材
ISBN 978-7-5024-8194-0

Ⅰ.①电…　Ⅱ.①曾…　②张…　Ⅲ.①电能—电力工程—环境保护—高等学校—教材　Ⅳ.①TM60　②X322

中国版本图书馆 CIP 数据核字（2019）第 169981 号

出 版 人　苏长永
地　　址　北京市东城区嵩祝院北巷 39 号　邮编　100009　电话　(010)64027926
网　　址　www.cnmip.com.cn　电子信箱　yjcbs@cnmip.com.cn
责任编辑　于昕蕾　美术编辑　彭子赫　版式设计　禹　蕊
责任校对　李　娜　责任印制　李玉山
ISBN 978-7-5024-8194-0
冶金工业出版社出版发行；各地新华书店经销；北京虎彩文化传播有限公司印刷
2019 年 9 月第 1 版，2021 年 1 月第 2 次印刷
787mm×1092mm　1/16；19 印张；458 千字；294 页
45.00 元

冶金工业出版社　投稿电话　(010)64027932　投稿信箱　tougao@cnmip.com.cn
冶金工业出版社营销中心　电话　(010)64044283　传真　(010)64027893
冶金工业出版社天猫旗舰店　yjgycbs.tmall.com
（本书如有印装质量问题，本社营销中心负责退换）

前　言

社会经济的发展离不开能源，从瓦特发明蒸汽机到近代大电力系统的出现、先进核动力装置的应用，能源技术的进步推动了人类社会的发展。电力能源是二次能源，在使用中电力能源本身不会对环境产生污染，是一种清洁高效的能源转换利用形式，不断提高电力能源消费在终端能源消费中的比重，是我国充分利用资源、改善环境质量、提高生产效率的一项根本措施。但电力能源在生产过程中需要消耗各类一次能源，如常规化石能源、核能、水资源、土地资源等，同时排放出各种大气、水、固体废弃物等，带来气候变暖、酸雨蔓延、化石资源枯竭、水资源短缺等许多生态环境问题，环境问题的解决与能源生产与利用密切相关，因此能源技术科学与环境科学不断交叉融合形成能源环境等新兴学科。

围绕能源与环境这一新兴学科的发展，一些高校陆续开设如“能源与环境概论”等类似课程，华北电力大学也把“电力能源与环境概论”作为具有电力特色能源环境类专业基础课程讲授，因此迫切需要与之相对应的教材的编写。本书把环境科学基本理论与电力能源生产及污染物控制技术有机结合，让读者在了解环境问题的基础上，进一步分析电力能源生产带来的大气污染、水污染物、固体废弃物、物理性污染及电力能源可持续发展问题。本书特色在于涉及的知识面广泛，注重资料的新颖和学科交叉，文字简洁易懂。与国内外同类书籍相比，本书重点在于突出分析火力发电过程产生的各种环境问题及解决的方法。本书可作为高等院校相关专业本科生教材；同时由于本书具有电力能源特色，也可作为燃煤电厂技术人员参考书目及培训教材使用。

本书共分为8章，全书由华北电力大学环境科学与工程系曾芳统稿主编，第1章、第2章、第4章由曾芳、陈力编写，第3章由华北电力大学环境科学与工程系齐立强编写，第5章、第8章由华北电力大学环境科学与工程系曾芳、李晶欣编写，第6章、第7章由华北电力大学环境科学与工程系张盼编写。

由于作者水平有限，若有不妥之处，恳请广大读者指正。

作　者

2019年6月

目　录

1 环境与环境问题

1.1 认识环境

“环境”一词，在中国古代文献中，最早出现在中国元史《余阙传》中“乃集有司与诸将议屯田战守计，环境筑堡寨，选精甲外捍，而耕稼于中”，其“环境”含义为“环绕全境”。从哲学角度来说，环境是一个相对于主体而存在的客体，对于环境科学而言，环境是指以人类为主体的外部世界的总和，即人类赖以生存和发展的物质条件的综合体，因此环境也可称为人类环境。

1.1.1 人类环境

这里所指的人类赖以生存和发展的物质条件即“人的生存条件，并不是当他刚从狭义的动物中分化出来的时候就现成具有的，这些条件只是由以后的历史发展才造成的(恩格斯)”。人类的生存环境不同于生物的生存环境，也不同于所谓的自然环境。人类的原始环境是自然环境，人类的祖先是在地表自然界发展到一定阶段，具备了一定条件，通过自己同环境作斗争的辛勤劳动，才作为一个新物种从其他动物中分化出来的。在人类出现很久以前，自然界经历了漫长的发展过程。地球表面，在地球内部能量和太阳辐射能的共同作用下，通过一系列物质能量迁移转化的物理化学过程，经过很长的无生命阶段，形成了原始的地表环境，为生物的发生发展创造了必要条件。生物的发生和发展使地表环境的发展进入一个质变新阶段，即出现了物质能量迁移转化的生物过程，产生了生物圈，为人类的发生发展提供了物质条件。

人类诞生以后，人类除了以自己的存在来影响环境、适应环境外，还以自己的劳动来改造环境，把自然环境转变为新的生存环境，新的生存环境再反作用于人类，经反复曲折长期的过程，人类在改造客观世界的同时，也改造自己。人类的劳动学会了更有效地利用环境，改造环境，给自然环境打上了人类社会活动的烙印，并相应地产生了一个智能圈或技术圈、社会经济圈。人类赖以生存的环境，就是这样由简单到复杂，由低级到高级发展而来的。因此，中国以及世界上其他国家颁布的环境保护法规中，对环境一词做的明确具体界定，是从环境科学含义出发，如《中华人民共和国环境保护法》明确指出，“环境是指大气、水、土地、矿藏、森林、草原、野生动物、野生植物、水生生物、名胜古迹、风景游览区、温泉、疗养区、自然保护区、生活居住区等。”

1.1.1.1 自然环境

人类环境是庞大而复杂的多级大系统，按照环境要素的形成可以分为自然环境和人工环境，自然环境即原生环境，又称为第一环境。自然环境是人类出现之前就存在的，是人类目前赖以生存、生活和生产所必需的自然条件和自然资源的总称。自然环境是人类生存和发展的物质基础，它是由大气、水体、土地、岩石和生物等各种自然环境要素以不同的组分和耦合方式，组成多种多样的生存环境。自然环境可以从各种不同的角度做进一步分类，按要素可分为大气环境、水环境、土壤环境等，按生态特征可分为陆生环境、水生环境等。因此，可以认为自然环境是一切直接或间接影响人类的自然形成的物质、能量和现象的总体。物质包括空气、水、岩石、动植物、微生物等要素，能量包括阳光、温度、引力、电磁力等要素，自然现象包括太阳的稳定性、地壳的稳定性、大气运动、水循环、水土演变等要素。这些环境要素构成了相互联系、相互制约的自然环境体系。自然环境如图 1-1 所示。

1.1.1.2　人工环境

人工环境是经过人类劳动的改造或加工而形成的工程环境和社会环境，称为次生环境，包括人工形成的物质、能量和精神产品，如图 1-2 所示。工程环境是在自然环境的基础上，由人类的工业、农业、建筑、交通、通信等工程所构成的人工环境，构成一个整体的技术圈。它表示由人类社会建造的有一定的社会结构和物质文明的世界，包括地球上使用技术手段的一切领域或地球表层由技术引起全部变化的总和，如工业系统、农业系统、交通系统、通信系统、城市系统和乡村居住系统等等。工程环境的形成，表明技术因素对自然界的作用，它一方面表明人类的本质力量，人类技术因素对自然的作用，另一方面离不开自然界的状况。因此，工程环境不能破坏自然环境，不能毁坏生物圈，而应遵循生态系统的原则，完善自然环境，并与自然环境相互作用，形成一个“工程-自然”统一的系统；社会环境是人类在长期生存发展的社会劳动中所形成的，是人与人之间各种社会联系及联系方式的总和（或者称为上层建筑），包括经济关系、道德观念、文化风俗、意识形态、法律关系等。与自然环境的概念一样，人工环境是把环境看成是以人为中心的客体的这一大前提下派生出来的一个概念，它是在自然环境的基础上，人类通过长期有意识的社会劳动，加工和改造了的自然物质，创造的物质生产体系，积累的物质文化等所构成的总和。人工环境是人类活动的必然产物，它一方面是人类社会进一步发展的促进因素，另一方面又可能成为束缚因素。人工环境是人类精神文明和物质文明的一种标志，并随着人类社会发展不断地丰富和演变。如今的地球表层大部分受过人类的干预，原生的自然环境已经不多了。环境科学所研究的环境是人类在自然环境的基础上，通过长期有意识的社会劳

图 1-1　自然环境

图 1-2　人工环境

动所创造的人类环境。它是人类物质文明和精神文明发展的标志，并随着人类社会的发展不断丰富和演变。人类环境的分类和组成如下：

- 自然环境
  - 物质：空气、水、岩石、动植物、微生物等
  - 能量：阳光、温度、引力、电磁力等
  - 自然现象：太阳及地壳的稳定性、大气运动、水循环、水土演变等
- 人工环境
  - 工程环境：工业系统、农业系统、交通系统、通信系统、城市系统
  - 社会环境：经济关系、道德观念、文化风俗、意识形态、法律关系等

1.1.2 环境的结构

环境具有多种层次，多种结构，可以作各种不同的划分。环境科学是把环境作为一个整体进行综合研究的。由自然环境、人工环境，共同组成各级人类生存环境结构单元。按照环境要素可分为大气、水、土壤、生物等环境；按照人类活动范围可分为车间、厂矿、村落、城市、区域、全球、宇宙等环境；它由近及远，由小到大可分为聚落环境、区域环境、全球环境和星际环境。

1.1.2.1 聚落环境

聚落环境是人类群居生活的场所，是人类利用和改造自然而创造出来的与人类关系最密切、最直接的生存环境。按其性质、功能和规模大小可分为：居室环境、院落环境、村落环境、城市环境。

居室环境是人类最直接、接触时间最长的生活环境。居室环境的演变，有着漫长的发展过程，随着人类经济技术水平的发展，而日益改善。院落环境，是由一些功能不同的建筑物以及同它们相联系在一起的场院组成的基本环境单元。院落环境是在居室的基础上发展起来的，它的结构、布局、规模和现代化程度是很不相同的。它可以具有防震、防噪声和自动化空调设备的现代化住宅。它不但具有明显的时代特征，而且有显著的地方色彩。它是人类在发展过程中，适应生产和生活的需要，因地制宜创造出来的。院落环境又可分为城市院落环境和农村院落环境。城市院落环境中又可分成生活院落和工作院落。在城市居民的居室附近，为居民生活而设置的院落，叫生活院落。在工作单位为工作而开辟的院落，叫工作院落环境。农村院落环境，则集中生活院落环境与工作院落环境于一身的院落环境。既是农村居民休息、游乐场所，也是为居室提供通风、采光条件，还兼有一些生产任务的功能。村落环境主要是农业人口聚居的地方。由村落、农业区、自然环境及乡镇企业四个部分组成。这四部分各有特点，互相渗透，互相依存、形成乡村环境有机整体。由于自然条件不同，农业生产活动的种类、规模、现代化程度的不同，村落的结构、形态、规模、功能是多种多样的。城市环境是人类利用和改造自然环境而创造出来的高度人工化、社会化的环境。它是从事工业、商业和交通事业等非农业人口聚居的地方。聚落环境为人类创造了方便、舒适、安全、健康的工作、生活环境，是人口密集、生产发达和生活活动频繁的场所，所以，一直作为防治环境污染的重点。

1.1.2.2 区域环境

区域环境是包括人工环境在内的占有一定地域空间的自然环境。区域的范围可大可小，区域内环境结构、特点、功能也千差万别。以自然环境为主体的区域环境有森林、草原、沙漠、冰川、海洋、湖泊、河流、山地、平原等多种类型。它们主要是地球自身长期

演变发展的结果。当然也会在人类活动的影响下，发生一定程度的变化；以人工环境为主体的区域环境有城市、农村、工业区、旅游区、开发区等多种类型。它们分别构成一个个独特的人类生态系统。现实社会中，区域环境往往兼具两者的特点，是一种结构复杂，功能多样的环境，由于解决环境的问题，关键在于人类的社会活动，因此，区域环境主要是按社会的经济结构和行政体系来划分的。

1.1.2.3 全球环境

全球环境又称地球环境。范围包括大气圈中的对流层和平流层的下部、水圈、土壤岩石圈和生物圈。它是人类生活和生物栖息繁衍的场所，是向人类提供各种资源的场所，也是不断受到人类活动改造和冲击的空间。

1.1.2.4 宇宙环境

宇宙环境指的是大气层以外的环境。它是人类生存环境的最外圈部分，即大气层以外的宇宙空间。这是人类活动进入大气层以外的空间和地球邻近的天体的过程中提出来的概念，也称空间环境。

无论从何种角度，进行环境分类，环境都具有共同的特性。首先，环境是一个以人类社会为主体的客观物质体系，对人类社会的生存和发展，它既有依托作用，又有限制作用，因此，有合适与否，或优劣之分。其次，环境是一个有机的整体，不同地区的环境由其若干个独立组成部分（环境要素），以其特定的联系方式构成一个完整的系统。环境还具有明显的区域性、变动性特征，区域性在于各个不同层次或不同空间的地域，其结构方式、组成程度、能量物质流动规模和途径、稳定性程度等都具有相对的特殊性，从而显示出区域特征。环境的变动性是指在自然和人类社会行为的共同作用下，环境的内部结构和外在状态始终处于不断变化的过程中。当人类行为作用引起的环境结构与状态的改变不超过一定限度时，环境系统的自动调节功能可以使这些改变逐渐消失，使结构和状态恢复原有的面貌。也就是说，人类通过自己的社会行为可以促进环境的定向发展，也可能导致环境的退化。

1.1.3 环境系统

1.1.3.1 环境要素

环境要素是指构成人类环境整体的各个独立的、性质不同的而又服从整体演化规律的基本因素。人们一般把环境要素分为自然要素和社会环境要素两大类。通常指的环境要素是自然环境要素。环境要素包括水、大气、岩石、生物、阳光和土壤等。环境具有一些重要的特点，这些特点不仅制约着各个环境要素之间互相联系、互相作用的基本关系，而且还是认识环境、评价环境、改造环境的基本依据。这些特点主要有：

（1）最小限制律。这个规律是19世纪德国化学家李比希（Liebig）提出的，并为20世纪初英国科学家布莱克曼（Blackman）进一步发展而使之完善的。该定律指出：“整体环境的质量，不能由环境诸要素的平均状态决定，而是受环境诸要素中那个与最优状态差距最大的要素所控制”。就如在“木桶原理”中，那块最短的木板决定这个木桶的装水量。环境质量的好坏取决于诸要素中处于“最低状态”的那个要素，而不能用其余处于良好状态的环境要素去替代，去弥补，也不能由环境诸要素的平均状况去决定。根据这个规律，人类在改造自然和改进环境质量时，就应该首先对环境诸要素的优劣状态进行数值分类，按照由劣到优的顺序，依次改造每个要素，从而使整个环境的质量得到显著的改善。

（2）等值性。等值性同最小限制律有着密切的联系。各个环境要素对于环境质量的限制作用，无论任何一个要素本身在规模上或数量上没有什么差异，只要它们是处于最劣状态时就具有等值性。

（3）环境整体性大于环境诸要素的个体之和。即一个环境的性质并不等于组成这个环境的各个要素性质的叠加之和，这是因为环境诸要素组成一个环境时，必然会发生相互作用，导致质的变化。

（4）环境诸要素具有互相联系、互相作用和互相制约的特点。虽然在地球演化史上，各个环境要素不是同时出现的，但是，每一个新的要素的产生，都会给环境整体带来很大的影响，体现出环境诸要素的上述特点。而这些特点是通过能量流动在各个要素之间的传递，或以能量形式在各个要素之间的转换来实现的。岩石圈的形成为大气圈的出现提供了条件；岩石圈和大气圈的存在，又为水圈的产生提供了条件；岩石圈、大气圈和水圈孕育了生物圈，而生物圈又会影响岩石圈、大气圈和水圈的变化。

1.1.3.2 环境系统构成

环境要素组成环境的结构单元，环境的结构单元又组成环境整体或环境系统。如水组成水体，全部水体总称为水圈。大气组成大气层，全部大气层总称大气圈；由土壤构成农田、草地和林地等，由岩石构成岩体，全部岩石和土壤构成的固体壳层称为岩石圈；由生物体组成生物群落，全部生物群落集称为生物圈。阳光提供辐射能为其他要素所吸收。各个环境要素之间可以相互利用，并因此而发生演变，其动力主要是依靠来自地球内部放射性元素所产生的内生能，及以太阳辐射能为主的外来能。

环境系统概念的提出，其意义是把人类环境作为一个统一的整体看待，避免人为地把环境分割为互不相关的支离破碎的各个组成部分。环境系统的内在本质在于各种环境因素之间的相互关系和相互作用过程。揭示这种本质，对于研究和解决当前许多环境问题有重大的意义。

1.1.3.3 环境系统稳定性

环境系统是具有一定调节能力的系统，对来自外界比较小的冲击能够进行补偿和缓冲，从而维持环境系统的稳定性。

环境系统的稳定性在很多情况下取决于环境因素与外界进行物质交换和能量流动的容量。即环境容量，又称环境负载容量、地球环境承载容量或负荷量，是在人类生存和自然生态系统不致受害的前提下，某一环境所能容纳的污染物的最大负荷量。或一个生态系统在维持生命机体的再生能力、适应能力和更新能力的前提下，承受有机体数量的最大限度。容量越大，调节能力也越大，环境系统也愈稳定；反之，就不稳定。在地球环境系统中，海洋、土壤和植被是最巨大的调节系统，对于维护环境系统的稳定有巨大作用。海洋的巨大热容量，调节着地表的温度，使之不致发生剧烈变化。海洋又是CO_2的巨大储存库。海水中CO_2与大气中CO_2进行交换，处于动态平衡，因此海洋能使大气中的CO_2的浓度保持稳定，从而保持地表层热量的稳定。土壤是陆地表面的疏松多孔体，又是一个胶体系统，对于植物所需的水分和养分有强大的吸收和释放能力。表土一旦丧失，土地肥力就急剧下降。植被通过根系和残落物层吸收水分和叶子的蒸腾作用，调节地面水分和热量，使气候稳定。在生态系统中，构成群落的生物种类愈是多样化，食物链和食物网愈复杂，生态系统也就愈稳定。由此可见，人类干预环境系统的活动，如任意缩小水域面积，滥加垦殖，毁坏植被，消灭野生生物或任意引进新种，就会破坏环境中的稳定因素，降低环境抗御自然灾害的能力。

环境中也存在着某些不稳定因素，对外来的影响比较敏感。在一定的条件下，某个关键性因子发生小的变化，可能触发内在的反馈机制，引起一系列链式反应，对整个环境系统造成无法挽救的严重后果。例如，极地海冰就被认为是一个不稳定因素，因为它有巨大的反照率，吸收阳光的能力比陆地和海洋小得多，对温度变化很敏感。如果温度稍微降低（特别是夏天），海冰面积便会向赤道方向扩展。海冰面积的扩大，又将反射更多的阳光，使地球接受的热量减少。如果地球进一步降温，海冰面积就继续扩展，直到赤道为止。

至今为止，人类还未完全了解环境系统中许多错综复杂的机制，还未能建立精确的模式来揭示环境因素间的微妙平衡关系。人类仍然自觉与不自觉地不断破坏环境系统的平衡。例如人们在使用氯氟烃（通称氟利昂）时，没有想到它会破坏大气臭氧层的稳定，这个问题直到20世纪70年代中期才引起注意。

1.1.3.4 人类和环境系统

原始人作为环境系统中的一个组成部分，对环境的影响并不比其他动物大。随着劳动工具的改进，特别是火的发现和利用，人类开始对环境产生重大影响。在更新世时期许多大型哺乳动物的灭绝与人类的滥行捕杀有关，撒哈拉沙漠在冰期后的扩大同过度放牧有关，有人认为非洲稀疏的草原是原始人年复一年纵火烧荒的结果。在人类历史上，由于人类不合理利用自然而引起自然无情报复的例子是不胜枚举的。随着技术的进步，人类对环境的影响越来越深刻。例如，受利益因素影响，海南原始生态林遭到破坏的情况时有发生，生态系统变得脆弱不堪；物种生长环境退化，生物种群数量及分布也会随之发生变化；人口增长、污染物大量排放、水土流失和海岸侵蚀的加剧，致使局部区域的环境质量呈下降趋势；而人为的乱捕滥猎、乱砍滥伐，也危及了生物物种安全。从环境系统演化历史来看，旧平衡的破坏，新平衡的建立是历史发展的正常规律，环境系统始终处于动态平衡之中。人类为谋求生存和发展，就会不断改造自然，打破原有的平衡，并企图建立新的平衡。但人类在改造自然的过程中，常常由于盲目或受到科学技术水平的限制，未能收到预期的效果，甚至得到相反的结果。一种设计往往对此地有利，而对另一地方有害；或者是短期有利，长期不利。例如英国、德国等国利用高烟囱扩散工业废气二氧化硫（SO_2），结果SO_2飘送到斯堪的纳维亚半岛，并与雨水结合形成酸雨，严重危害当地生态系统。当前人类还未弄清楚自然界各种复杂因素之间的相互关系，因此对于一些巨大的改变自然的工程，如水库的建造，河流的改道，大面积的垦荒，工业和交通建设等，都要谨慎从事，考虑到各种可能发生的后果，做出环境影响评价。

合理利用和改造人类环境，防止不良后果，要做好环境系统的研究。研究重点是：（1）存在于各环境因素之间，各圈层之间，有机界与无机界之间的相互作用，能量的流动，物质的交换、转化和循环。（2）环境系统中的平衡关系，反馈机制，自我调节能力，环境容量，环境系统的稳定性和敏感性。（3）人为活动对环境的影响。这些研究，涉及许多学科领域，也是环境科学的中心任务之一。

1.1.4 环境质量

1.1.4.1 环境质量含义

环境质量是环境系统客观存在的一种本质属性，可以用定性和定量的方法，加以描述的环境系统所处状态。是在一个具体的环境内，环境的总体或环境的某些要素，对人群的生存和繁衍以及社会经济发展的适宜程度，是反映人类的具体要求而形成的对环境评定的一种概念。

在一个特定的、具体的环境中，环境不仅在总体上，而且在环境内部的各种要素都会对人群产生一些影响。因此，环境对人群的生存和繁衍是否适宜，对社会经济发展是否适宜，适宜程度怎么样等等，都反映了人对环境的具体要求，于是就产生了人对环境的一种评价。从这种意义上来说，环境质量优劣是根据人类的某种要求而定的。我们所说的环境有很多类，比如我们评价一个地方的环境时，不仅仅要考虑这个地方的气候、绿化程度、工厂布置等，还要考虑这个地方的经济文化发展程度及美学状况。环境质量也分为自然环境质量和社会环境质量。

自然环境质量根据环境要素的不同又可分为大气环境质量、水环境质量、土壤环境质量、生物环境质量等。自然环境质量根据性质可分为物理环境质量、化学环境质量、生物环境质量及社会环境质量。

物理环境质量是用来衡量周围物理环境条件的，比如自然界气候、水文、地质地貌等自然条件的变化，反射性污染、热污染、噪声污染、微波辐射、地面下沉、地震等自然灾害等。

化学环境质量是指是否产生化学物质环境质量的影响，如果周围的重污染工业比较多，那么产生的化学物质就多一些，产生的污染比较严重，化学环境质量就比较差。

生物环境质量可以说是自然环境质量中最主要的组成部分，鸟语花香是人们最向往的自然环境，生物环境质量是针对周围生物群落的构成特点而言的。不同地区的生物群落结构及组成的特点不同，其生物环境质量就显出差别，生物群落比较合理的地区，生物环境质量就比较好，生物群落比较差的地区生物环境质量就比较差。

社会环境质量主要包括经济、文化和美学等方面的环境质量。由于各地发展的程度不同，社会环境质量有明显的差异。同时随着科学的发展，人类将不断地改变着周围的环境质量，环境质量的变化又不断地反馈于人，人和环境的关系犹如鱼和水、子与母，人类要善待环境，尊重自然环境，创造更好的社会环境。

1.1.4.2 环境质量评价

环境是由各种自然环境要素和社会环境要素所构成，因此环境质量包括环境综合质量和各种环境要素的质量。而各种环境要素的优劣，都是根据人类各种要求而进行评价的。所以环境质量又是同环境质量评价联系在一起的，即确定具体的环境质量要进行环境质量评价；而评价的结果就表征了环境质量。所以环境质量评价是确定环境质量的手段、方法，环境质量则是环境质量评价的结果。在环境的研究与开发、利用中，人类要确定环境质量就必须进行环境质量评价，要进行评价就必须有标准，这样就产生各类环境质量评价标准。由于环境质量是依据人类的各种要求来评价的，所以环境质量标准也依不同的要求而有许多种。可见，环境质量和环境质量标准是不能分开的。

1.2 环境问题

1.2.1 环境问题概念

什么是环境问题？广义理解即为由自然力或人力引起生态平衡破坏，最后直接或间接影响人类的生存和发展的一切客观存在的问题。环境科学研究的环境问题主要集中于人类的生产和生活活动所引发使自然生态系统失去平衡，反过来影响人类生存和发展的各类环境问题。

环境问题多种多样，归纳起来有两大类：一类是自然演变和自然灾害引起的原生环境问题，也叫第一环境问题，如地震、洪涝、干旱、台风、崩塌、滑坡、泥石流等。另一类是人类活动引起的次生环境问题，也叫第二环境问题。次生环境问题一般又分为生态破坏和环境污染两大类。生态破坏是指人类活动直接作用于自然生态系统，造成生态系统的生产能力显著减少和结构显著改变，从而引起的环境问题，如乱砍滥伐引起的森林植被的破坏、过度放牧引起的草原退化、大面积开垦草原引起的沙漠化和土地沙化主要由于生态环境破坏引发的环境问题；环境污染则指人类活动的副产品和废弃物进入物理环境后，对生态系统产生的一系列扰乱和侵害，特别是当由此引起的环境质量的恶化反过来又影响人类自己的生活质量。环境污染不仅包括物质造成的直接污染，如工业“三废”和生活“三废”，也包括由物质的物理性质和运动性质引起的污染，如热污染、噪声污染、电磁污染和放射性污染。由环境污染还会衍生出许多环境效应，例如二氧化硫造成的大气污染，除了使大气环境质量下降，形成酸雨，还会影响水和土壤环境质量。目前人们所说的环境问题一般是指次生环境问题。应当注意的是，原生环境问题和次生环境问题往往难以截然分开，它们之间常常存在着某种程度的因果关系和相互作用。

1.2.2 环境问题产生与发展

环境问题古已有之，它是随着人类社会的出现，生产力的发展和人类文明的提高而相伴产生。并由小范围、低程度危害发展到大范围、对人类生存造成不容忽视的危害。根据环境问题发生的先后和轻重程度，可大致分为三个阶段。

1.2.2.1 环境问题的产生与生态环境早期破坏

人类出现以后直至产业革命的漫长时期，又称早期环境问题。

在农业文明以前的整个远古时代，人类以渔猎和采集为主，人口数量极少，生产力水平极低，人类活动范围小和能力上的相对弱小，对自然环境的干预甚微，对环境的干扰基本处于自然系统自发调节范围之内。当时的问题主要是人类适应环境的问题，人类仅处于简单的适应环境阶段。

从农业文明时代开始，人类掌握了一定的劳动工具，具备了一定的生产能力，在人口数量不断增加的情况下，对自然的开发利用强度也在不断加大。为了获取更多的生活资料，人们开垦耕地，把许多森林草原等植被破坏，使地球表面裸露出大片黄土地。出现了如：地力下降，土壤盐碱化、水土流失，甚至河道淤塞、改道和决口等主要环境问题。这是环境问题出现的“第一次浪潮”，核心是生态破坏问题，这些环境问题危及人类生存，迫使人们经常地迁移、转换栖息地，有的甚至酿成了覆灭的悲剧，19 世纪强大的巴比伦王国的消失，就是盲目开垦草原，滥伐森林，使生态环境恶化、草原退化为荒漠的结果。但这时的环境问题还只是局部的、零散的问题，还没有上升为影响整个人类社会生存和发展的问题。

1.2.2.2 城市环境问题突出和“公害”加剧

从产业革命到 1984 年发现南极臭氧空洞止，又称近代城市环境问题阶段。从英国产业革命以来，科学技术水平突飞猛进，人口数量急剧膨胀，经济实力空前提高，各种机器、设备竞相发展，在追求经济增长的驱使下，人类对自然环境展开了大规模的前所未有的开发利用，大规模地改变了环境的组成和结构，从而也改变了环境中的物质循环系统，带来了新的环境问题，一些工业发达的城市和工矿区的工业企业，排出大量废物污染环境，天空黑烟弥漫，水体乌黑发臭，矿山黑迹斑斑，使环境污染事件不断发生。如 1873 年 12 月、1880 年 1 月、1882 年 2 月、1891 年 12 月、1892 年 2 月，英国伦敦多次发生可怕的有毒烟雾事件；19 世纪后期，日本足尾铜矿区排出的废水污染了大片农田；1930 年 12 月，比利时马斯河谷工业区由于工厂排出的有害气体，在逆温条件下造成了严重的大气污染事件。如果说农业生产主要是生活资料的生产，它在生产和消费中所排放的“三废”可以纳入物质的生物循环而能迅速净化、重复利用的话，那么，工业生产除生产生活资料外，还大规模地进行生产资料的生产。大量深埋地下的矿物资源被开采出来，并加工利用投入环境之中。许多工业产品在生产和消费过程中排放的“三废”都是生物和人类所不熟悉，且难以降解、同化和忍受。总之，大机器生产、大工业的日益发展，环境问题也随之发展且逐步恶化。环境问题的高潮出现在 20 世纪 50~60 年代。

20 世纪 50 年代以后，环境问题更加突出，震惊世界的公害事件连接不断，1952 年 12 月的伦敦烟雾事件、1953~1956 年的日本水俣病事件、1961 年的四日市哮喘病事件、1955~1972 年的骨痛病事件等曾使成千上万的人直接死亡。环境问题“第二次浪潮”来袭，而这个阶段的环境问题的核心是环境污染。如表 1-1 列出的震惊世界的八大污染事件就是在这个阶段发生的。

表 1-1 震惊世界的八大污染事件

事件名称	时间、地点	污染源及现象	主要危害
马斯河谷事件	1930 年 12 月，比利时马斯河谷工业区	二氧化硫、粉尘蓄积于空气中	约 60 人死亡，数千人患呼吸道病症
洛杉矶烟雾事件	1943 年美国洛杉矶	晴朗天空出现蓝色刺激性烟雾，主要是汽车尾气经光化学反应形成	眼红、喉痛咳嗽等呼吸道疾病
多诺拉烟雾	1948 年美国宾夕法尼亚多诺拉镇	炼锌、钢铁、硫酸等工厂排放的废气蓄积于山谷中	死亡 10 多人，患病约 6000 人
伦敦烟雾	1952 年 12 月英国伦敦	二氧化硫、烟尘在一定条件下形成刺激性烟雾	呼吸道疾病，死亡 400 多人
四日市气喘病	1955 年日本四日市	炼油厂排放废气	500 多人患哮喘病，死亡 30 多人
富士山骨痛病	1955 年日本富士山县神通川	锌冶炼厂排放的含镉废水	骨痛病患者 200 多人，多人因不堪痛苦而自杀

续表 1-1

事件名称	时间、地点	污染源及现象	主要危害
水俣病	1956 年日本水俣湾	化工厂排放的含汞废水	中枢神经受伤害，听觉、语言、运动失调，死亡 200 多人
米糠油事件	1968 年日本	米糠油中残留多氯联苯	死亡 10 多人，中毒 10000 余人

如此多的污染公害事件在此阶段爆发的原因：第一，人口迅猛增加，都市化速度加快；第二，工业不断集中和扩大，能源消耗激增。当时，在工业发达国家因环境污染已达到严重程度，直接威胁到人们的生命安全，成为重大的社会问题，激起广大人民的不满，也影响了经济的顺利发展。

1.2.2.3 全球性环境问题

进入 20 世纪 80 年代后，具体地说始于 1984 年由英国科学家发现，1985 年美国科学家证实在南极上空出现“臭氧空洞”构成了环境问题的“第三次浪潮”蔓延，环境问题的性质产生了根本的变化，环境问题已由局部污染性向全球性污染发展转移。人类越来越清醒地认识到，这时的环境问题已由工业污染向城市污染和农业污染发展，由点源污染向面源（江、河、湖、海）发展，呈现出地域上扩张和程度上恶化的趋势，各种污染交叉复合，正危及着整个地球系统的平衡。环境问题上升为从根本上影响人类社会生存和发展的重大问题。这些问题如不能从根本上得到解决，则很可能就会使人类文明面临灭顶之灾。

这一阶段人类所面对的环境问题，被称为全球性环境问题。所谓全球性环境问题，也称国际环境问题或者地球环境问题，是指对全球产生直接影响的，或具有普遍性、随后又发展为对全球造成危害的环境问题，是超越主权国国界和管辖范围的全球性的环境污染和生态平衡破坏问题。也就是引起全球范围内生态环境退化的问题。其含义为：第一，有些环境问题在地球上普遍存在。不同国家和地区的环境问题在性质上具有普遍性和共同性，如气候变化、臭氧层的破坏、生物多样性锐减等。第二，虽然是某些国家和地区的环境问题，但其影响和危害具有跨国、跨地区的结果，如酸雨蔓延、海洋污染、危险废物越境转移等。由联合国列出的威胁人类生存的全球十大环境问题包括：气候变暖、臭氧层破坏、生物多样性减少、酸雨蔓延、森林锐减、土地荒漠化、大气污染、水体污染、海洋污染、危险废物越境转移。这些可作为当代环境问题的代表。

1.2.3 我国生态环境状况分析

目前，我国正处于工业化、信息化、城镇化、农业现代化加快发展的时期，经济社会的快速发展对自然生态系统形成了巨大的压力，环境污染与生态破坏问题严重，生态系统进入大范围退化和复合性环境污染的阶段；我国空气质量形势严峻、水环境质量也不容乐观；固体废弃排放剧增、声环境投诉案件上升等，这些由污染产生的环境污染问题与森林、草场资源短缺、水土流失、土壤沙化、生物多样性减少等生态问题交织在一起，构成我国生态环境的现状。

1.2.3.1 环境污染问题

A 大气环境问题

早在 2014 年 2 月和 10 月，中国中东部地区就发生了 2 次较大范围区域性灰霾污染，均呈现出污染范围广、持续时间长、污染程度严重、污染物浓度累积迅速等特点，污染过程中首要污染物均以 $PM_{2.5}$为主，其次是可吸入颗粒物 PM_{10}。据《2017 年环境状况公报》显示，全国 338 个地级及以上城市中，有 99 个城市环境空气质量达标，占全部城市数的 29.3%；338 个城市发生重度污染 2311 天次、严重污染 802 天次，以 $PM_{2.5}$为首要污染物的天数占重度及以上污染天数的 74.2%，以 PM_{10}为首要污染物的占 20.4%，以 O_3为首要污染物的占 5.9%。世界卫生组织公布的世界 1082 个城市 2018～2010 年可吸入颗粒物年均浓度分布情况，我国 32 个省会城市参与排名，最好的是海口，排名 814 位，其余均在 890 位以后，北京相当靠后，列 1035 位。

所有这些数据表明，由大气中的细粒子导致的雾霾问题已经成为我国大气环境污染的主要问题。我国大气污染特征已由传统煤烟型污染转变为煤烟型污染、汽车尾气污染与二次污染物相互叠加的复合型污染。

除此以外，我国大气污染物导致酸雨问题，也不可忽视，《2017 中国生态环境状况公报》中对 463 个降水的城市（区、县）监测，酸雨频率平均为 10.8%，全国降水为酸雨（降水 pH 值年均值低于 5.6）、较重酸雨（降水 pH 值年均值低于 5.0）和重酸雨（降水 pH 值年均值低于 4.5）的城市比例分别为 18.8%、6.7%和 0.4%，酸雨区面积约 62 万平方千米，占国土面积的 6.4%，其中，较重酸雨区面积占国土面积的比例为 0.9%。我国酸雨类型总体仍为硫酸型酸雨，污染主要分布在长江以南—云贵高原以东地区，主要包括浙江、上海的大部分地区，江西中北部、福建中北部、湖南中东部、广东中部、重庆南部、江苏南部、安徽南部的少部分地区。

B　水环境问题

根据世界卫生组织文件公布，我国已经成为世界上水污染最严重的国家和地区之一。目前，我国江河湖库水域普遍受到不同程度的污染，城市污水的成分十分复杂，受污染的水域中除重金属外，还含有甚多农药、化肥、洗涤剂等有害残留物，水污染影响人民生活，破坏生态环境，直接危害人的健康。据《2014 年地表水环境状况公报》显示长江、黄河、珠江、松花江、淮河、海河、辽河等七大流域和浙闽片河流、西北诸河、西南诸河的主要污染指标为化学需氧量、五日生化需氧量和总磷，有些河流中铜、氰化物、汞均有超标现象。2014 年对 968 个国控断面和省界断面地表水水质监测结果如图 1-3 和图 1-4 所示。

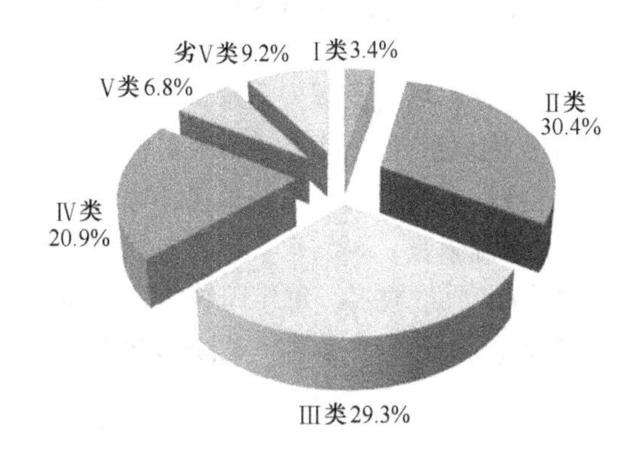

图 1-3　2014 年地表水国控断面水质状况

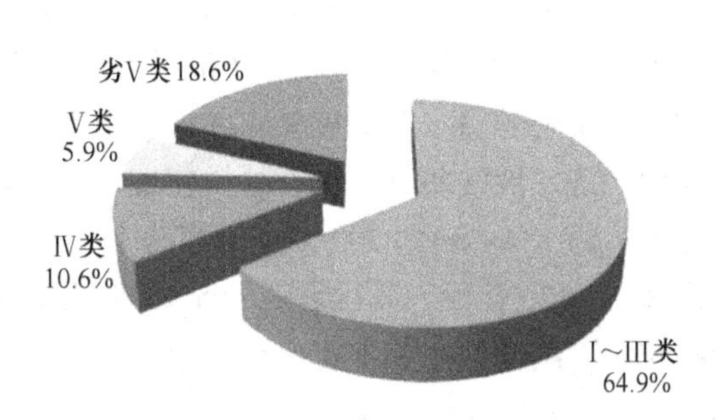

图 1-4　2014 年省界断面水质状况

其中国控断面 9.2%为劣Ⅴ类水质，省界断面水质劣Ⅴ类水质达到 18.6%。2014 年对于 62 个重点湖泊（水库）监测结果，水质优良为 61.3%；轻度污染、中度污染和重度污染的比例分别为 24.2%、6.4%和 8.1%，即将近 40%为污染水质，主要污染指标为总磷、化学需氧量和高锰酸盐指数。其中主要大淡水湖泊污染程度的次序为巢湖（西半湖）、滇池、南四湖、太湖、洪泽湖、洞庭湖、镜泊湖、兴凯湖、博斯藤湖、松花湖、洱海。部分湖泊和水库汞或其他重金属污染严重。

地下水因过量开采，形成地面下沉和水质恶化，《2014 年地下水环境状况公报》显示，通过对地下水 4896 个监测点，其中国家级监测点 1000 个进行环境质量监测。主要超标指标为总硬度、溶解性总固体、铁、锰、“三氮”（亚硝酸盐氮、硝酸盐氮和氨氮）、氟化物、硫酸盐等，个别监测点有砷、铅、六价铬、镉等重（类）金属超标现象，较差占 45.4%，极差占 16.1%，总体超过一半比例为污染水质。

我国四大海域（东海、渤海、黄海和南海）的近岸海域污染加重，无机氮、无机磷和石油类污染普遍超标。《2014 年海洋环境状况公报》显示，全国近岸海域水质一般。主要污染指标为无机氮和活性磷酸盐。超标率分别为 31.2%和 14.6%。同时监测了 415 个日排污水量大于 100m^3 的直排海污染源，污水排放总量约为 63.11 亿吨。其中，化学需氧量 21.1 万吨，石油类 1199t，氨氮为 1.48 万吨，总磷为 3126t，部分直排海污染源排放汞、六价铬、铅和镉等重金属，渤海湾污染与生态破坏已相当严重，石油污染如图 1-5 所示，已连续 8 年浒苔爆发，如图 1-6 所示。

图 1-5　石油污染

图 1-6　浒苔爆发

由于水污染严重使我国资源型缺水和水质型缺水并存，尽管我国人均水资源占有量大于 1700m^3，但因水资源时空分布不均匀，资源型缺水问题突出。同时，因为水资源浪费和水污染问题，水资源短缺问题日益突出，尤其在经济社会发展水平高的地区，水资源已成为经济发展的瓶颈。水资源具体现状如下：我国水资源紧张，人均水资源占有量仅为世界人均的 1/4；全国 300 多个城市缺水，其中近百个城市严重缺水，每年因缺水而减少的产值达 1200 亿元。我国著名的 5 大湖鄱阳湖、洞庭湖、太湖、洪泽湖、巢湖的蓄水量都在减少，湖面缩小了 1/4 甚至一半。

C　固体废弃物污染问题

我国固体废弃物产生量惊人，已经成为破坏环境、危害人民群众身心健康的重要污染源。根据住建部调查数据，目前全国有1/3以上的城市被垃圾包围；全国城市垃圾堆存累计侵占土地75万亩，垃圾污染形势严峻。在大量城市工业企业郊区化过程中，各类固体污染物遗留在土壤中影响居民的身体健康；大量生产生活中的危险废物未得到有效无害化处置，医疗废物混入生活垃圾，甚至被非法再利用；非法拆解、加工废旧物资，焚烧、酸洗、土冶炼等活动在许多地方的存在，造成当地土壤不能耕种、水无法饮用、大气严重污染。中国工业固体废弃物近年来增长迅速，根据环保部发布《2017年全国大、中城市固体废物污染环境防治年报》数据显示，2016年，214个大、中城市一般工业固体废物产生量为14.8亿吨，工业危险废物产生量为3344.6万吨，医疗废物产生量为72.1万吨，生活垃圾产生量为18850.5万吨。其中，一般工业固体废物综合利用量占利用处置总量的48.0%，工业危险废物综合利用量占利用处置总量的45.3%，综合利用率均达不到总量的一半，大部分的固体废弃物只能进行传统的处置与储存。

D　声环境问题

环保部公布了《2017年中国环境噪声污染防治报告》，报告显示，我国的城市噪声污染问题仍旧非常突出，尤其在夜间，噪声投诉案件连续不断。2016年，全国各级环保部门共收到环境噪声投诉52.2万件（占环境投诉总量的43.9%）。其中，工业噪声类占10.3%，建筑施工噪声类占50.1%，社会生活噪声类占36.6%，交通运输噪声类占3.0%。同时检测了区域声环境测点处的噪声类别，其中社会生活噪声（含测点处无明显噪声的情况）占63.6%，交通噪声占21.7%，工业噪声占10.6%，施工噪声占4.1%。具体情况如图1-7所示。

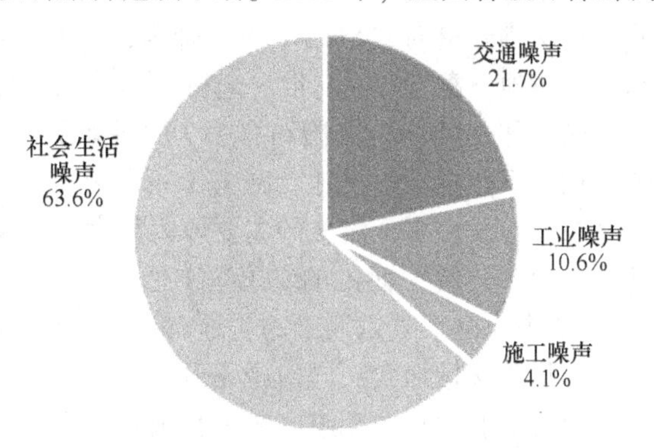

图1-7　2016年全国城市区域四类噪声分布

从投诉案件的比例和噪声类别的分布比例来看，社会生活噪声影响面较大，施工噪声虽然在测点占比较小，但对影响程度大，投诉案件占比最多。

1.2.3.2　生态环境破坏问题

生态环境破坏（ecology destroying）是人类社会活动引起的生态退化及由此衍生的环境效应，导致了环境结构和功能的变化，对人类生存发展以及环境本身发展产生不利影响的现象。生态环境破坏主要表现为森林生态功能较弱，草原退化与减少，水土流失、土壤沙化、耕地被占，水旱灾害日益严重，生物多样性的减少等。《2017中国生态环境状况公报》显示，我国生态环境质量“优”和“良”的县域面积仅占国土面积的42.0%，主要分布在秦岭—淮河以南及东北的大小兴安岭和长白山地区；“一般”的县域占24.5%，主要分布在华北平原、黄淮海平原、东北平原中西部和内蒙古中部；“较差”和“差”的县域占33.5%，主要分布在内蒙古西部、甘肃中西部、西藏西部和新疆大部。

A　土地资源

我国人均耕地面积为0.085公顷，仅是世界人均的1/5。即使这样我国耕地面积还在逐年减少，截至2016年年底，全国共有农用地64512.66万公顷，其中耕地13492.10万公顷，2011~2015年全国耕地面积变化情况如图1-8所示。

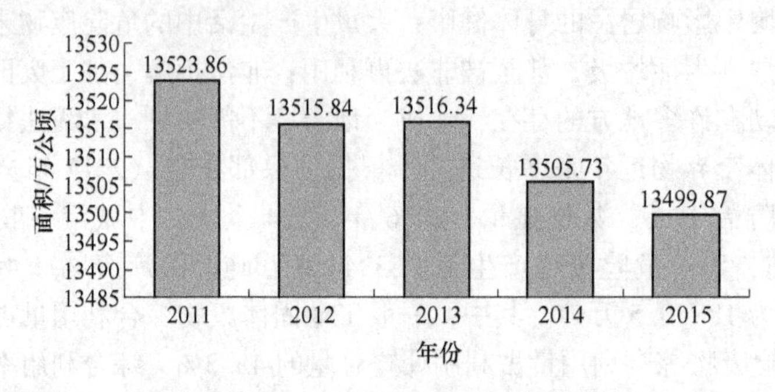

图1-8　2011~2015年全国耕地面积变化情况

在耕地减少的同时，我国耕地土壤质量呈下降趋势。根据第一次全国水利普查统计，我国现有土壤侵蚀总面积294.91万平方千米，占普查范围总面积的31.12%。全国耕地有机质含量平均已降到1%，明显低于欧美国家2.5%~4%的水平。东北黑土地带土壤有机质含量由刚开垦时的8%~10%已降为目前的1%~5%；盐碱化、沙化、水土流失在继续吞噬大量耕地。截至2014年，全国荒漠化土地面积261.16万平方千米，沙化土地面积172.12万平方千米。全国约有1/3的耕地受到水土流失的危害，每年流失的土壤约50亿吨，相当于在全国的耕地上刮去1cm厚地表土，所流失的养分相当于全国一年生产的化肥氮磷钾含量。水土流失的主要原因很大部分是由于不合理耕作和植被破坏造成的；我国遭受工业“三废”污染的农田达1亿多亩，被重金属镉污染的耕地有20余万亩，涉及11个省25个地区。被汞污染的耕地有48万亩，涉及15个省21个地区；大量使用农药使土壤有毒物质含量加大，同时也杀死了大量害虫天敌和有益动物；由于农用薄膜的大量使用，用后不加回收，废膜已成为我国新的土壤污染物。

B　森林资源

森林资源是地球上最重要的资源之一，是生物多样化的基础，它不仅能够为生产和生活提供多种宝贵的木材和原材料，能够为人类经济生活提供多种物品，更重要的是森林能够调节气候、保持水土、防止、减轻旱涝、风沙、冰雹等自然灾害；还有净化空气、消除噪声等功能；同时森林还是天然的动植物园，哺育着各种飞禽走兽和生长着多种珍贵林木和药材。森林可以更新，属于可再生的自然资源，也是一种无形的环境资源和潜在的“绿色能源”。反映森林资源数量的主要指标是森林面积和森林蓄积量。世界各国森林覆盖率：日本67%、韩国64%、挪威60%、巴西50%~60%、瑞典54%、加拿大44%、美国33%、德国30%、法国27%、印度23%，我国第八次全国森林资源清查（2009~2013年）结果显示，全国森林面积2.08亿公顷，森林覆盖率21.63%，森林蓄积151.37亿立方米。森林覆盖率虽然有所提升，但还是排在十名以外，如果加上人均就会更低。除了森林资源少，森林覆盖率低，由于我国国土辽阔地区差异很大，森林资源分布很不均衡，全国绝大部分森林资源集中分布于东北、西南等边远山区和台湾山地及东南丘陵，而广大的西北地区森林资源贫乏。

C　草原资源

我国是一个草原大国，有天然草原3.928亿公顷，约占全球草原面积12%，世界第一。其他草原面积较大的国家及全球占比分别是：澳大利亚9.76%、美国7.67%、巴西5.99%、巴基斯坦5.73%、俄罗斯2.84%。从我国各类土地资源来看，草原资源面积也是最大，占国土面积的40.9%，是耕地面积的2.91倍、森林面积的1.89倍，是耕地与森林面积之和的1.15倍。草原，承担着防风固沙、保持水土、涵养水源、调节气候、维护生物多样性等重要生态功能，是全国面积最大的陆地生态系统和生态安全屏障。然而，由于风蚀沙化、植被破坏、超载放牧、不合理开垦以及草原工作的低投入、轻管理等，致使我国草原严重退化。

草原退化面积达九千多万公顷，占可利用草场面积的1/3以上，平均产草量下降了30%~50%。中国百亩草地产肉量只25.5kg，产奶26.8kg，毛3kg，仅为相同气候带下美国的1/27，新西兰的1/82。

D 生物多样性与物种保护

中国是世界上动植物种类最多的国家之一，生物多样性居全球第八位，北半球第一位，据《2017中国生态环境状况公报》中对我国生物多样性评估，我国在生态系统多样性方面，具有地球陆地生态系统的各种类型，其中森林类型212类、竹林36类、灌丛113类、草甸77类、荒漠52类。淡水生态系统复杂，自然湿地有沼泽湿地、近海与海岸湿地、河滨湿地和湖泊湿地等4大类。近海海域有黄海、东海、南海和黑潮流域4个大海洋生态系统，分布滨海湿地、红树林、珊瑚礁、河口、海湾、潟湖、岛屿、上升流、海草床等典型海洋生态系统，以及海底古森林、海蚀与海积地貌等自然景观和自然遗迹。还有农田生态系统、人工林生态系统、人工湿地生态系统、人工草地生态系统和城市生态系统等人工生态系统；在物种多样性方面，已知物种及种下单元数92301种。其中，动物界38631种、植物界44041种、细菌界469种、色素界2239种、真菌界4273种、原生动物界1843种、病毒805种。列入国家重点保护野生动物名录的珍稀濒危野生动物共420种，大熊猫、朱鹮、金丝猴、华南虎、扬子鳄等数百种动物为中国所特有；在遗传资源多样性方面，有栽培作物528类1339个栽培种，经济树种达1000种以上，中国原产的观赏植物种类达7000种，家养动物576个品种。

近50年来，中国约有200种植物已经灭绝，高等植物中濒危和受威胁的高达4000~5000种，占总种数的15%~20%。许多重要药材如野人参、野天麻等濒临灭绝。近百年来，约有10余种动物绝迹，如高鼻羚羊、麋鹿、野马、犀牛、新疆虎等。目前，有大熊猫、金丝猴、东北虎、雪豹、白鳍豚等20余种珍稀动物又面临绝灭的危险。

1.2.4 环境问题的产生原因和实质

环境问题随着人类的进化发展而不断演变加剧，影响的范围越来越广，危害的程度越来越深。虽然在这一过程中，自然因素变化也会有一定的影响，但导致环境状况日益恶化，主要原因是人为因素引起的。这主要表现在以下几个方面：首先，机器化的大生产虽然大大地提高了社会生产力、加快了工业化和都市化进程以及增强了人类对环境的控制能力，但使自然资源和能源的消耗和浪费也大大地增多。其次，世界人口呈高度增长，给环境带来巨大的压力。再次，科学技术的进步为人类文明的发展做出贡献的同时，也给人类带来了许多隐患。

环境问题的实质不同学者从不同角度进行进一步分析，环境学家认为环境问题的实质是人类生产、生活活动给环境带来的压力远远超过环境的承载力，在人类生产、生活活动中产生的各种污染物（或污染因素）进入环境，超过了环境容量的容许极限，使环境受到污染和破坏；人类在开发利用自然资源时，超越了环境自身的承载能力，使生态环境质量恶化，自然资源枯竭。由于自然资源的补给和再生、增加都是需要时间的，一旦超过了极限，要想恢复是困难的，有时甚至是不可逆转的。如森林具有涵养水土、储存二氧化碳、栖息动植物群落、提供林产品、调节区域气候等功能。森林采伐应不超过其可持续产量，过度砍伐森林会使生物多样性面临毁灭的威胁，同时使土壤退化，沙尘来袭。"据史料记载，随着森林减少，沙尘暴发生的频率不断提高，500 年前，150 年发生一次；到 250 年前，沙尘暴不到 8 年发生一次；近 100 年前，5 年发生一次；进入 20 世纪 90 年代后，沙尘天气一年发生多次，且时间提前、强度增大、波及范围更广。2000 年一年发生 12 次，2001 年仅 1~4 月就出现了 9 次"。再有，全球每年向环境排放大量的废水、废气和固体废物。这些废物排入环境后，有的能够稳定地存在上百年，因而使全球环境状况发生显著的变化。大气二氧化碳浓度已由工业化前的 $280\times10^{-4}\%$ 升高到 $353\times10^{-4}\%$，甲烷浓度由 $0.8\times10^{-4}\%$ 升高到 $1.72\times10^{-4}\%$，一氧化二氮浓度由 $285\times10^{-7}\%$ 上升至 $310\times10^{-7}\%$，这些温室气体的增多已经使地球表面温度在过去的 100 年中上升了 0.3~0.6℃。

从经济学角度看环境问题实质上也是一个经济问题。这是因为环境问题是随经济活动开展而产生的，它是经济活动发展的副产品。经济活动需要从环境中开采资源，因此会造成生态破坏，经济活动所排放的废弃物，又造成环境污染；环境问题使人类遭受到巨大经济损失，且限制了经济的进一步发展；环境问题的最终解决还有待于经济的进一步发展，经济的发展，为解决环境问题奠定了物质基础。因为解决环境问题需要大量的人力、物力、财力的投入，否则环境问题是无法解决的。

从社会学的角度分析，环境问题是社会问题的一部分，环境问题是由于人的社会行为而产生的，利用自然资源过程中，人与自然关系的失调，这种失调进而导致了人与人关系失调，不同主体之间的利益冲突通过环境问题的形式体现出来，人与人之间的各种冲突、矛盾还有合作、竞争都是环境问题的本质。如全球变暖影响到了社会大多数人甚至所有人的正常生活，20 世纪 70 年代以来，环境问题已逐步成为全人类首要关注的问题。环境问题从产生开始，就与社会问题密不可分，进而深刻的影响社会的可持续发展。

环境问题的产生，从根本上讲是经济、社会发展的伴生产物，其实质是经济问题和社会问题综合体现，因此环境问题具有不可根除和不断发展的属性，它与人的欲望、经济的发展、科技的进步同时产生、同时发展，呈现孪生关系；它分布范围广泛而全面，存在于生产、生活、政治、工业、农业、科技等全部领域中；同时环境问题对人类的行为具有反馈作用，使人类的生产方式、生活方式、思维方式等一系列问题引起新的变化。解决环境问题根本途径就是人与环境和谐，走可持续发展之路。

1.2.5 人与环境和谐

人与环境和谐就是人与环境相互作用中取得的相互协调、相互平衡的状态。人与环境的和谐是人类与环境相互作用中最本质的内在联系，是人类与环境相互作用中的核心规律。包括人与自然环境的和谐、人与人工环境的和谐、人工环境和自然环境的和谐。人与环境的和谐程度包括：适应生存、环境安全、环境健康、环境舒适和环境欣赏五方面且在一定程度上是逐级递增的。人与环境的和谐被破坏就产生环境问题。

（1）适应生存：即保障基本的温饱，维持最低生命需求，世界上大多数人口现在已经解决，但随着资源耗竭、生态环境破坏、人口剧增等环境问题出现，人类还将面临适应生存的问题。适应生存的量度指标包括环境承载力（自然资源供给指标、社会支持条件指标、污染承受能力指标），人口容量等。

（2）环境安全：即防御、抵御灾害，能减少灾害损失，背面是各种自然的和人为的灾害。人类与威胁环境安全的灾害作斗争，基本上伴随人类发展的全过程，过去是：天文、地质、气象水文、土壤生物等自然因素形成的灾害；目前是：环境公害、战争和威胁、生物安全等问题，量度指标包括防灾设施（完备情况、标准）、防灾机制（预防能力、反应速度）、减灾机制（资源储备、恢复能力、反应能力）。

（3）环境健康：人类与环境系统作用的过程中，环境系统功能正常，环境质量良好，人的身心健康和生命质量有保障，背面是各种自然和人为的环境污染问题；环境健康的量度指标主要是环境质量。

（4）环境舒适：代表更高的人类与环境之间的和谐程度，生存质量良好，生活舒适。需较高社会经济水平、良好的环境和生态基础。

（5）环境欣赏：人类物质需求已经相当充分的满足时，精神需求成为生产和生活的中心内容，生存质量良好，能够享受自然景观和人文景观，从中获得最大的精神愉悦，如山水、文化遗产等。

随着现代文明的不断发展，人类在享受技术发展带来物质极大地丰富与享受同时，也在忍受着由于自身贪婪而导致的水、气污染，固体垃圾排放，全球变暖，资源短缺，臭氧层破坏和森林过度砍伐等各种生态环境问题。为了不断提高人与自然和谐程度，我国已明确提出推进生态文明建设，走可持续发展之路。生态文明是以人与自然和谐相处为本质特征，是人类在利用自然界的同时又平等对待和主动保护自然界，积极改善和优化人与自然关系，建设良好的生态环境而取得的物质成果、精神成果和制度成果的总和。推进生态文明建设，是破解日趋强化的资源环境约束的有效途径，是加快转变经济发展方式的客观需要。“可持续发展”是人类反思伴随工业文明而至的一系列威胁人类生存和延续的全球性的问题而提出的新的发展理念，是对以往发展观的创新和超越。是指一个国家或地区在追求现代化的过程中既满足当代人的需要，又不损害后代人满足需要的能力的发展。继续积极探索中国可持续发展之路，努力提高生态文明水平。环境保护具体要落实五项任务。

（1）深化污染减排。通过落实减排目标责任制，强化污染物减排和治理，增加主要污染物总量控制种类。加大重点流域水污染防治力度，让江河湖泊休养生息；有效控制城市大气污染，严格控制机动车尾气排放，着力构建和完善区域空气联防联控工作新机制。

（2）大力发展循环经济。开发清洁能源和可再生能源，提高能源资源利用率，逐步降低经济增长的碳排放强度，最大限度地减少污染物排放。按照“减量化、再利用、资源化”的原则，开发和推广节约、替代、循环利用和减少污染的先进适用技术。大力发展环保产业，使绿色产业日益成为推动我国经济增长的新生力量。

（3）着力解决损害群众健康的突出环境问题。继续强化饮用水源保护区管理措施，全面排查重金属等污染物排放企业及其周边区域环境隐患，集中开展沿江沿河沿湖化工企业综合整治。有效控制城市噪声污染。加大农村“以奖促治”支持力度，实施农村清洁工程，全面启动“连片整治”工作。

(4) 切实保护和修复生态。坚持保护优先和自然恢复为主，从源头上扭转生态环境恶化趋势。实施重大生态修复工程，加强自然保护区、重点生态功能区、海岸带的保护和管理，构筑国家生态安全屏障。保护生物多样性，把生物资源有效保护与合理利用结合起来。

(5) 建立健全有利于环境保护的体制机制。进一步深化环评制度，严格环境准入，严格执法监督，健全重大环境事件和污染事故责任追究制度。注重运用市场手段，抓紧建立生态补偿机制，积极推进资源性产品价格改革和环保收费改革，全面改革资源税，开征环境保护税，健全绿色税收、绿色证券等环境经济政策。建立健全污染者付费制度，建立多元环保投融资机制。

思考与练习题

1-1 什么是环境？人类环境包括哪几类？

1-2 什么是环境要素？环境要素的基本特征有哪些？

1-3 什么是环境系统？如何保持环境系统稳定性？

1-4 什么是环境问题？并说明其产生与发展。

1-5 说明历史上八大环境公害事件产生原因和危害。

1-6 分析说明环境问题的类型及当前人类面临的全球环境问题有哪些。

1-7 说明人与环境的和谐程度，思考如何保持人与环境和谐发展。

1-8 说明现阶段我国主要的生态环境问题有哪些，并分析其产生的原因和实质及解决问题的措施。

2 生态学基础与环境科学体系建立

2.1 生态学基础

2.1.1 生态系统的概念

一个物种在一定空间范围内的所有个体的总和在生态学里称为种群，所有不同种的生物的总和为群落。生态系统即为生物群落连同其所在的物理环境共同构成，是生命系统和环境系统在特定空间的组合，我们可理解为生态系统是在一定的空间和时间范围内，在各种生物之间以及生物群落与其无机环境之间，通过能量流动和物质循环而相互作用的一个统一整体。人类的生存与发展离不开生态系统，生态系统是生物与环境之间进行能量转换和物质循环的基本功能单位。例如，森林、草原、河流、湖泊、山脉或其一部分都是生态系统；农田、水库、城市则是人工生态系统。生态系统具有等级结构，即较小的生态系统组成较大的生态系统，简单的生态系统组成复杂的生态系统，最大的生态系统是生物圈。

2.1.2 生态系统的结构

任何一个生态系统都由生物群落和物理环境两大部分组成。阳光、氧气、二氧化碳、水、植物营养素（无机盐）是物理环境的最主要要素，生物残体（如落叶、秸秆、动物和微生物尸体）及其分解产生的有机质也是物理环境的重要要素。物理环境除了给活的生物提供能量和养分之外，还为生物提供其生命活动需要的媒质，如水、空气和土壤。而生物群落是构成生态系统精密有序结构和使其充满活力的关键因素，各种生物在生态系统的生命舞台上各有角色。

生态系统的生命角色有三种，即生产者、消费者和分解者，分别由不同种类的生物充当。生产者吸收太阳能并利用无机营养元素（C、H、O、N 等）合成有机物，将吸收的一部分太阳能以化学能的形式储存在有机物中。生产者的主体是绿色植物，以及一些能够进行光合作用的菌类。由于这些生物能够直接吸收太阳能和利用无机营养成分合成构成自身有机体的各种有机物，我们称它们是自养生物。消费者是直接或间接地利用生产者所制造的有机物作为食物和能源，而不能直接利用太阳能和无机态的营养元素的生物，包括草食动物、肉食动物、寄生生物和腐食动物。消费者以动物为主。消费者按其取食的对象可以分为几个等级：草食动物为一级消费者，肉食动物为次级消费者（二级消费者或三级消费者）等等。杂食动物既是一级消费者，又是次级消费者。分解者是指所有能够把有机物分解为简单无机物的生物，它们主要是各种细菌和部分真菌。分解者以动植物的残体或排泄物中的有机物作为食物和能量来源，通过它们的新陈代谢作用，有机物被分解为无机物并最终还原为植物可以利用的营养物。消费者和分解者都不能够直接利用太阳能和物理环境中的无机营养元素，我们称它们为异养生物。值得特别指出的是，物理环境（太阳能、水、空气、无机营养元素）、生产者和分解者是生态系统缺一不可的组成部分。这一点可以在图 2-1 中得到直观的反映。

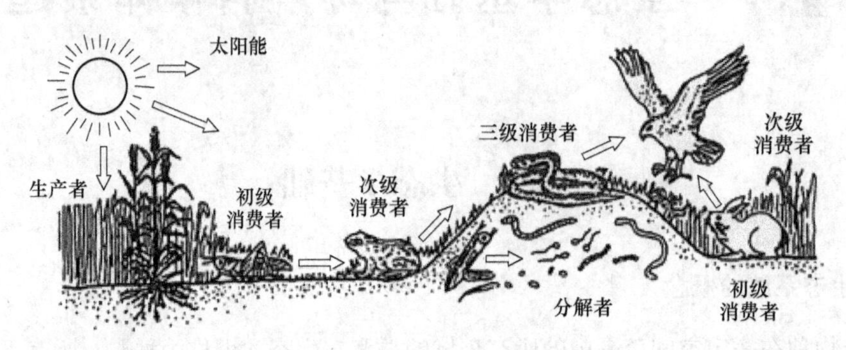

图 2-1　生态系统的组成

2.1.3　生态系统的物质循环

生态系统内部以及系统与系统外部之间存在着能量的流动和由此推动的物质的循环。在生态系统中，物质从物理环境开始，经生产者、消费者和分解者，又回到物理环境，完成一个由简单无机物到各种高能有机化合物，最终又还原为简单无机物的生态循环。通过该循环，生物得以生存和繁衍，物理环境得到更新并变得越来越适合生物生存的需要。在这个物质的生态循环过程中，太阳能以化学能的形式被固定在有机物中，供食物链上的各级生物利用。生物维持生命所必需的化学元素虽然为数众多，但有机体的 97% 以上是由氧、碳、氢、氮和磷五种元素组成的。作为物质循环的例子，下面分别介绍碳、氮和磷的生态循环过程。

2.1.3.1　碳循环

碳是构成生物原生质的基本元素，虽然它在自然界中的蕴藏量极为丰富，但绿色植物能够直接利用的仅仅限于空气中的二氧化碳（CO_2）。生物圈中的碳循环主要表现在绿色植物从空气中吸收二氧化碳，经光合作用转化为葡萄糖，并放出氧气（O_2）。在这个过程中少不了水的参与。有机体再利用葡萄糖合成其他有机化合物。碳水化合物经食物链传递，又成为动物和细菌等其他生物体的一部分。生物体内的碳水化合物一部分作为有机体代谢的能源经呼吸作用被氧化为二氧化碳和水，并释放出其中储存的能量。由于这个碳循环，大气中的 CO_2 大约 20 年就完全更新一次。

2.1.3.2　氮循环

在自然界，氮元素以分子态（氮气）、无机氮和有机氮三种形式存在。大气中含有大量的分子态氮。但是绝大多数生物都不能够利用分子态的氮，只有像豆科植物的根瘤菌一类的细菌和某些蓝绿藻能够将大气中的氮气转变为硝酸盐加以利用。植物只能从土壤中吸收无机态的铵盐和硝酸盐，用来合成氨基酸，再进一步合成各种蛋白质。动物则只能直接或间接利用植物合成的有机氮（蛋白质），经分解为氨基酸后再合成自身的蛋白质。在动物的代谢过程中，一部分蛋白质被分解为氨、尿酸和尿素等排出体外，最终进入土壤。动植物的残体中的有机氮则被微生物转化为无机氮（铵盐和硝酸盐），从而完成生态系统的氮循环。

2.1.3.3 磷循环

磷是有机体不可缺少的元素。生物的细胞内发生的一切生物化学反应中的能量转移都是通过高能磷酸键在二磷酸腺苷（ADP）和三磷酸腺苷（ATP）之间的可逆转化实现的。磷还是构成核酸的重要元素。磷在生物圈中的循环过程不同于碳和氮的循环，属于典型的沉积型循环。生态系统中的磷的来源是磷酸盐岩石和沉积物以及鸟粪层和动物化石。这些磷酸盐矿床经过天然侵蚀或人工开采，磷酸盐进入水体和土壤，供植物吸收利用，然后进入食物链。经短期循环后，这些磷的大部分随水流失到海洋的沉积层中。因此，在生物圈内，磷的大部分只是单向流动，形不成循环。磷酸盐资源也因而成为一种不能再生的资源。

2.1.4 生态系统的能量流动

推动生物圈和各级生态系统物质循环的动力，是能量在食物链中的传递，即能量流。与物质的循环运动不同的是，能量流是单向的，它从植物吸收太阳能开始，通过食物链逐级传递，直至食物链的最后一环。在每一环的能量转移过程中都有一部分能量被有机体用来推动自身的新陈代谢，随后变为热能耗散在物理环境中。

为了反映一个生态系统利用太阳能的情况，我们使用生态系统总产量这一概念。一个生态系统的总产量是指该系统内食物链各个环节在一年时间里合成的有机物质的总量。它可以用能量、生物量表示。生态系统中的生产者在一年里合成的有机物质的量，称为该生态系统的初级总产量。在有利的物理环境条件下，绿色植物对太阳能的利用率一般在1%左右。生物圈的初级生产总量约为4.24×10^{21} J/a，其中海洋生产者的总产量约为1.83×10^{21} J/a，陆地的约为2.41×10^{21} J/a。总产量的一半以上被植物的呼吸作用所耗用，剩下的称为净初级产量。各级消费者之间的能量利用率也不高，平均约为10%，即每经过食物链的一个环节，能量的净转移率平均只有10%左右。因此，生态系统中各种生物量按照能量流动的方向沿食物链递减，处在最基层的绿色植物的量最多，其次是草食动物，再次为各级肉食动物，处在顶级的生物的量最少，形成一个生态金字塔。只有当生态系统生产的能量与消耗的能量大致相等时，生态系统的结构才能维持相对稳定状态，否则生态系统的结构就会发生剧烈变化。

2.1.5 生态平衡

生态系统中的能量流和物质循环在通常情况下（没有受到外力的剧烈干扰）总是平稳地进行着，与此同时生态系统的结构也保持相对的稳定状态，这叫做生态平衡。生态平衡的最明显表现就是系统中的物种数量和种群规模相对平稳。当然，生态平衡是一种动态平衡，即它的各项指标，如生产量、生物的种类和数量，都不是固定在某一水平，而是在某个范围内来回变化。这同时也表明生态系统具有自我调节和维持平衡状态的能力。当生态系统的某个要素出现功能异常时，其产生的影响就会被系统做出的调节所抵消。生态系统的能量流和物质循环以多种渠道进行着，如果某一渠道受阻，其他渠道就会发挥补偿作用。对污染物的入侵，生态系统表现出一定的自净能力，也是系统调节的结果。生态系统的结构越复杂，能量流和物质循环的途径越多，其调节能力，或者抵抗外力影响的能力，就越强。反之，结构越简单，生态系统维持平衡的能力就越弱。农田和果园生态系统是脆弱生态系统的例子。

一个生态系统的调节能力是有限度的。外力的影响超出这个限度，生态平衡就会遭到破坏，生态系统就会在短时间内发生结构上的变化，比如一些物种的种群规模发生剧烈变化，另一些物种则可能消失，也可能产生新的物种。但变化总的结果往往是不利的，它削弱了生态系统的调节能力。这种超限度的影响对生态系统造成的破坏是长远性的，生态系统重新回到和原来相当的状态往往需要很长的时间，甚至造成不可逆转的改变，这就是生态平衡的破坏。作为生物圈一分子的人类，对生态环境的影响力目前已经超过自然力量，而且主要是负面影响，成为破坏生态平衡的主要因素。人类对生物圈的破坏性影响主要表现在三个方面：一是大规模地把自然生态系统转变为人工生态系统，严重干扰和损害了生物圈的正常运转，农业开发和城市化是这种影响的典型代表；二是大量取用生物圈中的各种资源，包括生物的和非生物的，严重破坏了生态平衡，森林砍伐、水资源过度利用是其典型例子；三是向生物圈中超量输入人类活动所产生的产品和废物，严重污染和毒害了生物圈的物理环境和生物组分，包括人类自己，化肥、杀虫剂、除草剂、工业三废和城市三废是其代表。

2.1.6　生态学的基本规律

生态学规律是指生态研究领域中的事物和现象的本质联系。它的作用范围不单是生物本身或者环境本身，而是生物与环境相互作用的整体，包括各类型的生态系统，以至“社会-经济-自然”复合生态系统。生态系统的不同组织层次表现不同层次的规律。这里表述的是所有生态系统共同遵循的基本生态规律。

2.1.6.1　相互依存与相互制约的互生规律

相互依存与相互制约规律，反映了生物间的协调关系，是构成生物群落的基础。生物间的这种协调关系，主要分两类：

（1）普遍的依存与制约。普遍的依存与制约亦称“物物相关”规律。有相同生理、生态特性的生物，占据与之相适宜的小生境，构成生物群落或生态系统。系统中不仅同种生物相互依存、相互制约，异种生物（系统内各部分）间也存在相互依存与制约的关系；不同群落或系统之间，也同样存在依存与制约关系，亦可以说彼此影响。这种影响有些是直接的，有些是间接的，有些是立即表现出来的，有些需滞后一段时间才显现出来。因此，在自然开发、工程建设中必须了解自然界诸事物之间的相互关系，统筹兼顾，做出全面安排。

（2）通过“食物”而相互联系与制约的协调关系，亦称“相生相克”规律。具体形式就是食物链与食物网。即每一种生物在食物链或食物网中，都占据一定的位置，并具有特定的作用。各生物种之间相互依赖、彼此制约、协同进化。被食者为捕食者提供生存条件，同时又为捕食者控制；反过来，捕食者又受制于被食者，彼此相生相克，使整个体系（或群落）成为协调的整体。亦即体系中各种生物个体都建立在一定数量的基础上，它们的大小和数量都存在一定的比例关系。生物体间的这种相生相克作用，使生物保持数量上的相对稳定，这是生态平衡的一个重要方面。当人们向一个生物群落（或生态系统）引进其他群落的生物种时，往往会由于该群落缺乏能控制它的物种（天敌）存在，使该种种群暴发起来，从而造成灾害。

2.1.6.2 物质循环转化与再生规律

生态系统中，植物、动物、微生物和非生物成分，借助能量的不停流动，一方面不断地从自然界摄取物质并合成新的物质，另一方面又随时分解为简单的物质，即所谓“再生”，这些简单的物质重新被植物所吸收，由此形成不停顿的物质循环。因此要严格防止有毒物质进入生态系统，以免有毒物质经过多次循环后富集到危及人类的程度。至于流经自然生态系统中的能量，通常只能通过系统一次，它沿食物链转移时，每经过一个营养级，就有大部分能量转化为热散失掉，无法加以回收利用。因此，为了充分利用能量，必须设计出能量利用率高的系统。如在农业生产中，为防止食物链过早截断、过早转入细菌分解，使能量以热的形式散失掉，应该经过适当处理（例如秸秆先作为饲料），使系统能更有效地利用能量。

2.1.6.3 物质输入输出的动态平衡规律

物质输入输出的平衡规律，又称协调稳定规律。当一个自然生态系统不受人类活动干扰时，生物与环境之间的输入与输出，是相互对立的关系，对生物体进行输入时，环境必然进行输出，反之亦然。

生物体一方面从周围环境摄取物质，另一方面又向环境排放物质，以补偿环境的损失。也就是说，对于一个稳定的生态系统，无论对生物、对环境，还是对整个生态系统，物质的输入与输出总是相平衡的。

当生物体的输入不足时，例如农田肥料不足，或虽然肥料（营养分）足够，但未能分解而不可利用，或施肥的时间不当而不能很好地利用，结果作物必然生长不好，产量下降。

同样，在质的方面，也存在输入大于输出的情况。例如人工合成的难降解的农药和塑料或重金属元素，生物体吸收的量即使很少，也会产生中毒现象；即使数量极微，暂时看不出影响，但它也会积累并逐渐造成危害。

另外，对环境系统而言，如果营养物质输入过多，环境自身吸收不了，打破了原来的输入输出平衡，就会出现富营养化现象，如果这种情况继续下去，势必毁掉原来的生态系统。

2.1.6.4 相互适应与补偿的协同进化规律

生物与环境之间，存在着作用与反作用的过程。或者说，生物给环境以影响，反过来环境也会影响生物。植物从环境吸收水和营养元素与环境的特点，如土壤的性质、可溶性营养元素的量以及环境可以提供的水量等紧密相关。同时生物以其排泄物和尸体的方式把相当数量的水和营养素归还给环境，最后获得协同进化的结果。例如最初生长在岩石表面的地衣，由于没有多少土壤可供着“根”，当然所得的水和营养元素就十分少。但是，地衣生长过程中的分泌物和尸体的分解，不但把等量的水和营养元素归还给环境，而且还生成能促进岩石风化变成土壤的物质。这样，环境保存水分的能力增强了，可提供的营养元素也加多了，从而为高一级的植物苔藓创造了生长的条件。如此下去，以后便逐步出现草本植物、灌木和乔木。生物与环境就是如此反复地相互适应的补偿。生物从无到有，从低级向高级发展，而环境也在演变。如果因为某种原因损害了生物与环境相互补偿与适应的关系，例如某种生物过度繁殖，环境就会因物质供应不足而造成其他生物的饥饿死亡。

2.1.6.5　环境资源的有效极限规律

任何生态系统中作为生物赖以生存的各种环境资源，在质量、数量、空间、时间等方面，都有其一定的限度，不能无限制地供给，因而其生物生产力通常都有一个大致的上限。也正因为如此，每一个生态系统对任何外来干扰都有一定的忍耐极限。当外来干扰超过此极限时，生态系统就会被损伤、破坏，以致瓦解。因此，放牧强度不应超过草场的允许承载量。采伐森林、捕鱼狩猎和采集药材时不应超过能使各种资源永续利用的产量。保护某一物种时，必须要有足够它生存、繁殖的空间。排污时，必须使排污量不超过环境的自净能力等。

以上五条生态学规律，也是生态平衡的基础。生态平衡以及生态系统的结构与功能，又与人类当前面临的人口、食物、能源、自然资源、环境保护五大社会问题紧密相关。

2.2　环境科学体系建立

生态环境是人类的生存与发展的基础，随着环境问题的出现和日益发展严重，引起全人类的共同关注，解决环境问题的科学研究逐渐形成环境科学这样一个新兴的综合性学科，生态学理论即是环境科学体系建立的理论基础之一。

2.2.1　环境科学的发展

20世纪以来，由于人类对于自然资源的不合理的开发和利用，对于环境的污染和破坏引起了一系列的环境问题，随着环境问题的日益显著，人们越来越迫切地希望了解人与环境的关系，掌握解决环境问题的途径。环境科学正是在人们的殷切企盼中发展起来的。由于人们对环境问题的认识是循序渐进的，环境科学的形成和发展也经历了一个过程才逐渐形成现在的学科体系。

2.2.1.1　20世纪50~70年代末——环境工程学发展

早在20世纪50年代初，大部分人认为环境问题是生产技术方面的问题，以治理污染为主要手段，原则是“谁污染谁治理”，环境科学成了治理污染的代名词，这一阶段促进了环境工程学的发展。但这时期虽然采取了各种污染治理对策，耗费了大量的人力、物力和财力，然而环境问题并没有从根本上得到解决。

2.2.1.2　20世纪70年代末~90年代初——环境规划学、环境经济学、环境法学诞生

进入20世纪70年代，人们发现环境问题的产生，是由于单个的生产厂商将环境成本转嫁给社会的结果，这就是著名的“环境外部性”理论。该理论认为，由于将环境资源看成是可以自由取用的公共物品，生产厂商无需对生产过程中消耗的环境资源支付费用，而将产品成本中的应包括的环境成本转嫁给社会、政府，从而使成本外在化。采取的对策是大量的经济手段，原则为“外部性成本内在化”，即设法将环境的成本内在化到产品的成本中去。具体说来就是通过对自然环境和自然资源进行赋值，使环境污染和破坏的成本在一定程度上由经济开发建设行为担负。这一时期最重要的进步就是认识到自然环境和自

然资源的价值性，促进了环境经济学、环境规划学和环境法学得到蓬勃发展。其结果是虽对解决环境问题起到了很大的推动作用，但环境问题并没有从根本上解决，环境问题仍在恶化。

2.2.1.3 20世纪90年代初以来——环境管理学建设与发展

1987年，联合国世界环境与发展委员会发表了《我们共同的未来》，第一次将环境问题与社会发展联系起来。明确指出，目前严重的环境问题，产生的根本原因就在于人类的发展方式和发展道路。采取的对策应该是改变目前的发展方式，协调经济发展与环境之间的关系，走可持续发展的道路。其结果是促进了环境管理学学科的建设与发展。环境科学思想和方法的演变说明了人类是可以逐渐认识并把握到自然的存在价值的，更说明了在严重的环境问题面前，觉醒了的人类借助环境科学研究，完全有可能克服这个发展的难题和障碍。

2.2.2 环境科学学科体系建立

环境科学作为一门独立的学科从兴起到形成只有三四十年的历史。20世纪60年代进行了一些零星、分散的工作；到70年代初，才初步汇集成一门具有广泛领域和丰富内容的学科。环境科学作为一门新兴的学科系统，与传统的学科系统相比，有它自身的特点。由于涉及的因素众多，关系复杂，环境科学还未形成成熟而完善的学科体系。要正确地对环境科学进行分科，首先必须对环境科学的研究内容、性质及学科间联系等特点作深入的分析，并以此作为学科划分的依据。下面介绍了不同学者环境科学体系分科的研究。

2.2.2.1 研究环境科学与三大科学领域的关系基础上的学科划分

环境科学是三大传统科学体系交互作用和融合的产物，图2-2说明环境科学各学科与三大传统科学体系之间的交叉关系。

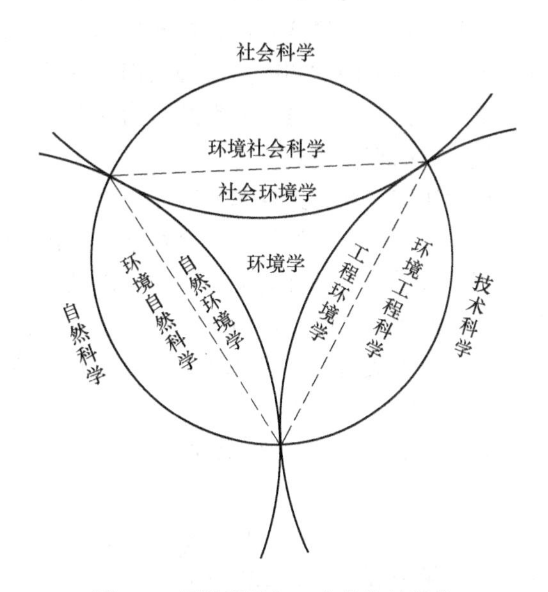

图2-2 环境科学与三大传统科学体系之间的交叉关系

环境科学体系可以划分为环境学、环境自然科学、环境技术科学和环境社会科学四部分。环境学是环境科学的学科基础，阐述环境科学的基础理论体系，主要研究人与环境相互作用的基本规律。环境自然科学是环境科学与自然科学的交叉学科，用自然科学的知识和方法研究环境问题，包括生态学、环境化学、环境生物学、环境毒理学、环境物理学、环境地学等。环境技术科学是环境科学与技术科学的交叉学科，运用技术科学的知识和方法认识环境、解决环境问题，主要分支学科包括环境监测学、环境工程学、环境评价学等。环境社会科学是环境科学与社会科学的交叉形成的分支学科主要包括环境管理学、环境经济学、环境法学、环境规划学等。通常情况下，环境科学专业的人才培养，在自然科学、社会科学和技术科学方面都要求具备一定的知识基础。

2.2.2.2 在研究环境规律基础上的学科划分

制约人类发展的五类规律为自然规律、社会规律、经济规律、技术规律和环境规律。这五类规律以人类智力行为为界分为两组，自然界的行为规律是自然规律，属于非智力行为规律；人类智力行为规律包括社会规律、经济规律、技术规律以及人类与环境相互作用的环境规律。自然规律是自然事物发展变化所固有的、本质的、必然的联系；环境规律则是人与环境相互作用过程中存在的本质的、必然的联系。环境规律与自然规律的区别在于环境规律强调人与环境的相互作用，这里的环境包括自然环境与带有不同程度人工烙印的人工环境。研究的大部分现象是自然界没有的或者是人为强化了的自然过程。例如自然环境的改变是在一定条件下自然规律作用的结果，不违背自然规律；如氮、磷的排放到制造类疯长，符合藻类生长的自然规律，不违背自然规律，但是导致水环境质量降低，就违背了人与环境和谐的要求，即违背环境规律。“环境问题出现是人类活动违背自然规律的结果”应为“环境问题出现是人类活动违背环境规律的结果”。

联系是普遍的，同一件事物当中的各种规律通常是交织在一起，规律之间存在着各种各样的联合作用。如果在多种规律的作用下，事物需要取得各种规律合力的支持，才能够实现既定的目标。如能取得所有相关规律的协同，则可以顺利实现目标，甚至事半功倍；如果任何一个相关规律的作用出现偏差或者拮抗作用，那么实现目标的过程就会非常艰难，会出现偏离目标的结果或者出现不希望发生的副效应，甚至背离目标。人类实现重大战略目标，往往同时受到五律的作用，因此必须探讨五类规律的协同作用的途径，从而使五类规律成为实现目标的动力，这种状态称“五律协同”。在人类发展的历史中，对自然规律、社会规律、经济规律和技术规律的每一次重大认识，都推动了人类文明的进步，促进了人与环境之间的和谐。过去人们没有认识到环境规律的存在，造成了目前众多环境问题的形成，并久治不愈。人类的行为如果能够取得五类规律的协同支持，就能够顺利地实现人类发展的理想模式。

科学研究客观世界规律和本质，是人类知识的集合，研究五类现象，揭示五类规律，形成五类科学：自然科学、社会科学、经济科学、技术科学和环境科学。边缘科学：研究边缘现象背后各种基础规律的作用，以及各种基础规律联合作用产生的新规律的作用。与环境相关的边缘学科：环境自然科学、环境社会科学、环境经济科学、环境技术科学。因此，以研究人类基本规律为基础的环境科学体系的建立为（2+4+X）模式，即

2：环境学、生态学；

4：环境自然科学、环境社会科学、环境经济学、环境技术科学；

X：环境地学、环境化学、环境物理、环境生物、环境数学、环境伦理、环境法律、环境管理、污染经济学、资源经济学、环境经济政策、宏观经济与环境、费效分析、清洁生产、污染治理、环境监测等。

环境学主要研究环境科学基本原理；生态学是研究生物与环境以及生物与生物之间的关系，也是环境学研究的理论基础。环境自然科学是环境科学和自然科学的交叉学科，研究环境规律和自然规律联合作用的机理，用自然科学的原理和方法研究水、大气、土壤、生物和物理环境问题，子学科为环境地学、环境化学、环境物理、环境生物、环境数学

等。环境社会科学主要包括环境伦理、环境法律和环境管理。环境伦理是指人对环境的伦理。它涉及人类在处理与环境之间的关系时，何者为正当、合理的行为，以及人类对于自然界负有什么样的义务等问题。环境法律是国家制定或认可，并由国家强制保证执行的关于环境保护和自然资源、防止污染和其他公害的法律规范的总称。环境管理：运用行政、法律、经济、教育和科技手段，协调社会经济发展与环境保护之间的关系，处理社会各团体和个人有关环境问题的关系，在社会经济发展和满足人们需求的同时保持与环境的和谐；环境经济科学利用经济学和环境学的原理，研究自然资源和其他环境资源的配置，以获得的经济效益、环境效益以及社会效益的协同发展。包括污染经济学、资源经济学、环境经济政策、宏观经济与环境、费效分析；环境技术科学研究适合于环境要求的工艺、流程以及技术包括清洁生产、污染治理、环境监测等。

环境科学就是研究人与环境相互关系的科学，目的在于揭示人与环境的相互作用中存在的规律性，研究人类经济、社会活动引起环境系统变化的规律，及其对人类健康和社会、经济发展的影响，探索调节和控制环境问题的有效途径和方法，求得人类与环境的协调发展。

2.2.2.3 根据环境科学各分支学科的研究层次划分

环境科学各分支学科的根据研究内容、基础、综合性程度可分为外围层次、中间层次、核心层次。外围层次是三大传统科学领域原有学科在环境科学领域的应用形成的“过渡”学科，包括环境自然科学、环境技术科学和环境社会科学三部分。环境自然科学是传统自然科学向环境科学的过渡学科，包括环境物理学、环境化学、环境地学、环境生物学、环境生态学、环境气象学、环境空气动力学等。环境技术科学是传统技术科学向环境科学的过渡学科，包括环境监测学、环境医学、农业环境保护学、工业环境保护学、城市环境保护学、矿区环境保护学、海洋环境保护学等。环境社会科学是传统社会科学向环境科学的过渡学科，包括环境经济学、环境法学、环境教育学、环境美学、环境心理学、环境伦理学等。中间层次是三大传统领域两两交叉形成的新学科在环境领域中的应用，具有较为突出的横断性、综合性和现实性。它由三部分组成：第一部分是由社会科学与自然科学交叉形成一些新的软科学基础理论，如“新三论”“老三论”及社会生态学理论等，这些理论在环境科学领域再应用进而形成一批新的环境学科，如环境系统工程学、环境社会生态学、环境史学、环境哲学等；第二部分是由社会科学与技术科学交叉形成的一些新的软技术基础理论，如系统分析、系统模拟、系统规划等，这些理论技术与生态技术结合在环境科学领域中的再应用而形成的一批新环境学科，如环境影响评价、环境规划、环境建设学等；第三部分是由自然科学与技术科学交叉所形成的生态最适技术理论在环境科学中的应用和发展产生的新兴学科——环境生态适宜技术和环境生态保护技术。核心层次是三大传统科学高度综合和发展所形成的大统管理理论在环境科学中再应用的产物——环境管理科学，它最充分地体现了环境科学的最本质的特征和要求，具有整体性、系统性、综合性、横断性、实用性和反馈性等特点，其理论基础是现代预测学、运筹学、决策论、管理学等，它结合社会系统、经济系统、技术系统和生态环境系统的历史、现状、发展趋势及其间现实的、内在的联系来建构自己的理论和应用体系。环境管理科学包括环境预测学、环境决策学和环境管理学。环境科学各分支学科的研究层次划分见图 2-3。

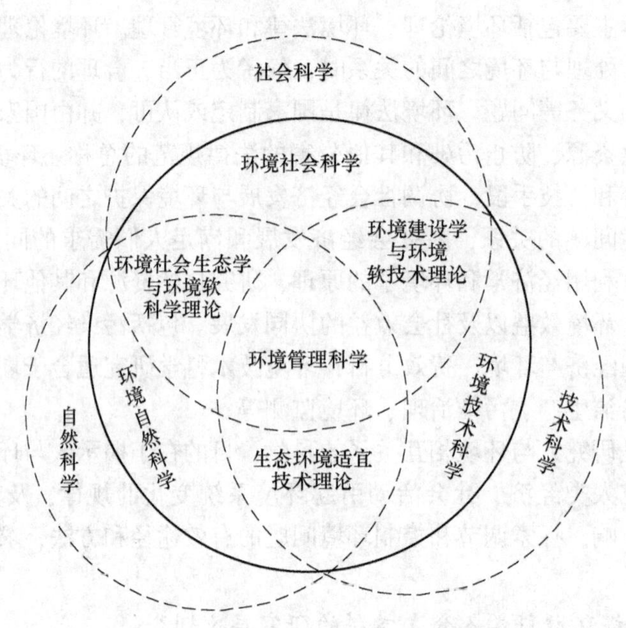

图 2-3　环境科学各分支学科的研究层次划分

2.2.3　环境科学的基础理论的发展

环境科学研究者之前大多是从其他相关学科转变过来，按照原有的学科背景进行环境问题研究，形成众多环境科学的分支学科，分支学科是相关学科的理论、方法与环境问题的结合。相关学科的理论是比较完善，故分支学科的理论也相对比较完善。随着人类在控制环境污染方面所取得的进展，环境科学这一新兴学科也日趋成熟，并形成自己的基础理论和研究方法，它将从分门别类研究环境和环境问题，逐步发展到从整体上进行综合研究。例如关于生态平衡的问题，如果单从生态系统的自然演变过程来研究，是不能充分阐明它的演变规律的，只有把生态系统和人类经济社会系统作为一个整体来研究，才能彻底揭示生态平衡问题的本质，阐明它从平衡到不平衡，又从不平衡到新的平衡的发展规律。人类要掌握并运用这一发展规律，有目的地控制生态系统的演变过程，使生态系统的发展越来越适宜于人类的生存和发展。通过这种研究，逐渐形成生态系统和经济社会系统的相互关系的理论，环境科学的方法论也在发展。例如在环境质量评价中，逐步建立起一个将环境的历史研究同现状研究结合起来，将微观研究同宏观研究结合起来，将静态研究同动态研究结合起来的研究方法；并且运用数学统计理论、数学模式和规范的评价程序，形成一套基本上能够全面、准确地评定环境质量的评价方法。

环境科学基础理论研究就是要揭示蕴藏在环境系统内部的客观规律，即环境系统内部结构及其运动变化规律，具体理论包括：

（1）环境系统性原理。环境系统内部包括众多的子系统，不论什么级别的环境系统，都具有相同性质和原理，此即环境系统性原理。

（2）环境容量原理。环境容量的定义是在环境系统不发生突变的条件下，为外界提供供应物或者承受外界排放物的最大能力。

（3）人与环境共生原理。环境是人类发展的重要基础，人是自然环境的重要产物。

人与环境的共生性主要体现在以下两方面：环境与人的共生发展是环境和人类共同发展的必要前提，人类和环境的共同发展是人与环境共生的最终目的。

环境科学具有独特的研究对象，是人类知识（文明）体系中不可或缺的独立科学，环境科学的基本原理是整个学科的基础理论。

2.2.4　环境科学的研究对象、性质和任务

环境科学既然是研究人与环境相互关系的科学，就应以"人类-环境"系统为其研究对象，它是研究"人类-环境"系统的发生和发展、调节和控制以及改造和利用的科学。其目的在于探讨人类社会持续发展对环境的影响及其环境质量的变化规律，从而为改善环境，实现可持续发展提供科学依据。

环境学是为解决环境问题而诞生的一门新兴科学。它是一个由多学科到跨学科的庞大科学体系组成的新兴学科，也是介于自然科学、社会科学和技术科学之间的边缘学科，是现代科学技术向深度、广度进军的标志，是人类认识自然、改造自然进一步深化的表现。环境科学诞生时间不久，并正在迅速发展之中，因此对于环境科学的研究对象、任务和内容给以确切完备的答复尚有一定困难，在这里我们对环境科学现代的研究任务和内容给以概括，并以动态、科学的思想去理解和认识。

目前环境科学的基本任务，就是揭示人类-环境关系的实质，研究人类-环境系统之间的协调关系，掌握它的发展规律，调控人类与环境之间的物质和能量交换过程，以改善环境质量，保护生态环境，造福人民，促进人类与环境之间的协调发展。

为此环境学的主要任务是：

(1) 探索全球范围内环境演化的规律，了解人类环境变化的过程、环境的基本特性、环境结构和演化机理等，以便应用这些认识使环境质量和生态环境向有利于人类的方向发展，避免对人类不利的变化。

(2) 揭示人类活动同自然环境之间的关系，以便协调社会经济发展与环境保护的关系，使人类社会和环境协调发展。

(3) 探索环境变化对人类生存的影响，发挥环境科学的社会功能，探索污染物对人体健康危害的机理及环境毒理学研究，为人类正常、健康的生活服务。

(4) 研究区域环境污染和生态破坏综合防治的技术措施和管理措施。

具体化学习研究内容包括人类和环境的关系，环境污染的危害，污染物在自然环境中的迁移、转化、循环和积累的过程和规律环境污染的控制和防治，自然资源的保护和合理使用，环境监测、分析技术和预报，环境状况的调查、评价和环境预测，环境规划，环境管理等。

2.3　能源环境学科的发展

能源与环境有着十分密切的关系，能源是社会发展的物质基础，环境是能源的载体，同时也是各类生物赖以生存的空间。然而，伴随着工业化进程的不断加快和经济的迅猛发展，人类不合理的开发和使用自然资源，不顾后果地任意排放污染物，使世界面临着资源枯竭和退化、生态环境恶化和社会经济发展失衡的严峻挑战。

2.3.1　能源环境

能源环境（energy-environment）是不同种类能源在不同状态、利用方式和区域尺度下对环境影响的形式、程度及其相互关系的总和。人类文明从诞生起，历经薪柴时代、蒸汽时代、电力时代到化石能源时代，从固体、液体再到气体燃料，能源一直与人类社会发展休戚相关。20世纪30年代的经济大萧条，使得经济学开始被重视，能源经济学研究成为这一时期的热点。20世纪70年代以来，尤其是第二次石油危机以后，随着能源利用带来的环境问题越来越严重，全球对能源的关注开始从经济领域转向能源环境领域。

2.3.2　能源环境学研究的基本理论

能源环境学是一门基于环境科学基础理论与能源技术科学交叉而形成的新兴的综合性学科，其主要研究能量转换与有效利用及环境保护的理论与方法，包括各种能源的开发、生产、转换、传输、分配及综合利用的理论技术及政策，与国民经济发展和环境保护的密切相关系，能源环境学的研究对于人类社会的可持续发展，促进人与自然的和谐具有巨大的作用。目前，能源环境研究主要集中在应用研究阶段，对其理论构架和探讨较少。下面主要介绍一些与能源和环境相关基础理论。

2.3.2.1　可持续发展理论

可持续发展理论（sustainable development theory）是指既满足当代人的需要，又不对后代人满足其需要的能力构成危害的发展，以公平性、持续性、共同性为三大基本原则。可持续发展理论本身就是由资源尤其是能源需求危机和环境问题而引发的。20世纪60年代后全球能源环境形势日益严峻，挪威前首相布伦特兰夫人于1987年首先提出了可持续发展思想。能源与环境的问题，是技术性、社会性要素错综复杂交织在一起的问题，实现两者的协调必须走可持续发展之路。可持续发展理论研究包括四个主要方向。

（1）生态学方向。生态、环境和资源的可持续性是人类社会实现可持续发展的基础。该方向以生态平衡、自然保护、环境污染防治、资源合理开发与永续利用等作为其最基本的研究对象和内容，其焦点是力图把“环境保护与经济发展之间取得合理的平衡”作为衡量可持续发展的重要指标和基本手段。该方向的研究以挪威原首相布伦特兰夫人和巴信尔等人的研究报告和演讲为代表，其最具有代表性的指标体系是Constanza和Lubchenco等人提出的生态服务（eco-service）指标体系。

（2）经济学方向。经济的可持续发展是实现人类社会可持续发展的基础与核心问题。它以区域开发、生产力布局、经济结构优化、物资供需平衡等区域可持续发展中的经济学问题作为基本研究内容，其焦点是力图把“科技进步贡献率抵消或克服投资的边际效益递减率”作为衡量可持续发展的重要指标和基本手段，充分肯定科学技术对实现可持续发展的决定性作用。该方向的研究以世界银行的《世界发展报告》，莱斯特·布朗、Macneill和Pearce等的“绿色经济”有关研究为代表，其最具有代表性的指标体系是世界银行的“国民财富”评价指标体系。

（3）社会学方向。它以人口增长与控制、消除贫困、社会发展、分配公正、利益均衡等社会问题作为基本研究对象和内容，其焦点是力图把“经济效率与社会公正取得合理的平衡”作为可持续发展的重要判据和基本手段，这也是可持续发展所追求的社会目标和伦理规则。该方向的研究以联合国开发计划署的《人类发展报告》，其衡量指标以“人文发展指数（HDI）”、Cobb 的“真实进步指标（GPI）”、Allen 的“可持续性晴雨表”等为代表。

（4）系统学方向。可持续发展研究的对象是“自然-经济-社会”这个复杂系统，只有应用系统学的理论和方法，才能更好地表达可持续发展理论博大精深的内涵。该方向是以综合协同的观点去探索可持续发展的本源和演化规律，将能够体现可持续发展本质特征的“发展度”“协调度”“持续度”三者内部的逻辑自洽和动态均衡作为中心，有序地演绎了可持续发展的时空耦合与三者互相制约、互相作用的关系，建立了人与自然关系、人与人关系的统一解释基础和定量的评判规则。系统学方向的研究以中国科学院的《中国可持续发展战略研究报告》（1999～2007）为代表。另外一个代表理论是“三种生产”理论。

2.3.2.2　能源、经济和环境（3E）理论

能源、环境与经济形成了一个相互关联的复杂有机统一体，寻求能源、经济和环境子系统协调发展不但是可持续发展理论的最本质要求，也是实现国民经济持续、稳步、高速发展的有效途径。经济增长是人类社会进步与发展最基本的事实。产业革命后很长一段时期内，人们单纯的追求物质财富的增长，把获取“经济利益”作为首要目标，并以国内生产总值（grossdomestic product，简称 GDP）作为衡量发展的唯一标准。随着世界范围内能源需求的不断增加，矿物能源生产与消费引发的生态破坏和环境污染对人类生存构成了严重的威胁。罗马俱乐部《增长的极限》一书的发表，引发了人们对以往发展模式的思考，并提出可持续发展理论，人们逐渐意识到，只有把能源、环境、经济纳入一个整体中去研究，才能更加全面、深入、系统地了解它们之间的作用机理。于是，国际上许多能源研究和环保机构开始和经济学家合作，构建能源(energy)-经济(economy)-环境(environment)3E 系统研究框架体系来分析三者之间的发展规律与内在联系，展开对 3E 系统综合平衡和协调发展问题的研究。能源-经济-环境系统的研究主要是对社会发展系统中能源、经济、环境三个子系统之间交互作用程度测算方法和模型的研究，以实现各系统在发展演变过程中的合作、互补、和谐共生，其本质是子系统间的综合平衡与协调发展。随着能源、经济、环境研究的日渐深入，研究者们更加注重采用模型对能源生产和消费过程中的资源浪费、环境污染等情况进行有效的测算，3E 系统模型正朝着复杂化、巨型化的方向发展。主要包括内生经济增长模型、CGE 模型、MARKAL 模型、投入产出模型、多元线性规划模型等。

2.3.2.3　能源技术科学

能源技术即是研究各种能源的开发、生产、转换、传输、分配及综合利用的理论与技术方法的总称。能源环境研究往往也需要借助能源技术领域的理论和方法。例如研究能源转换利用规律的工程热物理学和结合现代生态学理论与可持续发展思想所建立起来的工业生态学等。能源技术科学领域生命周期分析（LCA）、物质流分析和循环再生利用等方法也可被应用到能源环境研究中。能源技术科学三次突破，一是蒸汽机的发明和应用，二是电力的发明和应用，三是原子能的发明和应用。21 世纪，能源科学技术研究围绕新能源的利用及常规能源的清洁生产和可持续利用展开，具体包括核能、风能、太阳能、生物质能、地热能、海洋能、氢能等新能源的开发与利用技术，洁净煤技术，能源软科学技术的研究等。

2.3.3 能源环境研究的重点领域

2.3.3.1 不同能源对环境的影响

所有能源的开发利用，都会对生态和环境产生不同程度的负面影响。不同能源的生产、转化、运输和使用对地球环境有着不同的影响，表 2-1 为不同能源利用对环境的影响。

表 2-1 不同能源利用对环境的影响

能源类型		主要影响层面	主要环境影响
不可再生能源	煤炭	煤炭开采、洗选、储运、加工和转换	地面沉陷、地下水系破坏、酸雨、温室效应颗粒物排放、固体废物排放等
	石油和天然气	油气田勘探开采、炼制和储运	汽车尾气污染、海洋油污染、酸雨、温室效应等
可再生能源	水能	自然、生物、物理化学性质和社会经济等	天然河流消失、对水生生物影响、地质灾害、沙土流失、移民问题、生态变化等
	核能	放射、辐射和意外事故	放射性污染及核事故危害
	风能	占用场地内小范围影响	噪声、景观、电磁干扰、对鸟类影响
	太阳能	光电和光热两种方式	占用土地、影响景观、材料生产过程影响
	生物质能	种植、收集和燃烧	土地退化、水土流失、生态破坏等
	地热能	热井、钻取塔和冷却塔	地面干扰、地面沉降、噪声、热污染和化学污染
	海洋能	发电	海洋生态环境影响

2.3.3.2 化石燃料能源开发利用对环境影响研究

A 能源利用对城市空气质量影响研究

能源利用与空气质量密切相关，大气环境与能源消费活动密切相关，能源结构和机动车污染是造成城市大气污染的主要原因。大量学者对我国不同省市能源使用及其与大气环境的关系进行了实证研究并提出了相应的对策。能源消费对城市经济发展和环境保护所产生的重大影响也是我国政府长期关注的重点问题。改善城市能源结构是改善空气环境质量的根本。

B 能源对全球气候变化影响研究

20 世纪 70 年代以来，防止全球变暖和控制温室气体排放成为人们普遍关注的问题。国内外学者的研究主要集中在两个主要方面：一是从能源技术领域探讨能量产生和转换利用过程中的环境效应，如制冷空调与低温、洁净能源与燃烧、建筑节能及其他与能源和环境相关的热科学和技术方面的研究，以及化石能源消耗带来的大气污染、酸雨和温室效应等环境问题的现状、减排技术前景和应对策略；二是从能源政策和经济领域探讨各国对全球气候变化的责任分担，即不同国家在能源和全球气候变化领域的责任、战略和利益博弈等方面。很多学者尝试对 CO_2 排放和温室气体减排进行定量分析和评价。例如一些学者通过对我国能源利用 CO_2 排放的结构分解和年际变迁进行分析，还有一些学者针对我国国情构建了数学模型进行计算，例如中国温室气体模型（China GHG Model），中国 MARKAL-MACRO 模型，中国可计算一般均衡（CGE）模型等。在碳排放领域，国内外的能源环境研究还与陆地生态系统碳汇及生态学研究产生了很好的契合。气候和能源消费的关系也是国际学术界极为关注的研究领域之一。近几十年来，人们一直把能源消费作为引起气候变化的主要因子，并且把气候变化对能源消费的影响作为世界气候影响研究计划中的重要内容。从目前研究情况来看，人们对前者的研究较多，而对后者却不够重视，特别是发展中国家。

2.3.3.3 清洁能源及节能技术的研究

能源利用率水平决定了能源技术的先进性，就我国而言，单位 GDP 能耗是世界平均水平的 1.5 倍，能源利用率水平与欧盟和日本差距更大，因此通过清洁能源技术和节能，提高能源利用率水平是我国现阶段的主要任务。首先包括各种高效清洁煤利用技术、先进的工业节能技术、节能生态智能建筑技术等，重点开展系统集成、优化以及实用化的研发工作，以便尽快推广应用；其次，通过重大工程实施，示范试验一批已有一定积累的先进能源技术，如规模化的可再生能源利用技术、大型电力储能技术、轨道交通和纯电动车技术、页岩气开采与利用技术、特高压输电技术、新型核电技术和核废料处理技术、农林畜禽废物能源化与资源化利用技术等；同时，设置科技重大专项，集中攻关一批核心技术，如太阳能、风能转换新原理与新技术，集收集、储能、发电于一体的光伏材料体系，能源植物的选育与种植技术，海底与冻土天然气水合物开发与利用技术，可控热核聚变示范堆技术等。

2.3.3.4 农村能源对生态环境和健康的影响研究

A 农村能源调查研究和生物质能可得性及其开发利用评价

由于统计资料的缺乏等困难，对农村能源消费和构成情况的研究主要依靠区域调查。除 20 世纪 80 年代末全国范围内曾进行过农村能源利用全面调查外，还有大量学者在不同地区进行过农村能源调查和分析。生物质能是农村能源生产和消费中最重要的部分，因此其可得性和利用评价也是农村能源环境研究的一个重要基础工作。

B 农村能源环境可持续发展及其定量分析与评估

农村能源短缺往往与贫困和脆弱的生态环境密切相连。农村能源环境协调发展的目标就是建立起经济、环境、社会相互协调的可持续发展的农村地区能源系统。不少学者对农村能源环境可持续发展或发展预测进行了定量模拟与分析，提出了农村能源可持续发展评价的指标体系，并运用系统动力学方法对其进行模拟分析。

C 农村生物质能利用的生态与环境及健康效应研究

高效和清洁的利用生物质能源对温室气体的减排和生态与环境的保护有重要作用。但是，生物质能的低效直接燃烧却是发展中国家农村能源的主体形式。这一方面可能造成生态与环境退化，使有限的能源资源更加短缺，另一方面由于农户室内空气污染而威胁农民健康甚至引起死亡。

2.3.3.5 能源环境在经济、技术和政策层面的研究

A 经济层面的能源环境研究

从经济层面研究能源环境问题，主要是用经济学模型分析能源的环境影响，以及通过研究能源环境关系在能源经济层面的表现要素即能源结构、能源强度等指标来反映能源-经济-环境三者之间的关系。

B 技术层面的能源环境研究

技术进步跟能源-环境政策之间相互约束与激励，并且对解决大多数能源-环境问题非常重要，尤其是像气候变化这样的远期与大尺度问题。除经济学家在能源-环境政策相关的技术进步研究领域做了许多有益的探索外，大量学者通过能源技术反映在能源环境领域的重要指数即能源效率来研究能源环境问题。

C 政策层面的能源环境研究

因能源环境问题具有可转移、跨地区和无国界等特性，环境问题在各国能源政策中已占据极其重要的地位。从全球范围来看，能源政策实质上已演变为能源-环境政策，如温室气体减排即是能源-环境政策之一。自从可持续发展思想提出以来，能源可持续发展也被大量引入了能源政策的研究当中。

2.3.4 能源环境科学的未来发展

随着能源地位的日益重要，能源环境问题已经纳入资源、经济、环境的综合分析系统中，诸多国内外文献已经提出了许多观点。总的来看，在未来还需要在以下方面加强研究。

（1）进行能源环境学的学科建设和理论研究。能源环境学是在20世纪六七十年代之后才逐渐发展起来的，学科理论和体系尚不完善，对其理论构架、研究方法、研究内容等方面的研究还很少。多数研究只是把它纳入资源经济学或者环境经济学的一个小分支中，借鉴相关学科的技术和方法进行分析。随着能源环境形势的日益严峻，有必要上升到学科层次对能源环境研究的理论、方法和学科建设进行探讨。

（2）农村能源利用与生态环境关系的研究亟待加强。传统上对于能源利用的环境影响，较多关注的是矿物燃料对环境和健康的影响，而忽视了可再生能源尤其是农村生物质能开发利用对生态与环境和健康的影响。而这对农村人口占70%左右，并且农村生活来源主要依靠传统生物质能大量低效直接燃烧的中国，更具有特殊的紧迫性。在现有区域实证调查和定性描述基础上，必须加强农村能源使用对生态与环境影响的定量观测与模拟、作用机理与对策研究。

（3）能源环境模型的进一步研究。不同的学者从不同的学科角度出发已经构建了很多能源环境模型，有的已能够较好地用于能源环境领域的分析。但总的来看各有利弊，适用范围有限，尤其是基于发达国家背景开发的能源环境模型应用于转型期的中国，还存在一定的缺陷。在未来应将其集成进3E模型的研究中，并加强对模型参数的修正和检验。

（4）基于地域空间尺度和中小尺度的能源环境研究。目前许多国际机构和非政府组织都在积极参与能源环境领域的研究，而且其研究多定位在温室效应和碳减排等全球性区域尺度或国家层面上，中小尺度的能源环境研究缺乏。能源环境领域的研究者多是经济学和工程技术背景，因此能源环境的分析以基于技术流程和生命周期的分析为主，基于地域空间尺度的较少。

（5）基于国家政策制定、国际间合作与谈判的能源环境研究。能源在经济增长中处于非常关键的地位，能源政策自然也成为所有国家政府关心的核心政策。因此在未来国际间能源环境责任、义务与权利的分配等问题上，例如《京都议定书》的谈判和未来的国家能源安全保障等，能源环境研究都担负着重要的责任。

思考与练习题

2-1 说明生态系统中物质循环方式及能量流动的特点。
2-2 什么是生态平衡？简述人类活动破坏生态平衡主要表现。
2-3 说明生态系统的结构，并分析生态系统的结构与生态平衡的关系。
2-4 生态学的基本规律有哪些？试分析其对我国环境保护和经济建设的指导意义。
2-5 根据环境科学的研究内容、性质及学科间联系分析说明环境科学分科体系划分。
2-6 制约人类发展的五类规律有哪些？为什么人与环境和谐要“五律协同”？
2-7 分析说明环境科学的研究对象、性质和任务。
2-8 简述可持续发展理论概念及重点研究方向。
2-9 能源环境研究的重点领域包括哪些？
2-10 说明环境科学学科的建立及在我国的发展过程。

3　常规能源的利用与电力能源生产

能源是人类社会生存与发展的物质基础，是关系到国计民生的重大问题。过去200多年，建立在煤、石油、天然气等化石燃料基础上的能源体系极大地推动了人类社会的发展。然而，人们在物质生活和精神生活不断提高的同时，也越来越意识到大规模使用化石燃料所带来的严重后果：资源日渐枯竭，环境不断恶化，还诱发不少国家、地区之间的政治经济纠纷，甚至冲突和战争。

我国快速持续发展的经济，正面临着有限的化石燃料资源和更高的环境保护要求的严峻挑战。

3.1　能源发展概述

能源的问题是21世纪的热门话题，涉及自然科学和社会科学的众多科学领域。

3.1.1　能源的定义

所谓能源，是指能够直接或经过转换而获取某种能量的自然资源。在《现代汉语词典》中，对能源的注解是“能产生能量的物质，如燃料、水力、风力等”。而《大英百科全书》对能源的解释为“能源是一个包括所有燃料、流水、阳光和风的术语，人类采用适当的转换手段，给人类自己提供所需的能量”。此外在各种有关能源的书籍中还有一些其他的描述，但不论何种描述其内涵都是基本相同的，即能源就是能量的来源，是提供能量的资源。

在自然界里，有一些自然资源拥有某种形式的能量，它们在一定条件下能够转换成人们所需要的能量形式，这种自然资源被称为能源，如煤炭、石油、天然气、太阳能、风能、水能、地热能、核能等。但在生产和生活中，由于工作需要或是便于输送和使用等原因，常将上述能源经过一定的加工、转换，使之成为更符合使用条件的能量，如煤气、电力、焦炭、蒸汽、沼气和氢能等，它们也被称做能源。

3.1.2　能源的分类

能源的形式多种多样，可以根据其存在和产生的形式、来源、本身的性质、利用的时间和普及的程度等进行分类。

3.1.2.1　按存在和产生的形式分类

根据能源存在和产生的形式可分为两大类：一类是自然界存在的，可以直接利用的能源，如煤、石油、天然气、植物燃料、水能、风能、太阳能、原子能、地热能、海洋能、潮汐能等，称为一次能源；另一类是由一次能源经过加工转换而成的能源产品，如电、蒸汽、煤气、焦炭、石油制品、沼气、酒精、氢、余热等，称为二次能源。

3.1.2.2 按来源分类

按能量的来源不同，可将能源分为三大类：

第一类是来自地球以外天体的能量，其中主要是太阳辐射能，此外，还有其他恒星或天体发射到地球上的各种宇宙射线的能量。太阳辐射能是地球上能量的最主要来源，它除了直接向地球提供光和热外，还是其他一次能源的来源。例如，靠太阳的光合作用促使植物生长，形成植物燃料；煤炭、石油、天然气、油页岩等化石燃料都是古代生物接受太阳能后生长，又长久沉积在地下形成的；另外，水能、风能、海洋能等，归根到底也都源于太阳辐射能。

第二类是地球自身蕴藏的能量，主要有地热能和原子核能。地热能是地球内以热能形式存在的能源，包括地下热水、地下蒸汽和热岩层，以及尚无法利用的火山爆发能等。原子核能是地壳内和海洋中的核裂变燃料（铀、钍）和核聚变燃料（氘、氚）等发生核反应时释放的能量。

第三类能源来自地球与其他天体间的相互作用。例如，太阳和月球对地球表面海水的吸引作用而产生的潮汐能就属于这一类。

自然界中能源的来源及蕴藏量如图 3-1 所示。

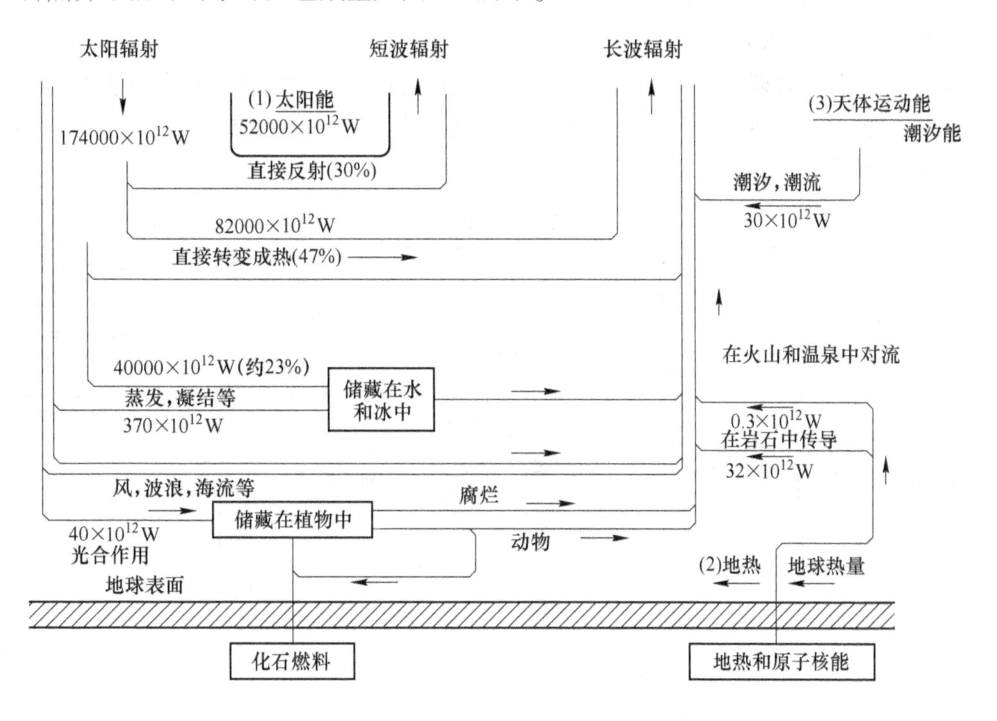

图 3-1 自然界的能源来源及蕴藏量

3.1.2.3 按是否可再生分类

在自然界中可以不断再生并有规律地得到补充的能源，称为可再生能源，如太阳能、水能、风能、潮汐能、生物质能等。它们都可以循环再生，不会因长期使用而减少。经过亿万年形成的、短期内无法恢复的能源，称之为非再生能源，如煤、石油、天然气以及各种核燃料等。它们随着大规模的开采和使用将会逐渐减少。

3.1.2.4 按使用性能分类

按能源是否能作为燃料使用可分为燃料能源和非燃料能源。可作为燃料使用的能源包括化石燃料（煤、石油、天然气等）、生物燃料（柴火、沼气、有机废物等）、化工燃料（酒精、乙炔、煤气、石油液化气等），以及核燃料（铀、钍、钚、氘、氚等）。不可作为燃料使用的能源包括机械能（风能、水能、潮汐能等）、电能、热能（地热能、海洋温差能等）和光能（太阳辐射能、激光等）。

按能源的储存性质可分为含能体能源和过程性能源。前者可直接储存，本身就是可提供能量的物质，如煤、石油、天然气、核燃料等；而后者无法直接储存，由可提供能量的物质运动所产生的能源，如风能、水能、电能、海洋能等。

3.1.2.5 按技术利用状况分类

从能源被开发利用的程度、生产技术水平是否成熟及应用程度等方面考虑，常将能源分为常规能源和新能源两类。常规能源是当前广泛使用、应用技术比较成熟的能源，如煤、石油、天然气、蒸汽、煤气、电等。新能源是指开发利用较少或正在开发研究，但很有发展前景，今后将越来越重要的能源，如太阳能、海洋能、地热能、潮汐能等。新能源有时又叫非常规能源或替代能源。

3.1.2.6 按对环境的影响分类

从使用能源时对环境污染的大小，把无污染或污染小的能源称为清洁能源，如太阳能、风能、水能、氢能等；对环境污染较大的能源称为非清洁能源，如煤炭、油页岩等。

能源的分类见表3-1。

表3-1 能源的分类

<table>
<tr><td colspan="2" rowspan="2">类 别</td><td colspan="2">第一类源自地球以外天体</td><td>第二类源自地球本身</td><td>第三类源自地球本身与其他天体间的相互作用</td></tr>
<tr><td>常规能源</td><td colspan="3">新能源</td></tr>
<tr><td rowspan="2">一次能源</td><td>可再生能源</td><td>水能、植物燃料</td><td>太阳能、风能、生物能、海水温差能、海洋波浪能、海水动力能</td><td>地热能</td><td>潮汐能</td></tr>
<tr><td>非可再生能源</td><td>各种煤、石油、天然气</td><td>油页岩</td><td>核燃料——铀、钍、钚、氘、氚</td><td></td></tr>
<tr><td colspan="2">二次能源</td><td>焦炭、煤气、汽油、柴油、煤油、石油液化气、电能、蒸汽</td><td>酒精、沼气、氢能</td><td></td><td></td></tr>
</table>

3.1.3 能源的评价

能源多种多样，各有优缺点。为了正确选择和使用能源，必须对各种能源进行正确的评价。能源评价包括以下几个方面。

3.1.3.1 储藏量

储藏量是能源供应能否稳定持续的必要条件。描述资源的储藏量主要有三种方法：

（1）储量。采用卫星探测、地质分析等方法，通过宏观统计分析得到的、地质上有表征与特征显示的估计蕴藏量。

（2）探明储量。已探明地层范围及蕴藏确切数量的资源量。

（3）经济可采储量。用当前技术水平可能开采，而经济上又可行的那部分储量。据勘探程度又可划分为普查量、详查量和精查量。

作为能源的一个必要条件是储量足够丰富。与储量有关的评价还要看可再生性，在条件许可和经济上基本可行的情况下，应尽可能地采用可再生能源。

3.1.3.2 能量密度

能量密度是指在一定的质量、空间或面积内，从某种能源中所能得到的能量。如果能量密度很小，就很难用作主要能源。太阳能和风能的能量密度很小，各种常规能源的能量密度都比较大，核燃料的能量密度最大。几种能源的能量密度见表 3-2。

表 3-2　几种能源的能量密度

能源类别	能量密度/$kW \cdot m^{-2}$	能源类别	能量密度/$kJ \cdot kg^{-1}$
风能（风速 3m/s）	0.02	天然铀	5.0×10^{8}
水能（流速 3m/s）	20	铀 235 裂变	7.0×10^{10}
波浪高（波高 2m）	30	氘（核聚变）	3.5×10^{11}
潮汐能（潮差 10m）	100	氢	1.2×10^{5}
太阳能（晴天平均）	1	甲烷	5.0×10^{4}
太阳能（昼夜平均）	0.16	汽油	4.4×10^{4}

3.1.3.3 储能的可能性

储能的可能性是指能源不用时是否可以储存起来，需要时能否立即供应。化石燃料容易做到，而太阳能、风能则比较困难。大多数情况下，能量的使用是不均衡的，通常白天用电多，深夜用电少；冬天需要热，夏天需要冷；因此在能量利用中，储能是很重要的一环。

3.1.3.4 供能的连续性

供能的连续性是指能否按需要和所需的速度连续不断地供给能量。显然太阳能和风能很难做到供能的连续性。太阳能白天有夜晚无；风力时大时小，且随季节变化大。因此常常需要有储能装置来保证供能的连续性。

3.1.3.5 能源的地理分布

能源的地理分布和能源的使用关系密切。能源的地理分布不合理，开发、运输、基本建设等费用都会大幅度地增加。

3.1.3.6 开发费用和利用能源的设备费用

各种能源的开发费用以及利用该种能源的设备费用相差悬殊。太阳能、风能不需要任何成本即可得到。各种化石燃料从勘探、开采到加工却需要大量投资。但利用能源的设备费用则正好相反，太阳能、风能、海洋能的利用设备费按每千瓦计算远高于利用化石燃料的设备费。核电站的核燃料费远低于燃油电站，但其设备费却高得多。因此在对能源进行评价时，开发费用和利用能源的设备费用是必须考虑的重要因素，需进行经济分析和评估。

3.1.3.7　运输费用与损耗

运输费用与损耗是能源利用中必须考虑的一个问题。例如太阳能、风能和地热能都很难输送出去，煤、油等化石燃料很容易从产地输送至用户。核电站的核燃料运输费用极少，因为核燃料的能量密度是煤的几百万倍，而燃煤电站的输煤费用很高。此外，运输中的损耗也不可忽视。

3.1.3.8　能源的可再生性

在能源日益匮乏的今天，评价能源时必须考虑能源的可再生性。太阳能、风能、水能等都可再生，而煤、石油、天然气不能再生。在条件许可和经济上基本可行的情况下，应尽可能采用可再生能源。

3.1.3.9　能源的品位

能源的品位有高低之分。例如，水能可以直接转换为机械能和电能，其品位必然要比先由化学能转换为热能、再由热能转换为机械能的化石燃料高些。另外热机中，热源的温度越高，冷源的温度越低，循环的热效率就越高，因此温度高的热源品位比温度低的热源品位高。在使用能源时，特别要防止高品位能源降级使用，并根据使用需要适当安排不同品位的能源。

3.1.3.10　对环境的影响

使用能源时必须考虑其对环境的影响。原子能的可能危险性世界各国都很重视，已经采取了较可靠的安全措施；化石燃料对环境的污染较大，还需进一步重视并采取有效的措施减少其污染排放；水力资源的应用，也可能对生态平衡、土壤盐碱化、灌溉与航运造成影响；而太阳能、风能、氢能等，则基本上是没有污染的清洁能源。

在对各种能源进行选择和评价时还须考虑国情，我国能源结构是以煤为主的格局，经济发展不平衡、人口众多；此外也应依据国家的有关政策、法规，例如我国能源开发与节约并重的基本方针；同时充分考虑技术与设备的难易程度，只有这样才能对能源进行正确的评价和选择。

3.1.4　能源与社会经济发展

能源的开发利用，同社会生产力的发展、科学技术的进步以及人们的生活水平有着极为密切的关系。在不同的历史时期，生产力水平不同，人类利用能源的技术水平也有差别，而能源科学技术的进步，又将推动社会生产力的飞跃发展。可以说，能源科学技术的每个重大突破，都会引起生产技术的一次革命，把社会生产力推上一个新台阶。

3.1.4.1　能源的更迭与社会发展

回顾人类发展的历史，人类社会对能源的开发和利用有明显的阶段性，大致可分为四个时期。

（1）薪柴时期。在原始社会漫长的年代里，人类在劳动实践中掌握了钻木取火的方法，从此，人类就以薪柴、秸秆和动物粪便等生物质燃料来烧饭和取暖，同时以人力、畜力和一些简单的风力或水力机械作为动力从事生产活动。薪柴是一种可再生能源，并且数量巨大，操作技术简单，因此以柴草为主要能源的时期延续了长达1万年之久。在这个历史时期，生产和生活水平低下，社会发展迟缓。

（2）煤炭时期。18世纪中叶从英国开始的工业革命，促使世界能源结构发生了第一次重要转变，从薪柴时期转向煤炭时期。18世纪中叶开始的工业革命的主要标志是1765年瓦特发明了蒸汽机，人类社会步入了蒸汽机时代，蒸汽机成为生产的主要动力。随之纺织、冶金、交通和机械等工业得到迅速发展，蒸汽机的应用也推动了煤炭工业的兴起。工业的蓬勃发展以及铁路和航运的开通均需要大量的煤炭，于是，世界能源结构由以薪柴为主转向以煤炭为主。1881年，美国发明家与工程师爱迪生以煤为燃料建造了世界上第一座发电站，这是能源利用史上的第二次突破。从此电力开始取代蒸汽动力，成为工矿企业的基本动力，也成为生产和生活照明的主要能源，社会生产力大幅度增长，实现了资本主义工业化，从根本上改变了人类社会的面貌。因此煤炭成为19世纪资本主义工业化的主要能源。在1860年到1910年的半个世纪内，煤炭消费量增长了7.3倍，占能源消费结构中的比例由25.3%增长到63.5%。

（3）石油时期。人们对石油的发现和使用可追溯到3000年以前，但直到1859年，在美国宾夕法尼亚州成功打出第一口油井，现代石油工业才算真正开始。起初，石油制品主要用于加热和照明。到20世纪50年代，美国、中东、北非等地区相继发现了巨大的油田和气田，石油开始进入了生产和生活的各个消费领域。西方发达国家很快从以煤为主要能源转到以石油和天然气为主要能源。1965年，石油消费首次取代煤炭而居首位，石油在能源消费结构中的比率达到了41.2%，真正进入“石油时代”。同时汽车、飞机、内燃机车和远洋客货轮的迅猛发展，极大地缩短了地区和国家间的“距离”，也大大促进了世界经济的繁荣和发展。

（4）多能互补时期。1973年10月中东战争爆发，触发了资本主义国家的能源危机。实质上这是一次石油危机。由于石油供应量下降，价格高企，不少国家被迫调整工业结构和产品结构，石油消费量下降。2011年石油在能源消费结构的比重下降至34%，煤炭的比重增至30%，天然气增至24%，水电和核电大幅度增至13%。如法国等缺少化石燃料的国家和地区，核电的比重2011年已达到78%。挪威的水力发电所占的比重2011年达到了99.5%。随着化石燃料的日益枯竭，没有一种单一能源在能源消费结构中占绝对优势。因此称为多能互补时期。

未来几十年内，世界范围的化石燃料仍占主导地位，核能的比重将会有所增长，其他新能源暂时还不可能占很大比重。但这些能源大多来源便宜、污染少，一旦一些关键技术问题有了突破以后，预期将会得到大量应用。因此，提高能源利用效率、节约能源，是近期解决能源供需矛盾的主要途径，对传统能源的清洁利用途径和方法的研究，以及开展替代能源和可再生能源的研究将占据越来越重要的地位。

随着化石燃料的日益枯竭，世界能源向化石燃料以外的能源转移已势在必行。能源消费结构已开始从化石燃料为主要能源逐步向多元化能源结构过渡。特别是太阳能、氢能、海洋能、风能、生物质能和地热能等新能源的开发利用已成为各发达国家优先发展的领域。天然气水合物能和空间太阳能也是人类的未来能源领域。由于世界各国加大了新能源与可再生能源的人力和财力的投入，在过去的30年中，新能源与可再生能源技术得到了快速发展，许多技术已进入了商业化应用阶段。如风力发电技术、太阳能光电池技术、生物质发电技术、燃料电池技术等已经具备了与常规能源进行商业竞争的能力。

许多国家制定了新能源与可再生能源的发展规划，将使新能源与可再生能源在全球总能源耗费中的比例由2000年的5%提高到2020年的15%左右。随着新能源与可再生能源在全球总能源消费中的比例不断上升，就会逐渐提高能源供给的可持续性，有望实现保证经济可持续发展的能源战略，最终实现经济、能源、环境和生态的和谐与可持续发展。

3.1.4.2 能源与国民经济

世界各国经济发展的实践证明，在经济正常发展的情况下，能源消耗总量和能源消耗增长速度与国民经济生产总值增长率成正比例关系。

能源与经济增长的一般关系可通过数量关系反映出来。目前，国内外比较通用的评价方法是能源消费弹性系数法。能源弹性系数是反映单位国民经济产值（GDP）增长率的变化引起的能源消费增长率变化的状况，其定义式为

$$\varepsilon = \frac{\Delta E/E}{\Delta M/M}$$

式中，E 为能源消费量；ΔE 为能源消费年增加量；M 为国民经济产值，一般用可比的国内生产总值（GDP）表示；ΔM 为国民经济产值年增长量。

能源消费弹性系数反映经济每增长1个百分点，相应能源消费需要增长多少个百分点。能源消费弹性系数越大，从某种意义上讲，意味着经济增长时能源利用效率越低，反之则越高。一般而言，国民收入越低的国家 ε 越大，工业越发达的国家 ε 越小。因为工业化程度越高，生产规模越大，则产品能耗或产值能耗就越低。

3.1.4.3 能源与生活水平

各个国家的能源消费数量极不均衡，从一个国家人民的能耗量可以看出一个国家人民的生活水平。以2011年为例，全世界一次能源消费量为12274.6Mtoe（百万吨石油当量）。其中北美、亚太和欧洲这些主要消费地区的消费量占世界总量的3/4以上。美国是世界消耗一次能源最多的国家，其消费量接近世界总量的1/5。我国作为世界上最大的发展中国家，2011年一次能源消费量为2613.2Mtoe，占世界的21.3%，居世界首位。但按人口平均，我国人均能源消费量未达到世界平均水平，美国、加拿大和新加坡人均消费能源水平较高。表3-3为世界主要国家或地区的人均一次能源消费量比较。

此外，生产力水平较高的国家，社会人均年消费能源较高，且工业、运输、民用领域所消费的能源比例基本相当。而我国能源消费主要领域仍是工业。

3.1.5 能源资源概况

3.1.5.1 能源的计量

在统计能源供需数据时，首先需要明确计量所用的单位。能源的计量是一个较为复杂的问题，目前国际上还没有统一的、行之有效的计量方法。一般有以下几种表示方法。

表 3-3 主要国家或地区人均一次能源消费量比较

国家或地区	人均消费量/t			国家或地区	人均消费量/t		
	1990 年	2000 年	2010 年		1990 年	2000 年	2010 年
新加坡	8.694	8.750	13.406	日本	3.513	4.038	3.937
加拿大	9.474	9.785	9.393	德国	4.449	4.026	3.926
美国	7.892	8.380	7.482	中国香港	1.925	2.368	3.748
澳大利亚	5.164	5.536	5.282	英国	3.698	3.749	3.430
韩国	2.091	4.040	5.211	西班牙	2.407	3.271	3.301
中国台湾	2.466	4.238	4.894	意大利	2.689	3.052	2.880
俄罗斯	3.035	4.375	4.734	马来西亚	1.389	1.966	2.602
新西兰	4.592	4.684	4.550	匈牙利	2.524	2.300	2.296
捷克	3.195	3.883	4.230	阿根廷	1.356	1.592	1.962
法国	3.900	4.291	3.947				

（1）直接以物质的量来表示。如煤炭的质量（t），天然气的体积（m^3），核燃料则以质量（t）来表示，石油计量单位有桶、吨、加仑和升几种表示方法。

桶和吨是常见的两个原油计量单位。欧佩克组织和英美等西方国家原油计量单位通常用桶来表示，中国及俄罗斯等国则常用吨作为原油计量单位。吨和桶之间的换算关系为 1t 约等于 7 桶，如果油质较轻（稀）则 1t 约等于 7.2 桶或者 7.3 桶。尽管吨和桶之间有固定的换算关系，但是由于吨是质量单位，桶是体积单位，而原油的密度变化范围较大，在交易中如按不同的单位计算，结果也不同。加仑和升是两个比较小的成品油计量单位，美国与欧盟等国家的加油站，通常用加仑为单位，我国的加油站则用升计价。1 桶 = 158.98L = 42 加仑。美制 1 加仑 = 3.785L，英制 1 加仑 = 4.546L。如果要把体积换算成质量，和原油的密度有关。假设某地产的原油密度为 0.99kg/L，那么 1 桶原油的质量就是 158.98×0.99 = 157.3902kg。

直接以物质的量来表示的方法，其优点是可直接表示某种能源资源量的多少，缺点是没有考虑资源的品质，因此缺乏可比性。

（2）以能量单位来表示。即用各种能源资源能够转化成能量的数值，以能量的单位来衡量。按现行国际标准，能量的单位有 kJ、kW·h。原来采用的 kcal、Btu（英热单位，定义为 1 磅水升高 1 华氏度所需的热量）等单位已经被废弃。这种表示方法考虑到了能源的共性，具有一定的可比性，但缺乏直接性。

（3）用能源的当量值表示。即将各种能源资源所蕴含的能量折算成某种标准燃料的当量数值。国际能源署（IEA）在比较世界各国能源供需量时，常常使用 toe（tons of oil equivalent，油当量吨，按热值 10000kcal/kg 油折算），中国往往使用 tce（tons of coal equivalent，煤当量吨）。但它们都还没有国际上公认的换算基数。例如 t 原油的煤当量值，中国和欧洲共同体按 1.43t 计算，而联合国按 1.45t，英国按 1.70t 计算，甚至 1kg 煤当量的热值也还没有国际统一的规定。中国、俄罗斯、日本和西欧大陆国家按 29.3MJ（7000kcal）计算，而联合国则按 28.8MJ（6800kcal）计算，英国按 25.5MJ（6100kcal）

计算。这给国际间的比较造成了很大的困难，因此亟待统一。但总的来看，当量表示兼顾了直接性和可比性，是衡量能源资源量的较好的表示方法。

我国采用的煤当量（也称标准煤）的热值为29.3MJ/kg（或7000kcal/kg）。将原煤换算成煤当量时，按平均热值20.9MJ/kg（或5000kcal/kg）计算，换算系数为0.7143；原油热值按41.8MJ/kg（或10000kcal/kg）计算，换算系数为1.4286；天然气热值按38.9MJ/m^3（或9310kcal/m^3）计算，换算系数为1.3300。电力通常用kW·h作计量单位，而不进行换算。在能源统计中，水电和核电算作一次能源，一般按火电站当年生产1kW·h电能实际消耗的燃料的平均煤当量值来计算。联合国则按电的热功当量计算，1kW·h=3.6MJ（或860kcal），换算成煤当量的系数是0.123。

综上所述，能源的计量和统计目前还没有统一标准，实际工作中应考虑各个行业的习惯做法，并尽量采用国际标准。在进行国际间合作和比较时，应注意计量标准的差异。

3.1.5.2 能源资源

目前为止，化石燃料仍是世界上最主要的能源资源，但世界范围内各种能源的储量分布极不平衡，这种能源资源分布的不均衡给世界的政治、经济格局带来了重大的影响。世界一次能源的储量主要集中在某些地区和少数国家，三种主要化石能源的资源量有3/4以上为10个国家所占有。

据2012年英美BP石油公司公布的资料，截至2011年年底，全球石油可采储量为16526亿桶（合2343亿吨）。其中中东占有全球石油可采储量的48.1%，仅沙特就占有全球总量的16.1%；中南美地区以委内瑞拉石油可采储量最多，占17.9%；欧洲和前苏联地区以俄罗斯最多，占5.3%；北美地区石油储量以加拿大为主，占10.6%；非洲地区主要是利比亚和尼日利亚，分别占2.9%和2.3%；东亚地区以中国石油可采储量最多，但仅占全球的0.9%。

2011年全球天然气可采储量为208.4万亿立方米，比1980年增加了1倍多，按当前天然气的生产能力，这些气储量还可开采65年左右。以俄罗斯为首的9个天然气资源国储量，占有全球天然气总储量的76%，其中俄罗斯天然气可采储量占全球总储量的21.4%，中东地区的伊朗和卡塔尔分别占15.9%和12%。这三个国家的天然气可采储量占全球总储量的49.3%。其他储量较高的国家有土库曼斯坦、沙特、阿联酋、美国、尼日利亚、阿尔及利亚和委内瑞拉，中国天然气仅占全球总储量的1.5%。

世界煤炭资源最终可采资源量达4.84万亿吨标准煤，占世界化石燃料可采资源量的66.8%。据统计，至2011年年底，世界煤炭探明的可采储量为8609.38亿吨，储采比为112年，远远高于世界石油和天然气资源的可采年限。煤炭储量居世界前五位的国家是美国、俄罗斯、中国、澳大利亚和印度，五国的煤炭储量占世界煤炭总储量的75%。与世界石油、天然气资源分布相比，煤炭资源分布更加广泛，而且有近一半分布在经合组织国家。因此，世界各国对煤炭供应安全的关注程度远没有对石油和天然气的高。

表3-4为2011年世界主要国家一次能源可采储量和储采比。

3.1.6 能源结构

能源结构包括能源生产结构和能源消费结构。能源生产结构指各种能源的生产量及其在整个能源工业总产量中所占的比重。能源消费结构指国民经济各部门所消费的各种能源

表 3-4 2011 年世界主要国家一次能源可采储量和储采比

石油			天然气			煤炭		
国家	储量/万亿立方米	储采比/年	国家	储量/万亿立方米	储采比/年	国家	储量/万亿立方米	储采比/年
委内瑞拉	463	>100	俄罗斯	44.6	73.5	美国	2372.9	239
沙特阿拉伯	365	65.2	伊朗	33.1	>100	俄罗斯	1570.1	471
加拿大	282	>100	卡塔尔	25.0	>100	中国	1145.0	33
伊朗	208	95.8	土库曼斯坦	24.3	>100	澳大利亚	764.0	184
伊拉克	193	>100	美国	8.5	13.0	印度	606.0	103
科威特	140	97.0	沙特阿拉伯	8.2	82.1	德国	407.0	216
阿联酋	130	80.7	阿联酋	6.1	>100	乌克兰	338.7	390
俄罗斯	121	23.5	委内瑞拉	5.5	>100	哈萨克斯坦	336.0	290
利比亚	61	>100	尼日利亚	5.1	>100	南非	301.6	118
尼日利亚	50	41.5	阿尔及利亚	4.5	57.7	哥伦比亚	67.4	79
哈萨克斯坦	39	44.7	澳大利亚	3.8	83.6	加拿大	65.8	97
美国	37	10.8	伊拉克	3.6	>100	波兰	57.1	41
卡塔尔	32	39.3	中国	3.1	29.8	印度尼西亚	55.3	17
巴西	22	18.8	印度尼西亚	3.0	39.2	巴西	45.6	>100
中国	20	9.9	马来西亚	2.4	39.4	希腊	30.2	53
总计	2343	54.2	总计	208.4	63.6	总计	8609.4	112

量及其在能源消费总量中的比重。由于世界各国所处地理位置和生产力发展水平的差异，能源资源以及开采状况各不相同，能源结构也就存在差异。世界能源资源分布的极不平衡导致了能源生产与消费结构的极不平衡。

3.1.6.1 能源的生产结构

最近 30 年来，全球能源生产发展非常迅速。2011 年世界总计开采石油达 39.95 亿吨，比上年增加 1.3%，石油产量中东占优势；其次是俄罗斯，其石油产量为 5.1 多亿吨，直逼头号产油国沙特阿拉伯（5.3 亿吨）；中国的原油产量为 2.04 亿吨，较上年增长 0.3%。

天然气产量增速较快，2011 年世界天然气总产量为 32762 亿立方米，比上年增长 3.1%，与十年前相比增长了 32%，俄、美两国的天然气产量分别占世界总量的 18.5%和 20%。上述主要 9 个天然气资源国的其他 7 国，产量最高的阿尔及利亚，天然气产量仅为世界总产量的 2.4%，有的甚至不到 1%，亚太地区的印度尼西亚和马来西亚的天然气产量，只占世界产量的 2.3%和 1.9%，中国天然气产量为 1025 亿立方米，仅占世界产量的近 3.1%。

自 20 世纪 80 年代以来，经合组织国家的煤炭产量急剧下降，欧洲煤产量下降 70%，一些经济转型国家下降 40%，但澳大利亚、中国、印度和印度尼西亚、南非和美国煤炭产量增长迅速，使世界煤炭产量总体趋于平缓。近几年，由于我国煤炭产量增加较快，世界煤炭产量处于上升势头。2011 年，世界煤炭产量超过 50 亿吨。20 多年以来，世界煤炭生产重心逐渐由欧洲及欧亚大陆转移到亚太地区，欧洲及欧亚大陆煤炭产量占世界煤炭总产量之比由 1983 年的 49%降到 2011 年的 11.6%，而亚太地区的比例由 1983 年的 28%逐步增大到 2011 年的 60%多。世界主要国家一次能源产量如表 3-5 所示。

表 3-5　世界主要能源生产国的能源产量（2011 年）

石油/百万吨		天然气/亿立方米		煤炭/百万吨		能源生产总量/百万吨油当量		比例/%
沙特阿拉伯	525.8	美国	592.3	中国	1956.0	中国	2446.1	19.58
俄罗斯	511.4	俄罗斯	546.3	美国	556.8	美国	1809.2	14.48
美国	352.3	加拿大	144.4	澳大利亚	230.8	俄罗斯	1291.6	10.34
伊朗	205.8	伊朗	136.6	印度	222.4	沙特阿拉伯	615.1	4.92
中国	203.6	卡塔尔	132.2	印度尼西亚	199.8	加拿大	463.6	3.71
加拿大	172.6	中国	92.3	俄罗斯	157.3	印度	350.6	2.81
阿联酋	150.1	挪威	91.3	南非	143.8	伊朗	345.2	2.76
墨西哥	145.1	沙特阿拉伯	89.3	哈萨克斯坦	58.8	印度尼西亚	319.0	2.55
科威特	140.0	阿尔及利亚	70.2	波兰	56.6	澳大利亚	296.9	2.37
委内瑞拉	139.6	印度尼西亚	68.0	哥伦比亚	55.8	巴西	240.2	1.92
伊拉克	136.9	荷兰	57.8	乌克兰	45.1	挪威	212.7	1.70
尼日利亚	117.4	马来西亚	55.6	德国	44.6	墨西哥	212.1	1.69
巴西	114.6	埃及	55.1	加拿大	35.6	卡塔尔	203.3	1.63
挪威	93.4	土库曼斯坦	53.6	越南	24.9	阿联酋	196.7	1.57
OPEC	1695.9	乌兹别克斯坦	51.3	捷克共和国	21.6	委内瑞拉	192.9	1.54
总计	3995.6	总计	2954.8	总计	3955.5	总计	12491.5	100

3.1.6.2　能源的消费结构

通常，每年世界的能源消费总量与生产总量是基本持平的。19 世纪中叶，世界一次商品能源的消费总量（包括水电）为 130Mtce（million ton coal equivalent，百万吨标准煤或百万吨煤当量），进入 20 世纪时，一次能源消费总量也不足 800Mtce。此后，矿物能源消费的增速明显加快，到 2010 年，全球一次商品能源的消费总量超过了 17000Mtce。与同期 GDP 增长的 52 倍相比，全球商品能源的增长超过了 240 倍。

全球一次能源消费继 2014 年增长 1%与 2015 年增长 0.9%后，2016 年增长 1%。相比之下，过去十年平均增长为 1.8%。除欧洲和欧亚地区外，其他地区消费增速均低于十年平均值。这与 2015 年情况一致。除石油与核能外，其他燃料增速均低于平均水平。2011~2016 年世界一次能源消费量见表 3-6。

表 3-6　2011~2016 年世界一次能源消费量　（百万吨）

地区	2011 年	2012 年	2013 年	2014 年	2015 年	2016 年
全球	12455.3	12633.8	12866	12988.8	13105	13276.3
北美洲	2778.6	2724.3	2795.9	2821.2	2792.4	2788.9
中南美洲	665.4	680.9	696.7	704.1	710.4	705.3
欧洲及欧亚大陆	2937.9	2936.3	2900.6	2838.3	2846.6	2867.1

续表 3-6

地区	2011 年	2012 年	2013 年	2014 年	2015 年	2016 年
中东国家	750.3	780.8	812.4	840	874.6	895.1
非洲	388	402.9	415.4	427.9	433.5	440.1
亚太地区	4935.1	5108.6	5245	5357.2	5447.4	5579.7

2016 年，中国能源消费仅增长 1.3%。2015 年与 2016 年是中国自 1997~1998 年以来能源消费增速最为缓慢的两年。尽管如此，中国已连续第十六年成为全球范围内增速最快的能源市场。2006~2016 年中国一次能源消费量如图 3-2 所示。2015~2016 年中国一次能源分燃料消耗量如图 3-3 所示。

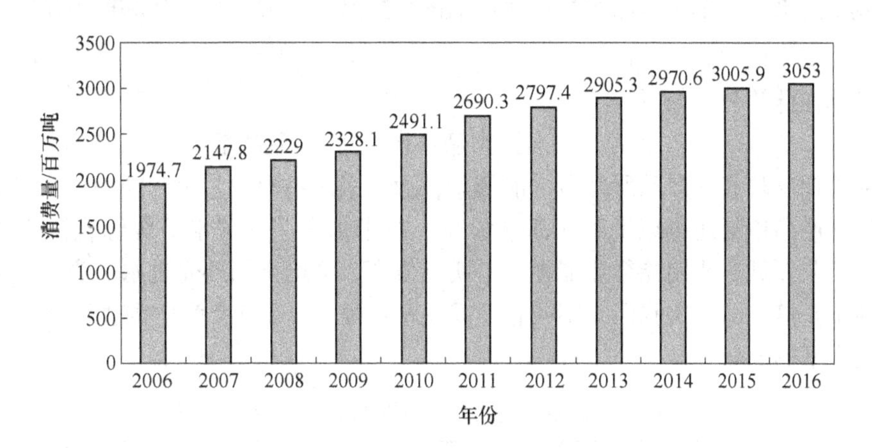

图 3-2　2006~2016 年中国一次能源消费量

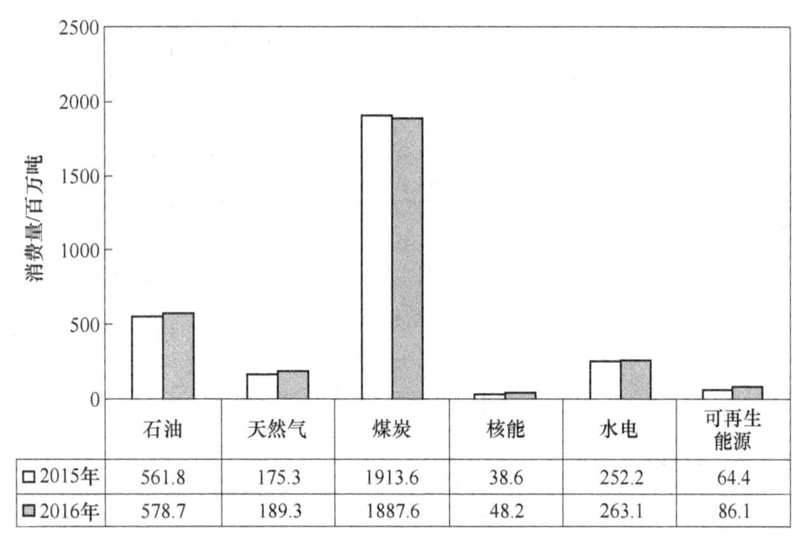

图 3-3　2015~2016 年中国一次能源分燃料消费量

与全球一次能源消费结构对比来看，2016 年我国煤炭消费量占比仍高达 62%，较全球平均水平高出 34 个百分点，石油、天然气、非化石能源占比均不及全球平均水平。考虑我国资源禀赋状况，认为煤炭仍有望维持第一大一次能源来源的地位，但其消费占比有望持续降低，或在2025年降至50%以下。此外，我国并非油气资源大国，石油对外依存度约为65%，天然气对外依存度或在2020年达到46%，如果考虑长期能源安全，加速向非化石能源转型才是必由之路。

3.1.7 能源利用技术经济指标

能源利用技术指标是用来衡量企业（或设备）的耗能是否合理、用能水平和促进能源科学管理程度的指标，它可以反映一台设备、一道工序、一个企业、一个部门甚至整个国家的能源利用水平。由于行业不同，设备繁多，一般采用下面三类指标。

3.1.7.1 能耗指标

能耗是用来表示单位产品产量或净产值的耗能量。分为产品单耗和产值单耗。

A 产品单耗

产品单耗计算公式如下：

$$产品单耗=该产品总耗能量/产品产量 \tag{3-1}$$

产品单耗反映某种产品所耗费的能源量，通常采用不同工艺生产同种产品时，其值不同；另外，产品单耗还可以反映出工艺设备、技术水平、管理水平等综合生产力发展水平。我国工业领域主要用能行业能耗水平明显偏高，平均比国外先进水平高出1.4倍，有的甚至达1.8倍。即使在我国，不同企业间差距也很大。表3-7为中国主要高耗能产品与国际先进水平的比较。

表3-7 中国主要高耗能产品与国际先进水平的比较

主要产品/单位	国内平均值	国际先进值（国）	能耗强度（倍数）	比较年份	备 注
原煤耗电/$kW \cdot h \cdot t^{-1}$	24.0	17.0（美）	1.41	2007	国内为国有重点煤矿
发电厂自用电率/%	5.76	4.14（日）	1.39	2009	国内为6MW及以上机组
乙烯综合能耗/$kgce \cdot t^{-1}$	950.0	629.0（日）	1.51	2010	
火电厂供电标准煤耗/$gce \cdot (kW \cdot h)^{-1}$	340.0	307.0（日）	1.11	2009	国内为6MW及以上机组
吨钢可比能耗/$kgce \cdot t^{-1}$	679.0	612.0（日）	1.11	2009	国内为大中型钢铁企业
水泥综合能耗/$kgce \cdot t^{-1}$	151.0	123.0（日）	1.23	2008	国内为大中型企业
大型合成氨综合能耗/$kgce \cdot t^{-1}$	1340.0	970.0（美）	1.38	2005	
铁路货运综合能耗/$kgce \cdot (万吨 \cdot km)^{-1}$	67.0	58.0（日）	1.15	2008	
载货汽车油耗/$kcal \cdot (t \cdot km)^{-1}$	1050	723（日）	1.45	2008	

B 产值单耗

产值单耗计算公式如下：

$$产值单耗 = \frac{能源总耗量}{总产值} \tag{3-2}$$

产值单耗是反映一个国家生产力发展水平的重要指标。它可以按不同产品、不同企业、不同行业来计算，也可以按社会总产值来计算。单位 GDP 能耗可从一个国家的投入和产出的宏观比较来反映一个国家或地区的能源经济效率。2011 年中国能源经济效率与世界主要国家单位 GDP 能耗比较如表 3-8 所示。

表 3-8 中国能源经济效率与世界水平的比较

国家	汇率 GDP 总量/亿美元	每吨石油当量产出 GDP/美元	1 亿美元 GDP 消耗能源/万吨石油当量	能耗强度（中国 100）	中/外能耗强度倍数
美国	159241	7017	1.43	41	2.44
中国	74261	2842	3.52	100	1
日本	59743	12509	0.80	23	4.35
德国	33059	10789	0.93	26	3.85
法国	25554	10520	0.95	27	3.70
英国	22586	11395	0.88	25	4.00
意大利	20237	12010	0.83	24	4.17
巴西	20235	7581	1.32	38	2.63
加拿大	15636	4734	2.11	60	1.67
俄罗斯	14769	2154	4.64	120	0.83
印度	14300	2558	3.91	111	0.90
西班牙	13747	9422	1.06	30	3.33
澳大利亚	12197	9892	1.01	29	3.45
墨西哥	10040	5780	1.73	49	2.04
韩国	9863	3750	2.67	76	1.32
总计	619634	5048	1.98	56	1.79

表 3-8 中数据表明，我国 1 亿美元 GDP 消耗能源约 3.52 万吨油当量，能耗强度约为日本的 4.35 倍，德国的 3.85 倍，美国的 2.44 倍，巴西的 2.63 倍，印度的 0.9 倍。从宏观上看，我国能源经济效率明显低于发达国家水平。

3.1.7.2 能源利用效率

能源利用效率主要用来反映热工设备和装置、企业和社会的用能水平，通常用有效利用的能量占总能源消费量的百分比表示。计算公式如下：

$$能源利用效率\ \eta_i = \frac{有效利用的能量}{能源消费量} \times 100\% = \left(1 - \frac{损失能量}{能源消费量}\right) \times 100\% \tag{3-3}$$

根据描述对象的不同有以下几种表示方法：

(1) 设备热效率。计算公式如下：

$$设备热效率 = \frac{设备有效利用热量}{供给设备的总热量} \times 100\% \quad (3\text{-}4)$$

该指标是反映工艺设备能量有效利用率的重要指标。不同设备其热效率不同。例如，我国燃煤工业锅炉正常运转时热效率平均只有 65%左右，而国外先进水平达 85%。

（2）行业综合热效率。计算公式如下：

$$行业综合热效率 = \frac{行业有效利用的能源}{行业总供给的能源} \times 100\% \quad (3\text{-}5)$$

这是反映行业能源有效利用的综合性指标。例如，我国煤炭发电效率为 36.7%，日本达 40.1%；我国钢铁行业综合效率为 46%，其他工业国家为 50%~60%。

（3）社会能源利用率。计算公式如下：

$$\varphi = \sum a_j \cdot \eta_j \quad (3\text{-}6)$$

式中，a_j 为各部门消费的能源占能源总消费量的比例。

我国产业结构中工业产值比重高达 49%，相当于美国和日本的 1.5~2 倍。其中工业能耗比重高达 70%，而第三产业产值比重只占 33%，不到美国和日本的 1/2。此外，能源结构中煤炭比重过高，工艺技术、设备规模及管理水平与发达国家差距较大，这都造成了我国能源效率低下。1980~2011 年，我国包括能源加工、转换、储运和终端利用各个环节在内的能源效率由 26%提高到 33%，但仍比发达国家的平均效率低很多。据有关专家分析，在一次能源品种中，我国煤炭的利用效率约为 27%；原油利用效率约为 50%；天然气利用效率约为 57%；电的利用效率约为 85%。依此数据计算世界各国的能源效率如表 3-9 所示。

表 3-9　世界主要国家能源利用效率比较（2011 年）

国家	能源利用效率/%	国家	能源利用效率/%
巴西	60.3	澳大利亚	48.2
日本	55.0	印度	41.2
俄罗斯	53.7	中国	33.0
德国	53.1		
美国	52.2	世界平均	50.7

由此可以看出，我国能源利用效率为 33%，比世界各国平均利用效率 50%低 10 多个百分点，差距的主要原因在于以煤为主的能源结构。

3.1.7.3　能量回收率

能量回收率计算公式如下：

$$能量回收率 = \frac{回收利用能量}{全入热} \approx \frac{回收利用能量}{供给热 + 回收利用能量} \quad (3\text{-}7)$$

3.1.8　能源环境与安全

3.1.8.1　能源环境

世界著名的八大公害案分别是比利时马斯河谷烟雾事件、美国多诺拉烟雾事件、伦敦烟雾事件、美国洛杉矶光化学烟雾事件、日本水俣病事件、日本富山骨痛病事件、日本四日市哮喘病事件、日本米糠油事件。其中，前四次事件都是由人类在工业发展和生活中对能源利用管理不当而造成的环境污染。这些事件中最典型的是伦敦烟雾事件和美国洛杉矶光化学烟雾事件。

目前还有温室效应和地球变暖给人类带来的威胁。科学家们寻找地球变暖的各种解释：过度燃烧、砍伐森林树木、草原过度放牧、植被破坏，都减少了地球自己调节二氧化碳的功能；海上船舶航行时污染海面，还有原油泄漏造成的污染，也令海水不能正常地吸收二氧化碳。20 世纪以来工业化的结果已经造成了温室效应，在人类不断扩大自己生存空间的时候，也慢慢地把自己围困在更小的范围里面挣扎，如果再继续这样下去，人类会发现自己再也没有适合居住的土地了。

为了阻止气候的进一步恶化，很多国家已经联合起来，互相合作制约。1997 年 12 月，160 个国家在日本京都召开了联合国气候变化框架公约（UNFCCC）第三次缔约方大会，会议通过了《京都议定书》。该议定书规定，在 2008~2012 年期间，发达国家的温室气体排放量要在 1990 年的基础上平均削减 5.2%，其中美国削减 7%，欧盟各国削减 8%，日本削减 6%。

3.1.8.2 能源安全

能源是国民经济的基本支撑，是人类赖以生存的基础。能源安全是国家经济安全的重要方面，它直接影响到国家安全、可持续发展及社会稳定。能源安全不仅包括能源供应的安全（如石油、天然气和电力），也包括对由于能源生产与使用所造成的环境污染的治理。

在 20 世纪 50 年代之前，工业化进程中主要的一次能源供应是煤炭，煤炭数量巨大，资源分布广泛，各主要工业国家基本上都可以自给自足，所以人们并没有感受到能源短缺给生产带来的影响。进入 20 世纪 50 年代之后，煤炭在一次能源消费中所占的比例明显下降，取而代之的是石油和天然气这些优质高效的清洁能源。石油资源在全球范围的分布严重不均匀，导致了世界各个国家对石油资源的争夺。为了保证既得利益，世界主要发达国家于 1974 年成立了国际能源组织（IEA），从此，以稳定原油供应价格为中心的国家能源安全的概念被正式提出。

能源安全是指能源可靠供应的保障。首先是石油、天然气供应问题，油、气是当今世界主要的一次能源，也是涉及国家安全的重要战略物资。1973 年石油危机的冲击，造成了那些主要靠中东进口石油的国家经济混乱和社会动荡的局面，给人们留下深刻的印象。现在，许多国家都十分重视建立能源（石油）保障体系，其重点是战略石油储备。预计，2020 年后世界石油产量将逐步下降，而消费量仍将不断增加，可能开始出现供不应求的局面，世界油气资源的争夺将加剧。

3.1.9 中国能源现状、问题及对策

3.1.9.1 中国能源现状

1949 年新中国成立时，全国一次能源的生产总量约为 2374 万吨标准煤，居世界第 10 位。经过建国初期的经济恢复，到 1953 年，一次能源的生产总量和消费总量分别发展为 5200 万吨标准煤和 5400 万吨标准煤，与建国初期相比翻了一番。随着经济建设的展开，

中国的能源工业得到迅速发展，到1980年一次能源的生产总量和消费总量分别达到6.37亿吨标准煤和6.03亿吨标准煤，与1953年相比，分别平均年增长9.7%和9.3%。

改革开放以来，中国的能源工业无论是在数量上还是在质量上，均取得巨大的发展和空前的进步。1998年中国一次能源的生产总量和消费总量分别达到12.4亿吨标准煤和13.6亿吨标准煤，均居世界第3位。2000年中国一次能源的产量为10.9亿吨标准煤。其构成为原煤99800万吨，占67.2%；原油16300万吨，占21.4%；天然气277.3亿立方米，占3.4%；水电2224亿千瓦·时，占8%。

综上所述，在21世纪之初，中国已拥有世界第3位的能源系统，成为世界能源强国。

3.1.9.2　中国能源存在的问题

中国能源取得了巨大成就，但也应清醒地看到，中国能源还存在许多重大问题需要采取有力措施加以解决。

A　人均能耗低

中国能源消费总量巨大，超过俄罗斯，仅次于美国，居世界第2位。但由于人口过多，人均能耗水平却很低。1997年，全国一次能源生产总量为13.34亿吨标准煤，而人均能源消费量仅为1.16吨标准煤，人均电量约为893千瓦·时，不到世界人均能源消费量2.1吨标准煤的一半，居世界第89位。而北美人均能源消费量竟超过10吨标准煤，欧洲和俄罗斯人均能源消费量都在5吨标准煤上下。

从世界范围来看，经济越发达，能源消费量越大。21世纪中叶，中国要实现经济社会发展的第三步战略目标，国民经济达到中等发达国家水平，人均能源消费量必将有很大的发展。预计到2050年，我国人均能源消费量将达到2.38吨标准煤，相当于目前的世界平均值，但仍远远低于目前发达国家的水平。届时，我国按人口总数为14.5亿~15.8亿计，一次能源的总需要量将达34.51亿~37.60亿吨标准煤，约为目前美国能源消费总量的1.5~2.0倍，约占届时世界一次能源消费总量的15%~20%。可见，从数量上来看，这将是对中国能源的巨大挑战。

B　人均能源资源不足

中国地大物博、资源丰富，自然资源总量排名世界第7位，拥有能源资源总量约4万亿吨标准煤，居世界第3位。其中，煤炭保有储量为10024.9亿吨，精查可采储量为893亿吨；石油资源量为930亿吨，天然气资源量为38万亿立方米，现已探明的石油和天然气储量仅分别约占全部资源量的20%和30%；水力可开发装机容量为3.78亿千瓦，居世界首位。但由于中国人口众多，因而人均资源占有量相对匮乏。中国人口约占世界人口总数的20%，而已探明的煤炭储量仅约占世界储量的11%，原油仅约占2.4%，天然气仅约占1.2%。中国人均资源占有量不到世界平均水平的1/2，特别是石油仅为11%，天然气仅为4%。可见，人均能源资源相对不足是中国经济社会可持续发展的一大限制因素，是21世纪中国能源面临的又一巨大挑战。

C　能源效率低

据中国专家测算，中国1992年的能源系统总效率为9.3%。其中开采效率为32%，中间环节效率为70%，终端利用效率为41%。当年的能源效率为29%，约比国际先进水平低10个百分点。终端利用效率也约比国际先进水平低10个百分点。

我国能源强度远高于世界平均水平，2000年我国单位产值能耗（吨标准煤/百万美元）按汇率计算为1274，美国为364，欧盟为214，日本为131。2000年，火电供电煤耗（kgce/(kW·h)）中国平均为392，日本为316；钢可比能耗（kgce/t）中国平均为781，日本为646；水泥综合能耗（kgce/t）中国平均为181.0，日本为125.7。

我国能源利用率低的主要原因除了产业结构方面的问题以外，还由于能源科技和管理水平落后，以及终端能源以煤为主，油、气与电的比重较小的不合理消费结构所致。一般来说，以煤为主的能源结构的能源效率比以油气为主的能源结构的能源效率低8~10个百分点。节能旨在减少能源的损失和浪费，以使能源资源得到更有效的利用，与能源效率问题紧密相关。我国能源效率很低，故能源系统的各个环节都有很大的节约能源的潜力。

D　以煤为主的能源结构亟待调整

我国是世界上以煤炭为主要能源的少数国家之一，远远偏离当前世界能源消费以油气燃料为主的基本趋势和特征。而且，我国终端能源消费结构也不合理，电力占终端能源的比重明显偏低，国家电气化程度不高：2000年一次能源转换成电能的比重只有22.1%，世界发达国家平均皆超过40%，有的达到45%。

2002年我国一次能源的消费总量为142540万吨标准煤，构成为煤炭占66.50%，石油占24.6%，天然气占2.7%，水电占5.6%，核电占0.6%。煤炭高效、清净利用的难度远比油、气燃料大得多。而且我国大量的煤炭是直接燃烧使用，用于发电或热电联产的煤炭只有47.9%，而美国为91.5%。这种过多使用煤炭、以煤为主的能源结构，必然带来效率低、运量大、效益差、环境污染严重的后果，急需采取有力措施加以调整。

E　能源环境问题

我国能源环境问题的核心是大量直接燃煤造成的城市大气污染和农村过度消耗生物质能引起的生态破坏（我国农村消耗的生物质能，其数量是全国其他商品能源的22%），还有日益严重的车辆尾气的污染（大城市大气污染类型已向汽车尾气型转变）。

我国是世界上最大的煤炭生产国和消费国。煤炭和其他能源利用等污染源大量排放环境污染物，燃煤释放的SO_2占全国排放总量的35%，CO_2占35%，NO_2占60%，烟尘占75%。全国有57%的城市颗粒物超过国家限制值；有48个城市的SO_2超过国家二级排放标准；有82%的城市出现过酸雨，已超过国土面积的40%；许多城市的氮氧化物有增无减，其中北京、广州、乌鲁木齐和鞍山等城市超过国家二级排放标准。其中，仅1998年酸雨沉降造成的经济损失就约占GNP（国民生产总值）的2%。

温室气体CO_2排放的潜在影响是21世纪能源领域面临挑战的关键因素。我国1995年CO_2的排放量约为8.21亿吨碳，占世界总量的13.2%；1999年，中国排放的CO_2中含有6.19亿吨碳，居世界第2位。

我国农村人口多、能源短缺，且沿用传统落后的用能方式，带来了一系列生态环境问题：生物质能过度消耗，森林植被不断减少，水土流失和沙漠化严重，耕地有机质含量下降等。

F　能源供应安全问题

中国未来能源供应安全问题，主要是石油和天然气的可靠供应问题。从1993年起，中国已成为石油净进口国，从1996年起，中国已成为原油净进口国，到了2000年，原油进口量已达6960万吨，到2006年，我国石油净进口量已增至1.63亿吨。中国的石油进口依存度（净进口量占消费量的比重）2001年只有29.10%，2006年上升到了47.3%。

中国《2013年国内外油气行业发展报告》称，2013年，中国石油和天然气的对外依存度分别达到58.1%和31.6%，中国已成为全球第三大天然气消费国。报告预计，2014年中国的石油需求增速将在4%左右，达到5.18亿吨。石油和原油净进口量将分别达到3.04亿吨和2.98亿吨，较2013年增长5.3%和7.10%。石油对外依存度将达到58.8%。

很显然，大量从国外进口石油，有可能引起国际油价攀升，油源和运输通道也易受到别国的控制。

3.1.9.3　中国能源发展对策

针对上述问题，中国能源的中长期发展应采取如下对策。

（1）坚持实行能源节约战略方针。提高能源利用效率是确保中国中长期能源供需平衡的基本措施。中国人口基数大，到21世纪中叶将超过15亿人，无论是从国内能源资源保证量考虑，还是从世界能源资源可获得量考虑，只有创造比目前工业化国家更高的能源利用效率，方可能做到在有限的资源保证下，实现经济高速增长和达到中等发达国家人均水平的目标，仅靠增加能源供应量无法确保能源供需平衡。因此，在中国的能源发展战略中，要把提高能源利用效率作为基本出发点，坚持实行能源节约战略方针，以广义节能为基础，以工业节能和石油节约为重点，依靠技术进步提高能源利用效率。

大量调查研究和案例分析表明，中国的节能潜力巨大。如采用国际先进工艺技术和设备代替现在采用的落后工艺技术和设备，节能潜力可达全国目前能源消费量的50%左右；如采用国内已有的先进工艺技术和设备取代现在采用的落后工艺技术和设备，节能潜力可达全国目前能源消费量的约30%。

（2）大力优化能源结构。目前世界上大多数国家的能源结构以油气为主。在1999年的世界一次能源结构中，石油占39.9%，天然气占23.2%，两者共占63.1%，此外，核电占7.3%，水电占2.6%．而煤炭仅占27%。从世界各国的发展看，工业化国家均采取以油气为主的能源路线，逐步减少固体燃料的比例，以达到提高能源利用效率、降低能源系统成本、减轻环境污染、改善能源服务质量的目的。

由于自身资源特点、经济发展水平和历史等因素，中国一直保持着以煤炭为主要能源的能源结构。随着能源消费量的日益增大，这种能源结构的弊端日益明显和突出，应采取有力措施加以改变。但同时也要清醒地看到，要改变中国以煤炭为主要能源的能源结构，绝非短期可以办到的，需要几十年甚至更长的时间，需要采取多种措施来发展多种优质清洁的能源。

（3）积极发展洁净煤技术。即使大力推行能源优质化、多样化，煤炭在未来几十年内仍将是中国的主要能源。因此，积极发展洁净煤技术，努力降低燃煤对于环境的污染，应成为中国能源发展的重大措施之一。在近期，应把国内已商业化或有条件商业化的洁净煤技术纳入经济社会发展规划，并加以积极提倡和大力推广，如扩大原煤入洗比例、提高型煤普及率、推广水煤浆的应用等。对于中长期发展，则应采取措施大大减少煤炭在终端的直接利用，提高煤炭转换为电力和气体、液体燃料的比重，积极发展洁净煤燃烧技术等。

（4）大力开发利用新能源与可再生能源。近年来，世界新能源与可再生能源发展飞速，技术上逐步成熟，经济上也逐步为人们所接受。专家预测，不论是在技术上，还是在经济上，新能源与可再生能源的开发和利用，在几十年内将会有大的突破。

为加快新能源与可再生能源的发展，国家应加大研究开发和实现产业化生产的资金投入，并应采取减免税收、价格补贴以及贷款优惠等一系列激励政策。

（5）采取措施保证能源供应安全。为保证能源供应安全、降低进口风险，应采取如下措施：

1）实行油气产品进口的多元化、多边化和多途径方案；

2）逐步建立起国家和地区的石油储备；

3）努力发展石油替代产品。

3.2 常规化石能源

常规能源一般是指在一定历史时期，技术上比较成熟，应用广泛的能源，也就是最为主要的一种或几种能源。显然，在不同的历史时期，对常规能源的划分和解释有所不同。当前，常规一次能源包括煤炭、石油、天然气、水力，常规二次能源包括电力、煤气、蒸汽、石油制品等。而核能在国外已视为常规能源，在我国还是当新能源看待。

常规（一次）能源是不能再生的，随着开采和使用，资源会越来越少，总有枯竭的一天。当前时期内我们面临的任务是：（1）探明储量；（2）以先进的技术开采，提高采收率；（3）提倡节约与合理利用。

本节主要介绍煤炭、石油、天然气和电力这几种常规能源的特点、资源状况，以及开发和利用状况。

3.2.1 煤炭

煤炭作为燃料使用已有2000多年的历史。11世纪以后，煤炭的开采逐步得到了发展，并开始成为建筑材料和冶金工业的燃料。18世纪资本主义产业革命后，煤炭成为主要能源。19世纪初由于电的发明，煤炭的消费量迅速增长，一直到20世纪中叶，煤炭在世界能源结构中都占主导地位。由于煤炭资源比石油、天然气丰富得多，以煤为主要一次能源的格局在相当长的一个时期内不会改变。

3.2.1.1 煤的形成及特点

煤是古代植物遗体堆积在湖泊、海湾、浅海等地方，在地壳的长期运动中被埋在地下，在一定的地理环境下，经过复杂的生物化学和物理化学作用转化而成的一种具有可燃性能的沉积岩。这一演变过程称为成煤作用。高等植物经过成煤作用形成腐植煤，低等植物经过成煤作用形成腐泥煤，绝大多数煤为腐植煤。

由植物变成煤的过程可以分为两个阶段，即泥炭化阶段和煤化阶段。

泥炭化阶段是被泥沙覆盖的植物在厌氧细菌的作用下，有机质分解而生成泥炭。通过这种作用，植物遗体中的氢、氧成分逐渐减少，而碳的成分逐渐增加。泥炭质地疏松、褐色、无光泽、比重小，可看出有机质的残体，用火柴烧时可以引燃，烟浓灰多。泥煤的工业价值不大，更不适于远途运输，通常只可作为地方性燃料在产区附近使用。

煤化阶段包括成岩作用和变质作用。泥炭在沉积物的压力作用下，开始被压紧、脱水而胶结，碳的含量进一步增加，过渡成为褐煤，这称为煤的成岩作用。褐煤颜色为褐色或近于黑色，光泽暗淡，基本上不见有机物残体，质地较泥炭致密，用火柴可以引燃，有烟。褐煤的使用性能是黏结性弱，极易氧化和自燃，吸水性较强。新开采出来的褐煤机械强度较大，但在空气中极易风化和破碎，因而也不适于远距离运输和长期储存，通常也只作为地方性燃料使用。

褐煤是在低温和低压下形成的。如果褐煤埋藏在地下较深位置时，就会受到高温高压的作用，使水分和挥发分减少，含碳量相对增加，密度、比重、光泽和硬度增加，这个作用过程为煤的变质作用过程。经过变质作用后的煤成为烟煤。烟煤颜色为黑色，有光泽，致密状，用蜡烛可以引燃，火焰明亮，有烟。烟煤是冶金工业和动力工业不可缺少的燃料，也是近代化学工业的重要原料。烟煤的最大特点是具有黏结性，这是其他固体燃料所没有的，因此它是炼焦的主要原料。烟煤可以远距离运输和长期储存，容易燃烧，因此是主要的燃料之一。

烟煤进一步变质，成为无烟煤。无烟煤颜色为黑色，质地坚硬，有光泽，用蜡烛不能引燃，燃烧无烟。无烟煤密度大，含碳量高，挥发分极少，组织致密而坚硬，吸水性小，适于长途运输和长期储存，但其受热时易碎，可燃性较差，不易着火。

3.2.1.2 煤的成分、质量及其分类

A 煤的组成

煤主要由碳、氢、氧三种元素组成，并含有少量的氮、硫、磷、稀有元素（如锗、镓、铍、锂、钒等）及放射性元素铀等，另外还含有泥、沙等矿物杂质和水分。由于变质程度不同，煤的碳、氢、氧、氮的含量，发热量和其他性能也不同。为了合理选用煤炭资源，必须对不同煤种进行元素分析、工业分析和发热值的测定。煤的元素分析包括碳、氢、氧、氮、硫、灰分和水分含量，煤的工业分析包括水分、灰分、挥发分和固定碳 4 种组成部分。每种组分所占分析基准的质量分数称为煤的该基成分。

B 煤的质量及其分类

评价煤质的主要指标有水分、灰分、挥发分、发热量、硫和磷含量等。

a 水分

水分是煤中的不可燃成分，有三种来源，外部水分、内部水分和化合水分。煤中水分含量的多少取决于煤的内部结构和外界条件。含水分高的煤发热量低，不易着火和燃烧，而且在燃烧过程中水分的汽化要吸取热量，降低炉膛的温度，使锅炉效率下降，还易在低温处腐蚀设备；煤的水分含量高还易使制粉设备难以工作，需要用高温空气或烟气进行干燥。

b 灰分

灰分是指煤完全燃烧后其中矿物质的固体残余物。灰分的来源：一是形成煤的植物本身的矿物质和成煤过程中进入的外来矿物杂质；二是开采运输过程中掺杂进来的灰、沙、土等矿物质。煤的灰分对煤的燃烧、加工、利用的全部过程都有不利影响。灰分含量高的煤，不仅降低了煤的发热量，而且易造成不完全燃烧并给设备维护和操作带来困难。灰分增加 1%，燃料消耗即增加 1%。由于燃烧的烟气中飞灰浓度大，使受热面易受污染而影响传热、降低效率，同时使受热面易受磨损而减少寿命。当灰分的熔点较低时，灰分还容

易结渣，不利于空气流通和气流的均匀分布。一般要求炼焦用煤的灰分不超过10%，动力用煤灰分不超过20%~30%，气化用煤不超过20%~25%。

根据煤中灰分含量的多少，可将煤分成不同的级别，见表3-10。

表3-10 煤炭灰分等级划分标准

代号	等级名称	技术要求 A_d/%
SLA	特低灰煤	≤5.00
LA	低灰分煤	5.01~10.00
LMA	低中灰煤	10.01~20.00
MA	中灰分煤	20.01~30.00
MHA	中高灰煤	30.01~40.00
HA	高灰分煤	40.01~50.00

注：A_d是煤中干燥基组分的质量分数。

c 挥发分

在隔绝空气的条件下，将煤加热到850℃左右，从煤中有机物质分解出来的液体和气体产物称为挥发分。主要成分是甲烷、氢及其他碳氢化合物等。煤的挥发分随煤的变质程度呈现有规律的变化，变质程度越大，挥发分越少。挥发分高的煤易着火、燃烧。由于挥发分是表征煤炭性质的主要指标，因此通常也根据挥发分的多少对煤炭进行分级，其分级标准见表3-11。

表3-11 煤的挥发分分级标准

名称	低挥发分	中挥发分	中高挥发分	高挥发分
V_{daf}/%	≤20.0	20.01~28.00	28.01~37.00	>37.00

挥发分逸出后所剩下的固体残留物叫焦炭，其中的碳素称为煤的固定碳。其含量随着煤的变质程度增高而增高。

d 发热量

单位质量煤完全燃烧时所放出的热量称为煤的发热量。煤的发热量分为高位发热量$Q_{gr.p}$和低位发热量$Q_{net.p}$。

通常采用低位发热量来评价煤的燃烧价值。煤的发热量大小主要与煤的可燃元素（碳、氢）含量有关，同时也与煤的变质程度有关。一般地，变质程度越高，发热量越大。含水分、灰分多的煤发热量较低。

e 硫和磷含量

硫是煤中的主要有害物质。使用时，硫燃烧后生成的SO_2、SO_3和H_2S等有害气体，不仅危害人体健康和造成大气污染，而且腐蚀工业设备、输送管道，影响产品的质量。我国煤中的含硫量变化范围很大，低的小于0.2%，高的超过15%，多数在0.5%~3.0%之间。

磷也是煤中的有害物质。焦炭中的磷会使钢铁质量下降。我国煤中含磷都较低，一般在0.001%~0.1%范围，最高不到1%，大都符合0.05%以下的工业要求。

另外，对于动力、冶金和气化等用煤，还需进行一些专门指标的试验或测定，如动力用煤，需进行煤的结渣性、煤灰熔融性等性能测定。

f 煤的分类

煤的科学分类为煤炭的合理开发和利用提供了基础，通常最简单的分类方法是根据煤中干燥无灰基挥发分含量（V_{daf}）将煤分为褐煤、烟煤和无烟煤三大类。根据不同用途，每一大类又可细分为几小类。我国动力用煤将烟煤中 $V_{daf}<19\%$ 的煤称为贫煤，将 $V_{daf}>20\%$ 的煤分为低挥发分烟煤和高挥发分烟煤。我国现行煤炭分类标准是将煤炭分为 10 大类：褐煤、长焰煤、不黏煤、弱黏煤、贫煤、气煤、肥煤、焦煤、瘦煤和无烟煤。

为了合理使用煤炭资源，对不同产地和矿井的煤都要进行工业分析、元素分析及发热值测定，并将测定结果提供给用户。工业分析主要包括测定煤的水分、灰分、挥发分，并计算固定碳；元素分析主要包括碳、氢、氧、氮、硫等元素分析。对于动力、冶金和气化用煤，还需要进行专门的试验，如对动力用煤，需进行与燃烧有关的性能测定，主要包括煤对 SO_2 的化学反应性、煤的稳定性、煤的结渣性、煤灰熔融性等；对于冶金炼焦用煤，需进行烟煤焦质层指数测定。

3.2.1.3 煤炭资源及开采

A 煤炭资源

煤炭是地球上蕴藏量最丰富的化石能源。世界煤炭资源在地理上的分布很不均衡。世界煤炭资源的绝大部分埋藏在北纬 30°以上地区，俄罗斯、美国和中国占有世界煤炭总资源的一半以上。2011 年末世界主要产煤国不同煤种的煤炭探明可采储量如表 3-12 所示。

表 3-12 2011 年末世界主要产煤国煤炭探明可采储量 （百万吨）

国家	烟煤和无烟煤	次烟煤和褐煤	总计	占比/%
美国	108501	128794	237295	27.6
俄罗斯	49088	107922	157010	18.2
中国	62200	52300	14500	13.3
澳大利亚	37100	39300	76400	8.9
印度	56100	4500	60600	7.0
德国	99	40600	40699	4.7
乌克兰	15351	18522	12100	3.9
哈萨克斯坦	21500	12100	33600	3.9
南非	30156	—	30156	3.5
哥伦比亚	6366	380	6746	0.8
加拿大	3474	3108	6582	0.8
波兰	4338	1371	5709	0.7
印度尼西亚	1520	4009	5529	0.6
巴西	—	4559	4559	0.5
希腊	—	3020	3020	0.4
总计	404762	456176	860938	100

我国煤炭资源分布广泛，但煤炭资源的自然分布极不平衡，在全国形成了几个重要的

煤炭分布地区。昆仑山—秦岭—大别山一线以北的北方地区，已发现煤炭资源占全国的90.3%（若不包括东北三省和内蒙古东部地区则为77.4%），其中，太行山—贺兰山之间地区占北方地区的65%左右，形成了包括山西、陕西、宁夏、河南及内蒙古中南部的富煤地区（华北富煤区的中部和西部），秦岭—大别山一线以南的我国南方地区，已发现资源只占全国的9.6%，而其中的90.4%集中在川、贵、云三省，形成以贵州西部、四川南部和云南东部为主的富煤地区（华南富煤区的西部）。在东西分带上，大兴安岭—太行山—雪峰山一线以西地区，已发现资源占全国的89%，而该线以东仅占全国的11%。

我国煤炭包括了从褐煤到无烟煤各种不同的煤类，但其数量和分布极不平衡。除褐煤占已发现资源的12.7%以外，在硬煤（包括烟煤和无烟煤）中，低变质烟煤所占的比例为总量的42.4%，贫煤和无烟煤占17.3%，而中变质烟煤，即传统上称之为炼焦用煤的数量却较少，只占27.6%，而且大多为气煤，占中变质烟煤的46.9%。肥煤、焦煤、瘦煤则更少，分别占中变质烟煤的13.6%、24.3%和15.1%。

另外，我国煤炭资源和水资源正好呈逆向分布，煤炭资源主要集中地和煤炭生产企业不可避免地面临缺水的问题；煤炭资源和煤炭生产企业与中国的经济发展水平也呈逆向分布，远距离“北煤南运”“西电东输”的格局将长期存在；煤炭资源中等偏下的地质条件和自然灾害，是影响煤炭的经济可采储量和煤炭企业经济效益的重要原因。

B　煤炭开采

煤的开采同地质情况和开采技术有密切关系，可分为露天开采和井下开采两种方式。露天开采采收率高，可达80%~90%，开采成本低，人工消耗量只需井下采煤的1/10~1/5，生产安全，建设周期短。目前露天开采量占世界煤炭产量的40%以上。美国、俄罗斯、德国和澳大利亚等发达国家的露天矿产量高达60%~80%。我国大部分煤炭资源位于地表深处，露天煤矿很少，只有6%的储量适宜露天作业，其他煤田则只能井下开采。

我国煤矿井型较小，开采技术装备较落后，机械化程度较低，因而劳动生产率也较低，煤矿的安全状况也相对较差。从煤矿安全事故的国际比较来看，我国与世界发达国家相距甚远，甚至与印度、南非相比都有较大差距。尤其是中小煤矿企业，由于资金缺乏问题，其安全问题越来越成为发展的严重阻碍。

3.2.1.4　煤炭生产与消费

据2011年统计，世界原煤生产最多的地区是亚太地区，占世界总量的67.9%，而中国是原煤生产最多的国家，占世界总量的49.5%。随着世界经济的发展，煤炭需求量还将增加，世界煤炭产量也随之而逐步增加。世界主要产煤国家硬煤生产量如表3-13所示。

表3-13　1990~2011年主要产煤国家硬煤生产量　（百万吨）

国家	1990年	1995年	2000年	2005年	2010年	2011年	占比/%
中国	803.3	1015.7	1089.3	1860.3	2568.1	2794.3	49.5
美国	808.4	793.0	814.4	828.9	788.3	795.4	14.1
澳大利亚	155.7	185.0	237.9	293.9	337.1	329.7	5.8
印度	131.3	168.1	188.9	231.6	310.7	317.7	5.6
印度尼西亚	9.4	36.7	67.7	134.1	241.7	285.4	5.1
俄罗斯	251.7	169.3	165.7	198.9	215.9	224.7	4.0

续表 3-13

国家	1990 年	1995 年	2000 年	2005 年	2010 年	2011 年	占比/%
南非	143.0	167.0	180.9	196.7	204.7	205.4	3.6
哈萨克斯坦	96.7	60.9	55.0	63.1	80.3	84.0	1.5
波兰	135.0	130.1	101.9	98.1	79.3	80.9	1.4
哥伦比亚	19.0	23.9	35.6	54.9	69.0	79.7	1.4
乌克兰	119.9	61.7	60.0	58.6	57.0	64.4	1.1
德国	167.6	106.6	80.7	76.0	62.4	63.7	1.1
加拿大	57.1	61.4	51.6	50.4	51.4	50.9	0.9
越南	4.1	5.6	9.3	26.1	35.1	35.6	0.6
捷克	52.4	39.0	35.7	33.6	29.7	30.9	0.5
总计	3246.6	3243.9	3363.3	4384.7	5323.9	5650.7	100

我国一直是以煤炭为主要能源的国家，煤炭工业在我国有着极其特殊的地位。中华人民共和国成立后不同类型煤矿的原煤产量的平均每年递增率为 9.5%，是世界上产煤国中发展最快的，尤其以地方煤矿产量的增长更快，年递增超过 10%。

我国现有煤矿的分布同煤炭资源的分布一样，是北多南少，西多东少。“北煤南运”“西煤东运”的局面将在相当长的时期内存在。今后煤炭产量的增长主要仍在华北和西北地区，煤炭资源的地理分布和生产力布局不相适应，工业和人口相对集中的东部和东南沿海地区保有量很少。我国历年煤产量的变化曲线如图 3-4 所示。

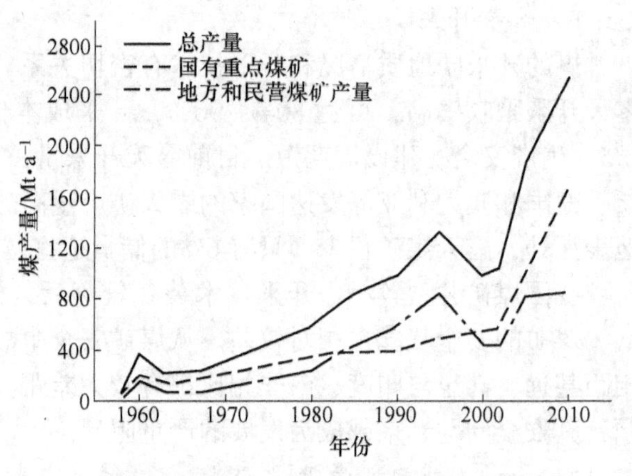

图 3-4 我国历年煤产量的变化曲线

近 30 年来，世界煤炭消费结构逐步优化，煤炭在加工转换部门的消费比例逐渐增大，在终端直接利用的比例逐渐减少。根据国际能源署（IEA）统计资料，从 1980~2010 年，世界用于发电煤炭消费量由 12.28 亿吨标准煤增加到 30.95 亿吨标准煤，占世界煤炭总消费量的比例由 40.1%增加到 61.3%。世界主要国家或地区硬煤消费情况如表 3-14 所示。

表 3-14 世界主要国家或地区硬煤消费量 （百万吨）

国家或地区	1990 年	1995 年	2000 年	2005 年	2010 年	2011 年	占比/%
中国	724.3	950.3	1013.7	1694.6	2394.6	2627.4	49.4
美国	690.1	723.1	812.9	820.3	751.6	717.0	13.5
印度	136.4	178.6	206.0	263.4	386.9	422.3	7.9
日本	108.6	123.1	141.3	173.3	176.7	168.1	3.2
南非	94.9	100.3	106.6	118.4	130.4	132.7	2.5

续表 3-14

国家或地区	1990 年	1995 年	2000 年	2005 年	2010 年	2011 年	占比/%
俄罗斯	258.0	170.6	150.3	134.6	128.9	129.9	2.4
韩国	34.9	40.1	61.4	78.3	108.4	113.4	2.1
德国	185.1	129.4	121.3	117.3	109.4	110.9	2.1
波兰	114.6	102.4	82.3	79.6	80.6	85.4	1.6
澳大利亚	52.1	57.7	66.7	76.4	62.6	71.1	1.3
印度尼西亚	5.7	8.1	19.6	36.3	58.9	62.9	1.2
乌克兰	106.9	60.1	55.9	53.4	54.1	60.6	1.1
中国台湾	15.7	24.1	41.0	54.4	57.6	58.7	1.1
土耳其	22.7	23.6	32.1	31.1	44.1	46.3	0.9
英国	92.7	67.9	52.4	53.4	44.3	44.0	0.8
总计	3152.9	3188.9	3388.9	4260.4	5045.7	5320.4	100

在我国的能源消费结构中，煤炭的消费比重长期占到了2/3左右。30多年来，煤炭的消费一直保持了较高的增长速度。1996年我国煤炭消费总量首次突破了10亿吨标准煤(原煤13.7亿吨)，此后的数年内稍有起伏，但总体呈增长态势。煤炭消费除主要产煤区外，江浙、广东、湖北也消费较多。煤炭消费行业主要是工业，生活消费所占比例逐年减少。

3.2.1.5 中国煤炭发展战略

我国原煤产量中，烟煤占60.6%，其中炼焦用煤占21.8%；无烟煤占28.2%，褐煤占11.2%。炼焦用煤的产量构成远超过其储量构成，已远远超过实际需要量，目前仍有相当比例的炼焦用煤被当作动力煤使用，这是很不合理的。另外，煤矿的规模偏小（多为中小型煤矿）；井下开采比重过高（达94%），露天煤矿少；机械化程度较低（仅占49%），劳动生产率低［为1.68t/(人·d)］，比先进国家低10多倍；安全保障体系较差；原煤的洗选率低（平均不到40%，而先进国家已达90%以上），能够作为商品煤出口的精煤少，既增加了交通运输部门的负荷，也不利于煤炭的综合利用和提高利用率，同时还构成了严重的环境污染等。为了解决这些问题，近期内我国煤炭的发展战略为以下几点。

(1) 搞好煤炭开发规划和生产布局。以大型煤炭基地规划为主线，明确划定国家规划区、对国民经济具有重要价值矿区以及国家规定实行保护性开采的特定煤种。协调与理顺规划与资源管理的关系，尽快把煤炭资源的勘探和开发利用纳入“统一规划、合理布局、有序开发、综合利用”的轨道上来。统筹安排好勘探和建井工作，既要适应国民经济发展对煤炭的需求，又要科学、合理、规范地开采煤炭资源。

(2) 完善煤炭法规和标准体系。从市场准入、运行和退出等方面，配套研究煤炭法规，加快煤炭法规和标准体系建设。重点在对市场准入基本条件的研究，不符合基本条件的不得从事煤炭生产经营活动；制定煤炭生产过程资源消耗标准，鼓励资源消耗少的企业发展，限制资源消耗多的企业生产；制定对生态环境影响的标准，支持环保型的煤矿发展，限制非环保型的煤矿生产。

(3) 发展大型煤炭企业（集团）。结合大型煤炭基地建设，加快推进大型煤炭集团的发展，形成若干个亿吨级的大型煤炭企业，使其成为大型煤炭基地开发的主体，更好地发挥基地功能，提高煤炭安全供给能力。

(4) 小煤矿的联合改造。按照“统一规划、合理集中、正规开采、保障安全、依法监管”的方针，加快小煤矿联合改造的步伐，促进小煤矿健康发展。在合理规划的前提下有序开发，逐步提高办矿标准；鼓励大煤矿兼并周边小煤矿，优化资源配置，淘汰落后生产能力；推进小煤矿之间的联合改造，减少矿井数量，提高正规开采水平，合理扩大生产规模。

(5) 推进洁净煤技术产业化。洁净煤技术能否取得突破性进展，洁净煤技术产业化能否得到扎扎实实的推进，关系到煤炭工业的健康发展。因此，应加快制定煤炭洁净生产和洁净利用促进法，动员全社会的智慧和力量，使煤炭成为洁净的能源。

(6) 发挥煤炭资源优势。依托煤炭资源优势，积极发展包括劣质煤发电在内的坑口电站建设，促进煤电、煤焦化、煤建材联营，促进结构调整和产业升级，推动煤炭工业按照新型工业化的道路健康发展。通过发展煤炭后续产业，推动单一煤炭资源矿区发展接续产业和替代产业，把资源优势转化为经济优势。

(7) 加强矿区环境综合治理。加强瓦斯抽放，加快煤层气开发利用产业化进程，充分利用煤中煤、煤泥、洗矸等有价值资源，发展包括低热值燃料综合利用电站。以土地复垦为重点，建立各种类型的矿区生态重建示范基地，逐步形成与生产同步的生态恢复建设机制。

(8) 实现矿区可持续发展。完善资源枯竭矿山的退出机制，制定促进接续和替代产业发展的政策，推动单一煤炭资源矿区发展接续产业和替代产业。同时，借鉴国外主要产煤国家的经验，制定衰老报废矿区和煤炭城市的转产配套政策。

3.2.1.6 洁净煤技术

煤炭是主要的能源之一，煤炭的开发利用严重地污染环境，因此，煤炭的清洁开发和利用是摆在全人类面前的紧迫问题。

洁净煤技术是旨在减少污染和提高效益的煤炭加工、燃烧、转换和污染控制等新技术的总称。洁净煤技术的构成如图 3-5 所示，主要包括洁净生产、加工技术，高效洁净转化技术，高效洁净燃烧与发电技术，燃煤污染排放治理技术。洁净煤技术于 20 世纪 80 年代中期兴起于美国，迄今美国在先进的燃煤发电系统和液体燃料替代方面取得了重大进展。欧共体、日本、澳大利亚也相继推出洁净煤研究开发与实施计划。

洁净煤技术包括煤的燃烧前处理、燃烧中处理和燃烧后处理。从处理难度看，燃烧前处理较简单，燃烧中处理和燃烧后处理较为困难，而且投资和成本也很高。因此，世界各国在分阶段发展各环节净化技术的同时，也都分阶段进行技术经济效益优化。

中国煤炭消费量大，能源利用率低，造成的环境污染十分严重。在我国政府 1997 年批准的《中国洁净煤技术“九五”计划和 2010 年发展纲要》中，洁净煤技术包括 4 个领域、14 项技术，即（1）煤炭加工：洗选、型煤、水煤浆；（2）煤炭高效洁净燃烧：循环流化床发电技术、增压流化床发电技术、整体煤气化联合循环发电技术；（3）煤炭转化：气化、液化、燃料电池；（4）污染排放控制与废弃物处理：烟气净化、电厂粉煤灰综合利用、煤层气开发利用、煤矸石和煤泥水综合利用、工业锅炉和窑炉技术改造。

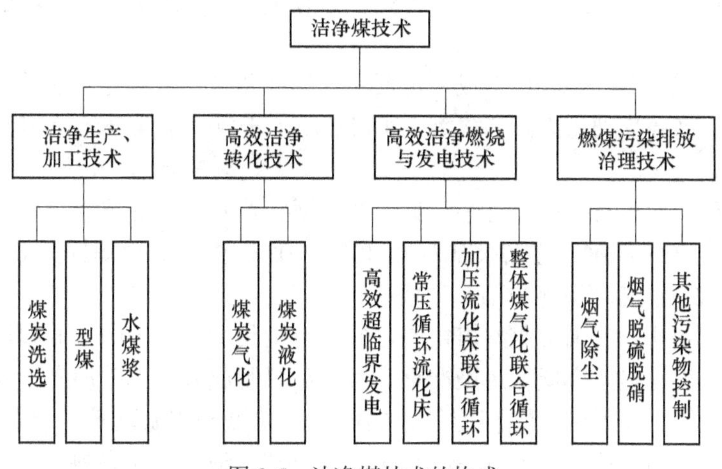

图 3-5　洁净煤技术的构成

A　燃烧前处理

a　选煤

燃烧前的处理主要是煤炭洗选（选煤）、型煤和水煤浆三项措施。选煤的目的是降低原煤中的灰分、硫分等杂质的含量，并将原煤加工成质量均匀、能适应用户需要的不同品种及规格的商品煤，它是煤炭进一步深加工的前提。选煤方法很多，包括物理洗选、化学洗选、生物洗选以及超纯煤制备。常规的物理选煤只能利用物理性质的不同，从煤中分离出矸石、硫化铁等异物，而不能分离以化学态存在于煤中的硫，也不能分离出另一种污染物——氮化物，一般可除去煤中 60% 灰分和 40% 黄铁矿硫。新型物理选煤技术是把煤粉磨得更细，从而能使更多的杂质从煤中分离出来。超细粉的新技术可以除去 90% 以上的硫化物及其他杂质。

通过物理洗选排除大部分矿物质后，即可对煤进行化学脱硫。常采用的脱硫方法有热解法脱硫、碱法脱硫、气体脱硫、氧化脱硫。

对煤中的有机硫，适合采用生物脱硫的方法，生物脱硫反应都是在常温下进行，脱硫过程中煤损失少；但是作用时间长，需要很大的反应容器，工艺复杂，成本高，这些因素都制约生物脱硫的大规模工业应用。最新的方法是采用酶来脱除煤中的有机硫。

新中国成立时，全国仅有 10 余座选煤厂，入洗能力 1360 万吨/年，焦精煤产量 67 万吨/年，选煤方法也只有跳汰和溜槽。“十一五”期间，全国选煤厂原煤入洗能力由 2005 年的 8.4 亿吨增加到 2010 年的 17.6 亿吨；全国选煤厂数量由 1000 座增加到 1800 座，增长 80%；大型煤炭企业单厂平均入选能力达到 260 万吨/年。不过，我国煤炭洗选加工在快速发展的同时，也存在着许多问题与瓶颈：（1）入选率低，2009 年全国原煤入洗量 14 亿吨，入洗率 45.9%，但动力煤入选率只有 35% 左右；（2）发展不平衡，我国既有技术装备世界一流的大型现代化选煤厂，也还有许多规模小、技术装备落后的选煤厂，全国 1800 多座选煤厂中，达到优质高效选煤厂标准的还不到 100 座；（3）选煤设备国产化水平低，大型装备可靠性较差、使用寿命短、自动化程度和故障自诊断技术水平较低，部分关键部件还依赖进口；（4）质量标准化工作还有待推进，现代化管理水平不高的问题较为突出。随着我国煤炭开发的规模不断扩大，高灰煤、高硫煤、低价煤特别是褐煤资源开发比重增加，迫切需要分选、提质加工，但相关技术和装备发展较慢，不能满足需要。

b 型煤

型煤是将粉煤或低品位煤加工成一定形状、尺寸和有一定物化性能的煤制品。型煤一般需加黏结剂，高硫煤加入固硫剂成型，可减少 SO_2 排放。型煤分为民用型煤和工业型煤两类。

型煤是各种洁净煤技术中投资小、见效快、适宜普遍推广的技术。与原煤直接燃烧相比，可减少烟尘50%~80%，减少 SO_2 排放40%~60%，燃烧热效率提高20%~30%，节煤率达15%，具有节能和环境保护的双重效益。

与民用型煤相比，我国工业型煤发展很慢，特别是供锅炉用的工业型煤更是如此。大量炉窑仍然烧原煤，热效率低、污染严重。若将粉煤制成型煤，并加入不同的添加剂，增加型煤的反应活性、易燃性、热稳定性，提高煤灰熔点和固硫功能，将提高煤炭的利用率。初步估计，我国工业锅炉中有90%以上属层燃式，适于块状燃料。

c 水煤浆

水煤浆是20世纪70年代兴起的煤基液态燃料，由煤粉、水和少量添加剂组成。水煤浆有以下特点：（1）水煤浆为多孔隙的煤粉和水的固液混合物，具有类似6号油的流动性，既保留煤原有的物理特性，又可以像燃料油那样通过管道输送，并在加压的情况下通过喷嘴雾化并燃烧。所以水煤浆可以作为工业炉窑、工业锅炉和电站锅炉的燃料以代替燃料油，也可作为民用燃料。水煤浆的价格比燃料油更便宜。（2）水煤浆在制造过程中可以进行净化处理。原煤制成水煤浆，其灰分低于8%，硫分低于1%，且燃烧时火焰中心温度较低，燃烧效率高，烟尘、SO_2、NO_x 等的排放都低于燃油和燃烧散煤。

水煤浆的制备以浮选精煤为原料，经脱水、脱灰、磨制，加添加剂后与水混合成浆。水煤浆中煤粉颗粒的质量分数为65%~70%，含水30%~35%。水煤浆的制备方法包括干法、湿法和混合法。制备好的水煤浆在储运过程中应保持很好的稳定性，以避免在储存罐的底部及运输管道内产生沉淀物。在燃烧过程中，水煤浆的雾化特性对着火性能和稳燃性都有很大影响，因此对水煤浆的喷嘴要精确设计。总之，只有针对水煤浆的特点，采取一系列的措施，才能使水煤浆的应用取得良好的效果，以真正解决众多燃油锅炉和工业炉窑对石油的过度依赖问题。

水煤浆是一种清洁燃料，与原煤、重油相比较主要具有以下优点：

（1）热效率高。一般中小锅炉燃煤的热效率约为60%，燃用水煤浆可达85%左右，实践表明，燃用水煤浆可节煤1/3左右，减少对环境的污染。

（2）燃料费用低。按热值计算，约2t水煤浆可代替1t重油，其价格却不到重油的1/4，在同等热值的情况下，大大节约燃料费用。

（3）具有一定的脱硫、脱氮效果。火焰中心温度比煤粉炉低100~150℃，由于炉内存在水蒸气，可减少 NO_x 生成；水煤浆含有的水分和煤炭灰分中的碱性矿物质在燃烧时具有一定的脱硫效果。

（4）灰渣的二次污染少。与燃煤锅炉相比，燃水煤浆锅炉由于其燃烧效率和锅炉热效率的提高，炉渣中的碳分由烧煤炭的13.7%降到烧水煤浆的0.59%，出渣量亦大幅减少，延长除渣周期，节约灰渣存贮场地，从而减少灰渣的二次污染。

（5）环保和经济性兼备。与燃煤相比，燃用水煤浆可减少燃料的占地和输送环节，水煤浆密封运输，减少散煤运输过程中的损失与污染，同时还节约人力、物力及财力。

（6）安全性高。水煤浆是一种煤水混合物，其着火温度在800℃左右，在使用和储存时，具有更高的安全性，减少了消防的投资和运行成本。

（7）烟囱无黑烟，燃用水煤浆锅炉的排烟大部分为水蒸气，消除燃煤锅炉运行时难以避免的“黑烟滚滚”，减少对环境的污染。

但是，与原煤、重油比较，水煤浆也存在一些缺点，需要在应用中予以重视和改进：

（1）从水煤浆的性能来看，它适合长途运输。但是，由于水煤浆中含30%左右的水分，水的长距离运输是一种经济浪费，因此要充分考虑浆厂与电厂之间的距离。

（2）如果存放周期过长或浆液质量有问题，水煤浆有可能会在储罐、管道中沉淀，清通比较困难，所以储罐的机械搅拌设施及严格的管理措施是必要的。

（3）尽管水煤浆的含灰量比原煤少，但也存在结渣、积灰以及磨损等问题。到目前为止，该问题的解决方法还在探讨中。

2005年国内第一条年产50万吨水煤浆成套生产线在广东建成投产，截至2010年年底，全国各类制浆厂的设计生产能力已突破5000万吨/年，生产和使用量已达到3000万吨/年。随着水煤浆应用规模的不断扩大，制浆用煤正在从价高、量少、易成浆的中等变质程度的烟煤向较难成浆的低阶煤烟煤扩展。国家水煤浆工程技术研究中心成功开发的“低阶煤高浓度制浆技术”使制浆浓度提高3%~5%。

B 燃烧中处理

为达到环保目的，工厂企业通常采用高烟囱排放，将燃烧装置产生的有害烟气排放到远离地面的大气层中，并通过大气的运动使污染物浓度降低，以改善污染源附近的大气质量。但这种方法并不能减少SO_2和NO_x等有害物的排放总量，因此，燃烧过程中处理（炉内脱硫、脱硝）是十分重要的。

炉内脱硫通常是在燃烧过程中向炉内加入固硫剂，如石灰石等，使煤中硫分转化为硫酸盐并随炉渣排出。实践证明，最佳的脱硫温度是800~850℃，温度高于或低于此温度范围，脱硫效率均会降低。因此，炉内加石灰石脱硫的最佳燃烧方式是流化床燃烧、层燃和煤粉燃烧，加石灰脱硫效果均不理想。

煤燃烧过程中产生的NO_x与煤的燃烧方式，特别是燃烧温度和过量空气系数等燃烧条件有关，因此，炉内脱硝主要是采用低NO_x的燃烧技术，包括空气分级燃烧、燃料分级燃烧和烟气再循环技术等。此外，向炉内喷射吸收剂（如尿素）也是一种可行的办法，因为尿素和NO_x反应会生成氮气和水。

C 燃烧后处理

a 烟气脱硫

燃烧后处理主要是烟气净化和除尘。炉内脱硫往往达不到环保要求，还需对烟气进行脱硫处理。目前已有多种商业化的烟气脱硫技术，图3-6为燃煤锅炉中各种不同的脱硫方案。

烟气脱硫技术可以分为干法脱硫和湿法脱硫，按反应产物的处理方法可以分为回收法和抛弃法，按脱硫剂的使用情况分有再生法和非再生法。在各种脱硫工艺中，湿法烟气脱硫应用最广，特点是整个脱硫系统位于烟道的末端，在除尘器之后，脱硫剂、脱硫过程、反应副产品及其再生和处理均在湿态下进行，因而烟气脱硫过程的反应温度低于露点，脱

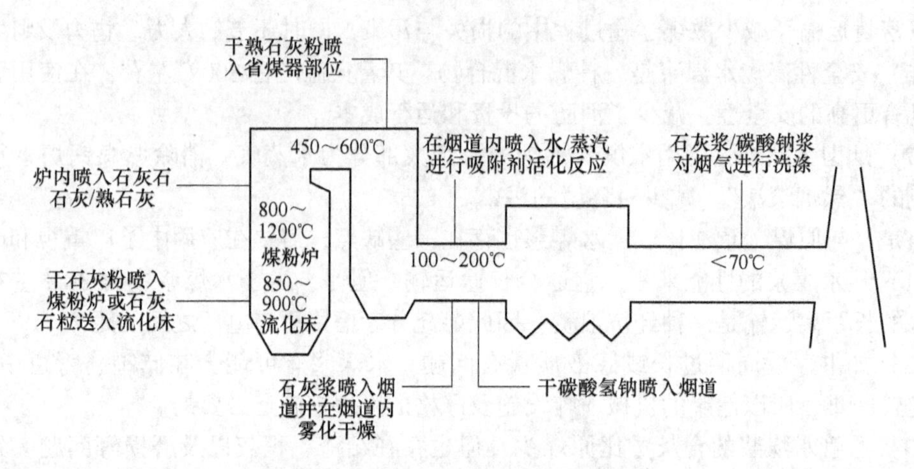

图 3-6　燃煤锅炉中各种不同的脱硫方案

硫以后烟气需经再加热后才能从烟囱排出。由于湿法烟气脱硫过程是气液反应，脱硫反应快、效率高，钙利用率也高。在钙硫比为1时，脱硫效率可达90%以上，适合于大型燃煤电站锅炉的烟气脱硫。但湿法脱硫有废水处理问题，因此费用很高，通常它的投资占电厂投资的11%~18%，年运行费用占电厂总运行费用的8%~18%。

b　烟气脱硝

低NO_x燃烧技术最多只能降低50%的NO_x排放，因此还需考虑烟气脱硝。通常烟气脱硝也分为干法和湿法。

干法烟气脱硝主要有选择性催化还原法（Selective Catalytic Reduction，SCR）和选择性非催化还原法（Selective Non-Catalytic Reduction，SNCR）。SCR采用催化剂促进NH_3和NO_x的还原反应，反应温度取决于催化剂的种类。例如，采用TiO_2和Fe_2O_3作催化剂，反应温度为300~400℃；当采用活性焦炭作为催化剂，反应温度为100~150℃。采用NH_3时它只与NO发生反应，而不与烟气中的氧反应；如果采用其他还原剂（如CH_4、CO、H_2等），它们还会与氧反应，不仅使还原剂消耗量增大，还会使烟气温度升高。SCR在西欧和日本有广泛应用，脱硝率达80%~90%。SNCR与SCR的不同之处，是SNCR在烟气高温区加入NH_3，且不用催化剂。此法脱硝率约为50%，但设备和运行费用低。干法脱硝存在氨泄漏问题和硫酸氢氨的沉积腐蚀问题。

湿法脱硝是先将烟气中NO通过氧化剂（如O_3、ClO_2^-等）氧化生成NO_2，NO_2再被水或碱性溶液吸收。这种方法的脱硝效率可达90%以上，而且可以和湿法脱硫结合实现同时脱硫、脱硝；其缺点是系统复杂，用水量大并且有水的二次污染问题。

c　烟气除尘

燃煤产生的大气污染物占我国烟尘排放总量的60%，粉尘排放总量的70%以上，因此烟气除尘是一个突出的问题。常用的烟气除尘器有：（1）离心分离除尘器；（2）洗涤式除尘器；（3）布袋除尘器；（4）静电除尘器。

其中的静电除尘器具有很高的除尘效率，最高可达99.99%，可捕集0.1μm以上的尘粒。优点是阻力损失小，运行费用不高，处理烟气量大，运行操作方便，可完全实现自动化；缺点是设备庞大，投资费用高。目前我国各大电厂普遍采用静电除尘器。

3.2.1.7 煤的气化与液化

煤的气化与液化也是清洁煤技术的重要组成部分。煤的气化与液化不但能解决直接燃烧时燃烧效率低、燃烧稳定性差的缺点，而且极大地改善煤直接燃烧所造成的环境污染。

A 煤的气化

煤的气化是指利用煤或炭焦与气化剂进行多相反应产生 CO、H_2、CH_4的过程，主要是固体燃料中的碳与气相中的氧、水蒸气、CO_2、氢之间相互作用。也可以说，煤炭气化过程是将煤中无用固体脱除、转化为可作为工业燃料、城市煤气和化工原料气的过程。随着工艺操作条件和所加入的气化剂（主要是空气、氧气、水蒸气等）不同，可以得到不同种类的煤气产品：供大、中、小城市民用的燃料气，供合成氨和合成甲醇用的化工合成原料气，供冶金和电力等工业作为工艺燃料或发电燃料的工业燃料气。

煤气化技术的发展已有150年历史。常用的煤气化炉多为固定床式：氧气和水蒸气从气化炉的下部吹进炉内，在2.0~3.0MPa 和 900~1000℃下进行煤的氧化-还原反应；生产的粗煤气从炉子上侧经过出气口进入冷却、净化系统，灰分从炉子下部排出。粗煤气的主要成分是 CO_2、CO、H_2和 CH_4，经过脱除焦油、酚、含硫化合物及降低 SO_2后，可制得中等热值的煤气，供民用、工业用或用作合成气。

目前煤气化技术已进入第二代，它是应用先进的水煤浆燃烧技术，可同时产生蒸汽，从而为蒸汽-燃气联合循环发电提供最理想的燃料气，使煤气化技术进入一个新的阶段。德士古气化炉就是第二代煤气化炉的代表。原煤先磨细到 0.1mm，制成悬浮状态并可用泵输送的水煤浆，浆中煤的浓度达 70%。氧气和水煤浆由气化炉顶部喷嘴喷入炉膛，着火燃烧，反应温度为 1400~1500℃，反应压力为 4.0MPa。生成的灰渣呈熔融状态，以液态排出。气化炉中产生的粗煤气温度很高，再通过废热锅炉使粗煤气冷却到 200℃左右，然后在洗涤器中去灰和进一步冷却后即可送往用户。废热锅炉产生的蒸汽也可同时供用户使用。

由于石油和天然气的可采储量日益减少，发展煤的气化技术显得越来越重要。先进的催化气体法、核能余热气化法等正在开发研究之中，然而最有吸引力的仍是煤的地下气化。煤的地下气化集煤的开采和转化为一体，其经济性大大优于地面气化。但目前煤的地下气化还存在许多技术难题，要实现大规模、工业化的煤地下气化，尚需做很大的努力。

B 煤的液化

飞机、坦克、火箭、汽车等都使用液体燃料，而石油的储量比煤少得多；其他水能、核能又不能代替液体燃料，因此，煤的液化一直是人们努力的目标。

煤的液化分为直接液化和间接液化。煤和石油的主要成分都是 C 和 H，不同之处在于煤中 H 元素的含量只有石油的一半；从理论上说，煤转化成石油，需改变煤中 H 元素的含量。煤中 C、H 含量比越小，越容易液化，因此褐煤和煤化程度较低的烟煤易于液化。

煤直接液化是在较高温度（>400℃）和较高压力（>10MPa）的条件下，通过溶剂和催化剂对煤进行加氢裂解而直接获得液化油。在此过程中，煤的大分子结构首先受热分解成独立的自由基碎片，在高压氢气和催化剂的作用下，自由基碎片加氢形成稳定的低分子物。如果对自由基供氢量不足，或自由基之间没有溶剂分子隔开，自由基在高温下又会缩聚成大分子。因此，液化反应必须有足够的氢源和溶剂。煤直接液化的反应机理如图 3-7 所示。

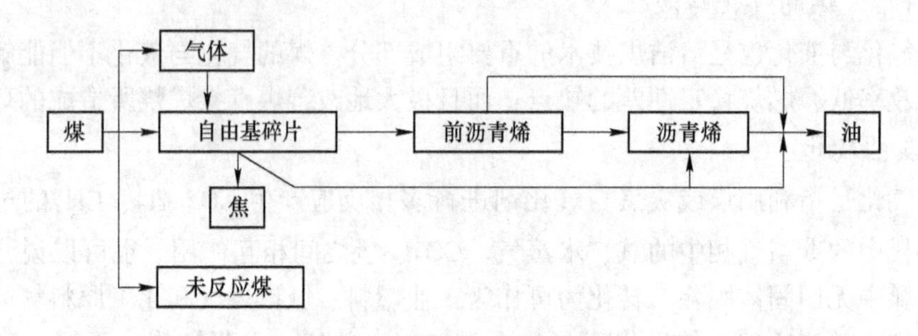

图 3-7 煤直接液化的反应机理

自由基碎片加氢后获得的液态物质可以分为油类、沥青烯和前沥青烯三种不同成分；继续加氢，前沥青烯转化成沥青烯，沥青烯再转化成油类物质。油类物质再继续加氢，脱除其中的 O、N、S 等杂原子，转化为成品油。成品油经分馏，即可获得汽油、航空煤油和柴油等。

煤直接液化所产生的液化油，含有许多芳烃和 O、N、S 等杂原子，可直接作为锅炉燃料油使用；但如果用作发动机原料，就必须进行提质加工，才能把液化油提炼成符合质量标准的汽油、柴油等成品油。

煤的间接液化采用合成法，将煤气化制出以 CO 和 H_2 为主的煤气，再经过变换和净化送入反应器，在催化剂的作用下，生产出汽油和烃类产物。煤间接液化的核心设备是合成反应器。但是，煤的液化必须形成大的规模才能获得经济效益，而建造煤液化厂投资十分巨大；煤液化工艺中氢使用量大，约占成本的 30%，原煤成本仅占 40%～50%，因此，煤制油价格高于石油。只有进一步改进液化工艺，降低成本，才能使煤的液化具有市场竞争力。

截至 2012 年上半年，以神华、伊泰、潞安、神华宁煤和兖矿为代表，我国已经进入开工建设或实质性前期工作的煤制油项目总产能超过 2000 万吨，投资超过两千亿元。神华鄂尔多斯煤制油项目的规划总产能为 500 万吨/年，百万吨级直接液化煤制油示范工程于 2008 年 12 月试车成功后实现了装置的安全稳定较长周期运行。2011 年上半年，项目生产油品 46.7 万吨，实现利税 8 亿元，具有良好的经济效益。神华还计划建设配套的间接液化装置，实现间接液化和直接液化油品的调和，以提高煤制油产品的品质和市场竞争力。

通过直接液化和间接液化相组合以优化最终油品性能，通过煤炭分级利用以提升能量利用效率，通过油煤混炼或引入焦炉煤气以实现原料的多元化，通过 IGCC 和其他化学品装置实现多联产也是我国煤制油行业的新趋势。

C 整体气化联合循环发电（IGCC）技术

整体煤气化联合循环发电系统（Integrated Gasification Combined Cycle，IGCC），是将煤气化技术和高效的联合循环相结合的先进动力系统。它由两大部分组成，煤的气化与净化部分和燃气-蒸汽联合循环发电部分。第一部分的主要设备有气化炉、空分装置、煤气净化设备（包括硫的回收装置），第二部分的主要设备有燃气轮机发电系统、余热锅炉、蒸汽轮机发电系统。IGCC 的工艺过程如图 3-8 所示。

煤首先经过气化成为中低热值煤气，再经过净化除去煤气中的硫化物、氮化物、粉尘等污染物，变为清洁的气体燃料，然后送入燃气轮机的燃烧室燃烧，加热气体工质以驱动燃气轮机做功，燃气轮机排气进入余热锅炉加热给水，产生过热蒸汽驱动蒸汽轮机做功。

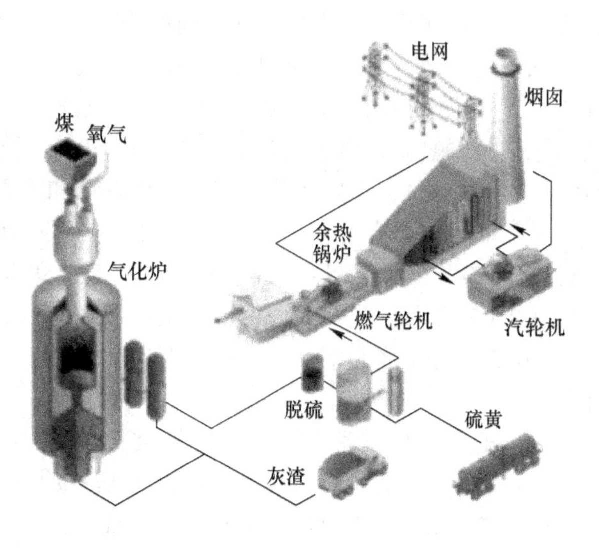

图 3-8　IGCC 工艺过程图

国家能源局发布的《煤炭工业发展“十三五”规划》提出，到 2020 年，煤炭开发布局科学合理，供需基本平衡，大型煤炭基地、大型骨干企业集团、大型现代化煤矿主体地位更加突出，生产效率和企业效益明显提高，安全生产形势根本好转，安全绿色开发和清洁高效利用水平显著提升，职工生活质量改善，国际合作迈上新台阶，煤炭治理体系和治理能力实现现代化，基本建成集约、安全、高效、绿色的现代煤炭工业体系。发展清洁高效煤电，提高电煤在煤炭消费中的比重。

3.2.2　石油

人类发现和利用石油的历史悠久。早在公元前 3000 年，幼发拉底河流域的人们就开始利用沥青作建筑材料。公元 650 年左右，阿拉伯人把石油中的较轻组分蒸馏出来做成著名的“希拉火”供作战使用。缅甸的仁安油田在 13 世纪开始开采。16 世纪苏门答腊人用石油做成火球烧毁葡萄牙人的帆船。早在 3000 年前，我国《易经》就有关于石油的文字记载。2000 年前，我国开始采集石油作燃料和润滑剂，到 11 世纪，我国开凿了第一批油井，并炼制出“猛火油”、石蜡、沥青等粗制石油制品。

1859 年，在美国宾夕法尼亚州成功打出了第一口油井，接着俄国人也开始了油井采油，现代石油工业真正开始。20 世纪 50 年代以来，以石油、天然气为原料的石油化工工业得到突飞猛进的发展，石油制品消费量迅速增长，石油的消费量剧增。1900 年世界石油消费量为 40 万桶，1920 年为 22 万桶/d，1940 年为 85 万桶/d，1960 年为 340 万桶/d，1980 年为 800 万桶/d，2000 年后达到了 7000 万桶/d 以上。

石油素有“工业的血液”之称，是当今世界最重要的能源，又是近代有机化工工业的重要原料，是仅次于煤的化石燃料。

3.2.2.1　石油的形成与特性

石油是古生物长期埋藏在地下形成的。按照有机成油理论，水体中沉积于水底的有机物和其他淤积物一道，随着地壳的变迁，埋藏的深度不断增加，并经历生物和化学转化过程。先是被好氧细菌，然后是厌氧细菌彻底改造，细菌活动停止后，有机物便开始了以地温为主导的地球化学转化阶段。一般认为，有效的成油阶段大约从 50~60℃ 开始，150~160℃ 时结束。过高的地温将使石油逐步裂解成甲烷，最终演化为石墨。因此，石油只是有机物在地球演化过程中的一种中间产物。

从各地区油井采出的原油成分不同，形态各异，从无色到黑色，从水样液体到柏油状固体，比重也不相同。未经处理的石油叫原油，原油及其加工所得的液体产品总称为石油。原油是碳氢化合物的混合物，含有1~50个碳原子的化合物，其碳和氢分别占84%~87%和12%~14%，主要成分为烷烃、环烷烃和芳香烃。在原油中除纯烃类成分之外，还有少量的非烃类化合物，如含硫化合物存在于所有原油之中，低者含量0.05%以下，高者可达7.5%，一般含量在2%~3%之间；含氮化合物含量通常不超过1%；含氧化合物在0.5%~2.0%之间。此外在原油中还存在少量的无机物质，如V、Ni、Fe、Al、Ca、Na、Mg、Co、Cu等金属元素，它们的浓度通常约为100mg/L。一般原油中还有不溶解的水分存在。

原油的分类有许多方法。按含烃类比例的不同，原油可分为石蜡基原油、环烃基（也叫沥青基）原油和中间基（也称混合基）原油。根据硫含量不同，硫含量小于0.5%为低硫石油，0.5%~2.0%之间为含硫石油，大于2.0%者称高硫石油。世界石油总产量中，含硫石油和高硫石油约占75%。石油中的硫化物对石油产品的性质影响较大，加工含硫石油时应对设备采取防腐蚀措施。此外，按照比重的大小可将原油分为三类：重质原油，其比重介于1.00~0.92之间；中质原油，其比重在0.92~0.87之间；轻质原油，其比重小于0.87。

原油经过炼制，可以得到石油气、汽油、煤油、柴油、重油、油渣、沥青、石蜡等产品，以满足不同的用途。

3.2.2.2 石油资源及其开采

A 石油资源

目前世界上已找到近30000个油田和7500个气田，这些油、气田分布于地壳上六大稳定板块及其周围的大陆架地区。在156个较大的盆地内，几乎均有油、气田发现，但分布极不平衡。例如世界上石油储量超过10×10^8t和天然气储量超过10000×10^8m^{3}的特大油、气田共42个（我国除外），它们仅分布于100个盆地内，其中波斯湾盆地就占20个，西伯利亚盆地占10个，储量为650×10^8t。占世界总储量的近一半。沙特阿拉伯的加瓦尔油田和科威特的布尔干油田的石油储量占目前世界储量的1/5。

从石油储量来看，第二次世界大战后，发现和开发了一批重要的油气区，包括中东、伏尔加—乌拉尔、西伯利亚、阿拉斯加、利比亚、尼日利亚、东南亚等，使探明储量迅速增加，在1970年以前大约每10年翻一番，但1985年后，每年所增储量逐渐减少，甚至出现下降趋势。即从全球来说，新发现的储量跟不上石油开采量。

我国沉积盆地广阔，有485个沉积盆地，拥有沉积岩面积670×10^4km^2，其中陆上面积520×10^4km^2，近海大陆架面积150×10^4km^2。面积大于4×10^4km^{2}的大型盆地12个，面积10000km^{2}的盆地50个。这62个盆地占盆地总数的12.8%，却拥有全国石油地质资源量的97%；其中9个主要含气的盆地拥有全国天然气地质资源量的80%。中华人民共和国成立后，中国石油地质学家打开了陆相盆地找油的新领域，在西北、东北、华东和中南等地区找到了100多个油田。尤其是大庆油田、胜利油田、辽河油田和克拉玛依油田等一批大型油田的发现和投入开发，使我国石油工业得到高速发展。但目前我国石油资源的探明程度远低于其他产油国，特别是近海大陆架可采储资比仅为0.145。而以上盆地和大陆架中很可能存在丰富的油气资源，因此在油气资源方面，我国尚有巨大的开发潜力。

B 石油开采

油田开发包括石油勘探、钻井和油田的开采。石油勘探是石油开发中最重要的基础环节，包括油田的寻找、发现和评估。石油勘探投资巨大，尤其是海上石油勘探，据估计，其费用相当于油田开采和石油炼制的总和。近百年来，石油勘探迅速发展，石油地质理论日益成熟，勘探手段更加先进，除地震勘探外，地球化学勘探、遥感、遥测、资源卫星等先进技术也引入到石油勘探中，使勘探效率和成功率大大提高。

钻井是从地面打开一条通往油、气层的孔道，以获取地质资料和油气能源。最古老的钻井方法是绳钻，即用绳端的铲头掷向井下打井取泥，现代则使用井架钻台，油井平均深度为1700m，有的大于10000m。钻到油气后，用泥浆压力或别的方法压井，再退出钻管。油被溶解气或四周水压压出岩砂流向孔道，形成自喷井，再通过装在井口的“圣诞树”阀门输出油、气。由于海上油田的大量发现，海上石油钻井得到了迅速发展，但海上钻井易受海水腐蚀及海浪、海流和潮汐的影响。由于从陆地到大洋海底的坡度是逐渐变化的，海上钻井装置也应随海深而变化。

当自喷井产油一段时间后，油压降低，产量下降；当不能自喷时，就需用油泵或深井泵采油。再过一段时期后，抽油泵也不能连续采油了，需要间歇一段时间，让地下远处的石油聚集过来，再抽一段时间。依靠地下自然压力把油集中到油井的采油期称为一次采油期，它只能采出油藏的15%~25%。为了增加采收率，可以向地下油藏注水或气体，以保持其压力，这时称二次采油。二次采油可提高采收率，平均可到25%~33%，个别高达75%。如果加注蒸汽或化学溶剂以加热或稀释石油后再开采，称为三次采油。三次采油的成本很高，还需消耗大量能源。当采油成本不合算或耗能过大时，应关闭油井。

目前我国石油供需矛盾日益突出，一方面我国人均石油资源量仅为世界水平的1/6，另一方面，已开发的油田多数已进入高含水的中后期开发阶段，水驱采收率不高（平均只有33%），约2/3的资源还留在地下，而开发剩余可采储量和勘探发现新储量的难度也越来越大。另外，尽管我国在石油的勘测、开采和生产、加工几方面都已取得了很大的成绩，但与发达国家相比，无论在勘测能力、开采的技术和装置水平，还是在加工方法和有效利用诸方面，都还存在较大的差距。因此，在提高已探明资源的利用率的同时，迫切需要发展新的石油开采技术，以大幅度提高老油田的采收率。

3.2.2.3 石油生产与消费

世界上开展油气资源普查的国家有150多个，生产油气的国家有70多个。从世界石油生产来看，石油输出国组织（欧佩克）起着举足轻重的地位，20世纪60~70年代占世界产量一半以上。20世纪70年代后，世界石油产量上升缓慢，近30年来，石油产量一直在30×10^8t左右徘徊。2011年世界石油的产量为40.59×10^8t标准油，其中欧佩克组织的石油产量约占世界总产量的42.4%。2011年世界石油生产最多的地区是中东和欧洲，分别占世界总量的32.6%和21.0%；沙特阿拉伯和俄罗斯是世界石油生产最多的国家，分别占世界总量的13.2%和12.8%。石油输出国组织储量约占世界探明储量的3/4，而其海湾成员国家沙特阿拉伯、科威特、伊朗、伊拉克、阿联酋和卡塔尔六国占世界总储量的1/2。这些国家石油开采成本低廉，生产潜力大，在世界石油市场上有很强的竞争力，今后仍将是世界上最主要的石油供应国。

表3-15为1990~2011年世界主要产油国的原油产量。

表3-15 1990~2011年世界主要产油国原油产量 (Mt)

国家	1990年	1995年	2000年	2005年	2010年	2011年	占比/%
沙特阿拉伯	342.5	437.2	455.0	524.9	466.6	525.8	13.2
俄罗斯	515.9	310.7	323.3	470.0	505.1	511.4	12.8
美国	416.6	383.6	352.6	313.3	339.9	352.3	8.8
伊朗	162.8	185.5	191.1	205.1	207.1	205.8	5.2
中国	136.3	149.0	162.6	181.4	203.0	203.6	5.1
加拿大	92.8	111.9	127.0	144.9	164.4	172.6	4.3
阿联酋	107.6	112.3	122.1	137.3	131.4	150.1	3.8
墨西哥	145.2	150.2	171.4	187.3	146.3	145.1	3.6
科威特	46.8	104.9	110.1	130.4	122.7	140.0	3.5
委内瑞拉	117.8	155.3	167.3	154.5	142.5	139.6	3.5
伊拉克	105.3	26.0	128.8	90.0	121.4	136.9	3.4
尼日利亚	91.6	97.5	105.4	124.2	117.2	117.4	2.9
巴西	34.1	37.6	66.8	89.3	111.7	114.6	2.9
挪威	82.1	138.4	160.2	138.2	98.6	93.4	2.3
安哥拉	23.4	31.2	36.9	69.0	92.0	85.2	2.1
总计	3175.4	3286.1	3618.2	3916.4	3945.4	3995.6	100

最近20年，我国石油总产量从1990年的1.36×10^{8}t增加到2011年的2.04×10^{8}t，成为世界第五大产油国，占世界总产量的5.1%。1990~2011年世界主要国家原油消费量如表3-16所示。

表3-16 1990~2011年世界主要国家原油消费量 (Mt)

国家	1990年	1995年	2000年	2005年	2010年	2011年	占比/%
美国	772.5	796.7	884.1	939.8	849.9	833.6	20.5
中国	112.9	160.2	224.2	327.8	437.7	461.8	11.4
日本	248.1	267.3	255.6	244.4	200.3	201.4	5.0
印度	57.9	75.2	106.1	119.6	156.2	162.3	4.0
俄罗斯	251.7	152.2	123.1	123.2	128.9	136.0	3.4
沙特阿拉伯	54.1	59.7	73.0	87.5	123.2	127.8	3.1
巴西	63.8	78.8	92.3	93.8	118.0	120.7	3.0
德国	127.3	135.1	129.8	122.4	115.4	111.5	2.7
韩国	49.5	94.8	103.8	104.6	106.0	106.0	2.6
加拿大	79.8	79.8	88.1	100.3	102.7	103.1	2.5
墨西哥	71.0	74.8	87.8	90.8	88.5	89.7	2.2
伊朗	50.0	60.2	65.2	80.5	89.8	87.0	2.1
法国	89.4	89.0	94.9	93.1	84.4	82.9	2.0
英国	82.9	81.9	78.6	83.0	73.5	71.6	1.8
意大利	93.6	95.5	93.5	86.7	73.1	71.1	1.8
总计	3158.1	3279.9	3571.8	3901.7	4031.9	4059.1	100

目前在世界一次能源的消费中，石油仍处在第一位。根据2011年的统计资料，世界一次能源消费约为122.74×10^8吨油当量，其中石油消费量占33%。在消费行业中交通运输占57.0%，工业占19.7%，其他行业占17.1%，非能源行业占6.2%。石油消费偏重于经济发达地区，经济越发展，越需要更多的石油，美国是世界第一大石油消费国，中国以11.4%居第二位。

虽然在世界一次能源的消费中石油已取代煤的地位，但在我国能源消费结构中，石油的比重却远小于煤，只占我国一次能源消费总量的18%左右，而煤炭比例却近70%。自1993年，我国开始由净出口国变成净进口国，2011年进口石油达2.52亿吨。2011年全年原油表观消费达到4.6亿吨，比上年增加2410多万吨，增幅达到5.5%。相应地，原油的加工量和石油产品的进口量也高速增长。未来我国石油需求仍将以较快的速度增加，而同期石油产量不会有大的增加。

我国石油消费除产量较高地区外，主要集中在经济发达的北京、上海和广东等地区。在我国的石油消费行业中，交通运输和工业领域所占比重仍较高。

今后世界石油的发展趋势，一是要加大勘查找油力度和范围，向未知地域特别是沉积盆地和沙漠地区、地层深部、海底特别是近海大陆架发展；二是提高开采技术和装备水平，以提高石油采收率；三是在没有发现更好的石油替代品以前，对石油资源实行保护措施，对石油年产量进行限制；四是从技术上寻求节油途径，并积极研究代替石油的措施。此外，还要积极开发和利用非常规石油。

非常规石油包括油页岩、重质油和油砂，这类资源的探明储量折算成石油有7700多亿吨，是世界上常规石油剩余探明储量的8倍左右。目前其开采方式与采煤一样，有露天和矿井开采两种。其利用和加工方法有直接燃烧和加热干馏两种。当前主要因成本问题还未得到大规模开发和利用，但这些非常规石油很可能是解决今后世界石油短缺问题的最有效途径。

3.2.2.4 石油的加工

开采出来的石油（原油）虽然可以直接作燃料用，但价格便宜；若在炼油厂中进行深加工，经济效益可增加许多倍。而且飞机、汽车、拖拉机等也不能直接燃用原油，必须把原油炼制成燃料油才能使用。因此，石油的加工是石油利用中非常重要的一环。

根据所需产品的不同，炼油厂的加工流程大致分为3种类型。

（1）燃料型：以汽油、煤油、柴油等燃料油为主要产品；

（2）燃料-润滑油型：除生产燃料油外，还生产各种润滑油；

（3）石油化工类：提供石脑油、轻油、渣油用作生产石油化工产品的原料。

石油炼制的方法可以归结为两大类。一类是分离法，如溶剂法、固体吸附法、结晶法和分馏法等，其中最常用的是分馏法。分馏法的工艺是先将原油脱盐，以避免分馏设备腐蚀。然后把脱盐原油加热到385℃左右，送至高30m以上的常压分馏塔底。塔内设有许多层油盘，石油蒸气上升时逐层通过这些油盘，并逐步冷却。不同沸点的成分便冷凝在不同高度的油盘上，并可按所需的成分用管子引出。塔底是不能蒸发的渣油、重油，中层为柴油等馏分，上层为汽油、石脑油等。常压分馏塔底的剩余油再送到减压塔快速蒸发。减压塔利用蒸汽喷射泵降低油气分压，使重油气化并与沥青分离。不同产地的原油分馏所得的各类轻、重油比例相差很大。常压—减压蒸馏是炼油厂加工原油的第一道工序。

石油炼制的另一类方法是转化法。转化法是利用化学的方法对分馏的油品进行深加工，例如，把重油、沥青等分解成轻油，把轻馏分气聚合成油类。常用的转化法有热裂化、催化裂化、加氢裂化和焦化等。油品经过深加工后，经济效益大大增加。

图 3-9 是燃料型炼油厂的流程图，包括常压—减压蒸馏、催化裂化、加氢裂化、焦化等多道炼油工序。

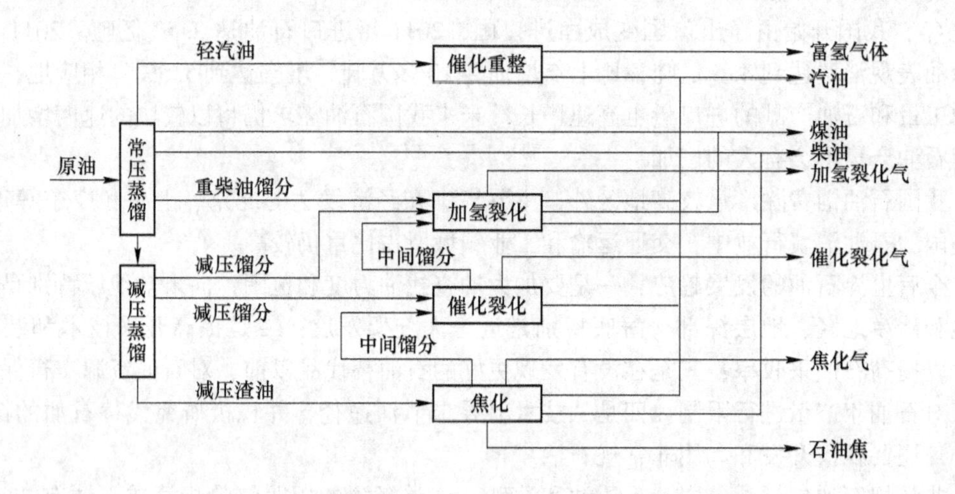

图 3-9　燃料型炼油厂的流程图

美国《油气杂志》统计显示，截至 2010 年年底，世界共有炼油厂 662 座，总炼油能力达 44. 1 亿吨/年，比 2009 年增加 5030 万吨/年，增长 1. 2%。其中，炼油能力增长主要来自亚太地区。1991 ~ 2010 年，亚太地区占世界炼油份额继续上升，由 17. 6% 增至 28. 2%；北美地区从 25. 1%降至 24. 2%；西欧地区 20 多年来未建新炼厂，其份额从 19%降至 16. 6%。由于今后数年世界新建炼油项目主要集中在亚太和中东地区，欧美日等发达国家和地区在世界炼油份额中的比重将会继续下降。世界炼油重心继续东移，中国和印度成为亚太乃至世界炼油能力迅速增加的主要驱动力。

3. 2. 2. 5　主要石油产品及油品结构

A　石油产品

石油由许多组分组成，每一组分都各有其沸点。通过炼制加工，可以把石油分成几种不同沸点范围的组分。一般沸点 40~205℃ 的组分作为汽油，180~300℃ 的组分作为煤油，250~350℃ 的组分作为柴油，350~520℃ 的组分作为润滑油（或重柴油），高于 520℃ 的渣油作为重质燃料油。

按石油产品的用途和特性，可将其分成 14 大类，即溶剂油、燃料油、润滑油、电器用油、液压油、真空油脂、防锈油脂、工艺用油、润滑脂、蜡及其制品、沥青、油焦、石油添加剂和石油化学品。主要石油产品的用途如下：

（1）溶剂油。按用途可分为石油醚、橡胶溶剂油、香花溶剂油等。可用于橡胶、油漆、油脂、香料、药物等工业作溶剂、稀释剂、提取剂；在毛纺工业中作洗涤剂。

（2）燃料油。按燃料油的馏分组成，可分为石油气、汽油、煤油、柴油、重质燃料油，柴油之前的各种油品统称为轻质燃料油。按使用对象或使用条件，各种燃料油又可分成不同的级别，如煤油可分为灯用、信号灯用和拖拉机用 3 个级别，柴油可分为轻级、重级、船用级和直馏级，重油可分为陆用级和船用级。

石油气可用于制造合成氨、甲醇、乙烯、丙烯等。汽油分车用汽油和航空汽油，前者供各种形式的汽车使用，后者供螺旋桨式飞机使用；煤油分航空煤油和灯用煤油，前者作喷气式飞机燃料，后者供点灯用，也可作洗涤剂和农用杀虫药溶剂；柴油分轻柴油和重柴油，前者用于高速柴油机，后者用于低速柴油机。

（3）润滑油。润滑油品种很多，几种典型的润滑油为：1）汽油机和柴油机油，前者用于各种汽油发动机，后者用于柴油机，主要是供润滑和冷却；2）机械油，用于纺织缝纫机及各种切削机床；3）压缩机油、汽轮机油、冷冻机油和气缸油；4）齿轮油，又分为工业齿轮油和拖拉机、汽车齿轮油，前者用于工业机械的齿轮传动机，后者用于拖拉机、汽车的变速箱；5）液压油，用作各类液压机械的传动介质；6）电器用油，又分为变压器油、电缆油，主要起绝缘作用。因其原料属润滑油馏分范围，通常也将其包括在润滑油中。

（4）润滑脂。润滑脂是在润滑油中加入稠化剂制成。根据稠化剂的不同，又可分为皂基脂、烃基脂、无机脂和有机脂 4 大类。用于不便于使用润滑油润滑的设备，如低速、重负荷和高温下工作的机械，工作环境潮湿、水和灰尘多且难以密封的机械。

（5）石蜡和地蜡。石蜡和地蜡是不同结构的高分子固态烃。石蜡分成精白蜡、白石蜡、黄石蜡、食品蜡等，可分别用于火柴、蜡烛、蜡纸、电绝缘材料、橡胶、食品包装、制药工业等。

（6）沥青。沥青可分为道路沥青、建筑沥青、油漆沥青、橡胶沥青、专用沥青等多种类型，主要用于建筑工程防水、铺路以及涂料、塑料、橡胶等工业中。

（7）石油焦。石油焦是优良的碳质材料，用于制造电极，也可作冶金过程的还原剂和燃料。

B 油品结构

20 世纪 80 年代后期，世界石化产业结构进行了重大调整，资本重组、资产优化、机构改革、科技开发、产品结构调整成为此次世界石化产业结构调整的主旋律。由于经济发展的需要、环境保护的要求、节能技术的进步以及替代能源的采用等因素的影响，使世界油品需求的构成发生了很大的变化，加上产油国之间的激烈竞争，世界油品结构也随之发生变化，总体而言世界油品需求构成继续向轻质化发展，加热用的燃料油和重质油品显著减少，更多的重油通过深加工用以增加运输燃料和石化原料，如石脑油。

2010 年，世界主要油品（汽油、煤油、柴油、润滑油等）需求总量增至 7454 万桶/d，比 2009 年增长 2%；世界主要油品供应量为 7556 万桶/d，世界汽油需求总量为 2225 万桶/d，比上年增长 0.6%，增量主要来自亚太、中东和拉美地区；世界柴油需求达 2430 万桶/d，比 2009 年增长 2.8%。随着世界航空运输业复苏，2010 年全球航煤需求比上年大幅增长 3.3%，达 636 万桶/d。亚太地区石油产品需求构成变化见表 3-17。

表 3-17 1985~2010 年亚太地区石油产品需求构成变化

年份	1985	1990	1995	2000	2005	2010	年均增长率/%		
							1985~1995	1995~2000	2000~2010
液化气	8.0	7.6	8.1	8.5	8.7	9.2	6.6	5.1	4.1
石脑油	7.5	7.5	9.2	8.8	9.0	8.5	10.1	3.3	2.8
车用汽油	16.0	16.4	16.8	17.2	18.0	18.3	5.6	4.8	3.9
煤油/喷气燃料	11.7	11.1	11.1	11.2	11.3	11.6	4.6	4.3	3.6
柴油	24.7	27.0	29.2	31.1	32.3	33.1	6.6	5.4	3.9
燃料油	27.9	26.5	22.2	19.7	17.5	16.2	2.6	1.6	1.2
其他	4.1	3.9	3.7	3.4	3.3	3.2	4.4	2.7	2.5
柴汽比	1.54	1.65	1.74	1.8	1.8	1.8	—	—	—

亚太地区各种油品需求的年平均增长率有逐步下降的趋势，但从油品需求的构成来看，除燃料油比例逐年下降外，其他各种油品都有不同程度的增加，尤以柴油需求比例增加较大，柴油和汽油之比也呈不断增大的趋势。2010 年亚太地区的柴汽比达到 1.8 左右，远远高于世界平均水平。由于柴油需求增加较快，使该地区柴油缺口较大，柴油价格经常高于世界其他地区。我国每年柴油进口量较大，根据市场形势调整我国油品结构是很有必要的。

经济发展和环境保护对油品质量也提出了越来越严格的要求。例如，环境保护要求降低有害物质的排放，包括 CO、NO_x、SO_x、HC（特别是苯、芳烃等致癌物质）以及抗爆剂四乙基铅燃烧后的铅化合物等。世界清洁燃料总趋势是汽油低硫、低烯烃、低芳烃、低苯和蒸气压；柴油低硫、低芳烃、低密度和高十六烷值。现阶段，各国汽油硫含量、烯烃含量、芳烃含量和苯含量均呈明显下降态势，但不同的指标下降快慢不一，硫含量和苯含量下降速度快、控制严格，烯烃和芳烃含量下降速度则较慢、控制较宽松。世界大多数国家和地区在制定汽油标准时都以降硫含量为重点，在充分、严格满足汽车尾气排放标准的同时，尽可能降低汽油生产成本。当前汽油、柴油这两大油品质量的发展趋势如下。

a 汽油

当今世界车用汽油质量的发展趋势是在维持高辛烷值的前提下，向无铅化、洁净化方向发展。汽油含铅不仅对人体健康有害，而且会使汽车尾气净化器的催化剂中毒。但是汽油无铅化会引起汽车阀座磨损，需要相应的新型汽车代替原有汽车；同时还必须有足够数量的高辛烷值调和组分取代铅。因此，国外汽油无铅化是分阶段进行的。美国 20 世纪 70 年代开始分阶段推行低铅化，1995 年起禁止销售含铅汽油；韩国 1995 年也实现了无铅化。

汽油含硫量直接关系到尾气的排放。世界约有 60% 的汽油含硫量低于 100μg/g。北美、西欧和日本的汽油硫含量将降至 50μg/g 以下，甚至 10μg/g 以下。大多数国家和地区汽油标准对芳烃含量的限制较宽松，主要原因是车用汽油的主要添加剂是重整生成油，而重整生成油富含芳烃，是汽油辛烷值的主要来源。

我国新修订的车用汽油标准规定自 2017 年 1 月 1 日起，全国范围内的无铅汽油含硫量降为 10μg/g。国家环保部要求 2019 年左右国内车用汽柴油质量都需要达到国Ⅳ标准。

国外汽油的其他质量指标也有很大的提高。美国从改善环境质量出发，开始分步实施新配方汽油，其目标是使汽车尾气中的 HC 减少 15%，NO_x 减少 60%，更加严格控制汽油中芳烃（特别是苯）和烯烃的含量，并进一步降低汽油蒸气压。新配方汽油规定芳烃含量（体积分数）不大于 27%，苯含量不大于 1%，蒸气压根据地区要求不大于 49kPa，氧的质量分数大于 2%。我国国内的汽油指标与欧盟以及世界燃油规范相比有较大的差距，具体见表 3-18。

表 3-18 世界燃油规范/欧盟/我国国内汽油标准主要指标

项 目	世界燃油规范		欧 盟				国 内		
	Ⅲ类	Ⅳ类	欧Ⅱ	欧Ⅲ	欧Ⅳ	欧Ⅴ	国Ⅲ（2006）	国Ⅳ（2011）	国Ⅴ（2013）
硫含量/μg·g^{-1}	≤30	≤10	≤500	≤150	≤50	≤50	≤150	≤50	≤10
苯含量（体积分数）/%	≤1	≤1	≤5	≤1	≤1	≤1	≤1.0	≤1.0	≤1.0
芳烃含量（体积分数）/%	≤35	≤35	—	≤42	≤35	≤25	≤40	≤40	≤35
烯烃含量（体积分数）/%	≤20	≤20	—	—	≤18	≤13	≤30	≤28	≤25

b 柴油

与汽油一样，柴油中硫化物燃烧产生的硫氧化物排入大气，将造成环境污染。柴油硫含量是各国柴油标准关注的重点，也是降低幅度最大、要求最严格的。欧Ⅳ车用柴油硫含量要求不超过 50μg/g，欧Ⅴ车用柴油硫含量要求不超过 10μg/g，比欧Ⅳ车用柴油含硫量减少 80%。目前德国已要求柴油硫含量不大于 10μg/g，美国要求不大于 15μg/g。我国规定优质轻柴油含硫量不高于 0.2%，一级品不高于 0.5%，合格品不高于 1%，在质量标准上与国外先进水平差距较大。国际主流柴油质量标准加强了对芳烃含量的限制，但以控制多环芳烃含量为主，对总芳烃含量的要求并不苛刻。在芳烃含量方面，1992 年美国柴油国家标准规定芳烃质量分数不大于 3%，其主要目的是为了控制柴油中芳烃对尾气排放浓度和颗粒物的影响。

随着全国汽柴油标准升级，我国成品油质量追赶欧洲先进水平的步伐进一步加快。到 2019 年我国汽柴油质量全面赶超欧洲标准。

随着经济的继续发展和人民生活水平的进一步提高，我国对各类油品的需求将持续增长。为了适应这一形势，我国在石油产品结构调整上应采取以下措施：（1）增加进口原油的加工量，缓和石油产品的供需矛盾；（2）提高石油产品质量，加快石油产品的升级换代步伐；（3）调整产品生产结构，增加生产柴油等中间馏分的灵活性；（4）调整柴油消费结构，严格限制不合理的柴油消费，如严格限制柴油发电机发电，严格限制拖拉机跑运输等；（5）继续贯彻压缩柴油政策，重油适度深加工，减少燃料油进口。

21 世纪，世界需要更多的石油作为能源。西方发达国家需要，发展中国家更需要。争夺石油的斗争将会更加激烈。面对这种形势，我国石油工业除加大石油勘探和开发力度外，加大重组力度、减员增效、扩大生产规模、增加科技投入已成为我国石油工业适应 21 世纪挑战的关键。

3.2.3 天然气

天然气（natural gas），是一种产于地表下的天然气体，其主要成分是甲烷，天然气是除煤和石油之外的另一重要一次能源。它与石油、煤炭构成了当代世界能源的三大支柱。石油和天然气的共同特点是，容易开采，使用方便，污染小，易储存和输送，使用过程易调节和控制，是目前主要的动力燃料，同时也是重要的化工原料。

3.2.3.1 天然气的形成及特性

一般认为石油和天然气是孪生的，两者在成因上、聚集和保存上均有共性。但天然气生成条件比石油生成条件要宽得多。当生油岩埋藏较浅，地温低于700℃时，有机质则由细菌和温度作用形成干气，即甲烷；当生油岩埋藏的深度在1300~2100m，地温为70~110℃时，有机质转化的主要方向是石油，同时还生成天然气；当生油岩埋藏深度超过2100m，地温超过110℃时，有机质继续转化为天然气。此外，在90~110℃时，石油也开始裂解成为天然气，随着温度的增高，裂解的石油就越来越多，地温越高，干气在天然气中占的比例越大，当地温超过145℃时，就只生成干气了。所以，天然气的生成贯穿了整个有机质演化过程，比石油的生成要广泛得多。

根据油气的成因，目前世界上发现的天然气资源有如下几类：

（1）油成气。即有机物在成油过程中产生的天然气，这是迄今为止被世界各国开发利用的主要一类。其资源量大致与石油量相当，即1t石油储量相应有1000m^{3}的天然气。

（2）煤成气。即有机质在成煤过程中产生的以甲烷为主要成分的天然气。一般认为每吨煤伴生天然气38~68m^3。

（3）生物成气。是未成熟的有机质在低温（70℃）下由厌氧生物分解生成的甲烷气体，约占天然气总储量的20%。

（4）水合物气。是低温或高温条件下，气体分子（甲烷）渗入地层深处的水分子晶隙中而被水缔合成气体水合物，估计资源约50万立方米。

（5）深海圈闭气。有深海类似冰一样的水和甲烷混合物所圈闭的天然气，至今尚未勘探。

天然气的勘探、开采同石油类似，但采收率较高，可达60%~95%。在常温常压下，天然气以气态存在，故天然气皆以管线输送，每隔80~160km需设一增压站，加上天然气压力高，故长距离管道输送投资很大。在越洋运输时，因铺设海底管线难度较高，通常先将天然气冷冻至零下162℃形成液态的液化天然气（liquefied natural gas），液化后体积仅为原来体积的1/600，因此可以用冷藏油轮运输，运到使用地后再予以气化。

天然气的主要成分为甲烷及微量的乙烷、丙烷、丁烷及其他杂质如硫化氢和其他含硫化合物、水分、二氧化碳、氮气等。因此，天然气在使用前也需净化，即脱硫、脱水、脱二氧化碳、脱杂质等。

天然气比空气密度小，密度约是空气的0.65倍，所以一旦发生泄漏扩散较快。天然气燃烧浓度（与空气之混合比）为4.5%~15%，燃烧性良好，达到燃烧浓度时遇火就会爆炸，其燃点为550℃。液态的天然气比水的密度小，约为水的0.45倍。

天然气完全燃烧后，CO_2排放量为提供同样热能时煤的1/2，油的75%，因此可减轻地球的温室效应，是目前全世界公认的干净商用燃料。天然气液化后，可为汽车提供方便且污染小的天然气燃料，CO 排放量约为汽油车的 1/3，NO_x 排放量约为汽油车的 1/2。

3.2.3.2 天然气资源

天然气蕴藏量丰富，是清洁而便利的优质能源。但由于其储运难，上市难，投资大和回收周期长等特点，许多国家的天然气工业比石油工业落后 30~40 年，但近些年发展迅速。

随着天然气开发技术的发展，被探明的天然气储量也逐渐增加。和石油一样，世界天然气资源分布很不均匀，主要集中在中东、俄罗斯和东欧，三者之和约占世界天然气总储量的 70%。煤层气资源最丰富的国家按地质储量依次是俄罗斯（17×10^{12}~$113\times10^{12}m^3$）、加拿大（6×10^{12}~$76\times10^{12}m^3$）、中国（30×10^{12}~$35\times10^{12}m^3$）、澳大利亚（8×10^{12}~$14\times10^{12}m^3$）、美国（$11\times10^{12}m^3$）。这五个国家约占世界总量的 95%。

我国天然气资源丰富，截至 2011 年，我国天然气探明储量为 $31000\times10^8m^3$。近十年的新增探明储量与前四十年的累积探明储量相当。特别是新疆、青海、川渝、陕甘宁四大气区的大力发展，为我国发展天然气工业提供了资源基础，实施“西气东输”工程有了资源条件。

在未来 20~30 年，我国天然气工业将高速发展，天然气市场需求也将增长迅速。尽管预计天然气探明储量增长快，但仍需进口才能满足需求。

3.2.3.3 天然气生产与消费

20 世纪 70 年代后，世界石油产量上升缓慢，但天然气的产量却高速增长。1970~2011 年，从 $1\times10^{12}m^3/a$ 上升到 $3.28\times10^{12}m^3/a$，年产气量翻了 1 倍多。2011 年世界天然气生产最多的国家是美国、俄罗斯、加拿大、伊朗和卡塔尔，分别占世界总量的 20.0%、18.5%、4.9%、4.6%和 4.5%。1990~2011 年世界主要产气国家的天然气产量见表 3-19。

表 3-19 1990~2011 年世界主要产气国家的天然气产量 （Gm^3/a）

国家	1990 年	1995 年	2000 年	2005 年	2010 年	2011 年	占比/%
美国	504.3	526.7	543.2	511.1	604.1	651.3	20.0
俄罗斯	590.0	532.6	528.5	580.1	588.9	607.0	18.5
加拿大	108.6	159.8	182.2	187.1	159.9	160.5	4.9
伊朗	23.2	35.3	60.2	103.5	146.2	151.8	4.6
卡塔尔	6.3	13.5	23.7	45.8	116.7	146.8	4.5
中国	15.3	17.9	27.2	49.3	94.8	102.5	3.1
挪威	25.5	27.8	49.7	85.0	106.4	101.4	3.1
沙特阿拉伯	33.5	42.9	49.8	71.2	87.7	99.2	3.0
阿尔及利亚	49.3	58.7	84.4	88.2	80.4	78.0	2.4
印度尼西亚	43.9	60.7	65.2	71.2	82.0	75.6	2.3
荷兰	61.0	67.8	58.1	62.5	70.5	64.2	2.0
马来西亚	17.8	28.9	45.3	61.1	62.6	61.8	1.9
埃及	8.1	12.5	21.0	42.5	61.3	61.3	1.9

续表 3-19

国家	1990 年	1995 年	2000 年	2005 年	2010 年	2011 年	占比/%
土库曼斯坦	79.5	29.2	42.5	57.0	42.4	59.5	1.8
乌兹别克斯坦	36.9	43.9	51.1	54.0	59.6	57.0	1.7
总计	1980.4	2115.3	2411.3	2770.4	3178.2	3276.2	100

20 世纪 90 年代以来，我国气田气的产量年平均增长率为 5.17%。我国已勘探开发的天然气资源主要集中在西部地区，经济发达的东部较少。进入 21 世纪，我国气田气的储量增长很快，但天然气的产量增加却明显滞后，主要原因是天然气管线严重不足，难以把中、西部气田的气送到东部经济发达的用气区，因而气田不能进行产能建设。这也是我国政府启动“西气东输”工程的主要原因。

目前，天然气已成为世界上主要能源之一，它与石油、煤炭构成了当代能源的三大支柱。一些工业发达国家在经受两次石油危机之后，正在大力推行以天然气取代石油。不仅作为工业燃料，特别是作为城市民用燃料，也越来越受到各国的重视，以更多的人力和财力投入到勘探、开发和利用的研究中。因此天然气在能源结构中的比重不断上升，20 世纪 40 年代为 4%，60 年代为 13%，80 年代为 20%，目前已达 17%左右。世界天然气消费见表 3-20。

表 3-20 世界主要国家天然气消费量 （亿立方米）

国家	1990 年	1995 年	2000 年	2005 年	2010 年	2011 年	占比/%
美国	542.9	628.8	660.7	623.4	673.2	690.1	21.5
俄罗斯	407.6	366.5	354.0	400.3	414.1	424.6	13.2
伊朗	22.7	35.2	62.9	105.0	144.6	153.3	4.7
中国	15.3	17.7	24.5	46.8	107.6	130.7	4.0
日本	48.1	57.9	72.3	78.6	94.5	105.5	3.3
加拿大	67.2	82.5	92.7	97.8	95.0	104.8	3.2
沙特阿拉伯	33.5	42.9	49.8	71.2	87.7	99.2	3.1
英国	52.4	70.5	96.9	95.0	94.0	80.2	2.5
德国	59.9	74.4	79.5	86.2	83.3	72.5	2.2
意大利	43.4	49.9	64.8	79.1	76.1	71.3	2.2
墨西哥	27.5	31.4	41.1	56.1	67.9	68.9	2.1
阿联酋	16.9	24.8	31.4	42.1	42.1	62.9	1.9
印度	12.0	18.8	26.4	35.7	61.9	61.1	1.9
乌克兰	124.0	73.9	71.0	69.0	52.1	53.7	1.7
埃及	8.1	12.6	20.0	31.6	45.1	49.6	1.5
总计	1959.2	2135.2	2409.1	2766.7	3153.1	322.9	100

2010 年，我国天然气在能源结构中的比重只达到 3.5%左右，与发达国家相比还很低。也与石油生产很不相称。按统计资料计算，包括当作能源燃料和化工原料在内的工业用气占 65%，住宅和商业用气占 20%。在天然气的消费结构中，发电比例较低，占全部

消费量的10%左右。其他天然气则用于交通运输、仓储及邮电通信行业等。

国内天然气消费主要集中在产气区，随着“西气东输”工程的拓展，将有更多地区能用到洁净的天然气。目前我国天然气主要用于工业，生活消费正逐年增长。

3.2.3.4 天然气市场

2010年全世界气体燃料的总消费量为$3.169\times10^{12}m^3$，其中工业消费占44.8%，交通运输占4.8%，其他行业和生活消费占50.4%。天然气市场非常广阔，它主要用于以下几方面：

（1）发电。天然气联合循环发电，不仅经济，而且污染少，在国外已大量采用。印度2010年天然气发电占6.8%~10.3%。我国也将加快发展，预计到2020年将占到总发电量的5.6%~7.1%，天然气需求量为533亿~627亿立方米。

（2）民用及商业燃料。天然气是优质的民用及商业燃料，据预测，我国城镇人口到2020年将达7.3亿。其中大中型城市人口3.5亿，气化率将为85%~95%，其他城镇人口3.8亿，气化率将达45%。民用及城市商业用气需求量将为630亿~713亿立方米。

（3）化肥及化工原料。我国人口众多，是农业大国，按规划到2020年我国合成氨的需求量超过4×10^7t，作为制造氮肥的主要原料的天然气（约占氮肥制造业的50%）预计需求230亿立方米，再加上甲醇及炼油厂制氢用气及其他化工用气，总计将超过322亿立方米。

（4）工业燃料。根据统计资料预测，天然气用作我国工业和运输燃料将占天然气总产量的20%以上，需求量将达431亿~480亿立方米，其中天然气汽车100万辆，用气150亿立方米。仅以上几项需求量合计，我国2020年天然气的需求量将达1877亿~2088亿立方米。有学者预测，2020年我国天然气的储量和产量将分别达到7.42万~8.15万亿立方米和970亿~1200亿立方米。届时天然气产量可满足全国需求量的55%~67%，不足的部分将从丰富的国际天然气资源中获得，以实现供需平衡。

目前，我国的天然气工业比石油工业落后约30年，长期困扰天然气产业的勘探、基础设施建设、市场及价格等各种矛盾仍十分突出。据统计，许多国家在人均国内生产总值达1000美元以后，必须大幅度地增加天然气消费量。在我国国内生产总值达到上述水平后，天然气的消费将出现一个快速增长的局面。因此，在我国油气供求战略中贯彻油气并举的方针，加速天然气市场的形成，大力提高天然气产量，是十分必要的。

3.2.3.5 煤层气

煤层气（俗称瓦斯）是一种与煤伴生，以吸附状态储存于煤层内的非常规天然气，其中CH_4含量大于95%，热值为$33.44\times10^3kJ/m^3$以上，是一种优质洁净的能源。我国是世界上主要的煤炭生产大国之一，煤炭生产居世界首位，也是世界上煤炭资源和煤层气资源最丰富的国家之一。我国煤层气资源分布广泛，据2006年我国新一轮全国煤层气资源评价显示，埋深2000m以浅煤层气地质资源量为36.8万亿立方米，1500m以浅煤层气可采资源量为10.9万亿立方米。我国煤层气地质资源量与常规天然气地质资源量38万亿立方米基本相当。我国煤层气资源量约占世界总量的13%，仅次于俄罗斯和加拿大，居第三位。其中鄂尔多斯盆地和沁水盆地是煤层气资源量最大的两大盆地，两者合计超过13万亿立方米。

2011 年全国煤层气勘查新增探明地质储量 1421.74 亿立方米，同比增长 27.5%；新增探明技术可采储量 710.06 亿立方米，同比增长 27%，煤层气累计探明率达到 5.4%；我国煤层气资源的 74.6%分布在中部和东部地区，这里人口密集，经济发达，是能源用户集中之地，这正好与天然气资源主要集中在西部（约占天然气资源的 66%）形成良好的互补关系。煤层气的开发将缓解我国发达地区能源紧张的状况。丰富的煤层气资源有望成为中国 21 世纪的接替性能源之一。

煤层气资源的埋藏深度对其开发利用有重要影响。根据美国的经验，深度在 1000m 以内的煤层气资源具有较好的经济效益，反之经济效益明显下降。我国目前具有经济开采价值（<1000m）的资源约占总资源的 1/3，应优先考虑开发利用。

抽放煤层气是减少瓦斯涌出量、防止瓦斯爆炸和突发事故的根本性措施。长期以来，我国煤层气的开发方式主要是为了保障煤矿的安全生产而进行矿井瓦斯抽排。虽然我国拥有丰富的煤层气资源，却一直未进行规模性的开发。目前，我国煤层气开发方式总体分为井下抽采和地面抽采两种方式。2005 年，煤层气地面抽采量实现零的突破，并迅速发展，年均增长率达 141%。从 2005~2009 年井下抽采瓦斯数据看，井下抽采瓦斯的平均增长率为 30%，但从抽采量来看仍以井下抽采为主。截至 2009 年年底，全国累计钻井 3713 口（含 102 口水平井），其中开发排采井 1682 口，开采煤层气 74.6 亿立方米，其中井下抽采 64.5 亿立方米，井下抽采量占 86%；地面抽采 10.1 亿立方米，地面抽采量仅占 14%。但是 2009 年煤层气利用量为 25.1 亿立方米，利用率为 33.6%。其中，井下煤层气利用量为 19.3 亿立方米，利用率达 30%，小于“十一五”规划中提到的利用率达到 60%的目标；地面开采煤层气利用量为 5.8 亿立方米，利用率占 57.4%，也小于“十一五”规划中提到的 100%利用率的目标。

在煤层气开采方面，我国煤层气的地质条件远较国外复杂，成煤时代、煤阶、构造环境以及水动力条件也与国外相差甚远。因此，国外的成藏富集理论不完全适合于我国煤层气的勘探。此外，我国煤层气开发时间短，勘探理论不成熟，开发试验选区不理想，钻井成功率低，而且试验气井产量普遍较低，产量递减快。我国煤层气利用率低有两方面原因：（1）我国煤层气资源赋存条件复杂，煤层渗透率低，抽采出的煤矿瓦斯中，低质量浓度瓦斯占很大比例，目前缺少低质量浓度瓦斯的有效利用方式，大量瓦斯被直接排放到大气中，导致瓦斯利用有限；（2）我国煤层气产业体系尚不完善，上游开发、中游集输、下游利用发展不协调，上游抽采出的煤层气缺少有效利用方式或与之相配套的长输管线。目前我国一方面正在加强有关我国煤层气成藏机制及经济开采的基础研究，另一方面也在加紧引进国外的先进技术。2011 年 11 月 14 日，在煤层气开发利用国家工程研究中心成立国际标准化组织煤层气技术委员会，将进一步促进我国煤层气产业标准化工作，为加强煤层气技术的国际交流、提升我国煤层气开发技术的核心竞争力提供了重要平台。

我国煤层气利用领域可分为民用、发电、工业燃料、汽车燃料、煤层气液化几个方面。

（1）煤层气民用是高质量浓度煤层气利用的主要方式。煤层气作为民用燃气主要集中在矿区或离矿区距离较近的城镇，一般通过短距离管道供应附近用户使用，也可通过 CNG 运输槽车向远距离居民供应。大部分矿井提供的瓦斯气热值接近于天然气，可供居民炊事、采暖及公用事业用，而平均价格低于天然气价格。我国利用煤层气作为城市气源较好的矿区有抚顺、阳泉、晋城、淮南、松藻、铁法、中梁山、鹤壁等地。2008年，煤层气民用用户已达到90万户，2010年达到120万户。

(2) 煤层气发电是煤层气利用的另一个主要领域。截至2009年7月，国家电网公司经营区域内已有山西、辽宁、安徽、重庆、黑龙江、四川、江西、陕西、河南、宁夏等10个省市拥有煤层气发电，装机570台，总装机容量484MW。其中，山西、安徽煤层气电厂较多，装机规模较大，分别为278台279.9MW、54台47.1MW，辽宁、江西和宁夏各有1个煤层气电厂。

(3) 煤层气热值与天然气基本相当，燃烧后很洁净，是上好的工业燃料，如煤层气用于耐火材料煅烧可将温度提升到1800℃，在不增加成本的前提下，可生产出更优质的产品。山西省阳泉市已建成以瓦斯气为燃料的隧道窑110条，使能源利用率普遍提高了30%。

(4) 将地面抽采的高质量浓度煤层气经压缩装瓶后，可供出租车、城市公交车使用，这大大地改善了城市空气环境。

(5) 煤层气液化是指煤层气经净化、提纯后，在一定的温度压力下，从气态变成液态的工艺。若采用深冷精馏的方法，可把质量分数为35%~50%的矿井瓦斯提纯液化为质量分数为99.8%的LNG，煤层气液化后，体积将缩小600倍，可大大降低运输成本。

在《煤层气（煤矿瓦斯）开发利用“十二五”规划》中，到2015年，新增煤层气探明地质储量8900亿立方米，2015年国内煤层气开采目标定为300亿立方米，其中地面开发160亿立方米，基本全部利用，煤矿瓦斯抽采140亿立方米，利用率60%以上。地面开采将以管输为主，就近利用，余气外输，井下瓦斯利用量79亿立方米，利用率60%。“十二五”期间，建成沁水盆地、鄂尔多斯盆地东缘两大煤层气产业化基地；并建设13条输气管道，总长度2054km，总设计年输气能力120亿立方米。煤矿瓦斯以就地发电和民用为主，鼓励高浓度瓦斯用于民用、工业燃料，低浓度瓦斯就地发电自用或上网。到2015年，煤矿瓦斯民用超过320万户，发电装机容量超过285万千瓦。在煤层气与煤炭矿业权重叠的问题上，《规划》提出了煤层气、煤炭协调开发的机制，建立煤层气与煤炭共同勘探、合理开发、合理避让、资料共享等制度。煤炭远景开发区实行“先采气、后采煤”，煤矿生产区实行“先抽后采”“采煤采气一体化”。

3.2.3.6 天然气水合物

A 天然气水合物的形成

天然气水合物（gas hydrate）是一种新发现的能源。它外形像冰，是一种白色的固体结晶物质，有极强的燃烧能力，俗称“可燃冰”或者“固体瓦斯”和“气冰”。天然气水合物由水分子和燃气分子构成，外层是水分子构架，核心是燃气分子。其中燃气分子绝大多数是CH_4，所以天然气水合物也称为甲烷水合物，分子式为$CH_4 \cdot 8H_2O$。根据理论计算，$1m^3$的天然气水合物可释放出$168m^3$的CH_4和$0.8m^3$的水，因此是一种高能量密度的能源。天然气水合物资源丰富，全球天然气水合物中CH_4的总量据估算约为$1.8\times10^{16}m^3$，其含碳总量为石油、天然气和煤含碳总量的两倍，因此有专家乐观地估计，当全球化石能源枯竭殆尽，天然气水合物将成为新的替代能源。

可燃冰是自然形成的，它们最初来源于海底的细菌。海底有很多动植物的残骸，这些残骸腐烂时产生细菌，细菌排出 CH_4，当正好具备高压和低温的条件时，细菌产生的 CH_4 气体就被锁进水合物中。天然气水合物只能存在于低温高压环境中，一般要求温度低于 0~10℃，压力高于 10MPa。一旦温度升高或压力降低，CH_4 就会逸出，天然气水合物便趋于崩解。

B 天然气水合物的分布

由于需要同时具备高压和低温的环境，可燃冰大多分布在深海底和沿海的冻土区域，这样才能保持稳定的状态。勘探研究证明，海洋大陆架是天然气水合物形成的最佳场所，通常可存在于海底之下 500~1000m 的范围内，再往深处，由于地热升温，其固体状态易遭破坏。海洋总面积的 90%具有形成天然气水合物的温压条件。此外在寒冷的永久冻土中也存在天然气水合物。到目前为止，世界上已发现的海底天然气水合物主要分布区有大西洋海域的墨西哥湾、加勒比海，南美东部陆缘，非洲西部陆缘和美国东岸外的布莱克海台等，西太平洋海域的白令海、鄂霍次克海、日本海、苏拉威西海和新西兰北部海域等。陆上寒冷永冻土中的天然气水合物主要分布在西伯利亚、阿拉斯加和加拿大的北极圈内。

天然气水合物虽然给人类带来了新的能源希望，但它也可对全球气候和生态环境甚至人类的生存环境造成严重的威胁。当前大气中 CO_2 以每年 0.3%的速率增加，而大气中的 CH_4 却以每年 0.9%的速率在更为迅速地增加着，而且 CH_4 温室效应为 CO_2 的 20 倍。全球海底天然气水合物中的 CH_4 总量约为地球大气中 CH_4 量的 3000 倍，如此大量的 CH_4 如果释放，将对全球环境产生巨大影响，严重地影响全球气候。另外，固结在海底沉积物中的水合物，一旦条件发生变化，释放出 CH_4，将会明显改变海底沉积物的物理性质，引发大规模的海底滑坡，毁坏一些海底重要工程设施，如海底输电或通信电缆、海洋石油钻井平台等。

基于天然气水合物是 21 世纪的重要后续能源，并可能对人类生存环境及海底工程设施产生灾害性影响，全球科学家和各国政府都予以高度关注。美国 1994 年制订《甲烷水合物研究计划》，称天然气水合物是未来世纪的新型能源，1999 年又制订《国家甲烷水合物多年研究和开发项目计划》。2008 年 11 月 12 日，美国内政部长德克肯普索恩和美国地质调查局主任马克迈尔斯发布了一个评估：在阿拉斯加北坡，估计有 85.4 万亿立方英尺可采的天然气水合物。日本于 1994 年制订了庞大的海底天然气水合物研究计划，1995 年又专门成立天然气水合物开发促进委员会。苏联自 20 世纪 70 年代末以来，先后在黑海、里海、白令海、鄂霍次克海、千岛海沟和太平洋西南部等海域进行海底天然气水合物研究。印度科学与工业委员会设有重大项目《国家海底天然气水合物研究计划》，于 1995 年开始对印度近海进行海底天然气水合物研究，现已取得初步的良好结果。

我国在 20 世纪 80 年代末即开始关注天然气水合物的研究。20 世纪 90 年代以来，国家海洋局、原地质矿产部、中国科学院、石油部门以及有关高校对天然气水合物进行了初步的研究。我国最有希望的天然气水合物储存区可能是南海和东海的深水海底、冻土地带。仅南海北部的“可燃冰”储量就已达到我国陆上天然气总量的一半左右。2004 年 5 月 11 日，在广州成立的中科院广州天然气水合物研究中心，标志着我国天然气水合物的研究与开发工作正式全面启动。2007 年 6 月 5 日，中国地质调查局副局长张洪涛在国土资源部举行的新闻发布会上表示：历时 9 年，累计投入 5 亿元，我国在南海北部成功钻获天然气水合物实物样品“可燃冰”，从而成为继美国、日本、印度之后第 4 个通过国家级研发计划采到水合物实物样品的国家。我国在南海发现天然气水合物的神狐海域，成为世界上第24个采到天然气水合物实物样品的地区。据初步预测，南海北部陆坡天然气水合物远景资源量可达上百亿吨油当量。国土资源部总工程师张洪涛2009年9月25日宣布，我国地质部门在青藏高原发现了一种名为可燃冰的环保新能源，预计十年左右能投入使用。这是我国首次在陆域上发现可燃冰，使我国成为加拿大、美国之后，在陆域上通过国家计划钻探发现可燃冰的第三个国家；世界上第一次在中低纬度冻土区发现天然气水合物的国家。粗略的估算，远景资源量至少有350亿吨油当量。2010年12月，国土资源部广州海洋地质调查局完成的《南海北部神狐海域天然气水合物钻探成果报告》通过终审。《报告》显示，科考人员在我国南海北部神狐海域140km^{2}钻探目标区内，圈定11个可燃冰矿体，预测储量约为194亿立方米。获得可燃冰的3个站位的饱和度最高值分别为25.5%、46%和43%，是目前世界上已发现可燃冰地区中饱和度最高的地方。

C 天然气水合物的开采技术

a 钻孔取芯技术

随着钻探技术和海洋取样技术的提高，给人们提供了直接研究天然气水合物的机会。同时，钻探取芯技术也是证明地下水合物存在的最直接的方法之一。目前，已在墨西哥湾、布莱克海岭取到了天然气水合物岩芯。

b 测井方法

测井方法鉴定一个特殊层含气水合物的4个条件是：（1）具有高电阻率（约为水的50倍以上）；（2）短的声波传播时间（比水低131μs/m）；（3）钻探过程中明显有气体排放；（4）必须有两口或多口钻井区。

c 化学试剂法

盐水、甲醇、乙醇、乙二醇、丙三醇等化学试剂可以改变水合物形成的平衡条件，降低水合物稳定温度。化学试剂法比热激发法缓慢，但有降低初始能源输入的优点，其最大缺点是费用昂贵。

d 减压法

通过降低压力，引起天然水合物稳定的相平衡曲线移动，达到促使水合物分解的目的。一般通过在水合物质下的游离气聚集层中“降低”天然气压力或形成一个天然气“囊”。开采水合物下的游离气是降低储层压力的有效方法。另外，通过调节天然气的提取速度可以达到控制储层压力的目的，进而达到控制水合物分解的效果。减压法的最大特点是不需要昂贵的连续激发，因而可能成为今后大规模开采天然气水合物的有效方法之一，但单独使用减压法开采天然气很慢。

从以上各种方法的使用来看，单独采用一种方法开采天然气水合物是不经济的。若将降压法和热工开采技术结合起来会展示诱人前景，即用热激发法分解水合物，用降压法提取游离气。

我国开发天然气水合物有如下优势：首先，天然气水合物资源量巨大，且主要分布于我国东部海域，有利于改变我国能源分布不均匀的格局；其次，天然气水合物的勘探、生产可与常规油气的勘探生产同时进行；此外，以天然气为最终利用形式的天然气水合物，可充分继承利用现有的油气开采、运输与终端利用技术和装备等，在现有工业布局的基础上，无需进行重大的工程改造和投资，便可实现能源的平稳过渡与替代，而且也不会产生新的环境问题。因此，我国应加大对天然气水合物研究的投入，包括天然气水合物的勘探、资源评价、开发、利用及环保技术，为天然气水合物大规模的利用做好技术储备。

3.3 火电厂生产过程

火力发电厂是指利用煤、石油或天然气等作为燃料生产电能的工厂，简称火电厂。按发电方式，可分为汽轮机发电、燃气轮机发电、内燃机发电和燃气-蒸汽联合循环发电。按是否供热，分为发电厂和热电厂，热电厂既供热又供电，又称为“热电联产”。

2010~2017 年我国装机容量和发电量见表 3-21。

表 3-21 2010~2017 年我国装机容量和发电量

年份	装机容量/亿千瓦				发电量/亿千瓦·时			
	总量	火电	水电	核电及其他	总量	火电	水电	核电及其他
2010	9.6219	7.0663	2.1340	0.4216	42071.6	33319.3	7221.7	1530.6
2011	10.6638	7.6549	2.2565	0.7524	47130.2	38337	6989.5	1803.7
2012	11.5338	8.1949	2.4915	0.8474	49876	38928	8721	2227
2013	12.4738	8.6238	2.8002	1.0498	54316.4	42470.1	9202.9	2643.4
2014	13.6019	9.1569	3.0183	1.4267	56495.8	42337.3	10643.4	3515.1
2015	15.0673	9.9021	3.1937	1.9715	56184	40972	11143	4069
2016	16.5043	10.6094	3.3207	2.5742	59111	43958	10518	4635
2017	17.7697	11.0604	3.4119	3.2974	64951	46627	11898	6426

我国电力工业在电源建设、电网建设和电源结构建设等方面都取得了令世人瞩目的成就，已经开始步入“大电厂”“大电网”“高电压”“高自动化”的新阶段。从电力结构看，目前火电在我国现有电力结构中占据绝对的优势，占全国总发电量的比重达到 60% 以上。

3.3.1 火电厂典型生产过程

火电厂的生产过程基本相同，实质是一个能量转换的过程。首先燃料在锅炉中燃烧，将水加热成蒸汽，燃料的化学能转变成蒸汽的热能；接着，高温高压的蒸汽在汽轮机中冲动汽轮机转子，蒸汽的热能转变为转子高速旋转的机械能；最后，在发电机中将机械能转换为电能；通过主变压器升压后，经升压站和输电线路送入电网，再由电网调度中心统一分配给电力用户。

图 3-10 为火力发电厂的生产过程示意图。原煤一般用火车运到电厂的储煤场，将锅炉用煤由储煤场通过运煤皮带送往碎煤机，预先经过破碎处理，而后由皮带运输机送入锅炉房的原煤仓（亦称煤斗）。继而从原煤仓送入钢球磨煤机，在其中磨成煤粉，同时送入热空气来干燥和输送煤粉。

锅炉运行时，煤粉由给粉风机送入输粉管，而旋风分离器中的空气则由排粉风机抽出，两者在输粉管内混合后，通过喷燃器，喷入锅炉炉膛内燃烧。

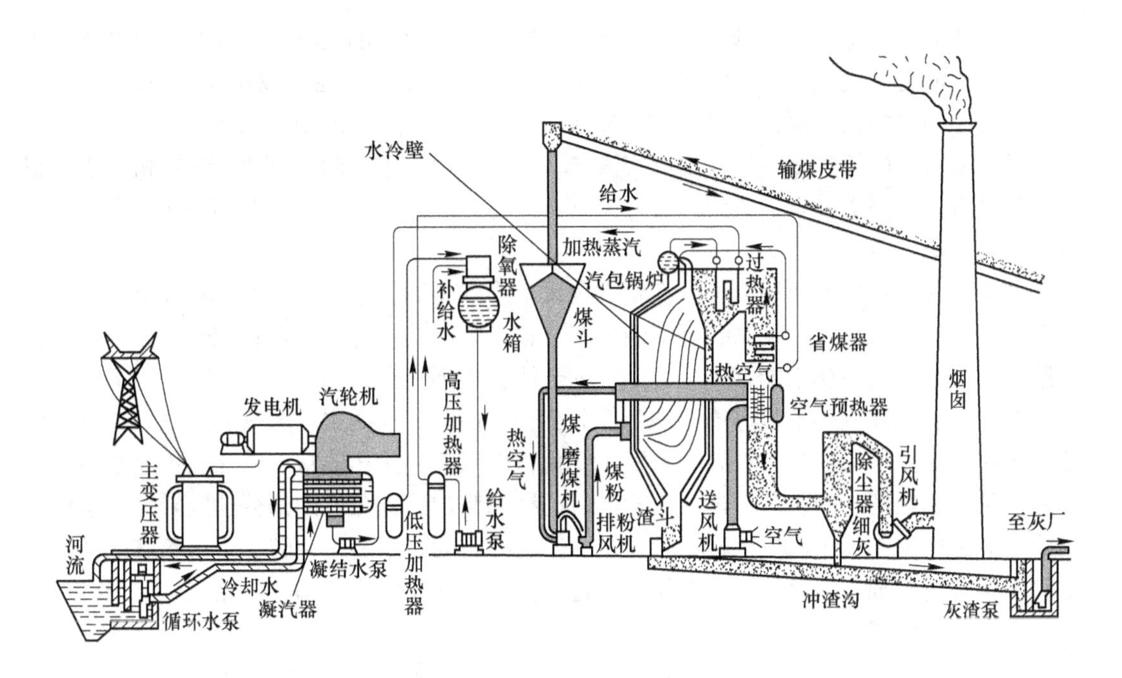

图 3-10　火力发电厂生产过程示意图

燃料燃烧所需要的空气由送风机压入空气预热器中加热，预热后的空气，一部分经过风道被送入磨煤机作为原煤干燥及输送煤粉之用，而后由排粉机送入炉膛，其余大部分直接引至喷燃器进入炉膛。

燃烧生成的高温烟气，在引风机的吸引作用下，先是沿着锅炉本体的倒 U 型烟道依次经过炉膛、过热器、省煤器和空气预热器，同时逐步将其热能传递给工质及空气，变成低温的烟气进入除尘器进行净化，净化除尘后的烟气被引风机抽出，经烟囱排入大气。燃料燃烧时从炉膛内落下的灰渣，从尾部烟道内落入空气预热器下面的灰斗中的飞灰，以及除尘器收集下来的飞灰，利用排渣系统及输灰系统等将其排到厂外。

锅炉的给水，先在省煤器中被预热到接近饱和温度，然后引入锅炉顶部汽包的空间内。锅炉水由于本身的重量沿着炉膛外的下降管往下流动，经下联箱进入铺设在炉膛四周的水冷壁（上升管），在其中吸热汽化，形成的汽水混合物上升到汽包内并使汽水分离。水不断在下降管、水冷壁及汽包内循环，不断汽化，形成的饱和蒸汽汇集在汽包上部，将它导入过热器，使之继续受热变为过热蒸汽。由过热器中出来的过热蒸汽也称为新蒸汽或主蒸汽，沿管道进入汽轮机。主蒸汽在汽轮机中膨胀做功完毕后，乏汽排入凝汽器，并在这里冷却凝结成水，称为主凝结水。

汇集在凝汽器热井中的主凝结水，通过凝结水泵压入低压加热器，预热后再进入除氧器，在其中继续加热并除掉溶解于水中的各种气体（主要是氧气）。除过氧的主凝结水和化学补充水汇集于给水箱中，成为锅炉的给水，经给水泵升压后，送往高压加热器，再沿给水管路送入锅炉的省煤器。

由于机炉等热力设备对其水品质要求都很高，汽水循环过程中所损失掉的工质，一般都用化学除盐过滤器等水处理设备处理过的高质量软化水进行补充。

为使乏汽在凝汽器内冷却凝结，还必须借助于循环水泵将冷却水（又称循环水）升压，并使其沿着冷却水进水管进入凝汽器。从凝汽器中出来的具有一定温升的冷却水则沿排水管流回河道。这就形成了汽轮机的冷却水系统。但在缺水地区或距河道较远的电厂，则需设有冷却水塔或配水池等庞大的循环水冷却设备，以便实现闭式供水。

发电机由汽轮机带动，所发出的交流电，一部分用于本厂的磨煤机、送风机、引风机以及各种电动水泵等设备，成为厂用电。其余大部分电能均通过变压器（又称主变压器）升高电压后送入电力系统。

各类燃煤电厂由于所用锅炉、汽轮机等设备形式不同，它们的生产设备和过程也有某些差异，但从能量转化角度来看其电能生产过程是相同的，都是由燃料燃烧开始，燃料在炉膛内燃烧时，它的化学能首先变为烟气的热能，当烟气在锅炉的炉膛及其后面的烟道中流过时，它的热能就逐渐传递给锅炉各部分，受热面内流动的水、蒸汽和空气，在这些传热过程中，显然作为热量的形态并未发生变化，而只不过是热能从一种介质传递给另一种介质罢了。锅炉产生的主蒸汽进入汽轮机后逐级膨胀加速，蒸汽的部分热能转变为蒸汽的动能，高速气流作用于汽轮机转子叶片上，推动叶轮同整个转子旋转，于是蒸汽的动能又被转换为汽轮机轴上的机械能。汽轮机通过靠背轮带动发电机转动，汽轮机轴上的机械能便由发电机转换成电能。

上述能量转换的各个环节是相互紧密配合的，不能脱节。鉴于电能无法大量储存的特点，生产与消费必须同时进行。因此发电厂的各生产环节都严格协调，统一管理，应具有高的安全性、可靠性和机动性。

3.3.2　火电厂的生产主系统

火力发电厂一般由三大主要设备——锅炉、汽轮机、发电机，以及相应辅助设备组成，它们通过管道或线路相连构成生产主系统，即燃烧系统、汽水系统和电气系统。

3.3.2.1　燃烧系统

燃烧系统的主要任务是利用煤的燃烧，将水变成蒸汽，把化学能转换为热能。燃烧系统还包括许多子系统，如燃料制备和输送系统，烟气系统，通风系统，除灰系统等。其燃烧系统流程如图 3-11 所示。

3.3.2.2　汽水系统

汽水系统又称热力系统，其主要任务是产生蒸汽推动汽轮机做功，把热能转换为机械能。对热力发电厂还包括中间抽汽供应热用户的汽水网络。凝汽式燃煤电厂的汽水系统流程如图 3-12 所示。它包括由锅炉、汽轮机、凝汽器、给水泵等组成的汽水循环系统、冷却系统和水处理系统等。

3.3.2.3　电气系统

电气系统的主要任务是汽轮机带动发电机完成机械能转换为电能，并且合理地实现发电、输电、配电、供电和用电。发电机发出的电能大部分由主变压器把电压升高，经过高压配电装置和高压输电线路向外供电；其发出电能的一小部分作为本厂自用，称作厂用电。

电气系统示意图如图 3-13 所示。

由此可见，在火力发电厂主要由炉、机、电三大部分组成，构成相应的各自系统，并

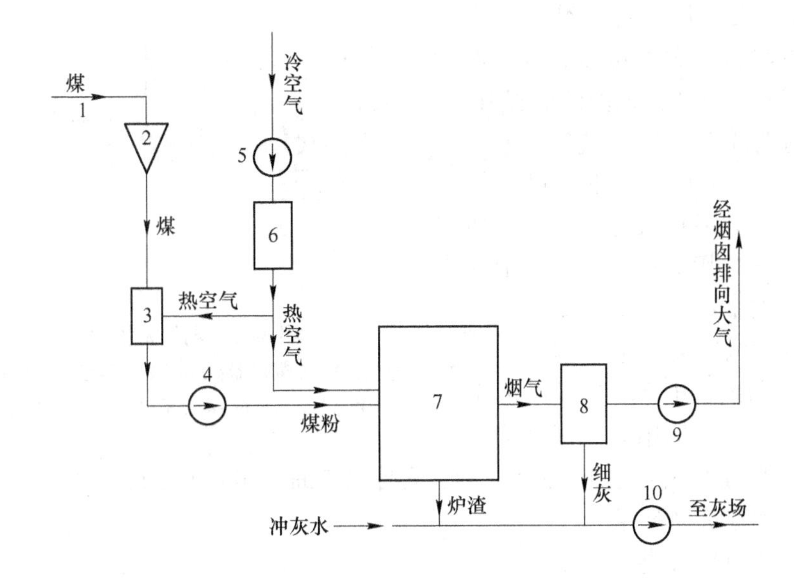

图 3-11　燃烧系统流程图

1—输煤皮带；2—煤斗；3—磨煤机；4—排粉机；5—送风机；6—空气预热器；7—锅炉；8—除尘器；9—引风机；10—灰渣泵

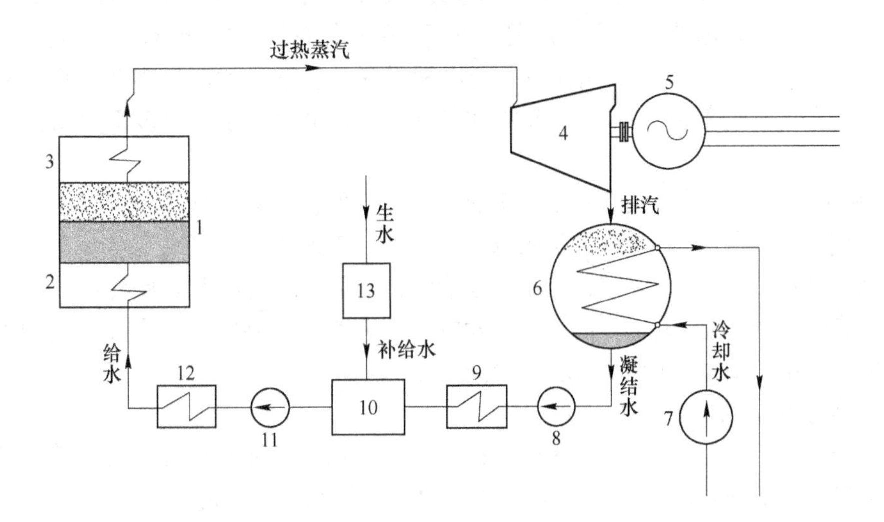

图 3-12　汽水系统流程图

1—锅炉；2—省煤器；3—过热器；4—汽轮机；5—发电机；6—凝汽器；7—循环系统；8—凝结水泵；9—低压加热器；10—除氧器；11—给水泵；12—高压加热器；13—水处理设备

相互配合保证主机安全生产，完成发电任务。

3.3.3　火力发电厂的分类

火力发电厂的分类方法很多，本书仅介绍几种常用的分类方法。

（1）按照生产的能量和产品的性质分类。

1）凝汽式发电厂。它只对外供应电能，将在汽轮机中做完功的蒸汽排入凝汽器凝结成水，再送往锅炉循环使用，这种发电厂称为凝汽式发电厂。

2）供热式发电厂。它不仅可以供给用户电能，还利用在汽轮机中做过功的抽汽或排汽向热用户供热，其能量利用效果较好，热效率高。这种既生产电能又对外供热的电厂又称为热电厂。

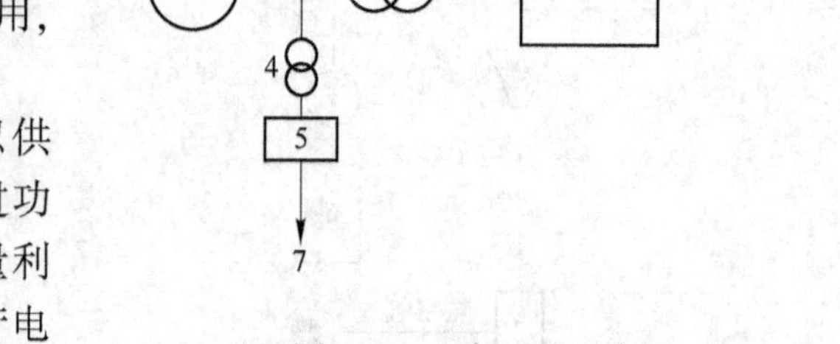

图 3-13　电气系统示意图

1—发电机；2—主变压器；3—高压配电装置；4—厂用变压器；5—厂用配电装置；6—高压输电线路；7—低压电缆馈线

3）综合利用发电厂。它不仅可生产电能和热能，还可把燃煤与灰渣综合利用，生产其他副产品。例如煤在燃烧前，先炼煤焦油，作化工原料。而灰渣又可制作水泥、保温材料和建筑材料等。

（2）按供电规模分类。

1）区域性发电厂（联网发电厂）。许多电厂联结成一个区域性的电力系统（简称电网），发电厂发出的电力，不是直接送往用户，而是先送入电网，然后再由电网分送到各用户。其特点是容量大、并连在一个共同电力网运行，利用高电压通过输电线路可将大量电能输送并分配给较远处的用户。该类型电厂常建在燃料基地或接近水源的地方。

2）地方性发电厂（孤立发电厂）。与电网无联系，这种发电厂多建在用户附近，生产出的电能直接供给附近地区。因输电距离短，输电量也较小，故多不用高压电网分配电力。

3）城市发电厂。供给城市各工业企业，居民所需的电能和热能。

4）企业发电厂。厂矿企业专用的电厂，又称“工业自备电厂”。

5）城乡发电厂。因地制宜，利用当地能源，供应城乡所需电能和热能。

6）列车电站及船舶电站。把成套的发电设备装置在特制的火车车厢或船舶上，属于机动性电站，用于基本建设工地或经常流动性的单位。

（3）按原动机的类型分类。

1）汽轮机发电厂。以汽轮机为原动机，容量从几百千瓦到百万千瓦不等，可采用高温高压蒸汽，热效率较高，工作可靠性和运行的自动化程度较高。乏汽凝结水干净，利用汽轮机中间抽汽较方便，可兼供热。

2）内燃机发电厂。采用内燃机作为原动机，其结构紧凑，热效率较高，可以快速起动，不需要很多的运行人员。其缺点是燃料价格高，机组容量不能太大。可用于缺水地区，石油产地或作电厂备用装置。

3）燃气轮机发电厂。用燃气轮机作为原动机，构造比较紧凑，热效率较高，冷却水需要量少，管理简便。

（4）按燃用的一次能源分类。

1）燃煤发电厂。以煤为燃料的发电厂。根据我国的能源政策，应优先采用劣质煤来发电。

2）燃油发电厂。以石油及其加工副产品为燃料的发电厂。除国家批准的燃油发电厂外，应严格控制发电厂内使用燃油。

3）燃气发电厂。以各种可燃气作为燃料的发电厂。在产天然气地区可充分燃用天然气进行发电。当企业有副产品煤气时，也可用煤气为燃料来发电。

4）工业废热发电厂（余热发电）。利用工业企业排放的废热或其他废料（可燃物），采用余热锅炉进行发电的电厂称为工业废热发电厂。

5）生物质发电厂。生物质发电主要是利用农业、林业和工业废弃物为原料，也可以将城市垃圾作为原料，采取直接燃烧或气化的方式发电。我国目前主要以秸秆发电，沼气发电与生物质气化发电为主，虽然在实际应用过程中仍存在不少问题，但生物质能发电行业有着广阔的发展前景。

（5）按发电厂总容量分类。

1）小容量发电厂。装机总容量在100MW以下。

2）中容量发电厂。装机总容量100~250MW。

3）大中容量发电厂。装机总容量250~600MW。

4）大容量发电厂。装机总容量600~1000MW。

5）特大容量发电厂。装机总容量1000MW及以上。容量的大、中、小也是相对的，随着火力发电厂装机容量的不断增加，划分也会变化。

（6）按主蒸汽参数分类。

1）低压发电厂：主蒸汽参数为1.4MPa，350℃，适用于3.0MW及以下汽轮机，10~20t/h锅炉。

2）中压发电厂：主蒸汽参数为3.9MPa，450℃，适用于6~50MW汽轮机，35~220t/h锅炉。

3）高压发电厂：主蒸汽参数为9.8MPa，540℃，适用于25~100MW汽轮机，120~410t/h锅炉。

4）超高压发电厂：主蒸汽参数为13.7MPa，540℃/555℃，适用于125~200MW汽轮机，400~670t/h锅炉。

5）亚临界压力发电厂：主蒸汽参数为16.7MPa，540℃/555℃，适用于300~600MW汽轮机，1000~2050t/h锅炉。

6）超临界压力发电厂：现在常规的超临界压力机组采用的主蒸汽参数为24.1MPa，538℃/566℃，适用于600~1000MW汽轮机。

7）超超临界压力发电厂：超超临界压力机组一般采用二次再热，其参数为31.0MPa，566℃/566℃/566℃；或31.0MPa，593℃/593℃/593℃，或34.5MPa，649℃/593℃/593℃，适用于1000MW及以上汽轮机。

火力发电厂的分类除以上的介绍外，还可以按电厂位置特点分为坑口（路口、港口）发电厂、负荷中心发电厂；按电厂承担电网负荷的性质分为基本负荷发电厂、中间负荷（腰荷）发电厂和调峰发电厂；按机炉组合分为非单元机组发电厂和单元机组发电厂等。

思考与练习题

3-1 能源的内涵是什么？如何分类？

3-2 可再生能源包括哪些种类？为什么要大力发展可再生能源？
3-3 能源的评价方法有哪些？
3-4 简要说明能源与社会经济发展的关系。
3-5 何谓能源弹性系数？定义这一指标有何意义？
3-6 能源的计量有哪几种方式？在进行能源统计时应注意哪些问题？
3-7 涉及能源利用效率的技术经济指标有哪些？各有何意义？
3-8 我国能源状况有哪些特点？
3-9 请简述煤的形成及分类特点。
3-10 煤的成分表示有哪几种方法？其关系是什么？
3-11 试述石油的形成及分类特点。
3-12 简述天然气的形成过程及特点。
3-13 简述燃煤电厂生产的实质过程及其基本手段。
3-14 燃煤电厂的主要生产系统有哪些？
3-15 燃煤电厂的分类方法有哪些？

电力能源生产与大气环境问题

4.1 大气环境概况

大气环境是指生物赖以生存的空气的物理、化学和生物学特性。人类生活在大气层底部，大气为地球生命的繁衍，人类的发展，提供了理想的环境。大气环境的物理特性主要包括空气的温度、湿度、风速、气压和降水，这一切均由太阳辐射这一原动力引起。化学特性则主要为大气环境的化学组成。大气环境的状态的变化时刻影响着人类的生存和活动。

4.1.1 大气环境的化学组成

大气是由多种气体混合组成的，按其成分可以概括为三部分：干燥清洁的空气、水汽和悬浮微粒。干洁空气的主要成分是氮、氧、氩、二氧化碳气体，其含量占全部干洁空气的 99.996%（体积）；氖、氦、氪、甲烷等次要成分只占 0.004%左右，干洁空气的组成见表 4-1。

表 4-1 干洁空气的组成

成分	体积比/%	成分	体积比/%	成分	体积比/%
氮	78.09	氖	18×10^{-4}	一氧化二氮	0.5×10^{-4}
氧	20.95	氦	5.3×10^{-4}	氢	0.5×10^{-4}
氩	0.93	甲烷	1.5×10^{-4}	氙	0.8×10^{-4}
二氧化碳	0.03	氪	1.0×10^{-4}	臭氧	$0.01\times10^{-4}\sim0.04\times10^{-4}$

由于空气的垂直运动、水平运动以及分子扩散，使得干洁空气的组成比例直到 90~100km 的高度还基本保持不变。也就是说，在人类经常活动的范围内，任何地方干洁空气的物理性质是基本相同的。例如，干洁空气的平均分子量为 28.966，在标准状态下（273.15K，1atm）密度为 1.293kg/m^3。

大气中的水蒸气主要来自海水的蒸发，少量来自江河、湖泊水的蒸发以及因土壤、植物的蒸腾作用。大气中的水汽含量，随着时间、地点、气象条件等不同而有较大变化，在正常状态下其变化范围为 0.02%~6%，观测结果表明，在 1.5~2km 高度，水汽含量只及地面的 1/2；在 5km 高度，只相当于地面的 1/10，再往上更少。大气中的水汽含量虽然很少，但却导致了各种复杂的天气现象：云、雾、雨、雪、霜、露等。这些现象不仅引起大气中湿度的变化，而且还引起热量的转化。同时，水汽又具有很强的吸收长波辐射的能力，对地面的保温起着重要的作用。

大气中的悬浮微粒除水汽凝结物如云、雾滴、冰晶等，主要是大气尘埃和悬浮在空气中的其他杂质。人类生活或工农业生产排出的氨、二氧化硫、一氧化碳、氮化物与氟化物等有害气体可改变原有空气的组成，并引起污染，造成全球气候变化，破坏生态平衡。大气环境和人类生存密切相关，大气环境的每一个因素几乎都可影响到人类，所以人类应爱护自然，为子孙后代留下一个优美的环境。

4.1.2 大气圈的结构

自然地理学将受地心引力而随地球旋转的大气层称为大气圈。大气圈层的高度，即大气层的上界，通常有以下两种分法：一是着眼于大气的某些物理现象，把极光出现的高度1200km作为大气物理上界；二是根据大气的密度，用接近星际的气体的密度估计大气的上界，为2000~3000km。一般根据大气在垂直方向上物理性质和化学成分的差异，同时考虑到大气的垂直运动状况，可将大气圈分为五层，如图4-1所示。

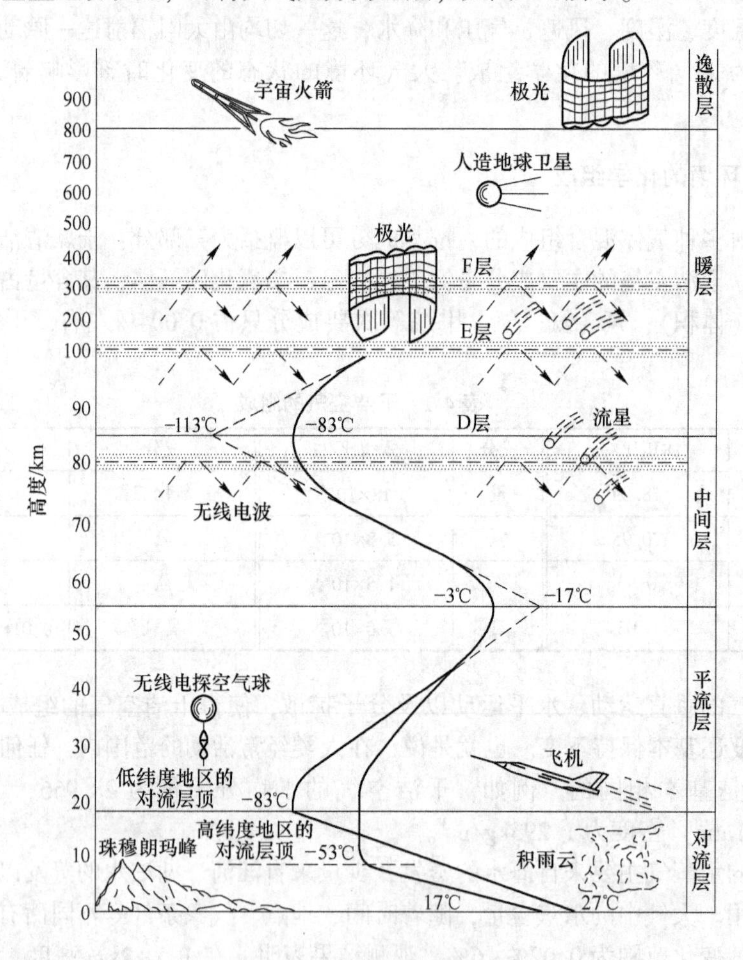

图4-1 大气圈的层状结构

4.1.2.1 对流层

对流层是大气的最低层，其厚度随纬度和季节而变化，在赤道低纬度区为17~18km，在中纬度地区为10~12km，两极附近高纬度地区为8~9km。夏季较厚，冬季较薄。

这一层的显著特点：一是气温随高度升高而递减，大约每上升100m，温度降低0.6~

0.65℃，由于贴近地面的空气受地面辐射增温的影响而膨胀上升，上面冷空气下沉，故在垂直方向上形成强烈的对流；二是密度大，对流层虽然相对于大气圈的总厚度来说很薄，但是它的质量却占大气总质量的3/4以上。

4.1.2.2 平流层

对流层顶到55km为平流层。在平流层下层，即30~35km以下，温度随高度降低变化较小，气温趋于稳定，所以又称同温层；在30~35km以上，温度随高度升高而升高。这是因为，在高20~25km的范围内，有平均厚约3mm的一层臭氧层。臭氧具有吸收太阳光短波紫外线的能力，同时在紫外线的作用下可被分解为原子氧和分子氧。当它们重新化合生成臭氧时，可以热的形式释放出大量的能量，使平流层的温度升高。平流层能大量吸收紫外线，使地球生物免受紫外线的照射，同时又对地球起保温作用。平流层的空气没有垂直对流运动，平流运动占显著优势，空气比对流层稀薄，且干燥，水汽、尘埃的含量甚微，大气透明度好，很难出现云、雨等天气现象。

4.1.2.3 中间层

从平流层顶到85km高度的一层称为中间层，该层空气更为稀薄，有强烈的垂直对流运动，气温随高度增加而下降，该层顶部温度可降至-83~-113℃，几乎成为大气层中的最低温。其原因是这里没有臭氧吸收太阳紫外辐射，而氮和氧等气体所能吸收的波长更短的太阳辐射又大部分被更上层的大气吸收了。因此，这里的气温随高度是递减的。这种下暖上凉的气温垂直分布，导致空气的垂直运动，又称“高空对流层”。该层的80~90km高度上有一个只在白天出现的电离层，叫做D层。

4.1.2.4 暖层

从中间层顶到800km的高空称为暖层。该层的下部基本上是由氮分子所组成，而上部是由氧原子所组成。氧原子层可吸收太阳辐射出的紫外光，因而在这层中的气体温度随高度增加而迅速增加。层内温度很高，昼夜变化很大。据探测，在300km高度上，气温可达1000℃以上，这是因为所有波长小于0.175μm的紫外线辐射，都被该层中的大气物质所吸收的缘故。由于太阳和宇宙射线的作用，该层大部分空气分子发生电离，使其具有较高密度的带电粒子，故又称为电离层，即E层和F层。电离层能反射地面发射的电磁波，对地面的无线电通信起到十分重要的作用。

4.1.2.5 逸散层

暖层以上的大气层为逸散层，这一层的气温也随高度的增加而升高。由于气温高，且距地较远，受地球引力作用很小，所以大气质点中某些高速运动的分子不断地向星际空间散逸，散逸层也由此而得名。该层空气在太阳紫外线和宇宙射线的作用下，大部分分子发生电离，使质子的含量大大超过中性氢原子的含量。逸散层空气极为稀薄，其密度几乎与太空密度相同。对逸散层的高度还没有一致的看法，实际上地球大气与星际空间并没有明显的边界。

4.2 大气污染源与大气污染物

4.2.1 大气污染

大气污染是指由于人类活动或自然过程使得某些物质进入大气，呈现出足够的浓度，达到了足够的时间，并因此危害了人体的舒适、健康和人们的福利，甚至危害了生态环境的现象。所谓人类活动不仅包括生产活动，也包括生活活动，如做饭、取暖、交通等。所谓自然过程，包括火山活动、山林火灾、海啸、土壤和岩石的风化及大气圈中空气运动等。一般说来，由于自然环境的自净作用，会使自然过程造成的大气污染，经过一定时间后自动净化。所以说，大气污染主要是人类活动造成的。按照污染的范围来分，大气污染大致可分为四类：局部地区的大气污染，如受到某些烟囱排气的直接影响产生的大气污染现象；地区性大气污染，如工业区及其附近地区或整个城市大气受到污染现象；广域性污染，涉及污染比一个城市更广泛；全球性污染，如酸沉降和二氧化碳气体的不断增加，就成了全球性污染，受到世界各国的关注。

4.2.2 大气污染源及分类

大气污染源是指向大气排放足以对环境产生有害影响物质的生产过程、设备、物体或场所。它具有两层含义，一方面是指“污染物的发生源”，另一方面是指“污染物来源”。按照不同的方法有不同的分类形式。

4.2.2.1 按污染物来源划分

大气污染源可分为自然的和人为的两大类。自然污染源是由于自然原因（如火山爆发，森林火灾等）而形成，人为污染源是由于人们从事生产和生活活动而形成。在人为污染源中，又可分为固定的（如烟囱、工业排气筒）和移动的（如汽车、火车、飞机、轮船）两种。由于人为污染源产生的大气污染问题越来越普遍，所以比起自然污染源来更为人们所密切关注。

4.2.2.2 按预测模式分类

大气污染源按预测模式的模拟形式分为点源、面源、线源、体源四种类别。

点源：通过某种装置集中排放的固定点状源，如烟囱、集气筒等。

面源：在一定区域范围内，以低矮的方式自地面或近地面的高度排放污染物的源，如工艺过程中的无组织排放、储存堆、渣场等排放源。

线源：污染物呈线状排放或者由移动源构成线状排放的源，如城市道路的机动车排放源等。

体源：由源本身或附近建筑物的空气动力学作用使污染物呈一定体积向大气排放的源，如焦炉炉体、屋顶天窗等。

4.2.2.3 按主要污染物分类统计

按主要污染物分类统计包括燃料燃烧排放、工业生产过程的排放、交通运输过程的排放和农业活动排放。

煤、石油、天然气等燃料的燃烧过程是向大气输送污染物的重要发生源。煤是主要的工业和民用燃料，它的主要成分是碳，并含有氢、氧、氮、硫及金属化合物。煤燃烧时除产生大量烟尘外，在燃烧过程中还会形成一氧化碳、二氧化碳、二氧化硫、氮氧化物、有机化合物及烟尘等有害物质。生活炉灶与采暖锅炉在居住区里，随着人口的集中，大量的民用生活炉灶和采暖锅炉也需要耗用大量的煤炭，特别在冬季采暖时间，往往使受污染地区烟雾弥漫，这也是一种不容忽视的大气污染源。

工业生产过程中排放到大气中的污染物种类多、数量大，是城市或工业区大气的重要污染源，也是大气污染法治工作的重点之一。随着工业的迅速发展，大气污染物的种类和数量日益增多。由于工业企业的性质、规模、工艺过程、原料和产品种类等不同，其对大气污染的程度也不同。如石化企业排放硫化氢、二氧化碳、二氧化硫、氮氧化物；有色金属冶炼工业排放的二氧化硫、氮氧化物及含重金属元素的烟尘；磷肥厂排放的氟化物；酸碱盐化工业排出的二氧化硫、氮氧化物、氯化氢及各种酸性气体；钢铁工业在炼铁、炼钢、炼焦过程中排出粉尘、硫氧化物、氰化物、一氧化碳、硫化氢、酚、苯类、烃类等。其污染物组成与工业企业性质密切相关。

近几十年来，由于交通运输事业的发展，城市行驶的汽车日益增多，汽车排气机动车的发展速度很快，1950 年全球机动车保有量为 7000 万辆，到如今保有量突破 10 亿辆。随着经济的发展，高铁、轮船、飞机等客货运输频繁，这些又给大气增加了新的污染源。其中汽车排出的尾气，已构成大气污染的主要污染源。汽车污染大气的特点是排出的污染物距人们的呼吸带很近，能直接被人吸入。汽油车排放的主要污染物是：CO、NO_x、HC 和铅（如果使用含铅汽油），柴油车排放的污染物主要有 NO_x、PM（细微颗粒物），HC、CO 和 SO_2。同发达国家相比，我国机动车污染物排放量相当惊人。以日本东京为例，20 世纪 90 年代东京拥有机动车 400 万辆，而 CO 和 NO_x 的排放量基本稳定在 10 万吨和 5 万吨左右，而北京市 1995 年机动车仅为 100 万辆，CO 和 NO_x 的排放量却高达 97.2 万吨和 9.8 万吨。

农业活动排放污染源主要为田间施用农药时，一部分农药会以粉尘等颗粒物形式逸散到大气中，残留在作物体上或粘附在作物表面的仍可挥发到大气中。进入大气的农药可以被悬浮的颗粒物吸收，并随气流向各地输送，造成大气农药污染。此外还有秸秆焚烧等污染源的存在。

4.2.3 大气污染物及类型

大气污染物系指由于人类活动或自然过程排入大气的并对人或环境产生有害影响的物质。大气污染物的种类很多，已知的约有 100 多种，大气中主要污染物见表 4-2，按照不同的形式可以分为不同类型。

表 4-2 大气中主要污染物

类　别	一次污染物	二次污染物
含硫化合物	SO_2、H_2S	SO_3、H_2SO_4、MSO_4
含氮化合物	NO、NH_3	NO_2、HNO_3、MNO_3
碳的氧化物	CO、CO_2	无
碳氢化合物	C_1-C_5H_n化合物	醛、酮、过氧乙酰硝酸
含卤素化合物	HF、HCl	无
颗粒物	重金属元素、多环方烃	H_2SO_4、SO_4^{2-}、NO_3^-

4.2.3.1 按其存在状态分类

按污染物存在的状态可分为气溶胶状态污染物（颗粒物）和气态污染物。

气溶胶状态污染物系指固体、液体粒子或它们在气体介质中的悬浮体。其粒径为0.002~100μm大小的液滴或固态粒子。

气体状态污染物，主要有以二氧化硫为主的硫氧化合物，以二氧化氮为主的氮氧化合物，以一氧化碳为主的碳氧化合物以及碳、氢结合的碳氢化合物。大气中不仅含无机污染物，而且含有机污染物。

4.2.3.2 按污染物形成的方式分类

按污染物形成的方式进行分类，可分为一次污染物和二次污染物。

一次污染物是指直接从污染源排放的污染物质，如二氧化硫、一氧化氮、一氧化碳、颗粒物等，它们又可分为反应物和非反应物，前者不稳定，在大气环境中常与其他物质发生化学反应，或者作催化剂促进其他污染物之间的反应，后者则不发生反应或反应速度缓慢。

二次污染物是指由一次污染物在大气中互相作用经化学反应或光化学反应形成的与一次污染物的物理、化学性质完全不同的新的大气污染物，其毒性比一次污染物还强。最常见的二次污染物如硫酸及硫酸盐气溶胶、硝酸及硝酸盐气溶胶、光化学氧化剂，以及许多不同寿命的活性中间物（又称自由基），如HO_2、HO自由基等。

4.2.3.3 根据污染性质分类

根据污染性质可划分为还原型（伦敦型）污染物和氧化型（洛杉矶型）污染物。

还原型（伦敦型）污染物主要为SO_2、CO和颗粒物，在低温、高湿度的阴天、风速小并伴有逆温的情况下，一次污染物在低空集聚生成还原型烟雾。

氧化型（洛杉矶型）污染物主要来源于汽车尾气、燃油锅炉和石化工业。主要一次污染物是CO、氮氧化物和碳氢化合物。这些大气污染物在阳光照射下能引起光化学反应，生成二次污染物——臭氧、醛、酮、过氧乙酰硝酸酯等具有强氧化性的物质，对人眼睛等黏膜能引起强烈刺激。

4.2.4 大气颗粒物污染及危害

大气颗粒物（atmospheric particulate matters）是大气中存在的各种固态和液态颗粒状物质的总称。这些微粒的粒径在0.002~100μm之间，各种颗粒状物质均匀地分散在空气中构成一个相对稳定的庞大的悬浮体系，即气溶胶体系，因此大气颗粒物也称为大气气溶胶。

4.2.4.1 大气颗粒物的来源、形成机理

大气颗粒物有天然源和人为源两种。天然源是指来自地球表面天然过程的直接排放以及宇宙活动等，如火山喷发、海洋表面海水的溅沫、森林火灾、地表土壤碎屑的扬尘、生物物质（花粉、细菌、真菌等）、流星碎屑等；来自人类活动直接排放的称为人为源，这些源排放的污染物的90%进入大气对流层。大气颗粒物按形成机制不同可以分为一次颗粒物和二次颗粒物，一次颗粒物是由直接污染源释放到大气中造成污染的颗粒物，例如土壤粒子、海盐粒子、燃烧烟尘等等。二次颗粒物是由大气中某些污染气体组分（如二氧化硫、氮氧化物、碳氢化合物等）之间，或这些组分与大气中的正常组分（如氧气）之间通过光化学氧化反应、催化氧化反应或其他化学反应转化生成的颗粒物，例如二氧化硫

转化生成硫酸盐。大气中的二次颗粒物的形成是通过物理过程和化学过程而实现的。从动力学分析，这一过程经历了四个阶段，实现了经化学反应向粒子的转化：

（1）均相成核或非均相成核，形成细粒子分散在空气中；

（2）在细粒子表面，气体参与多相反应，其结果使粒子长大；

（3）通过布朗凝聚和湍流凝聚，粒子继续长大；

（4）通过干沉降（重力沉降或与地面碰撞后沉降）和湿沉降（降雨和冲刷）清除。

这一过程表观上是物理过程，但实质上却是由化学反应推动的。气体在大气中的化学反应提供了化学物质和自由基，它们在互相碰撞过程中结成分子团或沉积在已有的“核”上。例如，大气中的气相前体物通过化学反应，形成凝聚分子（D_p 约为 0.5nm），这些生成的极微细的凝聚分子再与其他凝聚分子或分子团结合形成新的气溶胶粒子，这属于均相成核；生成的凝聚分子沉降在大气中已经存在的气溶胶粒子（$D_p \geqslant 0.01\mu m$）表面上，这属于非均相成核。当然，气态分子可以直接在现有的气溶胶粒子表面生成二次产物。

4.2.4.2 大气颗粒物分类

大气颗粒物的种类很多。根据形成特征可以进一步划分为雾（fog）、粉尘（dust）、烟尘（fume）、烟（smoke）、烟雾（smog）、烟炱（soot）和霾（haze）等。

A 雾

雾是气体中液滴悬浮体的总称。工业生产中的过饱和蒸汽凝结和凝聚、化学反应和液体喷雾所形成的液滴。粒径一般小于 10μm。它会降低能见度，影响人类健康，如粒径大于 40μm 水滴构成轻雾，可以起到净化空气的作用。

B 粉尘

粉尘系指悬浮于气体介质中的小固体粒子，能因重力作用发生沉降。粉尘的粒子尺寸范围，在气体除尘技术中，粒径一般为 1～200μm。主要是机械粉碎、扬尘、煤燃烧等形成。按尘在重力作用下的沉降特性，又可分为飘尘和降尘。能在大气中长期飘浮的悬浮物质称为飘尘。其主要是粒径小于 10μm 的微粒。由于飘尘粒径小，能被人直接吸入呼吸道内造成危害；又由于它能在大气中长期飘浮，易将污染物带到很远的地方，导致污染范围扩大，同时在大气中还可以为化学反应提供反应载体。因此，飘尘是从事环境科学工作者所注目的研究对象之一。用降尘罐采集到的大气颗粒物称为降尘。在总悬浮颗粒物中一般直径大于 10μm 的粒子，由于其自身的重力作用会很快沉降下来，所以将这部分的微粒称为降尘。单位面积的降尘量可作为评价大气污染程度的指标之一。

C 烟尘

烟一般指高温燃烧过程中形成的固体粒子的气溶胶，烟的粒子尺寸很小，一般粒径小于 1μm 左右，在钢铁、有色金属冶炼、火力发电、水泥和石油化工企业的生产过程，车辆和飞机的排气，以及垃圾燃烧、采暖锅炉和家庭炉灶排出的烟气等，都是烟尘污染的主要来源，其中以燃料燃烧排出的数量最大，主要成分是未燃烧的炭粒（C），还含有少量 SiO_2、Al_2O_3、Fe_2O_3、CaO 等。常见的烟尘有黑烟、红烟、黄烟和灰烟。不同颜色的烟尘，其组成和来源各不相同。黑烟含有大量焦油、炭黑，主要来源于燃煤、燃油业。红烟含有大量氧化铁，主要来源于钢铁厂。黄烟含有大量氮氧化物，主要来源于化工厂。灰烟主要来源于水泥厂和石灰厂。

D 烟雾

烟雾是在冷凝过程或由于化学反应而形成的液滴和固体颗粒混合形成。粒径一般小于10μm，如人们熟知的硫酸烟雾和光化学烟雾两种。硫酸烟雾是二氧化硫或其他硫化物、未燃烧的煤尘和高浓度的雾尘混合后起化学作用所产生，也称伦敦型烟雾。光化学烟雾是汽车废气中的碳氢化合物和氮氧化物通过光化学反应所形成，光化学烟雾也称洛杉矶型烟雾。

E 烟炱

烟炱指燃烧、升华、冷凝等过程形成的固体颗粒，粒径一般小于0.5μm。

F 霾

霾，也称阴霾、灰霾，是悬浮在大气中的大量微小尘粒、烟粒或盐粒的集合体，粒径一般小于1μm。霾的核心物质是空气中悬浮的灰尘颗粒，当大气凝结核由于各种原因长大时就形成霾。在这种情况下水汽进一步凝结可能使霾演变成轻雾、雾和云。

我国《空气质量标准》中主要控制污染物根据颗粒物粒径分类则可以分为总悬浮颗粒物、可吸入颗粒物和细颗粒物即$PM_{2.5}$。总悬浮颗粒物是分散在大气中的各种粒子的总称，是指用标准大容量颗粒采样器（流量在1.1~1.7m^3/min）在滤膜上所收集到的颗粒物的总质量，其粒径大小，绝大多数在100μm以下，其中多数在10μm以下。总悬浮颗粒物是目前大气质量评价中的一个通用的重要污染指标。可吸入颗粒物，通常是指粒径在10μm以下的颗粒物，又称PM_{10}，可吸入颗粒物可以被人体吸入，沉积在呼吸道、肺泡等部位从而引发疾病。颗粒物的直径越小，进入呼吸道的部位越深。10μm直径的颗粒物通常沉积在上呼吸道，5μm直径的可进入呼吸道的深部，2μm以下的可100%深入到细支气管和肺泡。直径不超过2.5μm的颗粒物又被单独定义为细颗粒物，即$PM_{2.5}$。它能较长时间悬浮于空气中，其在空气中含量浓度越高，就代表空气污染越严重。虽然$PM_{2.5}$只是地球大气成分中含量很少的组分，但它对空气质量和能见度等有重要的影响。与较粗的大气颗粒物相比，$PM_{2.5}$粒径小，面积大，活性强，易附带有毒、有害物质（例如，重金属、微生物等），且在大气中的停留时间长、输送距离远，因而对人体健康和大气环境质量的影响更大。$PM_{2.5}$也是我国新空气质量标准中严格控制的重要污染指标。

4.2.4.3 大气颗粒物的化学组成

大气颗粒物并不是一种简单的物质，而是一种十分复杂的混合物。大气颗粒物的组成和形态都可以随着时间和空间的不同而出现十分显著的变化。大气颗粒物的化学组成主要与它们的来源密切相关。来自地表土和污染源直接排入大气的粉尘以及来自海水溅沫的盐粒等一次污染物往往含有大量铁、铝、碳、硅、钠、钾、钙、氯等元素；来自二次污染物的粒子中则含有大量硫酸盐、铵盐和有机物等。大气颗粒物中，发现的无机成分包括盐类、氧化物、含氮化合物、含硫化合物、各种金属和放射性元素等。大气颗粒物中通常高于1μg/m^3的主要微量元素包括铝、钙、碳、铁、钾、钠和硅等，较少量的是铜、铅、钛和锌，更少量的是锑、铋、镉、钴、铬、铈、锂、锰、镍、铷、硒、锶和钒，通常可以检测出来。

颗粒态炭，如烟炱、炭黑等，主要来自汽车尾气、锅炉飞灰及发电厂、钢铁、铸造厂的排放。这些粒子，尤其是亚微米颗粒物，具有巨大的颗粒数量和表面积，其吸附性强，可以作为气体和气体颗粒物的载体，炭颗粒表面可以催化一些非均相化学反应。这些颗粒的生成往往是在燃烧中的挥发—凝聚过程，颗粒中会含有高浓度的挥发性元素，如砷、锑、汞、锌等。

硫酸和硫酸盐颗粒物的粒径很小，大多数集中在细粒子范围内（D_p<2.0μm），它们在大气中飘浮，对太阳光产生散射和吸收作用，大幅度降低能见度。它们也是造成酸雨和雾霾的重要成分。硫酸和硫酸盐颗粒物主要来源于二氧化硫的化学转化。陆地区的大气颗粒物中 SO_4^{2-} 的平均含量为15%～25%，海洋区的大气颗粒物中 SO_4^{2-} 的平均含量为30%～60%。硝酸容易挥发，在相对湿度较小时以气态形式出现，故在大气颗粒物中硝酸以硝酸铵颗粒或被颗粒吸附的 NO_2 的形式存在。

大气颗粒物中还包括一些有毒物质。如用于建材生产的石棉，以粉尘形式进入大气；汞的排放来自煤的燃烧和火山喷发，在大气颗粒物中可检测出二甲基汞和单甲基汞盐；含铅汽油的燃烧会排放铅。值得提及的是，随着高科技事业的发展，合金被用于电子设备、反应堆部件等，其用量逐年增加，其生产及使用过程产生含有多种有毒重金属的颗粒物污染，应引起足够的重视。

大气颗粒物中还含有种类繁多的有机物。大气颗粒物中的有机物一般粒径都很小，在0.1～5μm的范围内，其中55%～70%的粒子粒径集中在 D_p<2.0μm 的范围，属细粒子，对人类的危害很大。颗粒有机物的种类很多，其中，烃类（包括烷烃、烯烃、芳香烃和多环芳烃）是主要成分，此外还有亚硝胺、含氮杂环化合物、酮类、醛类、酚类、酸类等，而且各个地区的组成及浓度有较大的差别。

大气颗粒物也包括起源于生物体的粒子，即生物颗粒物。生物颗粒物包括微生物和各种生物体的碎片，其粒径分布宽广，从病毒颗粒（0.005～0.25μm）到大颗粒花粉（≥5μm）。

4.2.4.4 大气颗粒物的环境影响及危害

大气颗粒物的环境影响及危害具体如下。

（1）大气能见度降低。大气颗粒物对光有明显的散射和吸收作用，颗粒物对光产生散射和吸收作用的有效粒径为0.1～1.0μm，属于细粒子范围，飞灰、烟炱、细小尘粒、有机颗粒物及二次颗粒物等均在此粒径范围。其中，含碳组分的颗粒对光的吸收作用尤为明显，颗粒物对光的散射和吸收作用，使大气能见度降低，甚至可以影响对流层的能量平衡，影响气候变化。

（2）对生态系统的影响。大气颗粒物的污染会形成一些生态效应。例如，大气颗粒物沉积在绿色植物的叶子表面，干扰植物叶面吸收阳光和二氧化碳，放出氧气和水分，影响植物的健康和生长。又如，大气颗粒物造成的污染对水生微生物的毒副作用，可能会影响或改变当地生物的食物链，进而影响整个生态系统。

（3）对人体健康的危害。大气颗粒物对人体健康有很大的危害性。大气颗粒物中粒径小于10μm的可吸入粒子，粒小体轻，能在大气中长期飘浮，飘浮范围从几千米到几十千米，可在大气中不断蓄积，使污染程度逐渐加重。可吸入粒子成分很复杂，并具有较强的吸附能力。可吸入粒子随人们呼吸空气而进入人体，以碰撞、扩散、沉积等方式滞留在呼吸道不同的部位，粒径小于5μm的多滞留在上呼吸道。滞留在鼻咽部和支气管的颗粒物，由于自身的毒性（如硫酸滴、PbO、PAH等）或携带有毒物质（如吸附 SO_2、NO_x

等有害气体）产生刺激和腐蚀作用，损伤黏膜、纤毛，引起炎症和增加气道阻力，持续不断的作用会导致慢性鼻咽炎、慢性气管炎。滞留在细支气管与肺泡的颗粒物产生的作用，会损伤肺泡和黏膜，引起支气管和肺部产生炎症，长期持续作用还会诱发慢性阻塞性肺部疾患并出现继发感染，最终导致肺心病，使死亡率增高。

生物颗粒物（如孢子、霉菌、细菌、螨虫、过敏源等）对人体健康的危害也已经引起人们的重视。

4.2.4.5　大气颗粒物的综合防治对策

A　加强大气颗粒物监督管理

大气颗粒物污染防治工作中，要加强监督管理和科学检测。自20世纪80年代，随着对大气颗粒物研究的深入，人们认识到粒径在10μm以下的颗粒物是对环境和人体健康危害最大的一类污染物，并且细颗粒的危害性比粗颗粒更加严重，现在普遍认为，粒径小于2.5μm的细粒子对人体的危害最大，许多国家已经开始对细粒子制定大气质量标准并进行控制。如美国国家环保局EPA所制订的环境空气质量标准对大气颗粒物的控制就经历了从TSP到PM_{10}到$PM_{2.5}$的过程，首先在1985年将原始颗粒物指示物质由TSP项目修改为PM_{10}，进而又于1997年在原有PM_{10}的标准上增加了$PM_{2.5}$的排放标准，并且规定$PM_{2.5}$的三年平均年浓度低于15μg/m^3，三年中平均99%的24h浓度低于65μg/m^3，可以降低细颗粒物对人体健康、环境和气候等的危害；欧盟也于1997年提出了自己的$PM_{2.5}$标准。我国也在1996年颁布的《环境空气质量标准》（GB 3095—1996）中规定了PM_{10}的标准，并统一在空气质量日报中取消了TSP质量指数，采用PM_{10}指标，在2012年进一步修改《环境空气质量标准》（GB 3095—2012），要求对$PM_{2.5}$进行常规监测，并把其作为评价大气环境质量的主要指标之一。

B　充分利用大气颗粒物的自然净化能力

充分利用大气的自净化能力。大气颗粒物的自然净化过程主要是干沉降过程和湿沉降过程。干沉降过程是指大气颗粒物在重力作用下或与地面及其他物体碰撞后，发生沉降而从大气中清除的过程。干沉降一般对大气颗粒物中的大粒子的清除是有效的，但对小粒子则是难以奏效的。据估算，全球范围内通过干沉降清除的大气颗粒物的总量仅占总悬浮颗粒物量的10%~20%。细小的颗粒物会随风远距离输送，影响下风地区。湿沉降即通过降水冲刷过程清除颗粒物。大气颗粒物，尤其是粒径小于0.1μm的粒子可以作为云的凝聚核，通过吸附凝聚过程和碰撞过程，云滴长大成雨滴，在适当的气候条件下，雨滴长大成雨，降落地面，实现净化。冲刷过程主要对大于2μm的大气颗粒物起作用。气象条件不同，大气对污染物的容量便不同，排入同样数量的颗粒污染物，造成的污染物浓度也不同。对于风力大、通风好、对流强的地区和时段，大气扩散稀释能力强，可接受较多厂矿企业活动。逆温的地区和时段，大气扩散稀释能力弱，便不能接受较多的污染物，否则会造成严重的大气污染。因此应该对不同地区、不同时段进行排放量的有效控制。工厂厂址的选择、烟囱的布局设计、城区与工业区规划等要合理，不要造成重复叠加污染，形成局部地区的严重污染事件。

C　严格控制污染物的排放量

大气颗粒物污染控制的关键是严格控制污染物的排放量通过改善能源结构，多采用清洁能源（如太阳能、风能、水电能）和低污染能源（如天然气），推广对化石燃料进行预处理和先进的洁净燃烧技术。另外，在污染物未进入大气之前，使用除尘消烟技术、冷凝技术、液体吸收技术、回收处理技术等消除废气中的部分颗粒污染物，减少进入大气的污染物数量。

4.2.5 气体状态污染物污染及危害

气体状态污染物简称气态污染物，是以分子状态存在的污染物，大部分为无机气体。常见的有五大类：以 SO_2 为主的硫氧化物，以 NO 和 NO_2 为主的氮氧化物，碳氧化物、碳氢化合物以及卤素化合物等。

4.2.5.1 硫氧化物

A 主要硫氧化物来源和性质

硫常以二氧化硫和硫化氢的形态进入大气，也有一部分以亚硫酸及硫酸（盐）微粒形式进入大气。大气中的硫约2/3来自天然源，其中以细菌活动产生的硫化氢最为重要。人为源产生的硫排放的主要形式是 SO_2。SO_2 是一种无色、具有刺激性气味的不可燃气体，它是一种分布广、危害大的主要大气污染物。SO_2 和飘尘具有协同效应，两者结合起来对人体危害更大。所以空气质量标准中采用“SO_2 浓度（mg/m^3，标准状态）与微粒浓度（$\mu g/m^3$，标准状态）的乘积”标准。SO_2 在大气中极不稳定，最多只能存在1～2d。相对湿度比较大，以及有催化剂存在时，可发生催化氧化反应，生成 SO_3，进而生成 H_2SO_4 或硫酸盐，硫酸和硫酸盐可形成硫酸烟雾和酸性降水，造成较大的危害。SO_2 之所以被作为重要的大气污染物，原因就在于它参与了硫酸烟雾和酸雨的形成。

SO_2 主要来源于人为活动排放的含硫燃料的燃烧过程，以及硫化物矿石的焙烧、冶炼过程。火力发电厂、有色金属冶炼厂、硫酸厂、炼油厂和所有烧煤或油的工业锅炉、炉灶等都排放 SO_2 烟气。在排放 SO_2 的各种过程中约有96%来自燃料燃烧过程，其中火力发电厂排烟中的 SO_2，浓度虽然较低，但总排放量却最大。在过去20年中，发达国家通过改变燃料结构，采用脱硫技术使得 SO_2 排放量总体上明显减少。但在1974～1984年间，一些发展中国家 SO_2 排放量是增加的。1993年，世界排放 SO_2 量近2亿吨，而1995年，我国排放 SO_2 达2341万吨（包括乡镇企业），首次大于美国的2100万吨，成为世界 SO_2 排放第一大国。1997年我国94个城市空气中 SO_2 年均浓度值在3～248$\mu g/m^3$ 之间，全国平均值为66$\mu g/m^3$，远高于 SO_2 的自然背景浓度（<5$\mu g/m^3$）。94个城市中共有41个城市超过国家二级空气质量标准。由天然源排入大气的硫化氢，被氧化为 SO_2，这是大气中 SO_2 的另一种来源。

B 硫氧化物的转化及硫酸烟雾型污染

a 二氧化硫的气相氧化

大气中 SO_2 的转化首先是 SO_2 氧化成 SO_3，随后 SO_3 被水吸收而生成硫酸，从而形成酸雨或硫酸烟雾。硫酸与大气中的 NH_4^+ 等阳离子结合生成硫酸盐气溶胶。

（1）SO_2 的直接光氧化。在低层大气中 SO_2 吸收来自太阳的紫外光发生光化学反应形成激发态 SO_2 分子，在环境大气条件下，激发态的 SO_2 主要以三重态的形式存在。单重态不稳定，很快按上述方式转变为三重态。

大气中 SO_2 直接氧化成 SO_3 的机制为

$$SO_2 + O_2 \longrightarrow SO_4 \longrightarrow SO_3 + O$$

或

$$SO_4 + SO_2 \longrightarrow 2SO_3$$

（2）SO_2 被自由基氧化。在污染大气中，由于各类有机污染物的光解及化学反应可生成各种自由基，如 HO、HO_2、RO、RO_2 和 $RC(O)O_2$ 等。这些自由基主要来源于大气中一次污染物 NO_x 的光解，以及光解产物与活性碳氢化物相互作用的过程。也来自光化学反应产物的光解过程，如醛、亚硝酸和过氧化氢等的光解均可产生自由基。这些自由基大多数都有较强的氧化作用。在这样光化学反应十分活跃的大气里，SO_2 很容易被这些自由基氧化。

SO_2 与 HO 的反应是大气中 SO_2 转化的重要反应：

$$HO + SO_2 + M \longrightarrow HOSO_2$$

$$HOSO_2 + O_2 \longrightarrow HO_2 + SO_3$$

$$SO_3 + H_2O + M \longrightarrow H_2SO_4$$

反应过程中所生成的 HO_2，通过反应：$HO_2+NO \rightarrow HO+NO_2$ 使得 HO 又再生，于是上述氧化过程又循环进行。这个循环过程的速度决定步骤是 SO_2 与 HO 的反应。

SO_2 与其他自由基的反应：在大气中 SO_2 氧化的另一个重要反应是 SO_2 与二元活性自由基的反应，如 $CH_3CHOO+SO_2 \rightarrow CH_3CHO+SO_3$。另外，$HO_2$、$CH_2O_3$ 以及 $CH_3(O)O_2$ 也易与 SO_2 反应，而将其氧化成 SO_3：

$$HO_2+SO_2 \longrightarrow HO+SO_3$$

$$CH_3O_2+SO_2 \longrightarrow CH_3O+SO_3$$

$$CH_3C(O)O_2+SO_2 \longrightarrow CH_3C(O)O+SO_3$$

b　二氧化硫的液相氧化

大气中存在着少量的水和颗粒物质。SO_2 可溶于大气中的水，也可被大气中的颗粒物所吸附，并溶解在颗粒物表面所吸附的水中。于是 SO_2 便可发生液相反应。

SO_2 被水吸收：

$$SO_2+H_2O \longrightarrow H_2SO_3$$

SO_2 可以被溶于大气水中的 O_3、H_2O_2 等氧化生成 H_2SO_4。

C　硫酸烟雾型污染及危害

硫酸型烟雾也称伦敦烟雾，它是还原型烟雾，其主要污染源为使用燃煤的各类工矿企业，初生污染物是 SO_2、CO 和粉尘，次生污染物是硫酸和硫酸盐气溶胶。硫酸型烟雾形成污染的典型是 1952 年 12 月 5~8 日的伦敦烟雾。当时正值冬季，伦敦工业燃料及居民冬季取暖使用煤炭，煤炭在燃烧时，会生成水、二氧化碳、一氧化碳、二氧化硫、二氧化氮和烃类化合物等物质。这些物质排放到大气中后，会附着在飘尘上，凝聚在雾气中。大气中的 SO_2 等硫化物在有水雾、含有重金属的飘尘或氮氧化物存在时，发生一系列化学或光化学反应而生成硫酸雾或硫酸盐气溶胶。当时持续几天“逆温”现象，加上不断排放的烟雾，使伦敦上空大气中烟尘浓度比平时高 10 倍，二氧化硫的浓度是以往的 6 倍，致使城市上空连续四五天烟雾弥漫，能见度极低。在这种气候条件下，飞机被迫取消航班，汽车即便白天行驶也要打开车灯，行人走路都只能沿着人行道摸索前行。由于大气中的污染物不断积蓄，不能扩散，许多人都感到呼吸困难，眼睛刺痛，流泪不止。伦敦医院由于呼吸道疾病患者剧增而一时爆满，伦敦城内到处都可以听到咳嗽声。仅仅4天时间，死亡人数达4000多人。2个月后，又有8000多人陆续丧生。这就是骇人听闻的“伦敦烟雾事件”。

在硫酸型烟雾的形成过程中，SO_2 转变为 SO_3 的氧化反应主要靠雾滴中锰、铁及氨的催化作用而加速完成。当然 SO_2 的氧化速度还会受到其他污染物、温度以及光强等因素的影响。硫酸型烟雾的显著特点就是还原性。二氧化硫易溶于水，当其通过鼻腔、气管、支气管时，多被管腔内膜水分吸收阻留，变成亚硫酸、硫酸和硫酸盐，使刺激作用增强。高浓度工业烟雾使人呼吸困难。二氧化硫和悬浮颗粒物一起进入人体，气溶胶微粒能把二氧化硫带到肺深部，使毒性增加3~4倍。此外，当悬浮颗粒物中含有三氧化二铁等金属成分时，可以催化二氧化硫氧化成酸雾，吸附在微粒的表面，被带入呼吸道深部。硫酸雾的刺激作用比二氧化硫强约10倍，可见二氧化硫和悬浮颗粒物的联合毒性作用。二氧化硫进入人体时，血中的维生素便会与之结合，使体内维生素C的平衡失调，从而影响新陈代谢。二氧化硫还能抑制和破坏或激活某些酶的活性，使糖和蛋白质的代谢发生紊乱，从而影响肌体的生长发育。动物实验证明，$10mg/m^3$ 的二氧化硫可加强致癌物苯并芘的致癌作用。在二氧化硫和苯并芘的联合作用下，动物肺癌的发病率高于单个致癌因子的发病率。

4.2.5.2 氮氧化物

A 大气中氮氧化物来源

天然排放的 NO_x，主要来自土壤和海洋中有机物的分解，属于自然界的氮循环过程。土壤及海洋中微生物对硝酸盐的分解如下式：

$$NO_3^- \xrightarrow{\text{微生物}} NO_2^- \xrightarrow{\text{微生物}} NO$$

氨的生物氧化：

$$2NH_3 + 3O_2 \xrightarrow{\text{微生物}} 2HNO_2 + H_2O$$

以及闪电作用：

$$N_2 + O_2 \longrightarrow 2NO$$

人为活动排放的 NO_x 大部分来自化石燃料的燃烧过程，如火力发电、机动车尾气、柴油机及工业窑炉的排气；也有来自生产、使用硝酸的过程，如氮肥厂、有机中间体厂、有色及黑色金属冶炼厂等。据统计，2005年，我国氮氧化物排放总量超过1900万吨，燃煤电厂排放700万吨，是 NO_x 排放的最大来源；其次是机动车排放的尾气，当汽车行驶时，内燃机燃烧过程的1600℃高温和富氧条件生成了氮氧化物。据统计，2008年，我国机动车保有量达到1.699亿辆。在北京、上海、广州等机动车保有量位于前40名的城市中，约50%的氮氧化物污染来自机动车尾气的排放；深圳市机动车排放的氮氧化物占到了全市排放量的56.4%。而在民用车辆里，其中大型客车和重型货车排放的氮氧化物约占机动车排放氮氧化物总量的70%。采暖燃烧的锅炉也是氮氧化物的一大来源。据统计，在冬季采暖季节，北京大气中的氮氧化物浓度是夏天的10倍，当然，冬季排放的氮氧化物并没有比夏天多10倍，但由于夏天大气氧化性能好，能将氮氧化物快速转化掉。因此，冬季大气的氮氧化物污染问题显得更严重。

在燃烧过程中，按 NO_x 的生成机理分为以下三类：热力型 NO_x、燃料型 NO_x 和快速

型 NO_x。其中燃料型 NO_x 占70%~95%。快速型 NO_x 生成量很少，可以忽略不计。

a 热力型 NO_x

热力型 NO_x 是燃烧时空气中的 N_2 和 O_2 在高温条件下反应生成的 NO_x。其生成机理是由前苏联科学家捷里多维奇提出，按这一机理，热力型 NO_x 生成主要由以下链式反应描述，即

$$O_2 + N \longrightarrow 2O + N$$
$$O + N_2 \longrightarrow NO + N$$
$$N + O_2 \longrightarrow NO + O$$

在高温下总生成式为

$$N_2 + O_2 \longrightarrow 2NO,\ NO + 1/2O_2 \longrightarrow NO_2$$

温度对热力型 NO_x 的生成具有决定性的作用，随着反应温度 T 的升高，其反应速率按指数规律增加。当 $T<1500℃$ 时，NO 的生成量很少，而当 $T>1500℃$ 时，T 每增加100℃，反应速率增大6~7倍，当温度足够高时，热力型 NO_x 占总生成量的20%。除了反应温度外，热力型 NO_x 还和 N_2、O_2 浓度及停留时间有关，也就是说，燃烧设备的过量空气系数和烟气停留时间对热力型 NO_x 的生成也有较大的影响。因此，要降低热力型 NO_x 的生成，需要降低燃烧温度，避免产生局部高温区，缩短烟气在炉内高温区的停留时间和降低烟气中 O_2 的浓度。

b 燃料型 NO_x

燃料型 NO_x 是指燃料中的氮的有机化合物，在燃料中的含量一般在0.5%~2.5%，在燃烧过程中易被氧化而生成的氮的氧化物。燃料中氮的化合物中氮是以原子状态与各种碳氢化合物结合的，形成氮的环状或链状结构，如石油中的吡啶（C_5H_5N）、哌啶（$C_5H_{11}N$）、喹啉（C_9H_7N）和煤中的链状和环状含氮化合物，燃烧过程中易被氧化为 NO_x 原因是，与空气中氮相比，C—N 键能一般为60~150cal/mol，其结合键能量较小，因而这些有机化合物中的原子氮较容易分解出来，使氮原子的生成量大大增加，燃烧氧化后生成大量的NO。就煤而言，燃料氮向 NO_x 转化过程大致有三个阶段：首先是有机氮化合物随挥发分析出一部分，其次是挥发分中氮化合物燃烧，最后是炭骸中有机氮燃烧。燃料型 NO_x 的生成机理和还原过程非常复杂，它们有多种可能的反应途径。燃料型 NO_x 不仅和燃料的特性、结构、挥发分氮的比例有关，而且还和燃烧条件密切相关。

c 快速型 NO_x

快速型 NO_x 主要是燃料中碳氢化合物在燃料浓度较高的区域燃烧时所产生的烃与空气中的 N_2 反应，形成的CN和HCN等化合物继续被氧化而生成的 NO_x，在燃煤锅炉中，其生成量很小，一般在燃用不含氮的碳氢燃料时才予以考虑。

在燃料的燃烧过程中，NO_x 的生成量和排放量与燃烧方式、燃烧温度、过量空气系数以及烟气在炉膛停留时间等因素密切相关。

B 氮氧化物在大气中的化学转化

NO毒性不太大，但进入大气后可被缓慢地氧化成 NO_2，当大气中有 O_3 等强氧化剂存在时，或在催化剂作用下，其氧化速度会加快。NO_2 的毒性约为NO的5倍。NO_x 对环境的损害作用极大，它既是形成酸雨的主要物质之一，也是形成大气中光化学烟雾的重要

物质和消耗臭氧的一个重要因子。

a NO 的氧化

NO 是燃烧过程中直接向大气排放的污染物。在空气中 NO 可被许多氧化剂（O_2、O_3 和自由基）氧化。

如直接与氧发生反应：

$$NO + O_2 \longrightarrow NO_2$$

O_3 为氧化剂，当空气中 O_3 约为 $30\mu L/m^3$，少量 NO 在 1min 内全部被氧化，其氧化反应过程如下：

$$NO + O_3 \longrightarrow NO_2 + O_2$$

被空气中光解形成的 $RO_2\cdot$、$HO_2\cdot$ 等自由基氧化，反应式如下：

$$NO + RO_2\cdot \longrightarrow NO_2 + RO\cdot$$

$$HO_2\cdot + NO \longrightarrow HO\cdot + NO_2$$

NO 被氧化成 NO_2，同时 HO 还得到复原，因而此反应甚为重要。这类反应速度很快，能与 O_3 氧化反应竞争。在光化学烟雾形成过程中，由于 HO 引发了烃类化合物的链式反应，而使得 $RO_2\cdot$、$HO_2\cdot$ 数量大增，从而迅速地将 NO 氧化成 NO_2。这样就使得 O_3 得以积累，以至于成为光化学烟雾的重要产物。

HO 和 RO· 也可与 NO 直接反应生成亚硝酸或亚硝酸酯：

$$HO\cdot + NO \longrightarrow HNO_2$$

$$RO\cdot + NO \longrightarrow RONO$$

HNO_2 和 RONO 都极易光解。

b NO_2 的转化

NO_2 可以引发大气中生成 O_3 的反应。NO_2 经光离解而产生活泼的氧原子，氧原子与空气中的 O_2 结合生成 O_3。O_3 又可把 NO 氧化成 NO_2，因而 NO、NO_2 与 O_3 之间存在着的化学循环是大气光化学过程的基础，也是光化学烟雾形成的起始反应

当阳光照射到含有 NO 和 NO_2 的空气时，便有如下基本反应发生。

$$NO_2 + h\nu \longrightarrow NO + O$$

$$O + O_2 + M \longrightarrow O_3 + M$$

$$O_3 + NO \longrightarrow NO_2 + O_2$$

在大气中无其他反应干预下，O_3 的浓度取决于 $[NO_2]/[NO]$。

此外，NO_2 能与一系列自由基，如 HO·、O·、$HO_2\cdot$、$RO_2\cdot$ 和 RO· 等反应，也能与 O_3 和 NO_3 反应。其中比较重要的是与 HO·、NO_3 以及 O_3 的反应。

NO_2 与 HO· 反应可生成 HNO_3：

$$NO_2 + HO\cdot \longrightarrow HNO_3$$

此反应是大气中 HNO_3 的主要来源，同时也对酸雨和酸雾的形成起着重要作用。白天大气中 HO· 浓度较夜间高，因而这一反应在白天会有效地进行。所产生的 HNO_3 与 HNO_2 不同，它在大气中光解得很慢，沉降是它在大气中的主要去除过程。NO_2 也可与 O_3 反应：

$$NO_2 + O_3 \longrightarrow NO_3 + O_2$$

此反应在对流层中也是很重要的，尤其是在 NO_2 和 O_3 浓度都较高时，它是大气中

NO_3 的主要来源。NO_3 可与 NO_2 进一步反应：

$$NO_2 + NO_3 \rightleftharpoons N_2O_5$$

这是一个可逆反应，生成的 N_2O_5 又可分解为 NO_2 和 NO_3。当夜间 HO · 和 NO 浓度不高，而 O_3 有一定浓度时，NO_2 会被 O_3 氧化生成 NO_3，随后进一步发生如上反应而生成 N_2O_5。

C　NO_x 污染危害

a　腐蚀作用

氮氧化物遇到水或水蒸气后能生成一种酸性物质，对绝大多数金属和有机物均产生腐蚀性破坏。它还会灼伤人和其他活体组织，使活体组织中的水分遭到破坏，产生腐蚀性化学变化。

b　对人体的毒害作用

氮氧化物和血液中的血色素结合，使血液缺氧，引起中枢神经麻痹。吸入气管中会产生硝酸，破坏血液中血红蛋白，降低血液输氧能力，造成严重缺氧。而且据研究发现，在二氧化氮污染区内，人的呼吸机能下降，尤其氮氧化物中的二氧化氮可引起咳嗽和咽喉痛，如果再加上二氧化硫的影响，会加重支气管炎、哮喘病和肺气肿，这使得呼吸器官发病率增高。与碳氢化合物经太阳紫外线照射，会生成一种有毒的气体叫光化学烟雾。这些光化学烟雾，能使人的眼睛红痛，视力减弱，呼吸紧张，头痛，胸痛，全身麻痹，肺水肿，甚至死亡。

c　对植物的危害

一氧化氮不会引起植物叶片斑害，但能抑制植物的光合作用。而植物叶片气孔吸收溶解二氧化氮，就会造成叶脉坏死，从而影响植物的生长和发育，降低产量。如长期处于 2~3μL/L 的高浓度下，就会使植物产生急性受害。

d　对环境的污染

进入到平流层的氮氧化物与臭氧分子反应，破坏臭氧层，导致大气中臭氧含量降低，从而减弱对紫外线辐射的屏蔽作用，而紫外线辐射量的增加会降低人体的免疫系统功能。

4.2.5.3　碳氧化物

A　碳氧化物的性质与来源

碳氧化物主要有两种物质，即 CO 和 CO_2。CO 是无色、无臭的有毒气体。CO 在一定条件下，可以转变为 CO_2，然而其转变速率很低。CO_2 是无毒气体，但是由于大量矿物燃料燃烧，产生的 CO_2 破坏原有碳循环，使得大气温室效应的不断加剧导致全球气候变暖，产生一系列当今科学不可预测的全球性气候问题。

CO 的人为来源主要是燃料不完全燃烧，80%由汽车排出，此外还有森林火灾、农业废弃物焚烧。天然源主要为甲烷转化、海水中 CO 挥发、植物排放物转化、植物叶绿素的光解等。CO 全球性人为源和天然源排放量估算见表 4-3。

表 4-3　CO 全球性人为源和天然源排放量估算

排放源	估计排放量/$t \cdot a^{-1}$
天然源 CH_4 氧化	50×10^5 ~ 5000×10^5
天然有机烃类的转化	50×10^5 ~ 1300×10^5

续表 4-3

排放源	估计排放量/t·a^{-1}
海洋中微生物活动	20×10^5 ~ 200×10^5
植物排放	20×10^5 ~ 200×10^5
总　量	150×10^5 ~ 6700×10^5
人为源化石燃料的燃烧	250×10^5 ~ 1000×10^5
森林火灾	10×10^5 ~ 60×10^5
总　量	260×10^5 ~ 1060×10^5

凡含碳的物质燃烧不完全时，都可产生 CO 气体。在工业生产中接触 CO 的作业不下 70 余种，如冶金工业中炼焦、炼铁、锻冶、铸造和热处理的生产；化学工业中合成氨、丙酮、光气、甲醇的生产；矿井放炮、煤矿瓦斯爆炸事故；碳素石墨电极制造；内燃机试车；以及生产金属羰化物如羰基镍［$Ni(CO)_4$］、羰基铁［$Fe(CO)_5$］等过程，或生产使用含 CO 的可燃气体（如水煤气含 CO 达 40%，高炉与发生炉煤气中含 30%，煤气含 5%~15%），都可能接触 CO。炸药或火药爆炸后的气体含 CO 30%~60%。使用柴油、汽油的内燃机废气中也含 CO 1%~8%。

B　碳氧化物在大气的迁移转化

CO 是含碳燃料燃烧过程中生成的一种中间产物，是碳氢燃料燃烧过程中基本反应之一，它的生成机理为

$$RH \longrightarrow R \longrightarrow RO_2 \longrightarrow RCHO \longrightarrow RCO \longrightarrow CO$$

CO 是不完全燃烧的产物之一。若能组织良好的燃烧过程，即具备充足的氧气、充分的混合，足够高的温度和较长的滞留时间，中间产物 CO 最终会燃烧完毕，生成 CO_2 和 H_2O。

进入到大气中 CO 可参与光化学烟雾的形成以及转化成 CO_2，从而影响全球性的气候变化。或者被土壤吸收、溶于水、向上扩散迁移至平流层，使得 CO 在大气中的停留缩短。

大气中的二氧化碳大约 20 年可完全更新一次，进入到大气中 CO_2 主要靠植物吸收转化为碳水化合物，其次大气中的二氧化碳不断与海洋表层进行着交换，从而使得大气与海洋表层之间迅速达到平衡。由于人类活动导致的碳排放中 30%~50%将被海洋吸收，但海洋缓冲大气中二氧化碳浓度变化的能力不是无限的，这种能力的大小取决于岩石侵蚀所能形成的阳离子数量。由于人类活动导致的碳排放的速率比阳离子的提供速率大几个数量级，因此，在千年尺度上，随着大气中二氧化碳浓度的不断上升，海洋吸收二氧化碳的能力将不可避免地会逐渐降低。

C　碳氧化主要污染及危害

CO 之所以可能对人体的安全性造成危害，主要是由于 CO 对血红蛋白的亲和力较 O_2 高约 240 倍，形成碳氧血红蛋白，使血红蛋白丧失携氧的能力和作用，造成组织窒息，严重时死亡。一氧化碳对全身的组织细胞均有毒性作用，尤其对大脑皮质的影响最为严重。急性一氧化碳中毒是我国发病和死亡人数最多的急性职业中毒。CO 也是许多国家引起意

外生活性中毒中致死人数最多的毒物。急性CO中毒的发生与接触CO的浓度及时间有关。我国车间空气中CO的最高容许浓度为$30mg/m^3$。有资料证明，吸入空气中CO浓度为$240mg/m^3$共3h，血红蛋白（Hb）中碳氧血红蛋白（COHb）可超过10%；CO浓度达292.5mg/m时，可使人产生严重的头痛、眩晕等症状，COHb可增高至25%；CO浓度达到$1170mg/m^3$时，吸入超过60min可使人发生昏迷，COHb约高至60%。CO浓度达到$11700mg/m^3$时，数分钟内可使人死亡。

大气对流层中的一氧化碳本底浓度为0.1~2μL/L，这种含量对人体无害，一般来讲健康的成年人COHb的浓度小5%时，并不会造成身体不适。长时间接触低浓度的一氧化碳是否会造成慢性中毒，目前有两种看法：一种认为在血液中形成的碳氧血红蛋白可以逐渐解离，只要脱离接触，一氧化碳的毒作用即可逐渐消除，因而不存在一氧化碳的慢性中毒；另一种认为接触低浓度的一氧化碳能引起慢性中毒。近年来，许多动物实验和流行病学调查都证明，长期接触低浓度一氧化碳对健康是有影响的，主要表现在：（1）对心血管系统的影响。（2）对神经系统的影响。脑是人体内耗氧最多的器官，也是对缺氧最敏感的器官。动物实验表明，脑组织对一氧化碳的吸收能力明显高于心、肺、肝、肾等。一氧化碳进入人体后，大脑皮层和苍白球受害最为严重。缺氧还会引起细胞呼吸内窒息，发生软化和坏死，出现视野缩小，听力丧失等。（3）造成低氧血症。出现红细胞、血红蛋白等代偿性增加，其症状与缺氧引起的病理变化相似。（4）对后代的影响。通过对吸烟和非吸烟孕妇的观察，吸烟孕妇的胎儿，有出生时体重小和智力发育迟缓的趋向。

4.2.5.4 碳氢化合物

碳氢化合物包括脂肪族烃、脂环烃、芳香烃。脂肪族烃包括烷、烯、炔烃，在常温下随碳原子多少而呈气态、液态和固态。目前污染大气的碳氢化合物主要是由于应用石油和天然气作燃料和工业原料造成的。因此，炼油厂、石油化工厂、以油（气）为燃料的电厂或工业锅炉、汽油机车、柴油机车等是碳氢化合物的重要污染源。

碳氢化合物是形成光化学烟雾的主要成分。在活泼的氧化物如原子氧、臭氧、氢氧基等自由基的作用下，碳氢化合物将发生一系列链式反应，生成一系列的化合物，如醛、酮、烷、烯以及重要的中间产物——自由基。自由基进一步促进NO向NO_2转化，造成光化学烟雾的重要二次污染物——臭氧、醛、过氧乙酰硝酸酯（PAN)。

多环芳烃中有不少物质被认为是致癌物质，经研究和动物试验表明，这些物质中苯并(a)芘是强致癌物质。

4.2.5.5 含卤素化合物

大气中以气态存在的含卤素化合物大致可分为以下三类：卤代烃、其他含氯化合物和氟化物。

A 卤代烃

大气中卤代烃包括卤代脂肪烃和卤代芳烃。其中一些高级的卤代烃，如有机氯农药DDT、六六六，以及多氯联苯（PCB）等以气溶胶形式存在，2个碳原子以下的卤代烃呈气态。卤代烃的主要人为源如三氯甲烷（$CHCl_3$）、二氯乙烷（CH_3CHCl_2）、四氯化碳（CCl_4）、氯乙烯（C_2H_3Cl）、氯氟甲烷（CFM）等是重要的化学溶剂，也是有机合成工业的重要原料和中间体。在生产和使用过程中因挥发而进入大气。海洋也会排放一定量三氯甲烷。

B　其他含氯化合物

大气中含氯的无机物主要是氯气（Cl_2）和氯化氢（HCl）。氯气（Cl_2）主要由化工厂、塑料厂、自来水净化厂等产生，火山活动也排放一定量的Cl_2。氯化氢主要来自盐酸制造等。其环境本底为1.3~5μL/m^3（太平洋上空）。氯化氢在空气中可形成盐酸雾；除硫酸和硝酸外，盐酸也是构成酸雨的成分。

C　含氟废气

主要是指含HF和SiF_4的废气。主要来源于炼铝工业、钢铁工业以及黄磷、磷肥和氟塑料生产等化工过程。氟化氢是无色有强烈刺激性和腐蚀性的有毒气体，极易溶于水，还能溶于醇和醚，四氟化硅是无色的窒息性气体，遇水分解为硅酸和氟硅酸。氟化氢对人的呼吸器官和眼结膜有强烈的刺激性，长期吸入低浓度的HF会引起慢性中毒。目前在氟污染地区，氟对人体健康的危害通常以植物为中间介质，即植物吸收大气中氟并在体内积累，然后通过食物链进入人体产生危害，最典型的是引起牙齿酸蚀的“斑釉齿症”和使骨骼中钙的代谢紊乱的“氟沉着症”。

4.3　典型大气环境问题

4.3.1　全球气候变暖问题

全球气候变暖是由于温室效应不断积累，导致地气系统吸收与发射的能量不平衡，能量不断在地气系统累积，从而导致温度上升，是最典型的全球尺度的环境问题。

4.3.1.1　全球气温的变化

随着人类活动的加剧，大量温室气体排放造成地球气温不断增高。根据联合国环境规划署提供的资料，全球气温由1880年至今上升0.75℃，如图4-2所示。

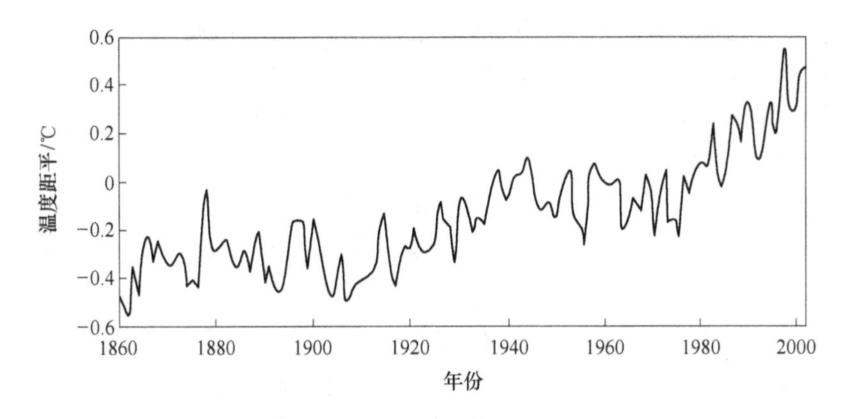

图4-2　全球平均气温变化图

近一百年来，全球气温上升趋势明显；全球气温的变化不呈直进式，而是呈现冷暖交替的波动。19世纪末，全球平均气温为14.25℃，目前已达15℃，若按目前趋势发展，到2040年，地球平均温度可能上升到17~18℃，到21世纪末将达22~23℃。

在中国，根据徐家汇观象站1873~2007年的135年资料显示，上海年平均气温的升温率为每100年上升1.43℃，显著高于全球平均气温升温率的每100年0.74℃，接近其2倍，而近年来，上海年平均气温每10年就会上升0.87℃。不过，在这百年多的时间里，不同时段的升温率差别很大，1905~1945年和1980~2007年这两个时段增温最为明显，尤其是1994年以来，上海连续14年年平均气温都高于135年的综合年平均气温18.5℃，2007年更是成为有监测记录以来上海最热的一年，该年的年均气温达到了20.76℃。同时科学家研究发现，如果气温上升2℃或3℃，地球将发生不可逆转的破坏性变化，因此地球变暖将给人类带来灾难性的危机。

4.3.1.2　温室效应和温室气体

全球大气层和地表系统就如同一个巨大“玻璃温室”，使地表始终维持着一定的温度，产生了适于人类和其他生物生存的环境。在这一系统中，大气既能让太阳辐射透过而达到地面，又能阻止地面辐射的散失，把大气对地面的这种保护作用称为大气的温室效应。造成温室效应的气体称为“温室气体”，它们对太阳短波辐射可见光（3.8~7.6nm，波长较短）具有高度的穿透性，而对地球反射出来的长波辐射（如红外线）具有高度的吸收性。H_2O和大气中早已存在的CO_2是天然的温室气体。正是在它们的作用下，才形成了对地球生物最适宜的环境温度，从而使得生命能够在地球上生存和繁衍，假如没有大气层和这些天然的温室气体，地球的表面温度将比现在低33℃，人类和大多数动植物将面临生存危机。

近百年来全球的气候正在逐渐变暖，主要原因是由于人类在自身发展过程中对能源的过度使用和自然资源的过度开发，造成大气中温室气体的浓度以极快的速度增长所致。地球的大气中的温室气体包括自然温室气体和人造温室气体。自然温室气体包括水汽（H_2O），水汽所产生的温室效应占整体温室效应的60%~70%，其次是二氧化碳（CO_2），大约占26%，其他还有臭氧（O_3）、甲烷（CH_4）、氧化亚氮（N_2O）；人造温室气体主要有氯氟碳化物（CFCs）、全氟碳化物（PFCs）、氢氟碳化物（HFCs）、含氯氟烃（HCFCs）及六氟化硫（SF_6）等。《京都议定书》选定二氧化碳（CO_2）、甲烷（CH_4）、氧化亚氮（又称笑气，N_2O）及人造温室气体氢氟碳化物（HFCs）、全氟碳化物（PFCs）、六氟化硫（SF_6）六种气体作为需要降低排放的温室气体。

A　二氧化碳（CO_2）

CO_2吸收的红外光线的波长分布在1200nm以上和850nm以下的范围，CO_2对红外光线的波长1200~1630nm，有强烈吸收。自然界中CO_2含量丰富，为大气组成的一部分，是生态系统物质循环的必要条件，大气里含二氧化碳为0.03%~0.04%（体积比）。CO_2的自然源主要来自动物的新陈代谢，所有动物在呼吸过程中，都要吸氧气吐出CO_2；有机物（包括动植物）在分解、发酵、腐烂、变质的过程中都可释放出CO_2。而与其平衡的过程即绿色植物吸收CO_2释放出氧气，进行光合作用，就是这样，CO_2气体，在自然生态平衡中，进行无声无息的循环。CO_2的人为源主要来自矿物燃料燃烧。工业革命后，大量矿物燃料开采使用，打破CO_2自然生态平衡。据世界银行发布报告，2003年全球二氧化碳排放已比1990年高出16%，1960年时，低中收入国家仅占世界排放量1/3，而现在中国在1990~2003年间排放总量增加73%，印度排放总量增加88%，美国和日本排放总量增加20%和15%，欧盟国家排放总量仅增加3%。因此排放主要来自工业化国家和快速发展中国家，在中国和印度，化石燃料用于发电占世界发电量66%；在中东，化石燃料用于发电占93%，东亚和南亚占82%，拉美和加勒比海地区占38%。工业化以前全球年均大气二氧化碳浓度为278μL/L，而2012年全球年均大气二氧化碳浓度为393.1μL/L，到2014年4月，北半球大气中月均二氧化碳浓度首次超过400μL/L。随着CO_2排放剧增，CO_2对温室效应的贡献率也在不断升高，占到温室气体贡献量的60%。

B 甲烷CH_4

甲烷分子是天然气的主要成分，是一种洁净的能源气体，同时它也是大气中一种重要的温室气体。其吸收红外线的能力是二氧化碳的26倍左右，其温室效应要比二氧化碳高出22倍，占整个温室气体贡献量的15%。甲烷是由厌氧细菌在缺氧条件下产生的，如在天然湿地生态系统、稻田、厌氧的牲畜瘤胃、白蚁与其他噬木昆虫的内脏中都会产生的CH_4，每年排入大气的数量为4亿~6亿吨。天然湿地生态系统是甲烷的一大来源，年排放量在1亿~1.5亿吨。湿地的甲烷排放量多少决定于土壤与空气温度、土壤湿度、有机物的数量与成分。有机物富集的北极与北方湿地是产生甲烷的重要来源，约占全球天然湿地总排放量的一半。水稻田也可产生甲烷，年排放量在3500万~17000万吨。家畜年产甲烷约7400万吨，白蚁年产甲烷1500万~15000万吨。分析冰核表明，1850年前大气中甲烷浓度为0.7μL/L。1977年1.52μL/L，1985年达到1.7μL/L，当今空气中的含量约为2μL/L。自1960年起大气中甲烷每年增长1.0%左右。估计到2030年大气中甲烷浓度将达到2.34μL/L。另有估计到2050年全球大气中甲烷将达3.15~7.45μL/L。

C 氧化亚氮（N_2O）

氧化亚氮（N_2O）的天然排放源是土壤和水中的微生物作用。人类活动如化肥、燃料的使用，会增加其排放量。N_2O的年总排放量约为3000万吨，其中四分之一是人为排放的。N_2O的主要消失途径是在平流层中与自由基反应。在大气层中的存在寿命是150年左右，监测大气中N_2O结果表明，其浓度在1970年为0.289μL/L，并正以每年0.2%~0.3%的速度增长，1985年的浓度为0.304μL/L。估计化肥造成的N_2O排放量每年为600~2300t氮，仅从扩大耕地，每年即排出200~600t氮。另一项估计称，到2030年大气中N_2O会达到0.375μL/L，到2050年达到0.392~0.446μL/L。

D 氢氟碳化物（HFCs）、六氟化硫（SF_6）、全氟碳化物（PFCs）

氢氟碳化物（HFCs）、六氟化硫（SF_6）、全氟碳化物（PFCs）多用于替代蒙特利尔议定书中列出的破坏臭氧层物质（ODS：氟氯碳化物（CFCs）HFCs、PFCs），相关用途包括冰箱空调冷媒、灭火剂、气胶、清洗溶剂、发泡剂等；而SF_6则有用于绝缘气体、灭火剂等。这三种气体的吸热能力远远大于原本自然界存在的温室气体，如果CO_2的吸热能力为1的话，氢氟碳化物（HFCs）为1140~11700，全氟碳化物（PFCs）为6500~9200，六氟化硫（SF_6）为23900，虽然目前这三种气体在大气中的含量很低，如果不加控制发展下去，少量的气体就能产生巨大的温室效应，而且这些人造气体在自然界的分解周期非常长，对环境的影响也会持续很长时间。

为了评价各种温室气体对气候变化影响的相对能力，人们采用了一个被称为“全球变暖潜势”（global warming potential，GWP）的参数，如表4-4所示。

表4-4 部分温室气体“全球变暖潜势”参数

种类	大气寿命/a	GWP（时间尺度）		
		20a	100a	500a
CO_2	可变	1	1	1
CH_4	12±3	56	21	6.5
N_2O	120	280	310	170
CH_3	264	9100	11700	9800
HFC-152a	1.5	460	140	42
HFC-143a	48.3	5000	3800	1400
SF_6	3200	16300	23900	3490

GWP从分子角度评价每种温室气体对温室效应的影响比重。包括分子吸收与保持热量的能力，以及能在自然环境中存在多久而不被破坏或分解，即大气存留时间。通常，由于自然的分解破坏机制，已有温室气体在大气中的浓度是逐年降低的，并且温室效应能力也一并减弱。然而某些CFC家族气体，大气存留时间相当长，并且有可能100年GWP值高于20年GWP。六种温室气体中，一般以二氧化碳的GWP值为1，其余气体与二氧化碳的比值作为该气体GWP值。其余温室气体的GWP值一般远大于二氧化碳，但由于它们在空气中含量少，CO_2在大气中的含量最高，所以CO_2仍然是削减与控制的重点。

4.3.1.3 全球变暖对人类的影响

全球变暖将给地球和人类带来复杂的潜在的影响，既有正面的，也有负面的。例如随着温度的升高，副极地地区也许将更适合人类居住；在适当的条件下，较高的二氧化碳浓度能够促进光合作用，从而使植物具有更高的固碳速率，导致植物生长的增加，即二氧化碳的增产效应，这是全球变暖的正面影响。但是与正面影响相比，全球变暖对人类活动的负面影响将更为巨大和深远。据报道，由于气候变暖的影响，珠穆朗玛峰的顶峰下降了1.3m。祁连山冰川缩减危及河西走廊，近年来，祁连山冰川由于融化，比20世纪70年代减少了大约10亿立方米，冰川局部地区的雪线正以年均2~2.6m的速度上升。全球变暖可能造成的影响主要表现如下。

A 海平面上升的影响

全球气候变暖、极地冰川融化、上层海水变热膨胀等原因引起的全球性海平面上升现象。研究表明，近百年来全球海平面已上升了10~20cm，并且未来还要加速上升。对人类的生存和经济发展是一种缓慢的自然灾害。使沿海地区的风暴潮发生更为频繁，洪涝灾害加剧，减弱沿岸防护堤坝的能力，迫使设计者提高工程设计标准，增加工程项目经费投入等。英国官方公布的统计数据，在过去的20年中，由于泰晤士河的水位随全球变暖而升高，当地政府机构不得不先后88次加高防洪堤坝，以保障伦敦人的生命财产安全，人们现在平均每年4次加高其堤坝。据估计，在2030年以前，其加高堤坝的频率会达到每年30次；海平面上升还会使沿海低地和海岸受到侵蚀，海岸后退，滨海地区用水受到污染，农田盐碱化，破坏生态平衡，也会使旅游业受到危害，如海平面上升，我国大连、秦皇岛、青岛、北海、三亚滨海旅游区向后退造成沙滩损失。如海平面进一步上升还将会使经济发达、人口稠密的沿海地区被海水吞没，如马尔代夫、塞舌尔等低洼岛国将从地面上消失，上海、威尼斯、香港、里约热内卢、东京、曼谷、纽约等海滨大城市以及孟加拉国、荷兰、埃及等国也将难逃厄运。

B 气候带移动

气候带移动又会使温度带和降水带发生移动。全球变暖会引起温度带的北移，一般说来，在北纬20°~80°之间，每隔10个纬度温度相差7℃，但不同纬度地区增暖幅度是不一样的，低纬地区增暖幅度小，温度带移动幅度也小，中纬度地区增暖幅度大，温度带北移也较大。温度带移动会使大气运动发生相应的变化，全球降水也会将改变。一般来说，低纬度地区现有雨带的降水量会增加，高纬度地区冬季降雪也会增多，而中纬度地区夏季降水将会减少，气候带的移动还会引起一系列的环境变化。对于大多数干旱、半干旱地区，降水的增多可以获得更多的水资源，这是十分有益的。但是，对于低纬度热带多雨地区，则面临着洪涝威胁。而对于降水减少的地区，如北美洲中部、中国西北内陆地区等，则会因为夏季雨量的减少，变得更干旱，造成供水紧张，严重威胁这些地区的工农业生产和人们的日常生活。气候带移动引起的生态系统改变也是不容忽视的，据估计，气候变暖将使森林所占土地面积从现在的58%减到47%，荒漠将从21%扩展到24%；另外，草原将从18%增加到29%，苔原将从3%减到零。气候变暖对农业的影响可以说有利也有弊。虽然变暖会使高纬度地区生长季节延长，有些干旱、半干旱地区降雨可能增多，CO_2 的增多能促进作物生长，但是，作物分布区向高纬度移动，有时可能移到现在土壤贫瘠的地区。再有对于生产力水平低，粮食储备少的国家，其农业生产系统对气候变化敏感性大，如果气温升高而降水不增加或增加很少，则有可能使干旱加剧，连续长时间的干旱势必对这些国家造成严重灾害。另外，高温闷热天气也会使病虫害变得更严重。

C 对生态系统影响

气候是决定生物群落分布的主要因素，气候变化能改变一个地区不同物种的适应性并能改变生态系统内部不同种群的竞争力。自然界的动植物，尤其是植物群落，可能因无法适应全球变暖的速度而做适应性转移，从而惨遭厄运。以往的气候变化（如冰期）曾使许多物种消失，未来的气候将使一些地区的某些物种消失，而有些物种则从气候变暖中得到益处，它们的栖息地可能增加，竞争对手和天敌也可能减少。

D 对人类健康的影响

人类健康取决于良好的生态环境，全球变暖将成为这个世纪人类健康的一个主要因素。极端高温将对人类健康困扰变得更加频繁、更加普遍，主要体现为发病率和死亡率增加，尤其是疟疾、淋巴腺丝虫病、血吸虫病、钩虫病、霍乱、脑膜炎、黑热病、登革热等传染病将危及热带地区和国家，某些目前主要发生在热带地区的疾病可能随着气候变暖向中纬度地区传播。

4.3.1.4 减缓全球变暖的应对措施

针对全球变暖问题，国际社会采取积极的应对措施，从1980年开始，美国就每年拿出2000万美元，用以推进二氧化碳增加引起的温室效应机理研究。1985年世界气象组织和联合国环境规划署在奥地利召开了全球学者和政府官员大会，向全世界呼吁认真对待气候变暖问题，由此引发了一系列国际性的政策措施的制定。1992 年在巴西召开的联合国环境与发展大会上，166 个国家联合签署了《气候变化框架公约》。1997 年 12 月，150 多个联合国气候变化签字国又在日本东京召开了气候会议，最后签署了《京都议定书》，对工业化国家的温室气体的排放规定了削减指标，规定了发达国家应减少 6 种气体的排放，除二氧化碳之外，另外 5 种气体分别为一氧化二碳，甲烷和三种氯化氢等。《京都议定书》规定，到 2010 年，所有发达国家排放的二氧化碳等 6 种温室气体的数量，要比 1990 年减少 5. 2%，对各发达国家来说，从 2008 年到 2012 年必须完成的削减目标是：与 1990 年相比，欧盟削减 8%、美国削减 7%、日本削减 6%、加拿大削减 6%、东欧各国削减 5%~8%。新西兰、俄罗斯和乌克兰则不必削减，可将排放量稳定在 1990 年水平上。议定书同时允许爱尔兰、澳大利亚和挪威的排放量分别比 1990 年增加 10%、8%和 1%。

首先由于使得全球变暖的温室气体，最主要的是 CO_2 气体，因此，控制和减少 CO_2 的排放量是减缓全球变暖的主要途径之一。对于我国减少 CO_2 的排放量具体措施主要有以下几个方面：

（1）能源结构调整。加快能源结构调整，开发、利用低碳、清洁和可再生能源，例如风能、太阳能、潮汐能、核能等，从而降低煤炭消耗比重，摆脱经济发展对煤炭消耗的依赖性，减缓 CO_2 排放量的增加速度。

（2）优化产业结构。优化产业结构主要是降低第二产业在国民经济中的比重，大力发展高新技术产业和现代服务业，增加高附加值行业比重，从而降低工业行业能源消耗量，减少 CO_2 排放量。

（3）先进的能源技术的应用。先进的能源技术包括清洁煤炭开发利用技术、高效能源转化技术、低耗能工艺技术等，通过采取前端总量控制管理、中端循环处理、末端减排控制等措施，减少煤炭消耗量和燃烧后排放的 CO_2 量，从而降低单位 GDP 能源消耗量和单位能源消耗排放的 CO_2 量。

（4）建立低碳型城市。大力倡导低碳消费理念，引导居民消费模式向可持续型、低碳型消费模式转变，提高公众对践行低碳生活方式的认知水平。

因为二氧化碳的主要来自以化石燃料为主要能源的电力生产中，其排放的 CO_2 量约占世界人类排放的所有 CO_2 量的 30%，同时，它也是最大的单点 CO_2 排放源，因此，减缓与控制火力发电厂 CO_2 的排放是重中之重，具体措施可以从下面三个方面考虑：（1）提高电力生产的效率，如采用超高参数的发电机组、联合循环等；（2）促进能源替代，如大力发展可再生能源，发展核电、水电、风电等；（3）直接从火力发电厂的烟气中分离 CO_2，然后对其进行储存或加以利用。第一种方法是首选的，它既节约了能源，降低了发电成本，同时也有效地减少了 CO_2 的排放。但是如果要进一步大量的减少 CO_2 的排放，而又不较大程度地改变当前的能源结构，从目前来看，只能从第三方面寻求方法和技术。

其次是控制甲烷的排放。全球的甲烷气体 2/3 是来自稻田和沼泽。通过采取减少稻田淹灌时间；破坏产生甲烷菌的生存条件等措施，可以减少稻田和沼泽的甲烷气体的排放。

4.3.2 臭氧层破坏问题

臭氧在大气中的含量很少，仅为百万分之一。大气中 90%的臭氧中在 15~35km 范围的平流层中，因而这部分平流层被称为“臭氧层”。臭氧层破坏是指臭氧密集层中臭氧被损耗、破坏而稀薄的现象，科学家们形象地将之称为“臭氧空洞”。即臭氧的浓度较臭氧洞发生前减少超过30%的区域。臭氧洞用三维结构来描述，臭氧洞的面积、深度以及延续的时间。“臭氧空洞”如图 4-3 所示。

图 4-3 “臭氧空洞”

1984 年，英国科学家首次公布，南极上空臭氧层臭氧含量减少 50%左右这一事实。1985 年美国“雨云-7”号气象卫星测到了这个“洞”的面积与美国领土相当，深度相当于珠穆朗玛峰的高度。1998 年这个“洞”的面积达到了 2724 万平方公里，几乎相当于三个澳大利亚。从发生的时间上看，1995 年观察到的臭氧洞发生时间是 77 天，1996 年观察到的臭氧洞发生时间是 80 天，1997 年观察到的臭氧洞发生时间是 100 天，是南极臭氧空洞发现以来的最长纪录。臭氧层发生的损耗不只发生在南极，在北极上空和其他地区也有发生。北极地区在 1~2 月期间，16~20 公里高度的臭氧损耗约为正常浓度的 10%，北纬 60°~70°范围的臭氧浓度的破坏为 5%~8%。根据对全球臭氧层的观察结果，除赤道地区外，臭氧浓度的减少在全球范围内发生，臭氧总浓度的减少情况随纬度的不同而有差异，从低纬度到高纬度臭氧的损耗加剧，1978~1991 年间每十年的总的臭氧减少率为 1%~5%。据我国昆明、北京臭氧观察站观察，我国华南地区减少了 3.1%，华北、华东减少了 1.7%，东北减少了 3%，昆明上空臭氧平均减少了 1.5%北京减少了 5%。各种监测结果表明，大气层中的臭氧正在日益减少，人们需要积极行动起来，研究如何拯救臭氧层。

4.3.2.1 臭氧的自然平衡过程

平流层中臭氧的产生和消耗与太阳辐射有关，但参与的波段不同。在紫外线的作用下，O_2 分子首先离解出 O 原子，然后再结合形成 O_3，反应式为

$$O_2 \longrightarrow 2O\cdot\ (\lambda \leqslant 243\text{nm})$$

$$2O\cdot + 2O_2 + M \longrightarrow 2O_3 + M$$

总反应：

$$3O_2 + (h\nu) \longrightarrow 2O_3$$

太阳辐射使臭氧经过一系列的反应又重新转化为分子氧：

$$2O_3 \longrightarrow 2O_2 + O\cdot\ (210\text{nm} < \lambda < 290\text{nm})$$

在正常情况下，平流层中的臭氧处于一种动态平衡，即在同一时间里，太阳光使分子

分解而生成臭氧的数量与经过一系列反应重新转化成分子氧所消耗的臭氧的量相等。均匀分布在平流层中的臭氧能不断吸收太阳紫外辐射，从而有效地保护了地球上的万物生灵。

4.3.2.2 臭氧层破坏的机制

在平流层内存在着 O、O_2 和 O_3 的平衡，而 O_3 与氮氧化物、氯、溴及其他各种活性基团的作用会破坏这种平衡。多数科学家认为，人类过多使用氟氯烃（用 CFCs 表示）类物质是臭氧层破坏的一个主要原因。其耗竭臭氧的机理如下：

$$CFCl_3 + h\nu \longrightarrow CFCl_2 + Cl$$

$$CFCl_2 + h\nu \longrightarrow CFCl + Cl$$

$$Cl + O_3 \longrightarrow ClO + O_2$$

$$ClO + O \longrightarrow Cl + O_2$$

$$O_3 + O \longrightarrow 2O_2$$

由上述反应不难看出，臭氧层中 O_3 会不断受到破坏，而 Cl 原子的净耗却为零。只要有少量的 Cl 达到平流层，即可使臭氧不断被消耗。一般认为，一个氯原子以惊人的破坏力可以分解 10 万个臭氧分子，而且寿命长达 75~100 年。

除了氟氯烃（用 CFCs 表示）类物质外，研究发现，核爆炸、航空器发射、超音速飞机将大量的氮氧化物注入平流层中，也会使臭氧浓度下降。NO 对臭氧层破坏作用的机理为

$$O_3 + NO \longrightarrow O_2 + NO_2$$

$$O + NO_2 \longrightarrow O_2 + NO$$

总反应式为

$$O + O_3 \longrightarrow 2O_2$$

上述反应表明，氮氧化物和氟氯烃在臭氧的消耗反应过程中起到了催化作用。

人为消耗臭氧层的物质主要是：广泛用于冰箱和空调制冷、泡沫塑料发泡、电子器件清洗的氟氯烃以及用于特殊场合灭火的溴氟烷烃等化学物质。大气中消耗臭氧层物质及来源见表 4-5。

表 4-5 大气中消耗臭氧层物质及来源

化学物质	来 源
CFC-11	用于火箭的燃料气溶胶、制冷剂、发泡剂及溶剂
CFC-12	
CFC-22	制冷剂
CFC-113	溶剂
甲基氯仿	溶剂
四氯化碳	生产 CFC 及粮食熏烟处理
哈龙 1301	灭火剂
哈龙 1211	
氧化氮	工业活动副产品
二氧化碳	化石型燃料燃烧副产品
甲烷	农业活动及采矿活动副产品

4.3.2.3 臭氧层破坏的危害

A 对人体健康的影响

臭氧层被破坏后，其吸收紫外线的能力大大降低，使得人类接受过量紫外线辐射的机会大大增加了。一方面，过量的紫外线辐射会破坏人的免疫系统，使人的自身免疫系统出现障碍，患呼吸道系统传染性疾病的人数大量增加；另一方面，过量的紫外线辐射会增加皮肤癌的发病率。据统计，全世界范围内每年大约有 10 万人死于皮肤癌，大多数病例与过量紫外线辐射有关。臭氧层的臭氧每损耗 1%，皮肤癌的发病率就会增加 2%。另外，过量紫外线辐射还会诱发各种眼科疾病，如白内障、角膜肿瘤等。据估计平流层臭氧浓度减少 1%，全球白内障的发病率将增加 0.6%~0.8%，全世界由于白内障而引起失明的人数每年将增加 10000~15000 人。

B 对陆地生态系统的危害

实验表明，过量的紫外线辐射会使植物叶片变小，减少了植物进行光合作用的面积，从而影响作物的产量同时，过量紫外线辐射还会影响到部分农作物种子的质量，使农作物更易受杂草和病虫害的损害。一项对大豆的初步研究表明，臭氧层厚度减少 25%，大豆将会减产 20%~25%。

C 对水生生态系统的影响

研究结果表明，紫外线辐射的增加会直接引起浮游植物、浮游动物、幼体鱼类以及整个水生食物链的破坏。由于浮游生物是海洋食物链的基础，浮游生物种类和数量的减少会影响鱼类和贝类生物的产量。科学研究的结果显示，如果平流层臭氧减少了 25%，浮游生物的初级生产力将下降 10%，这将导致水面附近的生物减少 35%。

D 对生物化学循环的影响

植物的初级生产力会降低，枯枝落叶的分解速度加速。

E 对材料的影响

UV-B 的增加加速建筑、喷涂、包装及电线电缆，尤其是高分子材料的降解和老化变质，特别是在热带和阳光充足的地区。

F 对对流层大气组成及其空气质量的影响

平流层臭氧的减少的一个直接结果是使到达底层大气的 UV-B 增加。由于能量很高，将导致对流层大气化学更加活跃。例如 H_2O_2 和 OH 等自由基的浓度增加、城市地区的臭氧超标；大气氧化能力的增加会导致一些气体成分含量成比例的降低。

4.3.2.4 臭氧层的保护

破坏臭氧层的物质主要是 NO_x、CFCs 等，越是工业发达的国家排放的越多。由于保护臭氧层是大家共同的利益，必须全世界同力协作。在国际社会的努力下，1985 年制定了《保护臭氧层维也纳公约》，1987 年出台了《关于消耗臭氧层物质的蒙特利尔议定书》(简称议定书)。《议定书》确立了全球保护臭氧层国际合作框架，对破坏臭氧层的化学物质提出了消减生产和使用的时间限制。《议定书》的主要内容包括：

(1) 规定了受控物质的种类。最初规定的受控物质见表 4-6，有两类共 8 种。第一类为 5 种 CFCs，第二类为 3 种哈龙。

表 4-6 最初规定的受控物质

组　别	物　质	臭氧层破坏系数
第一组	CFC-11	1.0
	CFC-12	1.0
	CFC-113	0.8
	CFC-114	1.0
	CFC-115	0.6
第二组	哈龙 1301	10.0
	哈龙 1211	3.0
	哈龙 2402	6.0

1990 年 6 月在伦敦召开了第二次缔约国会议，提出了现行控制物质生产量及消费量削减的新的时间表，并新增了控制物质及削减时间，见表 4-7。

表 4-7 新增的控制物质

组　别	物　质	臭氧层破坏系数
第一组	CFC-13	1.0
	CFC-111	1.0
	CFC-112	1.0
	CFC-211	1.0
	CFC-213	1.0
	CFC-214	1.0
	CFC-215	1.0
	CFC-216	1.0
	CFC-217	1.0
第二组	四氯化碳	1.1
第三组	1，1，1-三氯乙烷	0.1

（2）规定了控制限额的基准。受控的内容包括受控物质的生产量和消费量，其中消费量是按生产量加进口量并减去出口量计算的。《议定书》规定了生产量和消费量的起始控制限额的基准：发达国家生产量与消费量的起始控制限额以 1986 年的实际发生数为基准；发展中国家（1986 年人均消费量小于 0.3kg 的国家，即所谓的第五条第一款国家）以 1995~1997 年实际发生的三年平均数或每年人均 0.3kg，取其低者为基准。

（3）规定了控制时间。发达国家的开始控制时间，对于第一类受控制物质（CFCs），其消费量自 1989 年 7 月 1 日起，生产量自 1990 年 7 月 1 日起，每年不得超过上述限额基准。1993 年 7 月 1 日起，每年不得超过限额基准的 80%。自 1998 年 7 月 1 日起，每年不得超过限额基准的 50%。对于第二类受控物质（哈龙），其消费量和生产量自 1992 年 1 月 1 日起，每年不得超过限额基准。发展中国家的控制时间表比发达国家相应延迟 10 年。

（4）确定了评估机制。《议定书》规定从 1990 年起，其后至少每 4 年，各缔约方应根据可以取得的科学、环境、技术和经济资料，对规定的控制措施进行一次评估。

《蒙特利尔议定书》至今已经过了多次修正和调整。1991 年中国正式加入《保护臭氧层维也纳公约》和《关于消耗臭氧层物质的蒙特利尔议定书》。1999 年 11 月 29 日，中国隆重承办了第十一届《蒙特利尔议定书》缔约方大会，会议通过了《北京宣言》。175 个国家政府部门、国际组织、工业界和其他有关组织再次重申了实现消耗臭氧层物质淘汰目标的义务。议定书生效以来已经取得了巨大的成功；很多国家在淘汰消耗臭氧层物质的消费量方面，已经取得了巨大的成功。

4.3.3 酸雨问题

酸雨问题早在 19 世纪中叶就在英国发生过，英国是工业革命的发源地，煤炭的大规模的利用和燃烧，造成大气质量恶化和酸雨的产生。20 世纪 50 年代英国人 R. A. Smith 最早观察到酸雨，并且提出酸雨这一概念。酸性物质沉降可以分为干沉降和湿沉降两种途径，酸雨是指 pH 值小于 5.6 的雨雪或其他形式的降水，为酸性沉降中的湿沉降，干沉降指大气中所有酸性物质转移到大地的过程。

4.3.3.1 酸雨发展概况

20 世纪 50~60 年代，瑞典和挪威地区受到来自欧洲中部工业区（英国、法国、德国等国）SO_2 的长距离输送的影响，酸雨问题开始蔓延，最严重的时期，挪威南部约 5000 个湖泊中有 1750 个由于 pH 值过低而使鱼虾绝迹，瑞典的 9 万个湖泊中有 1/5 受到酸雨的侵害。20 世纪 70~80 年代，随着经济快速发展，酸雨范围由北欧扩大至中欧。德国约有 1/3 的森林受到酸雨不同程度的危害；在巴伐利亚每 4 株云杉就有一株死亡；在瑞士，森林受害面积已达 50%以上。在 20 世纪 80 年代初，整个欧洲的降水 pH 值在 4.0~5.0 之间，雨水中硫酸盐含量明显升高，酸雨的危害逐步发展为“区域性”事件。同时，在北美（主要是美国的东部和北部五湖美、加交界区）也形成了大面积的酸雨区，成为美国和加拿大棘手的环境问题。

从 20 世纪 80 年代以来，我国的酸雨污染呈加速发展趋势。在 20 世纪 80 年代，我国的酸雨主要发生在以重庆、贵阳和柳州为代表的高硫煤使用地区及部分长江以南地区。到 20 世纪 90 年代中期，酸雨已发展到青藏高原以东及四川盆地的广大地区。以长沙、赣州、南昌、怀化为代表的华中酸雨区，现在已成为全国酸雨污染最严重的地区，其中心区年均降水 pH 值低于 4.0，酸雨频率高于 90%，已到了几乎“逢雨必酸”的程度。北起青岛、南至厦门，以南京、上海、杭州、福州和厦门为代表的华东沿海地区也成为我国主要的酸雨地区，年均降水 pH 值低于 5.6 的区域面积已占全国面积的 30%左右。当前世界最严重的三大酸雨区是西北欧、北美和中国。

4.3.3.2 酸雨的形成原因

酸雨现象是大气化学过程和大气物理过程的综合效应。大气降水的成分包含有机物、无机盐、光化学反应物、颗粒物等。天然降水本身呈酸性，是因为溶解了二氧化碳。根据二氧化碳的溶解度及其在水中的酸碱平衡常数，可以计算出二氧化碳溶解达到平衡状态时水的 pH 值为 5.6。所以一般将 pH 值 5.6 作为判断水是否被酸碱污染或者降水是否酸化的一个背景值。酸雨中含有多种无机酸和有机酸，其中绝大部分是硫酸和硝酸，一般情况下以硫酸为主。从污染源排放出来 SO_2 和 NO_x 是形成酸雨的主要起始物，其形成过程如图 4-4 所示。

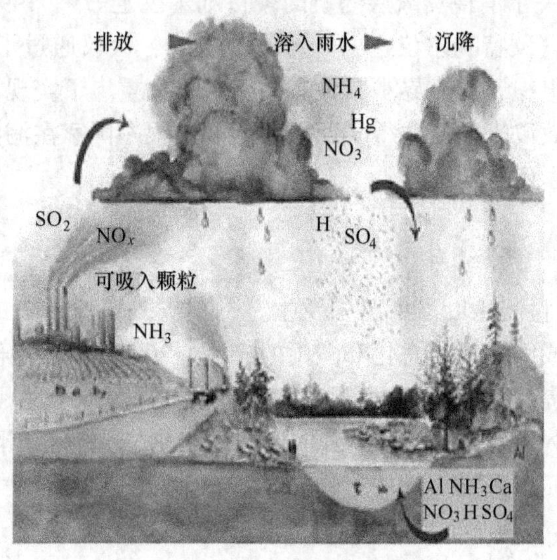

图 4-4 酸雨的形成过程

（1）由污染源排放的气态 SO_2 和 NO_x 经气相反应生成 H_2SO_4、HNO_3 或硫酸盐、硝酸盐气溶胶；

（2）云形成时，SO_4^{2-} 和 NO_3^- 的气溶胶粒子以凝结核的形式进入降水；

（3）云滴吸收了 SO_2 和 NO_x 气体，在水相氧化形成 SO_4^{2-} 和 NO_3^-；

（4）云滴成为雨滴，降落时吸收了含有 SO_4^{2-} 和 NO_3^- 的气溶胶；

（5）雨滴下降时吸收 SO_2 和 NO_x，再在水相中转化成 SO_4^{2-} 和 NO_3^-。

酸雨中的阴离子主要是硝酸根和硫酸根离子，根据两者在酸雨样品中的浓度可以判定降水的主要影响因素是二氧化硫还是氮氧化物。在国外酸雨中硫酸和硝酸之比约为 2∶1，而我国降水中硫酸和硝酸之比约为 10∶1。这说明，我国的酸雨主要是大气中的二氧化硫造成的。这与两地区能源结构的差别有关。美国加强风能、太阳能等可再生资源的利用，同时减少煤、石油、天然气的使用，使其大气中含硫的氧化物较少；然而中国的在风能、太阳能等可再生资源的利用上普遍较低，仍然以煤、石油、天然气为主要能源，使我国酸雨的化学特征是 pH 值低、离子浓度高，硫酸根、铵和钙离子浓度远远高于欧美，而硝酸根浓度则低于欧美，属硫酸型酸雨。

除 SO_2 和 NO_x 以外，还有许多气态或固态物质进入大气对降水的 pH 值产生影响。大气颗粒物中 Mn、Cu、V 等是酸性气体氧化的催化剂。大气光化学反应生成的 O_3 和 $HO_2 \cdot$ 等又是 SO_2 的氧化剂。飞灰中的氧化钙，土壤中的碳酸钙，天然和人为来源的 NH_3 以及其他碱性物质都可使降水中的酸中和，对酸性降水起“缓冲作用”。影响酸雨酸性的因素有很多，其中主要有三个方面。

第一个方面是大气中的氨。氨是大气中唯一的常见气态碱。由于它的水溶性，能与酸性气溶胶或雨水中的酸反应，形成中性的 $(NH_4)_2SO_4$ 或 NH_4HSO_4，SO_2 也由于与 NH_3 反应而减少，避免了进一步转化成硫酸，从而可降低雨水的酸度。大气中氨的来源主要是有机物的分解和农田施用的氮肥的挥发。土壤的氨的挥发量随着土壤 pH 值的上升而增大。京津地区土壤 pH 值为 7~8 以上，而重庆、贵阳地区则一般为 5~6，这是大气氨水平北高南低的重要原因之一，也可以解释我国酸雨多发生在南方的原因。

第二个方面是颗粒物酸度及其缓冲能力对酸雨的酸性也有相当影响。目前我国大气颗粒物浓度水平普遍很高，为国外的几倍到十几倍，在酸雨研究中不能忽视。大气颗粒物的组成很复杂，主要来源于土地飞起的扬尘。扬尘的化学组成与土壤组成基本相同，因而颗粒物的酸碱性取决于土壤的性质。此外，大气颗粒物还有矿物燃料燃烧形成的飞灰、烟等，它们的酸碱性都会对酸雨的酸性有一定影响。颗粒物对酸雨的形成有两方面的作用，一是所含的催化金属促使 SO_2 氧化成酸；二是对酸起中和作用。但如果颗粒物本身是酸性的，就不能起中和作用，而且还会成为酸的来源之一。

第三个方面是天气形势的影响。如果气象条件和地形有利于污染物的扩散，则大气中污染物浓度降低，酸雨就减弱，反之则加重（如逆温现象）。

我国西南地区酸雨严重的原因，既与该区域所使用的煤中含硫量较高有关，也与该区域的地形、气象和土壤等自然地理条件有关。西南地区煤的含硫量达 5%左右，因此二氧化硫的排放量很高。重庆市全年的耗煤量只及北京的三分之一，但每年排放的二氧化硫量却是北京的 2 倍。再加上重庆和贵阳的气象条件和地形条件也不利于污染物的扩散，故大气中二氧化硫浓度很高。而且，这个地区气温高、湿度大，有利于二氧化硫转化为三氧化硫，并进一步转化为硫酸。另外，该区域土壤亦呈酸性，大气中碱性物质较少。所有这些条件造成了我国西南大面积强酸性降雨区。因此地质条件的不同，对降水的酸度有很大的影响，在碱性土壤地区，大气颗粒物会对酸性起缓冲作用，降低降水酸度；相反，即使大气中 SO_2 和 NO_2 浓度不高，而碱性物质相对较少，则降水仍然会有较高的酸性。

4.3.3.3 酸雨的危害

A 对生态系统的影响

酸雨可导致土壤酸化，改变土壤结构，导致土壤贫瘠化，影响植物正常发育。土壤中含有大量铝的氢氧化物，土壤酸化后，可加速土壤中含铝的原生和次生矿物风化而释放大量铝离子，形成植物可吸收的形态铝化合物，植物长期和过量的吸收铝，会中毒，甚至死亡；酸雨还会加速土壤矿物质营养元素的流失，在酸雨的作用下，土壤中的营养元素钾、钠、钙、镁会流失出来，并随着雨水被淋溶掉。所以长期的酸雨会使土壤中大量的营养元素被淋失，造成土壤中营养元素的严重不足，从而使土壤变得贫瘠。

酸雨还能诱发植物病虫害，使农作物大幅度减产，特别是小麦，在酸雨影响下，可减产 13%~34%。大豆、蔬菜也容易受酸雨危害，导致蛋白质含量和产量下降。

酸雨对森林的影响在很大程度上是通过对土壤的物理化学性质的恶化作用造成的。

酸雨可抑制某些土壤微生物的繁殖，降低酶活性，土壤中的固氮菌、细菌和放线菌均会明显受到酸雨的抑制。

当酸雨降落到河流、湖泊中会使水的 pH 值降低，使 Al 等金属元素进入水体，由于磷酸盐与 Al 等金属化合，使磷酸盐营养价值降低，影响水生生物的初级生产力。如藻类减少，以致鱼虾生长受影响，最终导致水中水生生物种群减少或绝迹动物死亡，表 4-8 给出 pH 值对于湖中生物的影响。

表 4-8　pH 值对于湖中生物的影响

pH 值	影　响
<6	食物的基本种类相继死去，例如，鱼类的重要食物来源无法在此酸碱值下生存
<5.5	鱼类不能繁殖；幼鱼很难存活；因为缺少营养造成很多畸形的成鱼；鱼类因窒息而死
<5.0	鱼群会相继死去
<4.0	假如有生物存活，将与之前的生物种类不相同

B　酸雨危害人类的健康。

酸雨对人体健康的危害主要有两方面：一是直接危害，二是间接危害。酸雨通过它的形成物质二氧化硫和二氧化氮直接刺激皮肤，眼角膜和呼吸道黏膜对酸类十分敏感，酸雨或酸雾对这些器官有明显刺激作用，会引起呼吸方面的疾病，导致红眼病和支气管炎，咳嗽不止，尚可诱发肺病，它的微粒还可以侵入肺的深层组织，引起肺水肿、肺硬化甚至癌变。酸雨可使儿童免疫力下降，易感染慢性咽炎和支气管哮喘，致使老人眼睛、呼吸道患病率增加。美国因酸雨而致病人数高达 5.1 万。据调查，仅在 1980 年，英国和加拿大因酸雨污染而导致死亡的就有 1500 人。其次，酸雨对人体健康产生间接影响。酸雨使土壤中的有害金属被冲刷带入河流、湖泊，一方面使饮用水水源被污染；另一方面，这些有毒的重金属如汞、铅、镉会在鱼类机体中沉积，人类因食用而受害，可诱发癌症和老年痴呆症，再次，酸雨使农田土壤酸化，使本来固定在土壤矿化物中的有害重金属，如汞、镉、铅等再溶出，继而为粮食，蔬菜吸收和富集，人类摄取后，因中毒而得病。

C　酸雨对建筑的影响

酸雨会腐蚀建筑物、工业设备及名胜古迹，腐蚀建筑材料、金属结构、油漆（房屋、桥梁、水坝、工业设备、供水管网等）等。酸雨能使非金属建筑材料（混凝土、砂浆和灰砂砖）表面硬化水泥溶解，出现空洞和裂缝，导致强度降低，从而损坏建筑物。1956 年落成的重庆市体育场的水泥栏杆、世界文化遗产之一的重庆大足石刻等都因酸雨而惨遭“毁容”。

4.3.3.4　酸雨污染防治

酸雨是工业高度发展而出现的副产物，由于人类大量使用煤、石油、天然气等化石燃料而导致。防治酸雨是一个国际性的环境问题，不能依靠一个国家单独解决，必须共同采取对策，减少硫氧化物和氮氧化物的排放量。经过多次协商，1979 年 11 月在日内瓦举行的联合国欧洲经济委员会的环境部长会议上，通过了《控制长距离越境空气污染公约》，并于 1983 年生效。《公约》规定，到 1993 年年底，缔约国必须把二氧化硫排放量削减为 1980 年排放量的 70%。欧洲和北美（包括美国和加拿大）等 32 个国家都在公约上签了字。为了实现许诺，多数国家都已经采取了积极的对策，制订了减少致酸物排放量的法规。例如，美国的《酸雨法》规定，密西西比河以东地区，二氧化硫排放量要由 1983 年的 2000 万吨/年，经过 10 年减少到 1000 万吨/年；加拿大二氧化硫排放量由 1983 年的 470 万吨/年，到 1994 年减少到 230 万吨/年等。

针对我国酸雨问题，国家环保总局依据《大气污染防治法》规定，根据气象、地形、土壤等自然条件，将已经产生、可能产生酸雨的地区或者其他二氧化硫污染严重的地区，划定为酸雨控制区或者二氧化硫污染控制区，即“两控区”。一般来说，降雨 pH 值≤4.5 的，可以划定为酸雨控制区；近三年来环境空气二氧化硫年平均浓度超过国家二级标准的，可以划定为二氧化硫污染控制区。在“两控区”控制高硫煤的开采、运输、销售和使用，同时采取有效措施发展脱硫技术，推广清洁能源技术。具体措施如下：

（1）调整以矿物燃料为主的能源结构，增加无污染或少污染的能源比例，发展太阳能、核能、水能、风能、地热能等不产生酸雨污染的能源。

（2）原煤脱硫技术，可以除去燃煤中 40%~60%的无机硫。加强能源技术研究，减少废气排放。

（3）优先使用低硫燃料，如含硫较低的低硫煤和天然气等。

（4）改进燃煤技术，减少燃煤过程中二氧化硫和氮氧化物的排放量。例如，液态化燃煤技术是受到各国欢迎的新技术之一。它主要是利用加进石灰石和白云石，与二氧化硫发生反应，生成硫酸钙随灰渣排出。积极开发利用煤炭的新技术，推广煤炭的净化技术、转化技术，改进燃煤技术，改进污染物控制技术，采取烟气脱硫、脱氮技术等重大措施。

（5）对煤燃烧后形成的烟气在排放到大气中之前进行烟气脱硫。目前主要用石灰法，可以除去烟气中 85%~90%的二氧化硫气体。

4.3.4 光化学烟雾问题

光化学烟雾是氮氧化物（NO_x）和烃类化合物（RH）等一次大气污染物，在阳光照射下发生光化学反应而产生的二次污染物。20 世纪 40 年代初，光化学烟雾首先出现在美国加州的洛杉矶。以后，光化学烟雾污染事件在美国其他城市和世界各地相继出现，如日本的东京、大阪，英国的伦敦以及澳大利亚、联邦德国等地的大城市，1974 年以来，中国兰州西固石油化工区也出现了光化学烟雾，上海外滩也经常出现局部的光化学烟雾。

4.3.4.1 光化学烟雾形成机制

光化学烟雾形成的条件是大气中有氮氧化物和烃类化合物存在，大气相对湿度较低，大气温度较低（24~32℃），而且有强烈阳光照射，RH 和 NO 两者相互作用主要包含以下基本反应过程。

（1）引发反应：

$$NO_{2+}(h\nu) \longrightarrow NO + O\cdot;\ O\cdot + O_2 + M \longrightarrow O_3 + M$$

但此时产生的 O_3 要消耗在氧化 NO 上而无剩余，因此没有积累起来：

$$NO + O_3 \longrightarrow NO_2 + O_2$$

（2）自由基传递反应。烃类化合物（RH）、一氧化碳（CO）被 HO·、O·、O_3 等氧化，产生醛、酮、醇、酸等产物以及重要的中间产物—RO_2、HO_2·和 RCO·等：

$$RH + O\cdot \longrightarrow R\cdot + HO\cdot$$

$$RH + HO\cdot \longrightarrow R\cdot + H_2O$$

$$H\cdot + O_2 \longrightarrow HO_2\cdot$$

$$R\cdot + O_2 \longrightarrow RO_2\cdot \longrightarrow RCO\cdot + O_2 \rightarrow RC(O)$$

（3）过氧自由基引起的 NO 向 NO_2 的转化：

$$RO_2\cdot + NO \longrightarrow NO_2 + RO\cdot\ (\text{过氧自由基包括 } HO_2\cdot)$$

由于上述反应使 NO 快速氧化成 NO_2，从而加速“引发反应”中 NO_2 光解，使二次污染物 O_3 不断积累。由于 O_3 不再消耗在氧化 NO 上，所以在大气中 O_3 浓度大为增加。

(4) 终止反应。自由基的传递形成稳定的最终产物，使自由基消除而终止反应。

$$HO\cdot + NO \longrightarrow HNO_2$$
$$HO\cdot + NO_2 \longrightarrow HNO_3$$
$$RO_2\cdot + NO_2 \longrightarrow PAN$$

由 $RO_2\cdot$（如丙烯与 O_3 反应生成的双自由基 $CH_3CHOO\cdot$）与 O_2 和 NO_2 相继反应生成过氧乙酰硝酸酯（PAN）类物质，反应式如下：

$$CH_3CHOO\cdot + O_2 \longrightarrow CH_3C(O)OO\cdot + \cdot OH$$
$$CH_3(O)OO\cdot + NO_2 \longrightarrow RC(O)O_2NO_2$$

这样在大气中发生的一系列复杂的光化学反应，产生 O_3（85%以上）、PAN（过氧乙酰硝酸酯，10%以上）、高活性自由基（$RO_2\cdot$、$HO_2\cdot$、$RCO\cdot$等）、醛和酮等二次污染物。这些一次污染物和二次污染物的混合物被称为光化学污染物，习惯上称为光化学烟雾。光化学烟雾具有很强的氧化性，属于氧化性烟雾。光化学烟雾在白天生成，傍晚消失，污染高峰出现在中午或稍后。NO 和 RH 的最大值出现在上午 8：00 左右，正是人们早晨上班交通流量高峰时间（9：00），随后由于日照增强，NO 浓度下降，而 NO_2 浓度逐渐上升，约 10：00 左右达到最高值，同时 O_3 开始积累，至午后（约 13：00），氧化剂（包括 O_3）及光化学污染反应产物醛类等达到最高值，形成光化学烟雾，以后随日照强度的下降而逐渐减弱。到傍晚，尽管由于交通繁忙而又一次出现污染物大量排放（主要为 NO 和 RH），但因日照条件不足，而不易发生光化学反应形成烟雾，二次污染物（O_3、醛等）浓度也下降至最低水平。

4.3.4.2 光化学烟雾的危害

光化学烟雾的特征是烟雾呈蓝色，具有强氧化性，污染区域往往在污染源的下风向几十到几百公里处，光化学烟雾成分复杂，但是，对动物、植物和材料有害的主要是 O_3、PAN、醛、酮等二次污染物。其主要危害如下。

A 对人体健康的影响

人和动物受到的主要伤害是眼睛和黏膜受到刺激、头痛、呼吸障碍、慢性呼吸道疾病恶化、儿童肺功能异常等。如 1955 年和 1977 年洛杉矶两度发生光化学烟雾事件，前者有 4000 多人因五官中毒、呼吸衰竭而死，后者使全市 3/4 的人患病。

B 对动植物的危害

光化学烟雾会导致禽畜生病和死亡，会破坏植物叶片的气孔腔附近的海绵组织细胞，使植物下表皮细胞干枯，叶片背面呈银灰色或古铜色，影响植物的生长，降低了植物对病害的抵抗力，严重时会导致植物或森林的大片死亡。

C 其他危害

O_3、PAN 等还能造成橡胶制品老化，脆裂，使染料褪色，并损害油漆涂料、纺织纤维和塑料制品等。光化学烟雾还会使建筑物和机器受到腐蚀。

光化学烟雾除上述直接危害外，由于其特征是呈雾状，能见度低，导致车祸增多，其造成的直接和间接的损失无法估量。

4.3.4.3 光化学烟雾的防治对策

大气中的氮氧化合物和烃类化合物主要来自汽车尾气、石油和煤燃烧的废气及大量使用挥发性有机溶剂等。防治光化学烟雾要采取一系列综合性的措施。其中包括改良汽车排气系统、提高气油质量、减少涂料等挥发性有机物的使用、及时监测废气的排放、制定法律法规等。

(1) 严格控制汽车尾气的排放。汽车尾气是大气中氮氧化物和烃类化合物的主要人为来源。采用新技术，控制汽车尾气中有害物质的排放是避免光化学烟雾的形成，保证空气环境质量的有效措施。一般的方法有使用尾气净化技术和装置，在汽车排气系统内加装催化反应装置；改善燃料结构，改善汽油组分，使用替代燃料，可以降低汽车尾气的污染。资料表明，天然气燃料燃烧排放的 CO 和 RH 总量是汽油燃烧排放的总量的 60%，氢能汽车燃烧排放尾气的 CO 和 RH 总量不足汽油燃烧排放的总量的 10%，可见改善燃料结构的有效性。

(2) 改善能源结构，改变燃料构成和燃烧方式。用无污染或少污染的燃料（天然气、煤气、石油炼厂气、沼气或其他太阳能、风能等能源）代替煤炭，减少有害烟尘的排放量，发展区域集中供热供暖，以集中的高效锅炉代替分散的低效锅炉，设立大的燃煤电站实行热电并供，对现有炉窑实行技术改造，采用各种消烟除尘方式，改善城市环境质量；严格限制炼油厂、石油化工厂及氮肥厂等企业的废气排放等。

(3) 加强监测管理。光化学烟雾是有先兆的，光化学反应会生成臭氧、PAN，醇、醛、酮等，其中臭氧占 85%以上，所以，光化学烟雾污染的标志是臭氧浓度的升高，可以通过监测发出警报，采取措施予以避免。

4.4 电力能源生产与大气污染控制

由于我国能源生产长期以来以煤为主，而在各种能源利用中，以燃煤带来的大气污染问题最为严重，电力燃煤量占全国煤炭消费总量的 50%以上，发电总量的 60%以上来自燃煤火力发电，因此燃煤火力发电对大气的环境影响是电力能源生产带来的主要环境问题。

4.4.1 燃煤电厂主要大气污染物

火电厂大气污染物的形成主要与燃料煤的输配及燃烧相关。煤的破碎、筛分、清理、混碾、运输、装卸、储存等过程中均容易出现粉尘飞扬和外漏。煤场、磨煤机、煤制粉系统、煤斗都是煤尘污染物无序排放的产尘点。为降低煤粉制造、传输过程中的粉尘污染，目前火电厂大都采用了密闭传送方式，并采用防风防尘网及喷淋的方法，有效防止或降低了煤场粉尘排放。所以从一般意义上讲，火电厂大气排放污染是指燃料煤燃烧后产生的有害气体。

煤主要成分为碳氢化合物，其中还掺杂有少量硫、氮、汞等其他元素和含近 20%～40%的灰分和水。燃煤电厂产生的废气主要是煤在锅炉内燃烧后生成的大量烟气，其主要成分为 CO_2、CO、SO_x、NO_x 以及固体悬浮颗粒（粉尘），另外根据燃的种类还会含有某些重金属污染物。火电厂燃烧 1t 煤炭排放主要大气污染物数量见表 4-9。

表 4-9 火电厂燃烧 1t 煤炭排放主要大气污染物数量 (kg/t)

污染物	二氧化碳	碳氢化合物	氮氧化物	二氧化硫	烟 尘
数量	0.35	0.091	9.08	1672*S*	1000*A*(1-*C*)

注：*S* 为含硫率，*A* 为含灰率，*C* 为除尘率。

CO 为有毒气体，大量一氧化碳最终也将转化为二氧化碳，而二氧化碳正是全球“温室效应”的罪魁祸首，大量二氧化碳排入大气，致使全球气候变暖，造成越来越严重的生态灾害；煤燃烧生成的 SO_x 大部分硫以 SO_2、SO_3 形态存在于烟气中。煤中硫有机硫、硫化物和硫酸盐硫三种形态，硫酸盐硫对炉内 SO_x 生成量贡献不大，故炉内 SO_x 一般由有机硫和黄铁硫矿在锅炉中高温燃烧产生，大部分氧化为二氧化硫，其中只有 0.5%~5%再氧化为三氧化硫。SO_2 是形成酸雨的罪魁祸首，酸雨对建筑物，植物，水质等都有极大的危害，火电厂排放的 NO_x 中主要是一氧化氮，占氧化氮总浓度的 90%以上。有热力型 NO_x、燃料型 NO_x 和快速型 NO_x 三种形式，一氧化氮生成速度随燃烧温度升高而增大，NO_x 和固体悬浮颗粒可形成阴霾天气等多种危害；固体悬浮颗粒（粉尘）主要有两类，一类为亚微灰（细颗粒），另一类为残灰（粗颗粒）。煤燃烧过程中形成的颗粒物是以下 4 种机理联合作用的结果：（1）内在矿物质的聚结；（2）煤焦的破碎；（3）外在矿物质的破碎；（4）无机矿物的气化 - 凝结。前 3 种机理主要生成粒径大于 1μm 的超微米颗粒物，而第 4 种机理主要生成粒径小于 1μm 的亚微米颗粒物。电力行业是二氧化硫和氮氧化物排放的最主要的工业部门。电力行业排放的二氧化硫和氮氧化物主要来自火力发电中煤炭或其他化石燃料的燃烧过程。2014 年，我国二氧化硫排放量为 1974.4 万吨，火电企业二氧化硫排放量 683.4 万吨，占工业二氧化硫排放量的 39.27%；氮氧化物排放量为 2078.0 万吨，火电企业氮氧化物排放量 783.1 万吨，占工业氮氧化物排放量的 55.74%。火力发电作为我国能源消耗和污染物排放的大户，长期以来一直是我国工业污染源领域防治的重点，各国针对燃煤电厂大气污染物都制定严格的排放标准。

4.4.2 燃煤电厂大气污染物排放标准要求

火电厂大气污染物排放标准是环保法和标准化法规定的国家强制性标准。早在 1973 年，我国就颁布了《工业“三废”排放试行标准》（GBJ4—73），首次以国家标准的方式对火电厂大气污染物排放提出限值要求。1991 年，国家环保部颁布了《燃煤电厂大气污染物 1991 年排放标准》（GB 13223—1991），替代了 GBJ4—73 中相关于火电厂大气污染物排放标准部分。1996 年，该标准重新修订颁布，于 1997 年 1 月实施，并更名为《火电厂大气污染物 1996 年排放标准》（GB 13223—1996）。2003 年，GB 13223—1996 标准再次修订，于 2004 年 1 月 1 日执行《火电厂大气污染物 2003 年排放标准》（GB 13223—2003）。随着环境问题的日益凸显，GB 13223—2003 已明显滞后于社会发展，不能完全满足环境保护需求，2012 年国家环保部会同相关部门对 GB 13223—2003 再次进行修订，颁布了《火电厂大气污染物 2011 年排放标准》（GB 13223—2011），并明确要求 2014 年 7 月 1 日起全国火电厂必须强制性执行。新排放标准对火电厂主要排放污染物提出了更加严格的限值要求，并对重点地区的电厂制定了更加严格的特别排放限值，如表 4-10 所示。

表 4-10 燃煤电厂大气污染物排放标准 （mg/m^3）

污染项目	适用条件	GB 13223—2011	GB 13223—2003④
烟尘	全部	30	50
	重点地区	20	
二氧化硫	新建锅炉	100	400
	现有锅炉	200①②	
	重点地区	50	
氮氧化物	全部	100	450
汞及化合物	0.03③	0.03③	—

①位于广西壮族自治区、重庆市、四川省和贵州省的火力发电锅炉执行二氧化硫：200mg/m^3（新建）、400mg/m^3（现有）的排放限值。

②采用W型火焰炉膛的火力发电锅炉、现有循环流化床火力发电锅炉，以及2003年12月31日前建成投产通过建设项目环境影响报告书审批的火力发电锅炉执行氮氧化物200mg/m^3的排放限值。

③新建企业2012年1月1日执行新标准，现有企业2014年7月1日执行新标准，2015年1月1日执行汞排放标准。

④第三时段数据，2010年后标准数据。

首次将Hg及其化合物作为污染物。不止如此，2014年6月国务院办公厅首次发文要求新建燃煤发电机组大气污染物排放接近燃气机组排放水平。由此拉开了中国燃煤电厂超低排放的序幕。2015年12月，环境保护部、国家发展改革委等出台了燃煤电厂在2020年前全面完成超低排放改造的具体方案。即到2020年，全国所有具备改造条件的燃煤电厂力争实现超低排放（即在基准含氧量6%条件下，烟尘、SO_2、NO_x 排放浓度分别不高于10mg/m^3、35mg/m^3、50mg/m^3），全国有条件的新建燃煤发电机组达到超低排放水平。随着中国大气污染物排放标准的不断趋严，以及超低排放国家专项行动的实施，中国火电厂大气污染防治技术发展迅速，目前已处于国际领先水平。

2016年9月19日中国电力企业联合会发布的《中国煤电清洁发展报告》显示，我国单位火电发电量烟尘、二氧化硫、氮氧化物排放量分别降至0.08g、0.39g和0.36g，达到世界先进水平，三项污染物的排放量分别为31.42万吨、153.17万吨和141.14万吨，总量约为325.73万吨。从1979~2016年，火电发电量增长17.5倍，烟尘排放量比峰值600万吨下降了94%，二氧化硫排放量比峰值1350万吨下降了87%，氮氧化物排放量比峰值1000万吨左右下降了85%。目前我国火电行业末端治理设施基本普及，燃煤机组脱硫设施、脱硝设施安装率已分别达到99%和95%，火电进入全面实施超低排放改造阶段。

4.4.3 燃煤火力发电大气污染防治技术

4.4.3.1 烟气除尘技术

粉尘从烟气中分离出来的过程称为除尘过程，将尘粒从气体介质中分离出来并加以捕集的装置统称为除尘器。按作用于除尘器的外力或作用机理的不同，可将其分为四大类：（1）电除尘器；（2）袋式除尘器；（3）机械除尘器；（4）湿式除尘器。我国燃煤电厂当前99%以上的火电机组90%应用高效电除尘器，布袋除尘和电袋除尘约占10%。烟尘排放总量和排放绩效分别由2010年的160万吨和0.50g/(kW·h)，下降到151万吨和0.39g/(kW·h)，而机械除尘器和湿式除尘器已很少应用。

A　静电除尘技术

a　电除尘器的工作原理

电除尘器是利用高压电源产生的强电场使气体电离，即产生电晕放电，进而使悬浮尘粒荷电，并在电场力的作用下，将悬浮尘粒从气体中分离出来的除尘装置。粉尘荷电示意图如图 4-5 所示。

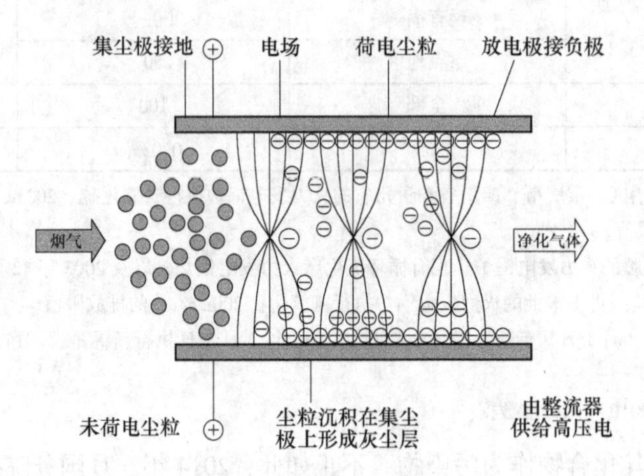

图 4-5　粉尘荷电示意图

电除尘器有许多类型和结构，但它们都是由机械本体和供电电源两大部分组成的，都是按照同样的基本原理设计的。

b　电除尘器的结构

静电除尘器根据积尘电极形式的不同，可分为板式及管式两类，目前，火电厂中应用的基本是板卧式电除尘器。常规板卧式电除尘器的结构透视图如图 4-6 所示。

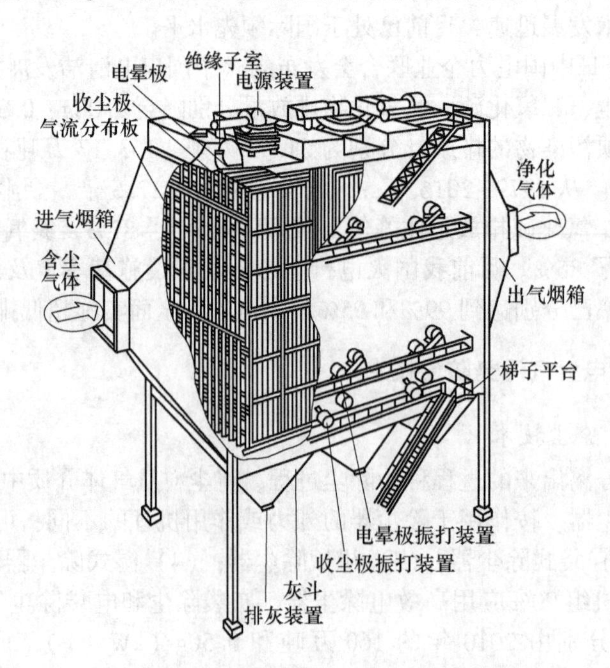

图 4-6　常规板卧式电除尘器的结构透视图

电除尘器的本体系统主要包括收尘极系统（含收尘极振打），由收尘极板、极板的悬挂和极板的振打装置三部分组成。它与电晕极共同构成电除尘器的空间电场，是电除尘器的重要组成部分。收尘极系统的主要功能是协助尘粒荷电，捕集荷电粉尘，并通过振打等手段将极板表面附着的粉尘成片状或团状剥落到灰斗中，达到防止二次扬尘和净化气体的目的；电晕极系统（含电晕极振打和保温箱），由电晕线、阴极小框架、阴极大框架、阴极吊挂装置、阴极振打装置、绝缘套管和保温箱等组成。电晕极与收尘极共同构成极不均匀电场，它也是电除尘器的重要组成部分。除此之外还包含烟箱系统（含气流分布板和槽形板）、箱体系统（含支座、保温层、梯子和平台）和储卸灰系统（含阻流板、插板箱和卸灰阀）等。

c　电除尘器的性能特点

静电除尘器与其他除尘设备相比除尘效率高，常规电除尘器，正常运行时除尘效率一般都大于99%；高效低阻，压力损失一般是150~300Pa，是袋式除尘器的1/5，在总能耗占份额较低；处理烟气量大，电除尘器由于结构上易于模块化，因此可以实现装置大型化。目前单台电除尘器烟气处理量已达$200\times10^4 m^3/h$；适用范围广，适用于除去烟气中粒径0.01~50μm的粉尘；耐高温，能捕集腐蚀性大黏着性强的气溶胶颗粒。一般常规电除尘器可处理350℃及以下的烟气，经过加工甚至能处理500℃以上的烟气。

d　影响电除尘器性能的主要因素

电除尘装置与其他除尘装置一样，即使电除尘器有良好的收尘性能，但是由于外界条件的变化，也会使它达不到预期的效果，对于电除尘器的性能受到很多的因素制约的，除了受到供电装置和电极性能的影响外，还受到粉尘特性、烟气特性、结构因素和运行因素的影响。

(1) 粉尘特性对电除尘性能的影响。粉尘比电阻是衡量粉尘导电性能的指标，它对电除尘器的性能的影响最为突出。粉尘比电阻在数值上等于单位面积、单位厚度粉尘的电阻值。静电除尘器适合于捕集比电阻介于$10^4\sim5\times10^{10}\Omega\cdot cm$之间的粉尘比电阻低于$10^4\Omega\cdot cm$的粉尘，它一到达收尘极板表面不仅立即释放电荷，而且由于静电感应获得和收尘极板同极性的正电荷，若正电荷形成的排斥力大于粉尘的黏附力，则已沉积的粉尘将脱离收尘极板而重返气流，重返气流的粉尘在空间又与离子相碰撞，会重新获得和阴极同性的负电荷而再次向收尘极板运行。结果形成在电晕极板上的跳跃现象，最后可能被气流带出电除尘器。如不采取措施，就达不到预期的收尘效果，采取敲打或刷落收尘极板上的粉尘对此现象可以起到很好的抑制作用。若粉尘比电阻超过$5\times10^{10}\Omega\cdot cm$时，粉尘层中的电压降变得很大，达到一定程度后，致使粉尘层局部击穿，并产生火花放电，即通常所说的反电晕现象，发生反电晕后，二次电流增大，二次电压降低，粉尘飞扬严重，导致收尘性能显著恶化，可以通过喷入SO_3或NH_3，来进行烟气调质，降低粉尘比电阻。还可以采用高温电除尘器调节烟气温度，同样可以降低粉尘比电阻。

粉尘的粒径分布对电除尘器总的除尘效率有很大影响。由于粉尘的驱进速度与粒径大小成正比。粒径越大，除尘效率越高。粒径越小，其附着性越强，因此细粉尘容易造成电极积灰。另外，细粉尘还易产生二次扬尘，这样也会使电除尘器的性能降低。

由于粉尘具有黏附性，这样可使细微粉尘粒子凝聚成较大的粒子，这有利于粉尘的捕集。但是粉尘黏附在除尘器壁上会堆积起来，这是造成除尘器发生堵塞故障的主要原因。

在电除尘器中，如果粉尘的黏附性很强，粉尘会黏附在电晕极和收尘极上，即使加强振打，也不容易将粉尘振打下来，就会出现电晕线肥大和收尘极板粉尘堆积的情况，影响正常的电晕放电和极板收尘，致使除尘效率降低。

（2）烟气特性对电除尘性能的影响。烟气的温度和压力会影响电晕的始发电压、起晕时电晕极表面的电场强度、电晕极附近空间的电荷密度和分子离子的有效迁移率等。电除尘器的最佳运行温度在140~150℃之间，如果排烟温度高于此范围将直接影响电除尘的电压、电流等参数。降低排烟温度，不仅使锅炉效率有所提高，而且对电除尘器效率的提高也是很明显的。

由于原料和燃料中含有水分，燃料燃烧后会生成水蒸气，且助燃的空气中也含有水分。因此，一般工业生产排出的烟气中都含有一定水分。一般来说烟气中水分多，可提高除尘效率。但水分过大，烟气湿度达到露点就会腐蚀电除尘器的电极系统以及壳体，对电除尘器造成损害，因此需要对烟气湿度进行控制，保持在适量的范围内。

随着烟气中含尘浓度的增加，荷电尘粒的数量也增多，以致由于荷电尘粒运动形成的电晕电流虽然不大，但形成的空间电荷却很大，严重抑制了电晕电流的产生，使尘粒不能获得足够电荷，造成除尘效率下降，因此在生产实践中应选用灰分含量少的煤种并合理调整燃烧，以减小烟气含尘浓度，提高电除尘器效率。

（3）结构因素对电除尘性能的影响。漏风不仅增加了电除尘器处理的烟气量，造成烟速提高，而且会使电场内的温度降低到露点温度，造成电晕极和收尘极结露积灰，从而导致除尘器效率下降。如果空气从灰斗漏入除尘器中，将造成收尘极上的粉尘产生再次飞扬，使灰斗内的积灰和极板上的附灰重新返回气流中和，也会使除尘效率下降。

气流分布不均匀同样会引起除尘效率的降低。局部气流速度过高会引起冲刷现象，会再次扬起已沉积在收尘极板和灰斗内的灰尘，造成二次扬尘。另外，在气流速度低的区域，可能会在电晕线上积累过多的粉尘，抑制电晕，引起不均匀的电晕放电。而且极板会受到不均匀气流的冲击逐渐产生变形，电晕线甚至会在不均匀气流作用下断线，这都对电除尘的除尘效率造成了极大的影响，可加装气流均布装置解决。

（4）运行因素对电除尘性能的影响。电除尘器的除尘效率与施加于电晕极和收尘极之间的高压静电场成正比。所以必须给电场施加尽可能高的电压，才可以使电场中的气体分子充分的电离，使粉尘带上尽可能多的电子而获得较高的除尘效率。但电除尘器的阴阳极间的距离确定后，两极间若施加的电压超过所能承受的最大场强，电场就会产生高压击穿。因此一般采用间歇供电或脉冲供电方式，且要施加合适的电压。

电除尘器内电场的振动打装置的主要作用是定时清除电场内极线和极板上的积灰，保持电场二次电压的稳定。首先振打装置要产生足够的振打力以保证积灰能够被振打下去，从而保持极板的清洁。但是若振打力过大，就使已经黏附成块的飞灰被震碎。其次是振打周期也一定要合适。周期过小不但增加能耗，还会加剧反电晕现象的产生，而且由于沉积粉层过薄，容易造成二次扬尘。周期过大会使积灰太厚，以至于不能及时出去积灰，无法保持极板的清洁。这些都会导致电除尘器除尘效率的下降。

B　电袋复合除尘技术

a　电袋复合式除尘器结构及工作原理

电袋复合式除尘器主要由前级的电除尘区和后级的布袋除尘区组成，电袋复合式除尘器利用原电除尘器的外壳及储灰系统，保留电除尘器的前级电场，拆除后级电场，在被拆除的后级电场内安装布袋除尘器。通过将两种除尘器有机组合，充分发挥各自优点，从而达到高效、阻力适中、延长滤袋寿命的目的。其结构如图 4-7 所示。

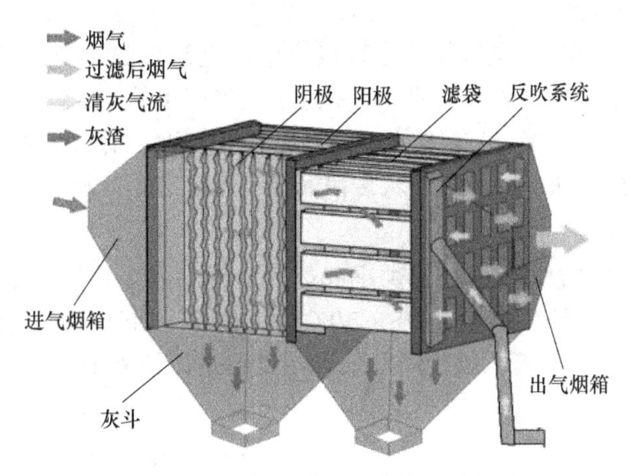

图 4-7 电袋复合式除尘器结构透视图

通常一个电场收尘效率在 80%~90%之间，剩余 10%~20%的细粉尘随烟气经电场出口、布袋入口的多孔板均流后，一部分烟气水平进入布袋除尘器，一部分烟气由水平流动折向滤袋下部，然后从下向上运动，进入布袋收尘器。这种水平与垂直烟气同时进入布袋收尘区的优点是，保证布袋区域合理的上升速度，含尘烟气通过布袋外表面，粉尘被阻留在滤袋的外部，干净气体从布袋的内腔流出，进入上部净化室，然后汇入排风管，流经出口喇叭、管道、风机从烟囱排出。

b 电袋复合除尘性能特点

电场预除尘可以降低滤袋的粉尘负荷量，使滤袋表面的粉饼层变得疏松，孔隙率高、透气性好，易于剥落，这样就可以降低清灰频率，延长滤袋的清灰周期，节省清灰能耗，延长滤袋使用寿命；电袋复合式除尘器的除尘效率不受煤种、烟气特性、飞灰比电阻影响，可以长期保持高效、稳定、可靠地运行，保证排放浓度（标准状态）低于 $30mg/m^3$；行阻力低，比常规布袋除尘器低 500Pa 以上的运行阻力，清灰周期时间是常规布袋除尘器 4~10 倍，大大降低设备的运行能耗。尤其适合电厂锅炉烟尘较高浓度的除尘，易于实现细微颗粒物等多污染物的协同控制。

c 影响电袋复合除尘主要因素

影响电袋复合除尘的主要因素有粉尘特性，烟气性质、结构和操作因素。

（1）粉尘特性的影响。粉尘特性有粒径分布、真密度、黏附性、比电阻等，其中黏附性大到一定值后会阻碍滤袋的清灰性能，增加滤袋初始阻力。

（2）烟气性质的影响。烟气主要有温度、压力、成分、湿度、流速、含尘浓度等特性，其中温度和烟气成分对滤袋的使用寿命影响大，温度越高，纤维老化速度越快，滤袋使用寿命缩短，当超过滤袋耐受温度时会毁坏滤袋。同时温度升高使烟气体积加大，滤袋过滤风速会增加，从而阻力加大。烟气湿度大时烟尘表面附着力加大，不利于滤袋清灰。要避免除尘器在露点温度以下运行，以防止结露糊袋。此外，流速、含尘浓度增大也将会增加滤袋阻力。

(3) 结构的影响。电极几何因素影响电区的效率，合理的袋区结构可以避免滤袋的不均匀破损，合理的气路结构可以降低本体压损。电袋两区之间的气流分布结构将影响滤袋的稳定性和阻力特性。

(4) 操作因素的影响。电区需要合理设定电压电流参数，增大二次电流以保证预除尘效率，同时要设定合理的清灰周期，清灰过于频繁产生的二次扬尘增加袋区的阻力，并增加振打机构的故障发生率。袋区需要合理设定清灰制度，清灰压力低、清灰周期长利于延长滤袋的使用寿命。灰斗的及时排灰是保证除尘器稳定运行和安全的重要运行举措。

C　湿式电除尘技术

目前，国内绝大多数燃煤电厂锅炉尾部烟气治理岛的工艺流程由 SCR 脱硝、干式电除尘器（干式 ESP）、湿法脱硫系统（WFGD）组成，烟气即便达标排放，仍然存在 $PM_{2.5}$、气溶胶、酸雾、石膏雨微液滴等复合污染物难以脱除的问题。湿式静电除尘器安装位置如图 4-8 所示。

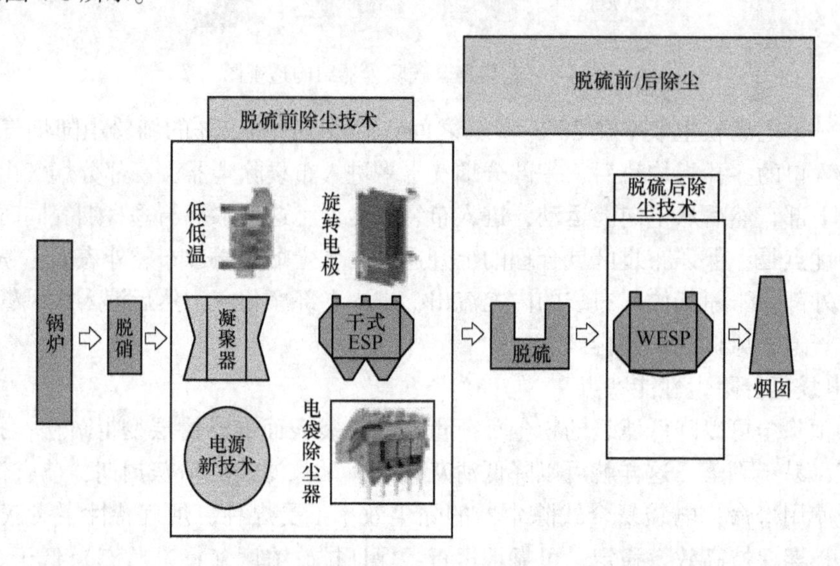

图 4-8　湿式静电除尘器安装位置

传统的除尘设备（干式电除尘、袋式除尘）主要应用于脱硫前除尘，难以达到控制复合污染的功能；而湿式静电除尘器作为高效除尘的终端精处理设备，应用于湿法脱硫后除尘，对微细、黏性或高比电阻粉尘及烟气中酸雾、气溶胶、石膏雨微液滴、汞、重金属、二噁英等的收集具有较好效果。

a　湿式电除尘器工作原理及结构

湿式电除尘器与干式电除尘器的收尘原理相同，都是靠高压电晕放电使得粉尘荷电，荷电后的粉尘在电场力的作用下到达集尘板/管。干式电收尘器主要处理含水很低的干气体，湿式电除尘器主要处理含水较高乃至饱和的湿气体。在对集尘板/管上捕集到的粉尘清除方式上 WESP 与 DESP 有较大区别，干式电除尘器一般采用机械振打或声波清灰等方式清除电极上的积灰，而湿式电除尘器则采用定期冲洗的方式，使粉尘随着冲刷液的流动而清除。

湿式电除尘器主要有两种结构形式，一种是使用耐腐蚀导电材料（可以为导电性能优良的非金属材料或具有耐腐蚀特性的金属材料）做集尘极，另一种是用喷水或溢流水形成导电水膜，利用不导电的非金属材料做集尘极。

b 湿式电除尘器性能特点

WESP 具有除尘效率高、压力损失小、操作简单、能耗小、无运动部件、无二次扬尘、维护费用低、生产停工期短、可工作于烟气露点温度以下、由于结构紧凑而可与其他烟气治理设备相互结合、设计形式多样化等优点。

湿式电除尘器采用液体冲刷集尘极表面来进行清灰，可有效收集微细颗粒物（$PM_{2.5}$粉尘、SO_3 酸雾、气溶胶）、重金属（Hg、As、Se、Pb、Cr）、有机污染物（多环芳烃、二噁英）等。使用湿式电除尘器后含湿烟气中的烟尘排放可达 $10mg/m^3$ 甚至 $5mg/m^3$ 以下，收尘性能与粉尘特性无关，适用于含湿烟气的处理，尤其适用在电厂、钢厂湿法脱硫之后含尘烟气的处理上。

4.4.3.2 二氧化硫控制技术

目前脱硫方法一般可分为燃烧前脱硫、燃烧中脱硫和燃烧后脱硫三大类。燃烧前脱硫就是在煤燃烧前把煤中的硫分脱除掉，燃烧前脱硫技术主要有洗选煤技术、煤的气化和液化、水煤浆技术等。洗选煤是采用物理、化学或生物方式对锅炉使用的原煤进行清洗，将煤中的硫部分除掉，使煤净化并生产出不同质量、规格的产品。燃烧前脱硫技术中物理洗选煤技术已成熟，应用最广泛、最经济，但只能脱无机硫；生物、化学法脱硫不仅能脱无机硫，也能脱除有机硫，但生产成本昂贵，距工业应用尚有较大距离；煤的气化和液化还有待于进一步研究完善；微生物脱硫技术正在开发；水煤浆是一种新型低污染代油燃料，它既保持了煤炭原有的物理特性，又具有石油一样的流动性和稳定性，被称为液态煤炭产品，目前已具备商业化条件。煤的燃烧前的脱硫技术尽管还存在着种种问题，但其优点是能同时除去灰分，减轻运输量，减轻锅炉的沾污和磨损，减少电厂灰渣处理量，还可回收部分硫资源。

炉内脱硫是在燃烧过程脱硫中，向炉内加入固硫剂如 $CaCO_3$ 等，使煤中硫分转化成硫酸盐，随炉渣排出。早在 20 世纪 60 年代末 70 年代初，炉内喷固硫剂脱硫技术的研究工作已开展，但由于脱硫效率低于 10%~30%，既不能与湿法 FGD 相比，也难以满足高达 90%的脱除率要求，一度被冷落。但在 1981 年美国国家环保局 EPA 研究了炉内喷钙多段燃烧降低氮氧化物的脱硫技术，简称 LIMB，并取得了一些经验。如芬兰 Tampella 和 IVO 公司开发 LIFAC 工艺即在燃煤锅炉内适当温度区喷射石灰石粉，并在锅炉空气预热器后增设活化反应器，用以脱除烟气中的 SO_2，使炉内脱硫技术得到进一步的发展。

燃烧后脱硫，即烟气脱硫技术（flue gas desulfurization，FGD），被国内外公认为是控制燃煤 SO_2 污染最行之有效的技术，燃煤的烟气脱硫技术也是当前应用最广、效率最高的脱硫技术。对燃煤电厂而言，在今后一个相当长的时期内，FGD 将是控制 SO_2 排放的主要方法。烟气脱硫技术——主要包括以 $CaCO_3$（石灰石）为基础的钙法，以 MgO 为基础的镁法，以 Na_2SO_3 为基础的钠法，以 NH_3 为基础的氨法，以有机碱为基础的有机碱法。按吸收剂及脱硫产物在脱硫过程中的干湿状态又可将脱硫技术分为湿法、干法和半干（半湿）法。烟气脱硫技术比较见表 4-11。世界上普遍使用的商业化技术是石灰石-石膏湿式脱硫工艺，所占比例在 90%以上。

表 4-11 烟气脱硫技术比较

项目	石灰石/石膏法	双碱法	海水法	喷雾干燥法	氨法	循环流化床法	电子束法
方法	湿法	湿法	湿法	半干法	湿法	半干法	干法
脱硫剂	石灰石	镁基、钠基+石灰	海水	石灰	氨	石灰	氨
燃煤含硫量	无限制	无限制	低硫煤	中、低硫煤	高硫煤	中、低硫煤	中、低硫煤
脱硫率	高	高	高	一般	高	一般	一般
适用范围	最大装机容量 1000MW	中等容量	大容量	中等容量	中等容量	中、小容量	小型工业试验阶段

A *石灰石—石膏湿法脱硫原理及工艺流程*

随着我国环境标准渐趋严格，火电厂治理 SO_2 污染的力度不断加大，湿法脱硫工艺成为火电厂脱硫技术的主流。在湿法脱硫工艺中，石灰石—石膏湿法烟气脱硫（FGD）工艺具有脱硫效率高（脱硫效率可达 95%以上）、吸收剂价廉易得、副产品便于利用、煤种适用范围广、技术成熟等优点而得到广泛应用。

石灰石—石膏湿法烟气脱硫主要是使用石灰石（$CaCO_3$）、石灰（CaO）等浆液作洗涤剂，在反应塔中对烟气进行洗涤，从而除去烟气中的 SO_2，石灰或石灰石法主要的化学反应机理为

$$SO_2 + CaO + \frac{1}{2}H_2O \longrightarrow CaCO_3 \cdot \frac{1}{2}H_2O$$

$$SO_2 + CaCO_3 + \frac{1}{2}H_2O \longrightarrow CaCO_3 \cdot \frac{1}{2}H_2O + CO_2$$

其工艺流程如图 4-9 所示。

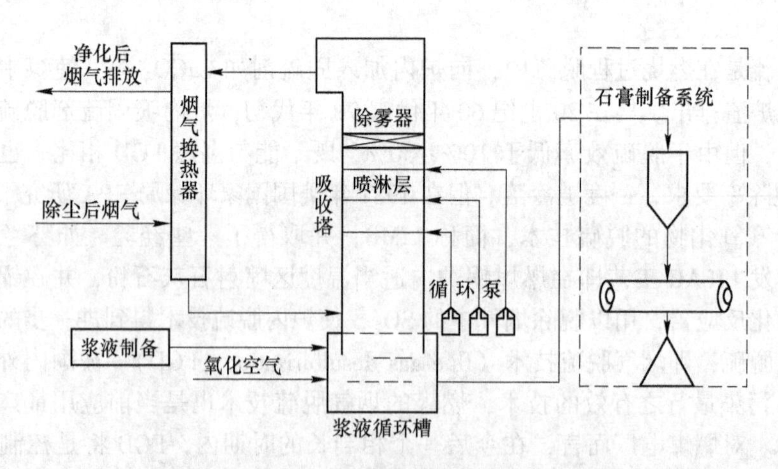

图 4-9 石灰石—石膏湿法烟气脱硫工艺流程

二氧化硫吸收系统包括吸收塔、浆液循环喷淋系统、氧化空气系统、除雾器、浆液搅拌系统。二氧化硫吸收系统核心是吸收塔，烟气通过吸收塔入口从吸收塔浆液池上部进入吸收区。石灰石浆液通过循环泵从吸收塔浆池送至塔内喷淋系统。浆液与烟气接触发生化

学反应，吸收烟气中的 SO_2。在吸收塔循环浆池中利用氧化空气将亚硫酸钙氧化成硫酸钙。石膏排出泵将石膏浆液从吸收塔送到石膏脱水系统。脱硫后的烟气夹带的液滴在吸收塔出口的除雾器中收集，吸收塔配置氧化风机，用于向吸收塔浆池提供足够的氧气/空气将亚硫酸钙就地氧化成石膏（即从亚硫酸钙进一步氧化成硫酸钙）。

B 吸收塔结构

吸收塔有多种形式：喷淋空塔，液柱塔，填料塔，喷射鼓泡塔。由于喷淋吸收空塔塔内件较少，结垢的概率较小，运行维修成本较低，因此喷淋吸收空塔已逐渐成为目前应用最广泛的塔型之一。喷淋吸收塔结构简图如图 4-10 所示。

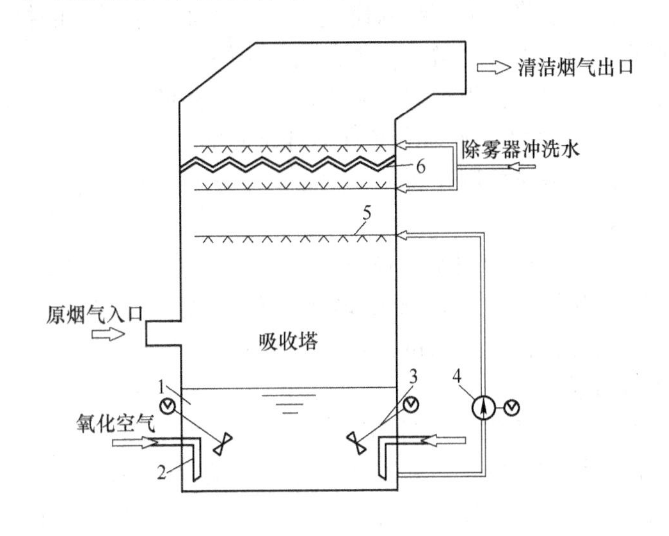

图 4-10 喷淋吸收塔结构简图

1—吸收塔浆液池；2—氧化空气喷枪；3—搅拌器；4—浆液循环泵；5—喷淋层；6—除雾器

吸收塔为圆柱形，由锅炉引风机来的烟气，从吸收塔中下部进入吸收塔，脱硫除雾后的净烟气从塔顶侧向离开吸收塔。塔的下部为浆液池，设四个侧进式搅拌器。氧化空气由四根矛式喷射管送至浆池的下部，每根矛状管的出口都非常靠近搅拌器。烟气进口上方的吸收塔中上部区域为喷淋区，喷淋层上方为除雾器，共两级。

随着我国环保政策日益严格和发电企业环保意识的提高，常规喷淋塔难以在能耗和投资合理的前提下适应高脱硫率的技术要求，为了应对这种情况，进一步提升脱硫效率的其他吸收塔塔型得到采用，具有代表性的有单塔双循环、单塔双区、塔外浆液箱 pH 值分区等脱硫技术和旋汇耦合、托盘等复合塔等脱硫技术。

C 石灰石—石膏湿法脱硫性能特点

这种工艺已有 50 年的历史，经过不断地改进和完善后，技术比较成熟，运行可靠性好，而且脱硫效率高，达 95%以上；机组容量大，对煤种变化的适应性强，适用于不同含硫量的煤种，吸收剂资源丰富，价格便宜，运行费用较低和副产品易回收等优点。但占地面积相对较大，一次性建设投资也较大，这是石灰石湿法工艺的主要缺点。

D 影响脱硫效率的主要因素

影响脱硫效率的主要因素包括：浆液 pH 值、液气比、钙硫比、气流速度、浆液固体含量、烟气 SO_2 浓度、吸收塔结构等。

浆液池 pH 值是石灰石-石膏法脱硫的重要运行参数，浆液池 pH 值不仅影响石灰石、$CaSO_4$、$2H_2O$ 和 $CaSO_3$、$1/2H_2O$ 的溶解度，而且影响 SO_2 的吸收。低 pH 值有利于石灰石的溶解和 $CaSO_3$、$1/2H_2O$ 的氧化，而高 pH 值则有利于 SO_2 的吸收。因此，选择合适的 pH 值，是保证系统良好运行的关键因素之一。一般认为吸收塔的浆液 pH 值选择在 5.2~6.2 为宜。

液气比（L/G）即单位时间内浆液喷淋量和单位时间内流经吸收塔的烟气量之比，它与烟气中 SO_2 浓度、脱硫效率要求、吸收塔喷嘴的布置有关。提高气液比（L/G）相当于增大了吸收塔内的喷淋密度，使液气间的接触面积增大，脱硫效率也将增大。但在实际工程中发现，提高液气比将使浆液循环泵的流量增大，从而增加设备的投资和能耗。同时，高气液比还会使吸收塔内压力损失增大，增大风机能耗。

在其他参数不变的情况下，提高烟气流速可提高气液两相的湍动，增大了传质面积，增加了脱硫效率。但气速增加，又会使气液接触时间缩短，导致脱硫效率降低。试验表明，目前吸收塔内的烟气流速控制在 3.5~4.5m/s 较合理，少数塔形如水平（卧式）塔，其空塔气速可达 9m/s。

烟气进塔温度是一个重要的因素，吸收塔温度降低时，吸收液面上的 SO_2 的平衡分压也降低，有助于气液传质，脱硫效率增加。但温度过低会使 H_2SO_3 与 $CaCO_3$ 或 $Ca(OH)_2$间的反应速度降低，石灰石的溶解速度降低不利于吸收过程。因此，吸收温度不是一个独立可变的因素。

钙硫比（Ca/S）是指注入吸收剂量与吸收 SO_2 量的摩尔比，反应单位时间内吸收剂原料的供给量。通常以浆液中吸收剂的浓度作为衡量度量。在保持浆液量（液气比）不变的情况下，钙硫比增大，注入吸收塔内吸收剂的量也相应增大，引起浆液 pH 值上升，可增大中和反应的速率，增加反应的表面积，使 SO_2 吸收量增加，提高脱硫效率。实践证明，吸收塔的浆液浓度选择在 20%~30%为宜，Ca/S 在 1.02~1.05 之间。

脱硫系统对吸收剂 $CaCO_3$ 原料有一定的要求，首先是其纯度，高纯度的吸收剂将有利于产生优质脱硫石膏，其次是粒度，粒度越小，单位体积的表面积越大，利用率相对较高，有利于脱硫。通常要求吸收剂纯度在 90%以上，粒度控制在 300~400 目。过高的吸收剂纯度和过细的粒度会导致吸收剂制备价格上升，使系统运行成本增加。

脱硫系统的运行状况还受浆液池中石膏过饱和度的影响，当相对饱和度达到某一更高值时，就会形成晶核，同时石膏晶体会在其他物质表面上生长，导致吸收塔浆液池表面结垢。此外，晶体还会覆盖未反应的石灰石颗粒表面，造成反应剂使用效率下降。实验证明：正常运行的脱硫系统过饱和度应控制在 110%~130%。

飞灰在一定程度上阻碍了 SO_2 与脱硫剂的接触，降低了石灰石中 Ca^{2+}的溶解速度，同时飞灰中不断溶出的一些重金属，如 Hg、Mg、Cd、Zn 等离子会抑制 Ca^{2+}与 HSO_3^- 的反应。如果因除尘、除灰设备故障，引起浆液中的粉尘、重金属杂质过多，则会影响石灰石的溶解，导致浆液 pH 值降低，脱硫效率下降。

液滴直径减小，气液接触面积增大，有利于脱硫反应的进行；但减小液滴尺寸势必增大浆液循环系统的阻力，如增大循环泵压头，将使系统的投资运行费用增加。

4.4.3.3 氮氧化物控制技术

根据 NO_x 的产生机理，NO_x 的控制主要有三种方法：燃料脱氮；改进燃烧方式和生产工艺，即燃烧中脱氮；烟气脱硝，即燃烧后 NO_x 控制技术；根据不同目的可分为不同的方法：按照操作特点可分为干法、湿法和干-湿结合法三大类，其中干法又可分为选择性催化还原法（SCR）、吸附法、高能电子活化氧化法等；湿法分为水吸收法、配合吸收法、稀硝酸吸收法、氨吸收法、亚硫酸氨吸收法等；干-湿结合法是催化氧化和相应的湿法结合而成的一种脱硝方法；根据净化原理可分为催化还原法、吸收法和固体吸附法等。燃料脱氮技术至今尚未很好地开发，有待于今后继续研究。下面主要介绍改进燃烧方式和生产工艺脱氮和烟气脱硝。

A 改进燃烧方式和生产工艺脱氮

由氮氧化物（NO_x）形成原因可知，对 NO_x 的形成起决定性作用的是燃烧区域的温度和过量的空气。低 NO_x 燃烧技术就是通过控制燃烧区域的温度和空气量，以达到阻止 NO_x 生成及降低其排放的目的。对低 NO_x 燃烧技术的要求是，在降低 NO_x 的同时，使锅炉燃烧稳定，且飞灰含碳量不超标。目前常用的方法有：

（1）降低过剩空气率。通过减少锅炉的供给空气，尤其是减少燃烧区域的过剩氧分，来抑制 NO_x 的产生。

（2）降低燃烧空气温度。

（3）二次燃烧技术。二次燃烧是将燃烧空气分两个阶段供给，第一阶段在空气比为 1 以下进行燃烧，再在其后的第二阶段补给不足的空气达到完全燃烧。第一阶段的空气量越少，NO_x 的降低效果越好。

（4）烟气再循环技术。将部分燃烧烟气混入燃烧空气中，以降低燃烧空气中 O_2 的浓度来减弱燃烧，从而降低燃烧温度达到减少 NO_x 的目的。

（5）改善燃烧器。根据燃烧器的结构，可以采用推迟燃料与空气的扩散混合；促进燃烧的不均一化；促进火焰的热辐射来抑制 NO_x 的生成。

（6）炉内脱硝法。将在燃烧室内的碳化氢还原生成 NO_x，炉内脱硝分为两个过程。第一过程是用碳化氢还原 NO_x，第二过程是使第一过程中未燃成分完全燃烧。

（7）燃料转换。NO_x 的生成量与燃料的种类有关，一般认为 NO_x 的生成量是固体燃料>液体燃料>气体燃料。将火力发电厂中锅炉的固体燃料液化或气化后使用，能有效降低 NO_x 的生成。

以上这些低 NO_x 燃烧技术在燃用烟煤、褐煤时可以达到国家的排放标准，但是在燃用低挥发分的无烟煤、贫煤和劣质烟煤时还远远不能达到国家的排放标准。需要结合烟气净化技术来进一步控制氮氧化物（NO_x）生成排放。

B 烟气脱硝技术

a 选择性催化还原脱硝（SCR）

SCR（Selective Catalytic Reduction）是由美国 Eegelhard 公司发明，日本率先在 20 世纪 70 年代对该方法实现了工业化。它是利用 NH_3 和催化剂（铁、钒、铬、钴、钼及碱金属）在温度为 200~450℃时将 NO_x 还原为 N_2。NH_3 具有选择性，只与 NO_x 发生反应，基本上不与 O_2 反应。其主要的化学反应如下：

$$4NO + 4NH_3 + O_2 \longrightarrow 4N_2 + 6H_2O$$

$$6NO + 4NH_3 \longrightarrow 5N_2 + 6H_2O$$

$$6NO_2 + 8NH_3 \longrightarrow 7N_2 + 12H_2O$$
$$2NO_2 + 4NH_3 + O_2 \longrightarrow 3N_2 + 6H_2O$$

SCR 法中催化剂的选取是关键。对催化剂的要求是活性高、寿命长、经济性好和不产生二次污染。在以氨为还原剂来还原 NO 时，虽然过程容易进行，铜、铁、铬、锰等非贵金属都可起有效的催化作用，但因烟气中含有 SO_2 尘粒和水雾，对催化反应和催化剂均不利，故采用 SCR 法必须首先进行烟气除尘和脱硫，或者是选用不易受烟气污染影响的催化剂；同时要使催化剂具有一定的活性，还必须有较高的烟气温度。通常是采用 TIO_2 为基体的碱金属催化剂最佳反应温度为 300~400℃。

SCR 工艺一般由还原剂系统、催化反应及烟气系统、辅助及公用系统组成。从还原剂系统制备得到的氨气通过稀释风机至氨/空气混合器，与空气混合后的氨气再氨混合喷射系统送至 SCR 反应器内与烟气中的氮氧化物在催化条件下反应，生成氮气和水，从而达到去除氮氧化物的目的，典型火电厂烟气脱硝工艺流程见图 4-11。

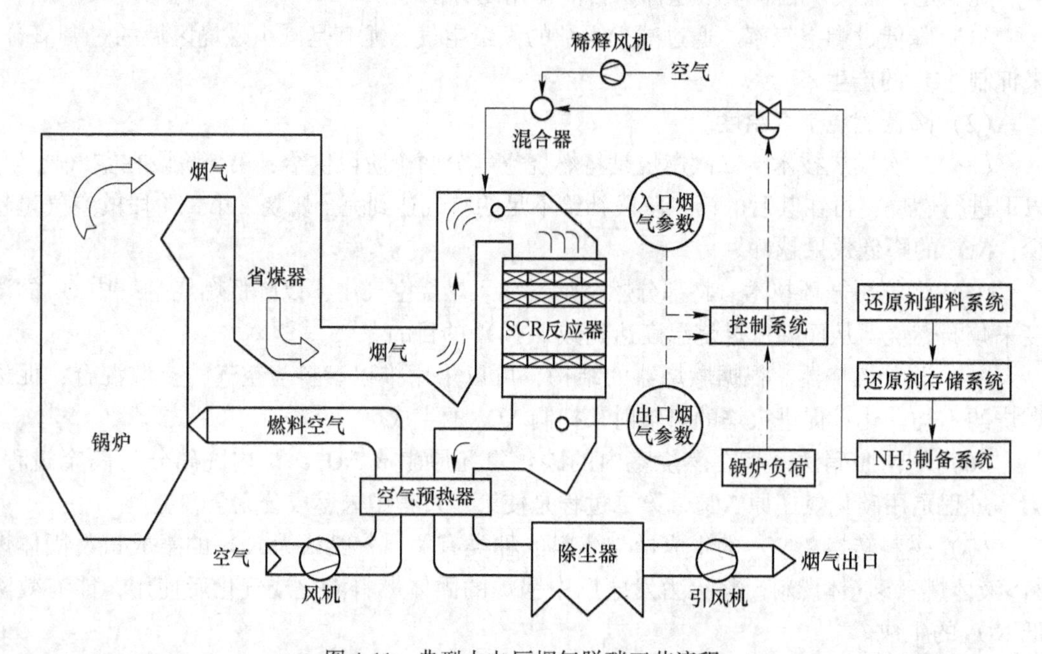

图 4-11　典型火电厂烟气脱硝工艺流程

SCR 工艺可供选择的还原剂包括液氨（NH_3）、尿素 $CO(NH_2)_2$ 及氨水（$NH_3 \cdot H_2O$ 或 $NH_4 \cdot OH$）。（NH_3）可以直接通过蒸发形成气态 NH_3；尿素 $CO(NH_2)_2$，通过热解或水解制备得到气态 NH_3；氨水（$NH_3 \cdot H_2O$ 或 $NH_4 \cdot OH$），通过蒸发后形成气态 NH_3 和气态 H_2O。SCR 反应器是安装催化剂的容器，催化剂一般由 TiO_2、V_2O_5、WO_3、MoO_3 等氧化物组成。催化剂材料从功能上划分，可分为活性成分、载体和辅助材料三部分。催化剂的选择应根据烟气具体工况、飞灰特性、反应器形状、脱硝效率、NH_3 逃逸率、SO_2 转化率、系统压降、使用寿命等条件来考虑。当煤质含硫量高时，可选择二氧化硫转化率低的催化剂，防止对下游设备产生影响；当粉尘含量高时，可选择具有高耐磨损性的催化剂。含有 SO_2 或者 SO_3 的烟气中，应避免使用多孔质氧化铝（矾土）作为催化剂载体，以避免与 SO_2 和 SO_3 作用形成硫酸盐，此时，催化剂载体可选用钛或硅的氧化物作为催化剂载体。

由于受到烟气中的气体条件，粉尘条件和温度条件方面因素的影响，催化剂的活性一般都会随着时间的延长而降低，主要原因包括烟气中成分（碱金属、碱土金属、As、卤素等）使催化剂中毒，降低催化剂的活性；烟气中粉尘对催化剂的冲刷、玷污、堵塞，降低催化剂的活性；温度过高，引起催化剂烧结，使催化剂失活。不同的催化剂有不同的活性温度窗口。一般烟气温度范围控制在320~400℃，过高或过低的温度都会导致催化剂无法正常起到催化作用，致使脱硝效率降低。

为了使催化剂得到充分合理利用，一般根据设计脱硝效率在SCR反应塔中布置2~4层催化剂。工程设计中通常在反应塔底部或顶部预留1~2层备用层空间，即2+1或3+1方案。采用SCR反应塔预留备用层方案可延长催化剂更换周期，一般节省高达25%的需要更换的催化剂体积用量，但缺点是烟道阻力损失有所增大。SCR反应塔一般初次安装2~3层催化剂，当催化剂运行2~3年后，其反应活性将降低到新催化剂的80%左右，氨逃逸也相应增大，这时需要在备用层空间添加一层新的催化剂；在运行6~7年后开始更换初次安装的第1层；运行约10年后才开始更换初次安装的第2层催化剂。

该法的优点是：反应温度较低；净化率高，可达85%以上；工艺设备紧凑，运行可靠，还原后的氮气放空，无二次污染。但也存在一些明显的缺点：烟气成分复杂，某些污染物可使催化剂中毒；高分散的粉尘微粒可覆盖催化剂的表面，使其活性下降；投资与运行费用较高。

b 选择性非催化还原脱硝（SNCR）

选择性非催化还原技术是向烟气中喷氨或尿素等含有NH_3基的还原剂，在高温（900~1000℃）和没有催化剂的情况下，通过烟道气流中产生的氨自由基与NO_x反应，把NO_x还原成N_2和H_2O。在选择性非催化还原中，部分还原剂将与烟气中的O_2发生氧化反应生成CO_2和H_2O，因此还原剂消耗量较大。NH_3做还原剂时，SNCR的总反应方程式如下：

$$4NH_3 + 6NO_2 \longrightarrow 5N_2 + 6H_2O$$

该反应主要发生在950℃的条件下，当温度更高时则可能发生正面的竞争反应：

$$4NH_3 + 5O_2 \longrightarrow 4NO + 6H_2O$$

目前的趋势是用尿素代替NH_3作为还原剂，从而避免因NH_3的泄露而造成新的污染。尿素作为还原剂时，反应式为：

$$(NH_4)_2CO \longrightarrow 2NH_2 + 2CO$$

$$NH_2 + NO \longrightarrow N_2 + H_2O$$

$$CO + NO \longrightarrow N_2 + CO_2$$

实验证明，低于900℃时，NH_3的反应不完全，会造成氨漏失；而温度过高，NH_3氧化为NO的量增加，导致NO_x排放浓度增大，所以SNCR法的温度控制是至关重要的。此法的脱硝效率约为40%~70%，多用作低NO_x燃烧技术的补充处理手段。SNCR技术目前的趋势是用尿素代替氨作为还原剂。

根据SNCR所采用还原剂的不同，SNCR工艺可以分为以尿素为还原剂SNCR工艺、以氨水为还原剂SNCR工艺及以液氨制备氨水为还原剂SNCR工艺，按照其功能包含四种基本设备：存储设备、输送设备、喷射设备、吹扫设备。图4-12给出了喷射尿素的SNCR系统工艺流程。

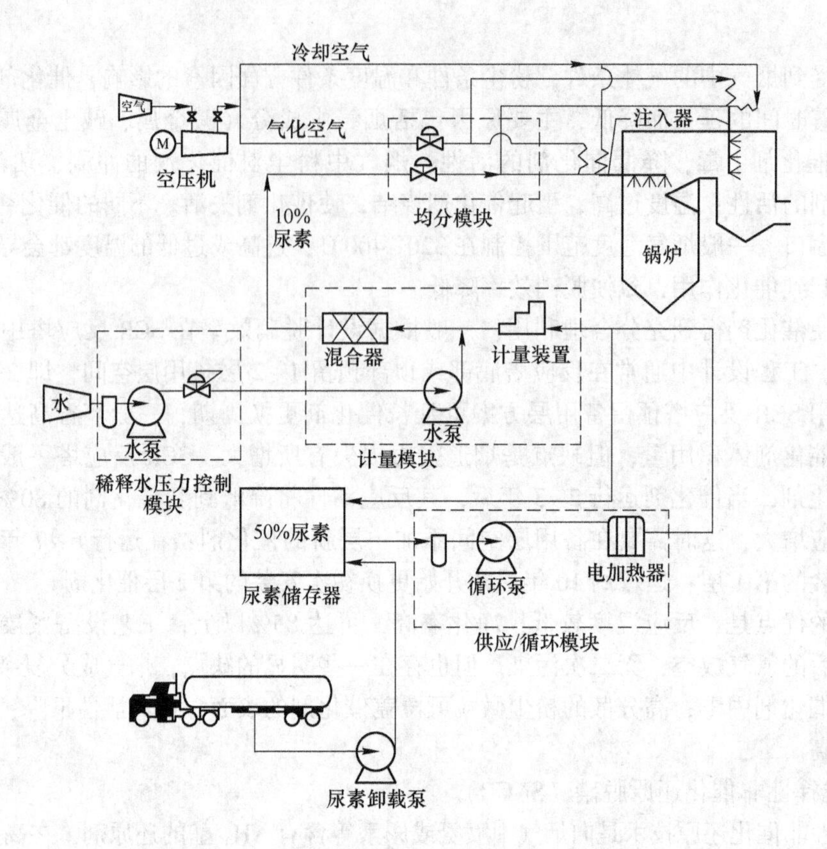

图 4-12　喷射尿素的 SNCR 系统工艺流程

作为还原剂的固体尿素，被溶解制备成质量浓度为45%~55%的尿素溶液，尿素溶液经尿素输送泵输送至计量分配模块之前，与稀释水模块输送过来的水混合，被稀释为8%~12%（质量分数）的尿素溶液，再经过计量分配装置的精确计量分配至每个喷枪，经喷枪喷入炉膛，进行脱氮反应。

还原剂使用尿素，不易燃烧和爆炸，无色无味，运输、储存、使用比较简单安全；挥发性比氨水小，在炉膛中的穿透性好；效果相对较好，脱硝效率高，适合于大型锅炉设备的 SNCR 脱硝工艺。还原剂为液氨的优点是脱硝系统储罐容积可以较小，还原剂价格也最便宜；缺点是氨气有毒、可燃、可爆，储存的安全防护要求高，需要经相关消防安全部门审批才能大量储存、使用；另外，输送管道也需特别处理；需要配合能量很高的输送气才能取得一定的穿透效果，一般应用在尺寸较小的锅炉。若还原剂为氨水的缺点是氨水有恶臭，挥发性和腐蚀性强，有一定的操作安全要求，但储存、处理比液氨简单；由于含有大量的稀释水，储存、输送系统比氨系统要复杂；喷射刚性，穿透能力比氨气喷射好，但挥发性仍然比尿素溶液大，应用在墙式喷射器的时候仍然难以深入到大型炉膛的深部，因此一般应用在中小型锅炉上；对于附近有稳定氨水供应源的循环流化床锅炉多使用氨水作为还原剂。

需要注意的是喷氨量要和 NO_x 浓度匹配，不可喷入过多的还原剂，否则造成多余的氨逃逸，在尾部烟道和水结合成腐蚀性物质，造成空气预热器低温腐蚀，还会在烟囱内产生羽毛状的析出物。SNCR 系统运行控制的关键输入参数有两个，是烟囱内测点测量的 NO_x 排放数据和锅炉负荷数据。喷射的还原剂的量是烟气中 NO_x 浓度值和锅炉负荷的函数。

4.4.3.4 脱硫脱硝超低排放技术

《火电厂大气污染物排放标准》（GB 13223—2011）进一步降低了燃煤电厂大气污染物的排放限值。2014 年 9 月，国家发展改革委、环保部和国家能源局三部委联合颁发了《煤电节能减排升级与改造行动计划（2014～2020 年）》，要求东部地区新建燃煤机组排放基本达到燃气轮机组污染物排放限值，即在基准氧含量 6%条件下，SO_2、NO_x 排放浓度分别不高于 35mg/m³、50mg/m³。对中部和西部地区及现役机组也提出了要求。国内火力发电集团纷纷提出了“超净排放”“近零排放”“超低排放”“绿色发电”等概念和要求，同时不断规范燃煤电厂超低排放烟气治理工程技术方法，从而达到脱硫脱氮超低排放标准要求。

A 二氧化硫超低排放控制技术

针对二氧化硫超低排放的要求，传统的石灰石—石膏湿法脱硫工艺，在采取增加喷淋层、均化流场技术、高效雾化喷嘴、性能增效环或增加喷淋密度等技术措施的基础上，进一步开发出新技术来提高脱硫效率。这些技术主要包括 pH 值分区脱硫技术、复合塔脱硫技术等。

pH 值分区脱硫技术是通过加装隔离体、浆液池等方式对浆液实现物理分区或依赖浆液自身特点（流动方向、密度等）形成自然分区，以达到对浆液 pH 值的分区控制，完成烟气 SO_2 的高效吸收。目前工程应用中较为广泛的 pH 值分区脱硫技术包括单/双塔双循环、单塔双区、塔外浆液箱 pH 值分区等。

复合塔脱硫技术是在吸收塔内部加装托盘或湍流器等强化气液传质组件，烟气通过持液层时气液固三相传质速率得以大幅提高，进而完成烟气 SO_2 的高效吸收。目前工程应用中较为广泛的复合塔脱硫技术有托盘塔和旋汇耦合等。

石灰石—石膏湿法脱硫是应用最广泛的脱硫工艺，技术最为成熟，其应用市场占比已超过 90%，随着超低排放技术的发展其脱硫效率不断提高。对于煤粉炉，由于炉内没有进行脱硫，除非是特低硫煤燃料，其他脱硫工艺较难满足 SO_2 超低排放的要求，一般应采用石灰石—石膏湿法脱硫工艺，针对不同入口 SO_2 浓度，为了能够满足超低排放的目标要求，可参考表 4-12 选择适当石灰石—石膏湿法脱硫技术。

表 4-12 石灰石—石膏湿法脱硫技术选择原则

脱硫系统入口 SO_2 浓度/mg·m^{-3}	脱硫效率/%	石灰石—石膏湿法脱硫工艺技术选择
≤1000	≤97	可选用传统空塔喷淋提效，pH 值分区和复合塔技术
≤3000	≤99	可选用 pH 值分区和复合塔技术
≤6000	≤99.5	可选用 pH 值分区和复合塔技术中的湍流器持液技术
≤10000	≤99.7	可选用 pH 值分区技术中 pH 值物理强制分区双循环技术的和复合塔技术中的湍流器持液技术

B 氮氧化物超低排放控制技术

火电厂 NO_x 控制技术主要有两类：一是控制燃烧过程中 NO_x 的生成，即低氮燃烧技术；二是对生成的 NO_x 进行处理，即烟气脱硝技术。烟气脱硝技术主要有 SCR、SNCR 和 SNCR/SCR 联合脱硝技术等。

随着超低排放的提出，对于煤粉锅炉仍采用“低氮燃烧+选择性催化还原技术（SCR）”，但需要通过以下措施降低 NO_x 排放，最终实现 NO_x 达到 50mg/m^3。

（1）炉内部分：主要采取低氮燃烧器配合还原性气氛配风系统，降低 SCR 入口 NO_x 浓度。

（2）炉外部分：则是进一步增加催化剂填装层数或是更换高效催化剂，系统脱硝效率可达到 80%~90%以上。

根据锅炉出口 NO_x 浓度确定 SCR 脱硝系统的脱硝效率和反应器催化剂层数，表 4-13 给出 SCR 脱硝工艺设计原则。

表 4-13 SCR 脱硝工艺设计原则

锅炉出口 NO_x 浓度/mg · m^{-3}	SCR 脱硝效率/%	SCR 脱硝反应器催化剂层数
≤200	80	可按 2+1 层设计
200~350	80~86	可按 3+1 层设计
350~550	86~91	可按 3+1 层设计

对于循环流化床锅炉由于其低温燃烧特性，炉内初始 NO_x 浓度较低，而尾部旋风分离器则为喷氨提供了良好的烟气反应温度和混合条件，因此 SNCR 脱硝是首选脱硝工艺，具有投资省，运行费用低的优点。根据工程设计和实际运行情况，对于挥发分较低的无烟煤、贫煤，炉内初始 NO_x 浓度一般可控制在 150mg/m^3 以下，此时采用 SNCR 脱硝即可实现 NO_x 的超低排放；但对于挥发份较高的烟煤、褐煤，炉内初始 NO_x 浓度控制指标一般为小于 200mg/m^3，此时除了加装 SNCR 脱硝装置外，可在炉后增加一层 SCR 脱硝催化剂，以稳定可靠实现 NO_x 的超低排放。

思考与练习题

4-1 简述大气污染源及分类。

4-2 简述什么是一次污染物和二次污染物？举例说明。

4-3 简述主要的大气污染物有哪些？分析其来源及对环境产生的危害。

4-4 简述分析说明颗粒物的形成、种类及与粒径的关系。

4-5 简述燃烧过程中，NO_x 的生成机理及类型。

4-6 什么是温室效应？主要温室气体有哪些？温室效应对人类的影响及减缓全球变暖的应对措施有哪些？

4-7 简述消耗臭氧层的物质种类及臭氧层破坏的主要危害。

4-8 简述酸雨的形成原因及危害，针对我国酸雨问题防治的主要措施。

4-9 简述光化学烟雾形成机制及危害。

4-10 简述燃煤电厂主要大气污染物及我国对燃煤电厂大气污染物排放标准要求。

4-11 说明燃煤火力发电大气污染防治主要技术，并分析各技术特点及影响因素。

4-12 说明燃煤火力发电厂烟气脱硫脱硝超低排放标准要求及控制技术措施。

5 电力能源生产与水环境问题

5.1 水 资 源

5.1.1 水资源与水循环

地球上的水资源，从广义上来说是指水圈内的水量总体。由于海水难以直接利用，因而我们所说水资源主要指陆地上的淡水资源。即具有一定数量和可用质量能从自然界获得补充并可利用的水。地球的储水量虽然很丰富，共有 14.5 亿立方千米之多，72%的面积被水覆盖。但实际上，能够被人类利用的淡水资源却少之又少。这主要是因为地球上 97.5%的水是咸水（其中 96.53%是海洋水，0.94%是湖泊咸水和地下咸水），又咸又苦，不能饮用，不能灌溉，也很难在工业应用，能直接被人们生产和生活利用的水少得可怜，仅有 2.5%的淡水。而在淡水中，将近 70%冻结在南极和格陵兰的冰盖中，其余的大部分是土壤中的水分或是深层地下水，难以供人类开采使用。江河、湖泊、水库及浅层地下水等来源的水较易于开采供人类直接使用，但其数量不足世界淡水的 1%，约占地球上全部水的 0.007%。地球各种水的比例如图 5-1 所示。

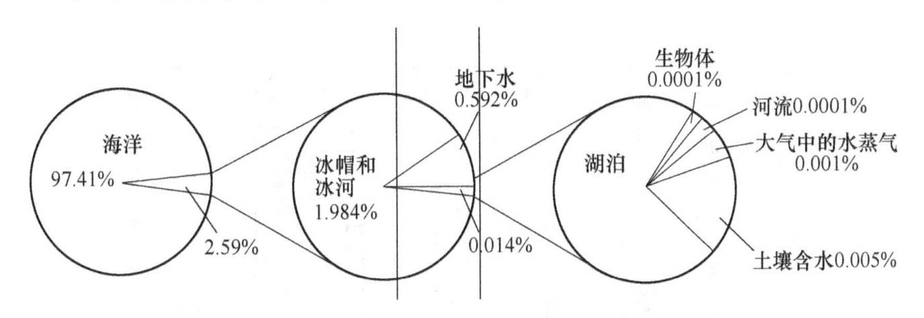

图 5-1 地球各种水的比例

地球表面的水在太阳辐射能和地心引力的相互作用下，通过蒸发、降水、渗透及径流，不断循环往复，即水循环。人类和万物处于水循环（主要是陆地水循环）的环境中，水的循环在地球上起到输送热量和调节气候的作用，对地球环境的形成、演化和人类生存都有重大的作用与影响，同时人类活动也会影响水循环的过程。

天然水循环可分为小循环和大循环，小循环——是指由海洋表面蒸发的水汽，又以降水形式落入海洋，或者由大陆表面（包括陆地水体表面、土面及植物叶面等）蒸发的水气，仍以降水形式落回陆地表面。这种发生在局部范围内的水循环过程称为小循环。大循环——则是由海洋表面蒸发的水汽，随气流带到大陆上空，形成降水落回地面，再通过径流（地表的及地下的）返回海洋的过程，这种发生在海陆之间的循环过程称为大循环。由于存在水循环，天然水体才能得以更替，使水成为一种可更新的资源。同时使水存在的形式多样，分布广泛。天然水体更替周期见表5-1。

表5-1 天然水体更替周期

水体	冰川	海洋	地下水	湖泊	沼泽	河川水	大气水	土壤水	生物水
周期	9700a	2500a	100~1400a	17a	5a	8d	8d	1d	几小时

科学家们又据此把水资源分为静态水资源和动态水资源。静态水资源包括：冰川、内陆湖泊、深层地下水，循环周期长，更新缓慢，一旦污染，短期内不易恢复。动态水资源包括河流水、浅层地下水，循环快、更新快，交替周期短，利用后短期即可恢复。陆地水体从运动更新的角度看，以河流水最为重要，与人类的关系最密切。河流水具有更新快，循环周期短的特点。在开发利用水资源过程中，应当充分考虑各种水体的循环周期和活跃程度，合理开发以防止由于更替周期长或补给不及时，造成水资源的枯竭。

5.1.2 水资源的分布

5.1.2.1 世界水资源分布特点

陆地淡水资源主要来自降雨，水资源总量是指降水所形成的地表和地下的产水量，即河川径流量（不包括外来水量）和降水入渗补给量之和，河川径流量为降水量与蒸发量之差，在衡量某区域水资源丰缺程度时往往会以此为指标。由于地球水资源分布在时间和空间上不均衡，世界每年约有65%的水资源集中在不到10个国家中，而占世界总人口40%的80个国家却严重缺水，从图5-2中可以看出亚洲的径流量最多，南美洲次之，大洋洲最少。

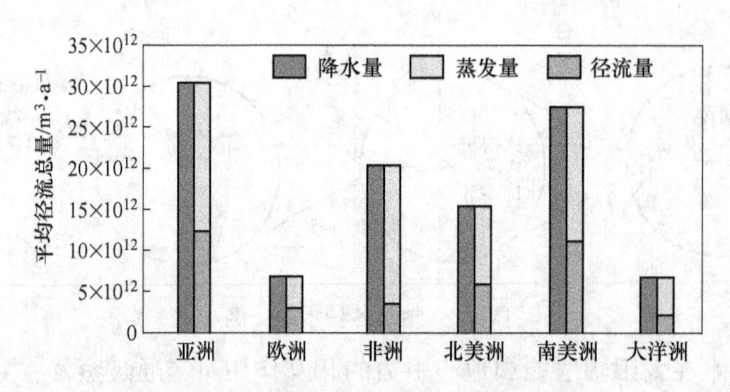

图5-2 各大洲多年平均径流总量

从表5-2看出世界各国径流总量上巴西最多，俄罗斯次之，我国居世界第六。从人均径流量看：加拿大最多，其次是巴西，而我国只有世界平均的1/4左右。国际公认的缺水标准分为四个等级：人均水资源低于3000m^3，为轻度缺水；人均水资源低于2000m^3，为中度缺水，人均水资源低于1000m^3，为重度缺水；人均水资源低于500m^3，为极度缺水。用这个标准来衡量，目前许多国家处于重度缺水，如肯尼亚每人每年只有600m^3。有的甚至为极度缺水国，如约旦仅有300m^3。联合国预测到2025年，将有一大批国家年人均水量低于1000m^3，陷入重度缺水。

表 5-2 世界各国径流总量

国家	径流/亿立方米	占世界总量/%	人均径流量/$m^3 \cdot 人^{-1}$
巴西	51912	11.0	43700
俄罗斯	40000	8.5	27000
加拿大	31220	6.7	129600
美国	29702	6.3	12920
印度尼西亚	28113	6.0	19000
中国	27115	5.8	2632
印度	17800	3.7	2450
世界	468700	100	10340

5.1.2.2 我国水资源特征

据《2017 年中国水资源公报》给出，我国水资源总量为 28761.2 亿立方米。其中地表水资源量 27746.3 亿立方米，地下水 8309.6 亿立方米，地下水与地表水资源不重复量为 1014.9 亿立方米。全国水资源总量占降水总量 45.7%，平均单位面积产水量为 30.4 万立方米。我国位于太平洋西岸，受温带大陆性气候和季风气候影响，我国水资源呈现地区和时程变化两大特征。降水量从东南向西北递减，东南地区年平均降水量 1600mm，而西北内陆只有 50mm；降水量的时间分布也不均匀：我国大部分降水分布在5~9月，涝灾时有发生；而春冬季气候干燥，易发生旱灾。水资源分布的不均，为水资源的合理利用带来困难。

中国目前有 16 个省（区、市）人均水资源量（不包括过境水）低于严重缺水线，有 6 个省、区（宁夏、河北、山东、河南、山西、江苏）人均水资源量低于 500m^3，即极度缺水。就人均水资源量区域分布而言，全国各省市之间“贫富差距”更为明显。2017 年西藏地区人均水资源量为 142311.3m^3，居全国之首，青海地区人均水资源量为 13188.9m^3，广西地区人均水资源量为 4912.1m^3，云南地区人均水资源量为 4602.4m^3，新疆地区人均水资源量为 4206.4m^3，海南地区人均水资源量为 4165.7m^3。而河北宁夏、上海、北京、天津等地区人均水资源量不足 200m^3，其中天津地区人均水资源量仅为 83.4m^3。总体看我国水资源的特点是：

（1）总量多，人均水资源低于世界水平。我国水资源人均占有量 2200m^3，约为世界人均占有量的四分之一，在世界银行连续统计的 153 个国家中居第 110 位。北方地区水资源人均占有量只有 990m^3，不到世界人均的八分之一。

（2）地区分布不均，水土资源分布不平衡。我国降水量的分布呈现自东南向西北递减的趋势，所以我国水资源的空间分布具有南多北少、东多西少的特点，水资源在地区分布不均，进一步加剧了水紧张状态；按流域划分，我国水资源共可分为 10 个主要流域，分别是松花江、辽河、海河、淮河、黄河、长江、珠江、东南诸河、西南诸河、西北诸河流域。根据 2004~2008 年我国各流域水资源分布表，我国水资源主要分布在长江流域、西南诸河、珠江流域、东南诸河和西北诸河流域，2008 年上述五大流域的水资源总量之和占我国水资源总量的 88%，其中长江流域水资源总量最大，占我国水资源总量的 34.48%。从国土面积与水资源比例看，长江流域及其以南地区国土面积只占全国的 36.5%，其水资源量占全国的 81%；淮河流域及其以北地区的国土面积占全国的 63.5%，其水资源量仅占全国水资源总量的 19%。

全国平均每公顷耕地径流量为 2.8 万立方米。长江流域为全国平均 1.4 倍，珠江流域为全国平均值的2.42倍，黄淮流域为全国平均的20%，辽河流域为全国平均值的29.8%，海滦河流域为全国平均值的13.4%。黄、淮、海滦河流域的耕地占全国的36.5%，径流量仅为全国的7.5%，长江及其以南地区耕地只占全国的36%，而水资源总量却占全国的81%。

（3）年内、年际变化大。我国大部分地区是季风气候，降水集中在夏秋多，冬春少；年际变化大水土流失严重，河流含沙量大，我国平均每年被河流带走的泥沙约35亿吨，年平均输沙量大于1000万吨的河流有115条，其中以黄河为最。黄河多年平均输沙量为16亿吨，黄河水平均含沙量为37.6kg/m^3，居世界之冠，长江水含沙量也有增无减，以至有人警告要保护长江流域植被，否则长江有成为第二条黄河的危险，河流含沙量大会造成湖库淤积，河道淤塞，使水利设施寿命降低，洪灾频繁，泥沙也加重水污染。1998年长江洪灾原因中就有上游植被破坏、水土流失和中游河道、湖泊泥沙淤积等因素。

5.1.3 水资源存在问题及解决措施

水资源是人类生产和生活不可缺少的自然资源，也是生物赖以生存的环境资源，随着水资源危机的加剧和水环境质量不断恶化，水资源短缺已演变成世界备受关注的资源环境问题之一。我国水源短缺和水源污染问题，已成为全球最严重的地区。

5.1.3.1 我国的主要水资源问题

由于水资源短缺与过度开发及水污染问题加剧，目前城镇供水安全保障面临严峻挑战。中国的水资源非常有限，分布又极端不均，主要集中在云南、西藏、青海等西部地方，而七大河川中的五大河流都严重受污染。在先天不足而又后天残缺的问题下，高速城市化又需要消耗大量水资源，这为水资源带来更巨大的压力。目前中国六百多个城市的污水处理率已达45.7%，但还有近三百个城市没有污水处理厂，绝大多数的镇没有污水处理厂，地下水污染严重；不少城市已建的污水处理设施运行状况不佳，污水处理的监管机制亟待建立。

同时，我国还存在十分严重的水资源浪费的现象。农业是水资源的浪费大户。目前在我国，“土渠输水、大水漫灌”的农业灌溉方式仍在普遍沿用，灌溉用水一半在输水过程中渗漏损失了，耕地自然降水利用率只有45%左右。因为现有用水设施技术落后，目前我国工业万元产值用水量为103m^3，日本只有6m^3。我国工业用水的重复利用率仅为55%左右，而发达国家平均为75%~85%。城市居民生活用水不讲节约、铺张浪费的现象也十分严重，我国多数城市水资源实际漏失率全国平均数应在30%以上，仅城市便器水箱漏水一项每年就损失上亿立方米。

5.1.3.2 解决我国水资源问题基本措施

解决我国水资源短缺和水污染问题的焦点有三个：开源、节流、治污。

（1）开源。在一个国家里决定水资源总量，天然因素占了绝对的成分。解决一个地区、一个城市的水资源短缺问题，在开源方面有两个思路：一是实施远距离调水，筑坝蓄水；二是寻求新的水源包括污水资源化、海水（苦咸水）淡化等。积极推动污水再生利用、雨水收集利用以及海水综合利用，从而增加实际“可用”的水资源量，这是真正意义上的开源。如何在尽量减少对自然的干预和扰动的条件下，增加可用的水资源量，需要政府各部门、各行业和科研院校的合作与努力。实际上，调水并没有开发新的水源，只是对水资源存量的重新配置，这种重新配置可以在不得已的情况下采用。

（2）节流。从全局上说，节约用水主要体现在三大部分：一是农业用水，二是工业用水，三是城市居民用水。概括地说，节约用水要重点解决以下问题：即用水主体观念上的革新和重视，节约用水习惯的养成，技术进步和设备改造更新，用水价格调节作用的发挥等等。在这些方面上，政府、企业单位、居民必须形成良好的互动关系。农业用水是中国水资源消耗最大的产业部门，农业用水的集约化、科学化，对解决中国水资源短缺意义十分重大，而这有赖于农业灌溉方式的变革和种植结构的调整。工业节水，一与国民经济布局相关，资源缺乏地区不上高耗水项目。二与推动企业技术进步和设备改造相关，科学利用工业循环水，大力提倡清洁生产和污水资源化。目前可将经处理的工业废水作为低质水源，用于火力发电厂的冷却水、炼铁高炉冷却水、石油化工企业中一些敞开式循环水等，在石油开采中回用水还可用作油井注入水；生活污水含有大量氮、磷等营养物质，而重金属、农药等有毒有害物质浓度较低，可用于农田灌溉；处理后的污水还可用于地下水回灌，用于养殖水生生物，用作不与人体直接接触的水源、旅游水和景观水等。三与水价密切相关，定额加价是基本手段。这些方面与政府的决策密切相关，已经成为城市节约用水部门和相关管理部门互相配合开展工作的重要组成部分。城市居民节水，主要与城市居民的节约用水观念和习惯，与水价的高低和构成有关。另外，与城市规划、建筑物的构造、城市水系统的管理和维护、城市水处理单位的运营绩效等也很有关系。目前，阶梯水价已经在越来越多的城市发挥杠杆调节作用。城市供水管网漏损控制得到国务院的高度重视，建设部对城市供水管网漏损的控制做了明确规定和要求，城市供水企业正在积极行动。要把建立节水型农业、节水型工业、节水型社会作为全社会的共同目标。

（3）治污。工业污染、居民生活用水污染、农业污染是中国水污染的三大主体。2015年，国务院颁布并实施《水污染防治行动计划》，针对全国十大水系水污染问题，全面展开水污染治理工作。狠抓工业污染防治，全部取缔不符合国家产业政策的小型造纸、制革、印染、染料、炼焦、炼硫、炼砷、炼油、电镀、农药等严重污染水环境的生产项目，专项整治十大重点行业，集中治理工业集聚区水污染，强化经济技术开发区、高新技术产业开发区、出口加工区等工业集聚区污染治理。集聚区内工业废水必须经预处理达到集中处理要求，方可进入污水集中处理设施；强化城镇生活污染治理，敏感区域（重点湖泊、重点水库、近岸海域汇水区域）城镇污水处理设施应于2017年年底前全面达到一级A排放标准。建成区水体水质达不到地表水Ⅳ类标准的城市，新建城镇污水处理设施要执行一级A排放标准。按照国家新型城镇化规划要求，到2020年，全国所有县城和重点镇具备污水收集处理能力，县城、城市污水处理率分别达到85%、95%左右。全面加强配套管网建设，强化城中村、老旧城区和城乡结合部污水截流、收集。现有合流制排水系统应加快实施雨污分流改造，难以改造的，应采取截流、调蓄和治理等措施。新建污水处理设施的配套管网应同步设计、同步建设、同步投运。除干旱地区外，城镇新区建设均实行雨污分流，有条件的地区要推进初期雨水收集、处理和资源化利用。污水处理设施产生的污泥应进行稳定化、无害化和资源化处理处置，禁止处理处置不达标的污泥进入耕地；推进农业农村污染防治，防治畜禽养殖污染，科学划定畜禽养殖禁养区。控制农业面源污染，制定实施全国农业面源污染综合防治方案。推广低毒、低残留农药使用补助试点经验，开展农作物病虫害绿色防控和统防统治。实行测土配方施肥，推广精准施肥技术和机具。完善高标准农田建设、土地开发整理等标准规范，明确环保要求，新建高标准农田要达到相关环保要求。敏感区域和大中型灌区，要利用现有沟、塘、窖等，配置水生植物群落、格栅和透水坝，建设生态沟渠、污水净化塘、地表径流集蓄池等设施，净化农田排水及地表径流。调整种植业结构与布局，在缺水地区试行退地减水。地下水易受污染地区要优先种植需肥需药量低、环境效益突出的农作物。地表水过度开发和地下水超采问题较严重，且农业用水比重较大的甘肃、新疆（含新疆生产建设兵团）、河北、山东、河南等五省（区），要适当减少用水量较大的农作物种植面积，改种耐旱作物和经济林。加快农村环境综合整治，以县级行政区域为单元，实行农村污水处理统一规划、统一建设、统一管理，有条件的地区积极推进城镇污水处理设施和服务向农村延伸。深化“以奖促治”政策，实施农村清洁工程，开展河道清淤疏浚，推进农村环境连片整治。

解决中国水资源短缺和污染问题是一个巨大的系统工程，事关中国可持续发展的大局，涉及自然、社会、环境诸多因素，把握存在的主要问题，水利、环保、农业、城建等各部门团结协作，才能取得最后的胜利。

5.2 天然水与水质指标

5.2.1 天然水体及分类

天然水体是地表水圈的重要组成部分，一般是指河流、湖泊、沼泽、水库、地下水、海洋的总称，它不仅包括水，还包括水中溶解物质、悬浮物、底泥、水生生物等，是一个完整的生态系统或完整的综合自然体。在水环境污染的研究，区分“水”与“水体”的概念十分重要。例如重金属污染物易于从水中转移到底泥中，水中重金属的含量一般都不高，若着眼于水，似乎未受污染，但从水体看，可能受到较严重的污染，使该水体成为长期的初生污染源。

水体可以按类型分区，也可以按区域分区。按类型分区时可以分为海洋水体和陆地水体；陆地水体又可分成地表水体（地面水体）和地下水体。地表水包括海洋、湖泊、江河、水库、沼泽、冰地和冰川等。地下水分为潜水和承压水。按区域划分的水体，是指某一具体的被水覆盖的地段。如太湖、洞庭湖、鄱阳湖是三个不同的水体，但按陆地水体类型划分，它们属于湖泊；又如长江、黄河、珠江，它们同为河流，而按区域划分，则分属三条水系。

5.2.2 天然水的组成

在自然界中，完全纯净的天然水是不存在的，天然水在循环过程中不断地与环境中的各种物质相接触，并且或多或少地溶解它们，所以，天然水是一种化学成分十分复杂的溶液，包含可溶性物质（如盐类、可溶性有机物和可溶气体等）、胶体物质（如硅胶、腐殖酸、黏土矿物胶体物质等）和悬浮物（如黏土、水生生物、泥沙、细菌、藻类等）。通过分析，发现天然水中含有的物质几乎包括元素周期表中所有的化学元素。现分以下几类进行介绍。

5.2.2.1 可溶性物质

溶解在天然水中的各种离子见表5-3。

表5-3 溶解在天然水中的各种离子

类别	阳离子	阴离子	浓度范围
Ⅰ	Na^+、K^+、Ca^{2+}、Mg^{2+}	HCO_3^-、Cl^-、SO_4^{2-}、NO_3^-	几毫克每升~几万毫克每升
Ⅱ	NH^{4+}、Fe^{2+}、Mn^{2+}	F^-、NO_3^-、CO_3^{2-}	0.1mg/L~几毫克每升
Ⅲ	Cu^{2+}、Zn^{2+}、Ni^{2+}	HS^-、BO^{2-}、NO^{2-}、Br^-、I^-、HPO_4^{2-}、$H_2PO_4^-$	小于0.1mg/L

其中以第Ⅰ类最为常见，K^+、Na^+、Ca^{2+}、Mg^{2+}、HCO_3^-、NO_3^-、Cl^-和SO_4^{2-}，俗称水中“八大离子”，占天然水中离子总量的95%~99%。在外观上，含有这些杂质的水与无杂质的清水没有区别。含盐量较低的天然水中，钙离子通常占阳离子的首位。天然水中的Ca^{2+}主要来自地层中的石灰石和石膏（$CaSO_4 \cdot 2H_2O$）的溶解。$CaCO_3$的溶解度很小，但当水中含有CO_2时，易转化为溶解度较大的$Ca(HCO_3)_2$。Mg^{2+}主要来源于含CO_2的水溶解了地层中的白云石（$MgCO_3CaCO_3$）。白云石的溶解度和石灰石相似。天然水中的K^+和Na^+统称为碱金属离子，其盐易溶于水。碱金属离子主要是岩石和土壤中盐的溶解带来的。Na^+的变化幅度很大，从基本为0到上万毫克每升；K^+的含量一般远低于Na^+。由于二者特性相近，通常合在一起测定。HCO_3^-是天然水中主要的阴离子之一，多数是水中溶解的CO_2和碳酸盐反应后产生的。天然水中都含氯离子，Cl^-是氯化合物溶解产生的，一般淡水中Cl^-浓度为10mg/L到数百毫克每升。一般氯化合物溶解度很大，随着河流或地下水带入海洋，海水中的Cl^-浓度可达18000mg/L，内陆咸水湖中Cl^-浓度高达150000mg/L。天然水中的SO_4^{2-}主要来自矿物盐的溶解（如$CaSO_4 \cdot 2H_2O$）或有机物的分解。NO_3^-有可能来自它的盐类的溶解，但主要是有机物的分解。铁是天然水中常见杂质。地表水中溶解氧充足，主要以Fe^{3+}形态存在，为氢氧化铁沉淀物或者胶体微粒。沼泽水中铁可被腐植酸等有机物吸附或配合称为有机铁化合物。天然水中硅酸来源于硅酸盐矿物的溶解。硅是地球上第二种含量丰富的元素，硅酸（H_4SiO_4）又称可溶性二氧化硅，其基本形态是单分子的正硅酸（H_4SiO_4），可以电离出$H_3SiO_4^-$、$H_2SiO_4^{2-}$等。天然水中硅酸浓度从约6mg/L到120mg/L。当浓度较高、pH值较低时，单分子硅酸可以聚合成多核配合物、高分子化合物甚至胶体微粒。水中硅酸通常以SiO_2(mg/L)计算，地下水中的硅酸的浓度高于地表水。

5.2.2.2 可溶性气体

由于同大气接触，天然水中还会溶解CO_2、O_2、H_2S、SO_2、NH_3等气体。多数天然水中都溶有CO_2气体，主要是水体或土壤中的有机体在进行生物氧化分解时的产物。深层地下水有时含有大量CO_2，是石油的地球化学过程产物。大气中的CO_2可溶于水，浓度一般为0.5~1mg/L。地表水中溶解的CO_2一般不超过20~30mg/L，地下水中为15~40mg/L，不超过150mg/L。某些矿泉水，CO_2浓度可达数百毫克每升。水中的溶解氧主要来源于空气，其次是水生生物的光合作用释放的氧。常温时，水中溶解氧的含量约为8~14mg/L。在藻类繁殖的水中，溶解氧可达到饱和状态。海水中含盐量较高，溶解氧含量较低，约为淡水的80%。地表水中很少含有硫化氢，特殊地质环境中的地下水，有时含有大量的硫化氢。

5.2.2.3　胶体

胶体颗粒主要是细小的泥砂、矿物质等无机物和腐殖质等有机物，是许多分子和离子的集合体。由于这些微粒的表面积很大，有很强的吸附性，表面常因吸附离子而带电。同类胶体因带相同电荷相斥，在水中不能互相结合形成更大的颗粒，因此以微小胶体颗粒稳定存在于水中。这些胶体主要是腐殖质以及铁、铝、硅等的化合物。

5.2.2.4　悬浮物

悬浮物主要是泥砂类、黏土等无机质，以及动植物生存过程中产生的腐殖质等有机质。它们颗粒较大，水静止时，密度较小的悬浮物浮于水面，密度较大的则下沉。

5.2.2.5　无机杂质

天然水中的无机杂质主要是溶解性的离子、气体及悬浮性的泥砂。溶解离子有Ca^{2+}、Mg^{2+}、Na^{+}等阳离子和HCO_3^-、SO_4^{2-}、Cl^-等阴离子。离子的存在使天然水表现出不同的含盐量、硬度、pH值和电导率等特性，进而表现出不同的理化性质。泥砂的存在则使水变得浑浊。

5.2.2.6　有机杂质

天然水中的有机物与水体环境密切相关。一般常见的有机杂质为腐殖质类，以及一些蛋白质等。腐殖质是土壤的有机组分，是植物与动物残骸在土壤分解过程中的产物，属于亲水的酸性物质，相对分子质量在几百到数万之间。腐殖质本身一般对人体无直接的毒害作用，但其中的大部分种类可以与其他化合物发生作用，因而具有危害人体健康的潜能。例如，腐殖酸与氯反应会生成有致癌作用的三氯甲烷。

5.2.2.7　生物（微生物）杂质

这类杂质包括原生动物、细菌、病毒、藻类等。它们会使水产生异臭异味，增加水的色度、浊度，导致各种疾病等。

5.2.3　天然水的性质

5.2.3.1　碳酸平衡

CO_2在水中形成酸，可与岩石中的碱性物质发生反应，并可通过沉淀反应变为沉积物而从水中除去。在水和生物体之间的生物化学交换中，CO_2占有独特的地位，溶解的碳酸盐化合态与岩石圈、大气圈进行均相、多相的酸碱反应和交换反应，对于调节天然水的pH值和组成起着重要作用。

在水体中存在着CO_2、H_2CO_3、HCO_3^-和CO_3^{2-}等四种化合态，常把CO_2和H_2CO_3合并为H_2CO_3。因此，水中H_2CO_3、HCO_3^-、CO_3^{2-}体系可用下面的反应表示：

$$CO_2 + H_2O \longrightarrow H_2CO_3$$

$$H_2CO_3 \longrightarrow HCO_3^- + H^+$$

$$HCO_3^- \longrightarrow CO_3^{2-} + H^+$$

5.2.3.2　天然水中的碱度和酸度

碱度（alka-linity）是指水中能与强酸发生中和作用的全部物质，亦即能接受质子H^+

的物质总量。组成水中碱度的物质可以归纳为三类：（1）强碱，如 NaOH、$Ca(OH)_2$ 等，在溶液中全部电离生成 OH^-离子；（2）弱碱，如 NH_3、C_6H_5等，在水中部分发生反应生成 OH^-离子；（3）强碱弱酸盐，如各种碳酸盐、重碳酸盐、硅酸盐、磷酸盐、硫化物和腐殖酸盐等，它们水解时生成 OH^-或者直接接受质子 H^+。弱碱及强碱弱酸盐在中和过程中不断继续产生 OH^-离子，直到全部中和完毕。

和碱相反，酸度（acidity）是指水中能与强碱发生中和作用的全部物质，亦即放出 H^+或经过水解能产生 H^+的物质的总量。组成水中酸度的物质也可归纳为三类：（1）强酸，如 HCl、H_2SO_4、HNO_3 等；（2）弱酸，如 CO_2、H_2CO_3、H_2S、蛋白质以及各种有机酸类；（3）强酸弱碱盐，如 $FeCl_3$、$Al_2(SO_4)_3$ 等。

5.2.3.3 天然水体的缓冲能力

天然水体的 pH 值一般在 6~9 之间，而且对某一水体，其 pH 值几乎保持不变，这表明天然水体具有一定的缓冲能力，是一个缓冲体系。一般认为，各种碳酸化合物是控制水体 pH 值的主要因素，并使水体具有缓冲作用。但最近研究表明，水体与周围环境之间发生的多种物理、化学和生物化学反应，对水体的 pH 值也有着重要的作用。但无论如何，碳酸化合物仍是水体缓冲作用的重要因素。因而，人们时常根据它的存在情况来估算水体的缓冲能力。

5.2.4 几种典型水体的水质特点

受水体流经地区的地形地貌、地质条件以及气候条件的影响，地表水的水质差异较大。一些流经森林、沼泽地带的天然水中腐殖质含量较高；流域的地表植被不好、水土流失严重，会使水的浊度较高且变化大。天然水体的水质因流域特征、受人类扰动程度等存在较大差异。因地域的自然条件差异，地表水水质差别很大。即使同一条河流，也常因上游和下游、季节、气候等时空不同水质存在差异。

5.2.4.1 河流水

江河水的含盐量和硬度都较低。含盐量一般在 70~900mg/L 之间，硬度（以 $CaCO_3$ 计）通常在 50~400mg/L 之间。中南、西南与华东地区土质和气候条件较好，草木丛生，水土流失较少，江河水的浊度较低，年均浊度为 100~400NTU 或更低。东北地区河流的悬浮物含量不大，浊度一般在数百浊度单位以下。而西北和华北地区的河流，尤其是黄土地区，悬浮物变化大，含量高，暴雨时携带大量泥砂，在短短几小时内悬浮物可由几毫克每升骤增到几万毫克每升。冬季黄河水浊度只有几十 NTU，夏季悬浮物含量高达几万毫克每升甚至几十万毫克每升。由江河水补给的湖泊、水库水，水质特征与江河水类似。因为湖泊、水库水的流动性较小，经过长期自然沉淀，一般浊度较低。水的透明度高、流动性小，为水中的浮游生物，特别是藻类的生长创造了有利条件，尤其是排入的生活污水等中的氮、磷为浮游生物的生长提供了充分的营养源。

5.2.4.2 湖泊、水库

由于湖泊、水库的蒸发水面较大，水中矿物质不断浓缩，一般含盐量和硬度较江河水高。湖泊、水库水的富营养化已成为严重的水源污染问题。我国滇池、太湖蓝藻爆发就是典型的案例。

5.2.4.3　海水

海水以含盐量高为特征，含量最多的是氯化钠，质量分数约占83.7%，其他盐类还有$MgCl_2$、$CaSO_4$等。地下水通常较少受到外界影响，一般终年水质水温稳定。

5.2.4.4　地下水

经过地层的过滤作用，地下水中基本没有悬浮物。水在通过土壤和岩层时溶解了其中的可溶性矿物质，相对而言其含盐量、硬度等比地表水要高。含盐量一般为100~500mg/L，硬度（以$CaCO_3$计）通常在100~500mg/L。北方地区地下水的Ca^{2+}、Mg^{2+}及重碳酸盐含量高于南方地下水，因而北方地区地下水大多为硬度高的结垢型的水；而南方地区地表水中的Cl^-、SO_4^{2-}含量高于北方地区，水的腐蚀性较强。地下水中的铁以Fe^{2+}形态存在，是Fe^{3+}化合物缺氧时经生物化学作用转化为Fe^{2+}进入地下水的。含铁地下水是透明的，但它与空气接触后，Fe^{2+}容易被氧化而转化变成Fe^{3+}，生成氢氧化铁胶体等。当含铁量超过1mg/L时就会呈现黄褐色混浊状态。锰的特性与铁相近，但在天然水中的含量要比铁少得多。水中的锰常以Mn^{2+}形态存在，其氧化反应比铁要困难且进行缓慢，也有以胶体状态存在的有机锰化合物。

受到人类活动影响，水体中所含的物质种类、数量、结构均与天然水质有所不同。以天然水中所含的物质作为背景值，可以判断人类活动对水体的影响程度，以便及时采取措施，提高水体水质，使之朝着有益于人类的方向发展。

5.2.5　水质指标

水质指标是指水样中除去水分子外所含杂质的种类和数量，它是描述水质状况的一系列标准。水质指标分为物理指标、化学指标、生物指标、放射性指标（总α射线、总β射线、铀、镭、钍等）。

5.2.5.1　物理性水质指标

A　温度

水温影响水的化学反应、生化反应及水生生物的生命活动，改变可溶性盐类、有机物及溶解氧在水中的溶解度，影响水体自净及其速率，细菌等微生物的繁殖与生长能力。

B　色度

水中含有不同矿物质、染料、有机物等杂质而呈现不同颜色，凭此可初步对水质做出评价，色度对人的感官性状及观瞻有重要影响。

C　浊度

浊度表示水中含有胶体和悬浮状态的杂质，引起水的浑浊的程度。浊度较高，除表示水中含有较多的直接产生浊度的无机胶体颗粒外，可能含有较多吸附在胶体颗粒上和直接产生浊度的高分子有机污染物；重要的是，包埋在胶体颗粒内部的病原微生物，由于颗粒物质的保护能够增强抵御消毒能力，影响消毒效果，增加了微生物风险。控制饮用水的浊度，不仅改观水的感官性状，而且在毒理学和微生物学上意义重大。

D 臭与味

饮用水中的异臭、异味是由原水、水处理或输水过程中微生物污染和化学污染引起的，是水质不纯的表现。水中的某些无机物会产生一定的臭和味，如硫化氢、过量的铁锰等。但大多数饮用水中异臭、异味是由水源水中的藻类引起的。同时饮用水消毒中所投加的氯等消毒剂，本身会产生一定的氯味，并可以同水中的一些污染物质反应，产生氯酚等致臭物质。

E 悬浮物

悬浮物的确切含义是不可滤残渣，为水样中0.45μm滤膜截留物质的重量（105℃烘干）。对于给水处理，悬浮物主要反映水中泥砂含量。因为，饮用水中颗粒物的含量已经很低，常用浊度表示。对于一般的水源水和给水处理过程中的水，悬浮物与浊度的关系大致上是1NTU的浊度对应于1mg/L的悬浮物。

F 电导率

水中溶解性盐类都以离子态存在，具导电能力。测定水的电导率可了解水中溶解性盐类的含量。通常的自来水含盐量从几百至1000mg/L左右，测得的电导率为100～1000S/cm。

5.2.5.2 水质的化学性指标

化学性水质指标，包括一般的化学性水质指标，有机物水质指标，其他指标，下面对一些常用水质指标的简要说明。

A 一般的化学性水质指标

（1）pH值：一般天然水体的pH值为6.0～8.5。其测定可用试纸法、比色法、电位法。试纸法虽简单，但误差较大；比色法用不同的显色剂进行，比较不方便；电位法用一般酸度计。

（2）硬度：水的总硬度指水中钙、镁离子的总浓度。其中包括碳酸盐硬度，即通过加热能以碳酸盐形式沉淀下来的钙、镁离子，故又叫暂时硬度。非碳酸盐硬度，即加热后不能沉淀下来的那部分钙、镁离子，又称永久硬度。碳酸盐硬度和非碳酸盐硬度之和称为总硬度；水中钙离子的含量称为钙硬度；水中镁离子的含量称为镁硬度；当水的总硬度小于总碱度时，两者之差，称为负硬度；

（3）碱度：碱度是指水中能与强酸发生中和反应的全部物质，即水接受质子的能力，包括各种强碱、弱碱和强碱弱酸盐、有机碱等。

B 有机物水质指标

水体中有机物种类繁多，组成复杂，难以分别对其进行定量、定性分析。因此，一般不对它们进行单项定量测定，而是利用其共性，用某种指标间接地反映其总量或分类含量。在实际工作中，常用下列指标来表示水中有机物的含量，即化学需氧量（COD）、生物化学需氧量（BOD）、总有机碳（TOC）、总需氧量（TOD）及溶解氧（DO）。

（1）化学需氧量。化学需氧量（chemical oxygen demand，COD）指用化学氧化剂氧化水中有机污染物时所需的氧量，以每升水消耗氧的质量表示（mg/L）。COD值越高，表示水中有机污染物污染越重。目前常用的氧化剂主要是高锰酸钾和重铬酸钾。高锰酸钾法（简记COD_{Mn}），适用于测定一般地表水。重铬酸钾法（简记COD_{Cr}）对有机物反应较完全，适用于分析污染较严重的水样。目前，国际标准化组织（ISO）规定，化学需氧量指COD_{Cr}，而称COD_{Mn}为高锰酸盐指数。化学需氧量所测定的内容范围是不含氧的有机物和含氧有机物中碳的部分，实际上是反映有机物中碳的耗氧量。另外，化学需氧量不仅氧化了有机物，而且对各种还原态的无机物（如硫化物、亚硝酸盐、氨、低价铁盐等）亦具氧化作用。

（2）生物化学需氧量。生物化学需氧量简称生化需氧量（bio-chemical oxygen demand，BOD）。BOD表示水中有机物经微生物分解时所需的氧量，用单位体积的污水所消耗的氧量（mg/L）表示。BOD越高，表示水中需氧有机物质越多。有机物经微生物氧化分解的过程一般可分为两个阶段：第一阶段为碳化阶段，主要是有机物被转化成为二氧化碳、水和氨；第二阶段为硝化阶段，主要是氨被转化为亚硝酸盐和硝酸盐。因为微生物的活动与温度有关，一般以20℃作为测定的标准温度。当温度为20℃时，一般生活污水中的有机物需要20天左右才能完成第一阶段的氧化分解过程，在实际工作中是有困难的。为了使测定结果有可比性，通常采用在20℃的条件下培养5天，作为测定生化需氧量的标准时间，简称5日生化需氧量，用BOD_5表示。

（3）总有机碳和总需氧量。总需氧量（total oxygen demand，TOD）是指水中被氧化的物质（主要是有机碳氢化合物，含硫、含氮、含磷等化合物）燃烧变成稳定的氧化物所需的氧量。总有机碳（total organic carbon，TOC）是指水中所有有机污染物质中的碳含量，耗氧过程是高温燃烧氧化过程，即把有机碳氧化成二氧化碳，然后测得所产生二氧化碳的量，就可算出污水中有机碳的量。TOC和TOD这两个指标均可用仪器快速测定，几分钟可完成。由于用BOD和COD两个指标反映不出难以分解的有机物的含量，加上测定BOD和COD都比较费时间，不能快速测定水体被需氧有机物污染的程度，国内外正在提倡用TOC和TOD作为衡量水质有机物污染的指标。在水质状况基本相同的情况下，BOD_5与TOC或TOD之间存在一定的相关关系。特别是TOC和TOD与BOD之间，通过实验建立相关，则可快速测定出TOC，从而推算出其他有机物污染指标。

（4）溶解氧（dissolved oxygen，DO）。水中溶解氧的量，常用DO表示。水中的溶解氧是水生生物生存的基本条件，一般含量低于4mg/L时鱼类就会窒息死亡。溶解氧高，适于微生物生长，水体自净能力强。水中缺乏溶解氧时，厌氧细菌繁殖，水体发臭。有时溶解氧是判断水体是否污染和污染程度的重要指标。

C 其他化学指标

（1）植物营养素。植物营养素主要是含氮及磷的化合物，包括氨氮、总氮、凯氏氮、亚硝酸盐、硝酸盐以及磷酸盐等。氨氮在水中以离子态（NH_4^+）及非离子态（NH_3）存在，NH_3对水中鱼类毒性最大。凯氏氮（TKN）为氨氮与有机氮之和。亚硝酸盐是氨氮经氧化得到。硝酸盐是由亚硝酸盐进一步氧化产生的。水中氨氮、有机氮、亚硝酸盐氮及硝酸盐氮的总和称为总氮。总磷包括正磷酸盐（如PO_4^-、HPO_4^-、$H_2PO_4^-$）；缩合磷酸盐，包括焦磷酸盐、偏磷酸盐及聚合磷酸盐。

（2）无机非金属化合物。无机非金属化合物主要有砷（As）、氰化物、氟化物等。在水中砷多以三价和五价形态存在（AsO_3^{3-}、AsO_4^{3-}）。三价砷化物比五价砷化物对哺乳类动物及水生生物的毒性作用更大；氰化物（CN^-）包括HCN、KCN、NaCN、氰络化物和有机氰化物，氰化物对人体及水生动物有剧毒作用。水中氟化物含量高易引起氟中毒，如氟骨症、氟斑釉齿等。

（3）重金属。重金属主要指汞、镉、铅、镍、铬等，是人体健康及保护水生生物毒理学的水质指标。汞、镉的毒性较大，铅对人体具有积累性毒性，甲基汞毒性更剧。铬有三价铬和六价铬，水中六价铬毒性最大，大于三价铬的100倍。

5.2.5.3 微生物学指标

微生物学指标常以指示菌来表征，如细菌总数、总大肠菌群和耐热大肠菌群（又称粪大肠菌）等。总大肠菌群和耐热大肠菌群是判断水体受到粪便污染程度的直接指标，加上水中细菌总数指标，除了可指示微生物的污染状况外，还常用来判定水的消毒效果。合格的饮用水中不应含有致病微生物或生物。

5.2.5.4 放射性指标

人类实践活动可能使环境中的天然辐射强度有所提高，特别是核能的发展和同位素技术的应用，可能构成放射性物质对水环境的污染。必须对饮用水中的放射性指标进行常规监测和评价。一般规定总 α 放射性和总 β 放射性的参考值，当这些指标超过参考值时，需进行全面的核素分析以确定饮用水的安全性。

5.3 水体污染与典型水污染问题

5.3.1 水体污染

水环境污染是全球关注的主要环境问题之一。随着我国经济的快速发展，工农业开发、城市扩张等活动使水污染物的种类和来源呈复杂化的趋势，不仅对流域水环境造成了极大危害，也增加了水污染防治的难度。

当污染物进入河流、湖泊、海洋或地下水等水体后，其含量超过了水体的自净能力，使水质和底质的物理、化学性质或生物群落组成发生变化，从而降低了水体的使用价值和使用功能的现象，称作水体污染。

水体污染的类型，从卫生学角度，可分为化学性污染、物理性污染和生物性污染；从化学性质划分，可分为无机无毒物质、无机有毒物质、有机无毒物质、有机有毒物质、病原体污染等类型；环境工程学基本上是根据污染物质或能量（如热污染）所造成的各类型环境问题以及不同的治理措施，将水体污染类型分为病原体污染、需氧物质污染、植物营养物质污染、石油污染、有毒化学物质污染、盐污染、热污染和放射性污染；按水体划分污染类型分为河流污染、湖泊（水库）污染、海洋污染、地下水污染等。

5.3.2 水体污染源

水污染源是造成水域环境污染的污染物发生源。通常是指向水域排放污染物或对水环境产生有害影响的场所、设备和设置。按污染物的来源可分为天然污染源和人为污染源两大类。人为污染源按人类活动的方式可分为工业、农业、生活、交通等污染源；按污染物种类的不同，可分为有机、无机、热、放射性、重金属、病原体等的污染源以及同时排放多种污染物的混合污染源；按排放污染物空间分布方式的不同，可分为点、线、面污染源。识别水体污染物的来源并对其定量估算，是有针对性实施流域污染治理及研究，细化流域减排政策的重要依据。下面按人类活动的方式简述主要污染源产生的废水的特点。

5.3.2.1 工业废水污染源

工业废水污染源排放的工业废水一般分可为两大类，第一类是直接排放自生产过程的废水。例如，排放自生产工艺过程、洗涤过程、冲洗设备和车间地板废水。这类水在使用过程中与原料、设备、半成品、药剂或成品直接接触，废水中必然挟带大量杂质。这类废水污染较严重，危害较大，可称为生产污水，是水污染防治的主要对象。第二类工业废水，又称为洁净废水，主要来自工业企业中的间接冷却水系统，因为水在使用过程中未直接接触上述介质，其水质相当洁净，只是水温略有升高。这类废水应尽量循环使用。

生产污水特点是水质和水量因生产工艺和生产方式的不同而差别很大。如电力、矿山等部门的废水主要含无机污染物，而造纸和食品等工业部门的废水，有机物含量很高，BOD_5（五日生化需氧量）常超过2000mg/L，有的达30000mg/L。即使同一生产工序，生产过程中水质也会有很大变化，如氧气顶吹转炉炼钢，同一炉钢的不同冶炼阶段，废水的pH值可在4~13之间，悬浮物可在250~25000mg/L之间变化。

工业废水的另一特点是：除间接冷却水外，都含有多种同原材料有关的物质，而且在废水中的存在形态往往各不相同，如氟在玻璃工业废水和电镀废水中一般呈氟化氢（HF）或氟离子（F^-）形态，而在磷肥厂废水中是以四氟化硅（SiF_4）的形态存在；镍在废水中可呈离子态或配合态。这些特点增加了废水净化的困难。

工业废水的水量取决于用水情况。冶金、造纸、石油化工、电力等工业用水量大，废水量也大，如有的炼钢厂炼1t钢出废水200~250t。但各工厂的实际外排废水量还同水的循环使用率有关。例如循环率高的钢铁厂，炼1t钢外排废水量只有2t左右。

5.3.2.2　*生活污染源*

生活污染源主要是城市生活中使用的各种污水混合液，包括厨房、洗涤室、浴室、集体单位公用事业排出的污水，多为无毒的无机盐类，生活污水中主要成分为纤维素、淀粉、糖、蛋白、脂肪、尿素氮。生活污水的腐败有机物，排入水体之后，微生物分解这些有机物时需消耗水中的氧，水中的溶解氧低于4mg/L时鱼便难以生存，缺氧严重时，厌氧菌乘机活动，分解有机物产生硫化氢，硫化氢遇到金属离子立即发黑，使河水黑臭。生活污水中含有氮、磷等基本元素的简单分子及其他营养物，排入水体后，使某些浮游生物和藻类大量繁殖，其结果也减低了水中氧的含量，出现富营养化，造成鱼类等的死亡。

5.3.2.3　*农业污染源*

农业污染源是指由于农业生产而产生的水污染源，一是有机质、植物营养物及病原微生物含量高，二是农药、化肥含量高。我国是世界上水土流失最严重的国家之一，每年表土流失量约50亿吨，致使大量农药、化肥随表土流入江、河、湖、库，随之流失的氮、磷、钾营养元素，使2/3的湖泊受到不同程度富营养化污染的危害，造成藻类以及其他生物异常繁殖，引起水体透明度和溶解氧的变化，从而致使水质恶化。

5.3.3　水体中主要污染物

水体污染物是指造成水体水质、水中生物群落以及水体底泥质量恶化的各种有害物质（或能量）。影响水体的污染物种类繁多，大致可以从物理、化学、生物等方面将其划分为几类。物理方面主要是影响水体的颜色、浊度、温度、悬浮物含量和放射性水平等的污染物；化学方面主要是排入水体的各种化学物质，包括有无机无毒物质（酸、碱、无机盐类等）、无机有毒物质（重金属、氰化物、氟化物等）、耗氧有机物及有机有毒物质（酚类化合物、有机农药、多环芳烃、多氯联苯、洗涤剂等）；生物方面主要包括污水排放中的细菌、病毒、原生动物、寄生蠕虫及藻类大量繁殖等。

5.3.3.1 物理性污染

物理性污染是指污水排入水体后，改变水体的物理特性，使水体浊度增高，悬浮物增加，出现多种颜色，水面漂浮泡沫、油膜等的现象。

A 悬浮物质污染

悬浮物质是指水中含有的不溶性物质，包括固体物质和泡沫等。它们是由生活污水、垃圾和一些工农业生产活动和采矿、采石、建筑、食品、造纸等产生的废物泄入水中或农田的水土流失所引起的。悬浮物质影响水质外观，妨碍水中植物的光合作用，减少氧气的溶入，对水生生物不利。如果悬浮颗粒上吸附一些有毒有害的物质，则更是有害。

B 热污染

来自热电厂、原子能发电站及各种工业过程中的冷却水，若不采取措施，直接排入水体，可能引起水温升高，溶解氧含量降低。水内存在的某些有毒物质的毒性增加。危害鱼类及水生生物的生长，此称为热污染。

C 放射性污染

大多数水体（特别是海洋）中在自然状态下都含有极微量的天然放射性物质，如钾40、铷87、铀238以及镭、氡等。20世纪四十年代以后，由于原子能工业的发展，放射性矿藏的开采、核爆炸的试验、核电站的建立以及同位素在医药、工业、研究等领域中的应用，使放射性废水、废物显著增加，其中对人体健康有重要意义的放射性物质有锶90、铯137、碘131等。

5.3.3.2 化学性污染

A 无机无毒物质

无机无毒物质主要指排入水体中的酸、碱及一般的无机盐类。酸性废水是pH值小于6的废水，主要来自冶金、金属加工、石油化工、化纤、电镀等企业排放的废水；碱性废水是pH值大于9的废水，主要来自造纸、制革、炼油、石油化工、化纤等行业。酸碱废水进入水体会破坏自然中和作用，使水体的pH值发生变化，影响水生生物的正常生长，使水体自净功能下降。酸碱废水渗入土壤，会破坏土壤的理化性质，造成土壤的酸化或碱化，影响农作物正常生长。水体酸性化还会对船舶、桥梁及其他水上建筑物造成损害。

酸、碱污染物不仅能改变水体的pH值，而且可大大增加水中的一般无机盐类和水的硬度，因酸碱中和可产生某些盐类，酸、碱与水体中的矿物相互作用也产生某些盐类。水中无机盐的存在能增加水的渗透压，对淡水生物和植物生长有不良影响。世界卫生组织国际饮用水标准规定水中无机盐总量最大合适值是500mg/L，极限值是1500mg/L。对农业用水来说，一般以低于500mg/L为好。用于灌溉生长在干旱区的耐盐性作物时，可溶盐总量可以高到2000~9000mg/L。

酸碱废水必须进行适当的处理，使废水的pH值处于6~9之间，方能排放到受纳水体，酸碱废水常用中和法处理。处理含酸废水时，常用碱或碱性氧化物为中和剂；处理碱性废水则以酸或酸性氧化物为中和剂。对于中和处理，首先考虑以废治废的原则，将酸性废水与碱性废水互相中和，或者用废碱渣中和酸性废水，用烟道气中和酸性废水。

B 无机有毒物质

无机有毒物质具有强烈的生物毒性，它们排入天然水体，常会影响水中生物，并可通过食物链危害人体健康。这类污染物都具有明显的累积性，可使污染影响持久和扩大。根据物质的性质，无机有毒污染物主要包括重金属离子、氰化物和氟化物等。

重金属是指比重大于或等于5.0的金属，在自然界分布非常广泛，重金属在自然环境的各部分均存在着本底含量，在正常的天然水中含量均很低，如汞的含量介于0.001～0.1mg/L之间，铬含量小于0.01mg/L，在河流和淡水湖中铜的含量平均为0.02mg/L，钴为0.0043mg/L，镍为0.001mg/L。

重金属污染物主要指汞、镉、铅、铬、“类金属”砷等生物毒性显著的元素，还包括具有一定的毒性的一般重金属，如锌、铜、镍、钴、锡等。汞、镉、铅、铬、砷，俗称重金属“五毒”，这些重金属在水中不能被分解，人饮用后毒性放大，与水中的其他毒素结合生成毒性更大的有机物。

（1）汞污染。天然水中含汞极少，一般不超过0.1μg/L。国家规定饮用水汞含量不超过0.001mg/L。水体汞的污染主要来自生产汞的厂矿、有色金属冶炼以及使用汞的生产部门排出的工业废水，如仪表厂、食盐电解、贵金属冶炼、化妆品、照明用灯、齿科材料、燃煤、水生生物等。尤以化工生产中汞的排放是主要污染来源。汞具有很强的毒性，进入水体的无机汞离子可转变为毒性更大的有机汞，由食物链进入人体，更容易被吸收和积累。正常人血液中的汞小于5～10μg/L，尿液中的汞浓度小于20μg/L。人的致死剂量为1～2g，主要是血液中的金属汞进入脑组织后，逐渐在脑组织中积累，引起乏力、动作失调、精神混乱甚至死亡，另外汞离子转移到肾脏，引起全身中毒作用，如果急性汞中毒，会诱发肝炎和血尿。汞浓度0.006～0.01mg/L可使鱼类或其他水生动物死亡，浓度0.01mg/L可抑制水体的自净作用。

（2）镉污染。工业含镉废水的排放，大气镉尘的沉降和雨水对地面的冲刷，都可使镉进入水体。镉是水迁移性元素，除了硫化镉外，其他镉的化合物均能溶于水。在水体中镉主要以Cd^{2+}状态存在。进入水体的镉还可与无机和有机配位体生成多种可溶性配合物。

镉主要来源有电镀、采矿、冶炼、燃料、电池和化学工业等排放的废水；废旧电池中镉含量较高、也存在于水果和蔬菜中，尤其是蘑菇，在奶制品和谷物中也有少量存在。镉不是人体的必要元素，国家规定饮用水镉含量不容许超过0.005mg/L。正常人血液中的镉浓度小于5μg/L，尿中小于1μg/L。镉的毒性很大，可在人体内积蓄，镉进入人体后，主要累积于肝、肾和脾脏内。能引起骨节变形，腰关节受损，有时还引起心血管病。镉能够取代骨中钙，使骨骼严重软化，骨头寸断，会引起胃脏功能失调，干扰人体和生物体内锌的酶系统，导致高血压症上升。易受害的人群是矿业工作者、免疫力低下人群；镉浓度为0.2～1.1mg/L可使鱼类死亡，浓度为0.1mg/L时对水体的自净作用有害。水中含镉0.1mg/L时，可轻度抑制地面水的自净作用，镉对白鲢鱼的安全浓度为0.014mg/L，用含镉0.04mg/L的水进行灌溉时，土壤和稻米受到明显污染，农灌水中含镉0.007mg/L时，即可造成污染。

（3）铅污染。由于人类活动及工业的发展，几乎在地球上每个角落都能检测出铅。矿山开采、金属冶炼、汽车废气、燃煤、油漆、涂料等都是环境中铅的主要来源。天然水中铅主要以Pb^{2+}状态存在。国家规定饮用水铅含量不容许超过0.01mg/L，人体内正常的铅含量应该在0.1mg/L，如果含量超标，容易引起贫血，损害神经系统。铅可以通过皮肤、消化道、呼吸道进入体内与多种器官亲和，主要毒性效应是贫血症、神经机能失调和肾损伤，易受害的人群有儿童、老人、免疫低下人群。如摄取铅量每日超过0.3~1.0mg，就可在人体内积累，而幼儿大脑受铅的损害要比成人敏感得多，一旦血铅含量超标，应该采取积极的排铅毒措施。儿童可服用排铅口服液或借助其他产品进行排铅；铅对鱼类的致死浓度为0.1~0.3mg/L，铅浓度0.1mg/L时，可破坏水体自净作用；铅对水生生物的安全浓度为0.16mg/L，用含铅0.1~4.4mg/L的水灌溉水稻和小麦时，作物中铅含量明显增加。

(4) 铬污染。铬污染主要来源于劣质化妆品原料、皮革制剂、金属部件镀铬部分，工业颜料以及鞣革、橡胶和陶瓷原料等。如误食饮用，可致腹部不适及腹泻等中毒症状，引起过敏性皮炎或湿疹，呼吸进入，对呼吸道有刺激和腐蚀作用，引起咽炎、支气管炎等。水污染严重地区居民，经常接触或过量摄入者，易得鼻炎、结核病、腹泻、支气管炎、皮炎等。国家规定饮用水六价铬含量不容许超过0.05mg/L。

(5) 砷污染。砷污染是指由砷或其化合物所引起的环境污染，天然水中砷可以H_3AsO_4、$H_2AsO_4^-$、$HAsO_4^{2-}$、AsO_4^{3-}等形态存在。元素砷的毒性较低，砷化物均有毒性，三价砷化合物比其他砷化合物毒性更强。砷和含砷金属的开采、冶炼，用砷或砷化合物作原料的玻璃、颜料、原药、纸张的生产以及煤的燃烧等过程，都可产生含砷废水。砷不是人体的必需元素，但是由于所处环境中含有砷而成为人和动、植物的构成元素。淡水砷含量背景值0.2~230μg/L，平均为0.5μg/L；海水为3.7μg/L。中国规定饮用水中砷最高容许浓度为0.04mg/L，地表水包括渔业用水为0.04mg/L，砷是传统的剧毒物，As_2O_3即砒霜，对人体有很大毒性。长期饮用含砷的水会慢性中毒，主要表现是神经衰弱、腹痛、呕吐、肝痛、肝大等消化系统障碍，并常伴有皮肤癌、肝癌、肾癌、肺癌等发病率增高现象。

(6) 氰化物。氰化物特指带有氰基（CN）的化合物，最常见的氰化物是氰化钠（NaCN）、氰化钾（KCN）和氰化氢（HCN）。天然的地面水，一般不含氰化物，如发现有氰化物，一般是人类活动引起的。水体中的氰化物主要来源于工业企业排放的含氰废水，如电镀废水、焦炉和高炉的煤气洗涤冷却水、化工厂的含氰废水，以及选矿废水等。氰化物是剧毒物质，可经人体皮肤、眼睛或胃肠道迅速吸收。一般人只要误服0.1g左右的氰化钾或氰化钠便立即死亡。含氰废水对鱼类有很大毒性，当水中CN^-含量达0.3~0.5mg/L时，鱼可死亡，世界卫生组织定出鱼中毒限量为游离氰0.03mg/L；氰化物是国家有严格管制要求的化学品，生活饮水中氰化物不许超过0.05mg/L；地面水中最高容许浓度0.1mg/L。

水体对氰化物有较强的自净作用，天然水体中氰化物的净化过程主要有两个途径：一是挥发排出，即通过下述反应转变为可挥发的氰酸：

$$CN^- + CO_2 + H_2O \longrightarrow HCN + HCO_3^-$$

该过程可以占到水体对氰化物总净化量的90%左右，另一过程是氧化分解：

$$2CN^- + O_2 + 微生物 \longrightarrow 2CNO^-$$

$$CNO^- + 2H_2O \longrightarrow NH_4^+ + CO_3^{2-}$$

$$NH_4^+ \longrightarrow 进一步氧化成亚硝酸盐$$

在一般天然水条件下，微生物氧化过程所造成氰的自净量只占水体对氰化物总自净量的10%左右，夏季（温度高，光照良好）微生物氧化过程的自净量可以达到30%左右。

（7）氟化物。氟广泛存在于自然水体中，人体各组织中都含有氟，但主要积聚在牙齿和骨筋中。适当的氟是人体所必需的，过量的氟对人体有危害，氟离子会与血液中的钙离子结合，生成不溶的氟化钙，从而进一步造成低血钙症。由于钙对神经系统至关重要，其浓度的降低可以是致命的。相比之下氟化氢更加危险，因为它具有腐蚀性和挥发性，因此可通过吸入或皮肤吸收而进入人体，造成氟中毒。氟化钠对人的致死量为6~12g，饮用水含2.4~5mg/L则可出现氟骨症。我国规定饮用水中氟浓度小于1.0mg/L。

C 有机无毒物

有机无毒物主要指需氧有机物。这些有机物在分解过程中需要消耗大量的氧，故又称为需氧污染物。天然水中的需氧有机物一般是水生生物生命活动产物；人为需氧有机物主要来自生活污水和食品、造纸、制革、印染、石化等工业废水，其中含有的糖类、蛋白质、油脂、氨基酸、脂肪酸、酯类等都属于需氧有机物。它们易于生物降解，向稳定的无机物转化有氧条件下，在好氧微生物作用转化为二氧化碳和水等稳定物质，在一般情况下，分解1分子（162g）碳水化合物需要消耗6分子（192g）氧，即

$$C_6H_{10}O_5 + 6O_2 \longrightarrow 6CO_2 + 5H_2O$$

在无氧条件下，在厌氧微生物作用下进行转化，降解的产物主要为CH_4、CO_2等稳定化合物，同时也有硫化氢、硫醇等气体产生。

未经污染天然水的生化需氧量绝大部分在1~2mg/L之间。生活污水和工业废水是需氧有机物的主要来源。目前国外不少城市的生活污水已达600L/(天·人)。未经处理的生活污水的生化需氧量为300~500mg/L。而工业废水中需氧有机物含量更高，一些工业废水和城市污水中的BOD_5、COD含量监测见表5-4。

表5-4 一些工业废水和城市污水中的BOD_5、COD含量

废水种类	$BOD_5/mg \cdot L^{-1}$	$COD/mg \cdot L^{-1}$
油页岩石油厂	—	700~7000
焦化厂	1420~2070	5245~7778
造纸厂	—	2077~2767
皮革厂	220~2250	—
腈纶生产	1495	4516
印染厂	350	1100
化纤厂	230	319
城市污水	38~207	395~828

有机污染物的组成非常复杂，衡量有机污染的程度，最好进行有机污染的全分析，但十分困难。除规定的有毒有机污染物外，一般只测定有机污染综合指标来定量地反映水质有机污染程度。有机污染综合指标主要有：溶解氧（DO）间接反映水体受有机物污染的状况。生化需氧量（BOD）是间接表示水体中可被生物降解的有机物含量的指标。化学需氧量（COD）是表征水中能被强氧化剂氧化分解的有机物含量的参数。总有机碳

（TOC）是以水样中的含碳量来表示有机物含量的，总需氧量（TOD）表示水中含 C、N、H、S、P、M（金属）的有机物完全氧化生成稳定无机氧化态的需氧量。

虽然需氧有机污染物没有毒性，但其在水中含量过多时，会大量消耗水中的溶解氧，从而影响鱼类和其他水生生物的正常活动。需氧有机物是造成水体污染的一类比较普遍的污染物之一。

D 有机有毒物

这一类物质多属于人工合成的有机物质，主要包括酚类化合物、有机农药、多环芳烃、多氯联苯、表面活性剂等，这些有机物往往含量低，毒性大，异构体多，毒性大小差别悬殊。

（1）酚类化合物。水体中酚的来源主要是冶金、煤气、炼焦、石油化工、塑料等工业排放的含酚废水。由于各工业的原料、工艺、产品不同，各种含酚废水的浓度、成分、水量都有较大的差别。焦化厂含酚废水量大（按经验系数酚水量为 0.35m^3/吨煤），水质成分复杂、含酚量高，如回收氨工段的出水含挥发酚可达 1600~3600mg/L，含不挥发酚可达 300~500mg/L。城市煤气站含酚废水分高浓度和低浓度两种。前者主要来自煤气初冷器集气管的冷凝水，后者主要来自煤气终冷塔，如上海某煤气厂前者含挥发酚 2300~3000mg/L，含不挥发酚 70~2000mg/L，后者含挥发酚 40~60mg/L，含不挥发酚 10~20mg/L。石油加工厂含酚废水的主要特征是含酚量低，通常为 50mg/L 左右。另外，粪便和含氮有机物的分解过程中也产生少量酚类化合物，所以城市生活污水也是酚污染物的来源。

水体遭受酚污染后严重影响水产品的产量和质量。水体中的酚浓度低时能影响鱼类的洄游繁殖，酚浓度为 0.1~0.2mg/L 时鱼肉有酚味，浓度高时引起鱼类大量死亡，甚至绝迹。酚有毒性，但人体有一定解毒能力。如经常摄入的酚量超过解毒能力时，人会慢性中毒，而发生呕吐、腹泻、头疼头晕、精神不安等症状。酚超过 0.002~0.003mg/L 时，如用氯法消毒，消毒后的水有氯酚臭味，影响饮用。

根据酚在水中对人的感官影响，一般规定饮用水挥发酚浓度为 0.001mg/L，水源的水中最大容许浓度可以是 0.002mg/L，地面水最高容许浓度为 0.01mg/L。酚类属于可被天然分解的有机物，其中挥发性酚易被分解为无毒化合物。

（2）农药。水中常见的农药概括起来，主要为有机氯和有机磷农药，此外还有氨基甲酸酯类农药。它们通过喷施农药、地表径流及农药工厂的废水排入水体中。有机氯农药由于难以被化学降解和生物降解，在环境中的滞留时间很长，同时，其水溶性低而脂溶性高，易在动物体内累积，对动物和人造成危害。有机磷农药和氨基甲酸酯农药与有机氯农药相比，较易被生物降解，它们在环境中的滞留时间较短，在土壤和地表水中降解速率较快，杀虫力较高，目前在地表水中能检出的不多，污染范围较小。

此外，近年来除草剂的使用量逐渐增加，可用来杀死杂草和水生植物。它们具有较高的水溶解度和低的蒸汽压，通常不易发生生物富集、沉积物吸附和从溶液中挥发等反应。这类化合物的残留物通常存在于地表水体中，除草剂及其中间产物是污染土壤、地下水以及周围环境的主要污染物。

（3）多环芳烃。多环芳烃（PAH）是由石油、煤、天然气及木材，在不完全燃烧或在高温处理条件下所产生的。排入大气中的悬浮粉尘经沉降和雨洗等途径到达地表，加之各类废水的排放引起地表水和地下水的污染。多环芳烃是环境中重要致癌物质之一。已证实，多环芳烃化合物中有许多种类具有致癌或致突变作用。致癌物有苯并（a）芘，苯并（a）蒽、蒽、二苯并（a、h）蒽、二苯并（a、h）芘等，还有多种是属助促癌剂如萤蒽、芘、苯并（e）芘等。在天然水中，PAH 一般浓度在每升微克以下，在饮用水中也可发现 0.001~0.01μg/L。PAH 难以降解，而易于吸附在颗粒物上。

（4）多氯联苯。多氯联苯（PCB）是联苯分子中一部分或全部氢被氯取代后所形成的各种异体构体混合物的总称。广泛用于工业，剧毒，化学性质十分稳定，难与酸、碱、氧化剂等作用，难以燃烧，高温耐热。脂溶性大，易被生物吸收。在天然水和生物体中很难降解，故一旦侵入肌体就不易排泄，而易聚集在脂肪组织、肝和脑中，引起皮肤和肝脏损害。随着水体水分循环，PCB 污染已成为环境污染影响最具代表性的物质，不仅污染地表水而且可污染海洋。

（5）表面活性剂。凡能显著降低水的表面张力的物质称为表面活性剂。表面活性剂在工业上和生活中用途极为广泛，诸如家用各种洗涤剂，食品、乳制品和畜产品工厂对废油（脂）类物质的清洗程序中和汽车冲洗行业中都要大量使用清洗剂，这些含一定浓度洗涤剂的工业和生活污水，排入地面水体，造成对水体的污染。表面活性剂对水体的影响，主要有：

1）合成洗涤剂中有一定量的氮（阳离子型季铵盐类）和磷（焦磷酸三钠），排入江、湖易发生水体富营养化。据报道，日本琵琶湖水中磷量的 1/5 来自合成洗涤剂。

2）当水体中含洗涤剂达到 0.5mg/L 时，水面上将浮起一层泡沫，这不仅破坏自然景观，而且影响着大气中的氧向水中溶解交换。水体中的洗涤剂含量大于 10mg/L 时鱼类就难以生存，若达 45mg/L 时，水稻生长就会受到严重危害，甚至死亡。

3）洗涤剂中的表面活性剂会使水生动物的感官功能减退，甚至丧失觅食或避开有毒物质的能力，也即可以使水生动物丧失生存本能。

5.3.3.3 生物污染

水体生物污染是指致病微生物、寄生虫和某些昆虫等生物进入水体，或某些藻类大量繁殖，使水质恶化，直接或间接危害人类健康或影响渔业生产。污染水体的生物种类繁多，主要有细菌、钩端螺旋体、病毒、寄生虫、昆虫等。

细菌在自然界清洁水体中，1mL 水中的细菌总数在 100 个以下，而受到严重污染的水体可达 100 万个以上。污染水体的细菌，主要是肠道细菌（大肠菌群、粪链球菌、梭状芽孢杆菌等）和病原菌等。

5.3.4 污染物在水体中的转化及典型的水环境问题

污染物进入水体后发生各种反应，其在水环境中的迁移转化主要取决于污染物本身的性质以及水体的环境条件。

5.3.4.1 水体的自净

当污染物排入天然水体后，污染物质参与水体中的物质转化和循环，破坏了原有水系中的物质平衡。随着时间的推移在向下游流动的过程中，水体通过一系列的物理、化学和生物作用，使排入污染物质的浓度和毒性自然降低，并逐步恢复到污染前的水平，称之为水体的自净作用。水体自净能力是有限的，如果排入的污染物数量超过自净能力时，就不能恢复到正常的水平，从而使水体物理因素恶化，污染物富集或转化为毒性更大的物质，群落结构脆弱，出现单一生物区系等从而危及水的使用和水生生态系统，便形成水体污染。按作用机理，水体自净过程可分为物理自净、化学自净和生物自净三个方面。物理自净是指污染物进入水体后，由于稀释、扩散、沉淀等作用，使水中污染物的浓度降低，使水体得到一定的净化；化学和物理化学净化是指污染物质由于氧化、还原、分解、化合及吸附、凝聚等作用，而引起的水体中污染物质浓度降低的过程；生物自净主要是由于水中微生物对有机物的氧化分解作用，而引起的污染物质浓度降低的过程。如污染物的生物分解、生物转化和生物富集等作用。

污染物一旦进入水体后，就开始了自净过程。该过程由弱到强，直到趋于恒定，使水质逐渐恢复到正常水平。全过程的特征是：

（1）进入水体中的污染物，在连续的自净过程中，总的趋势是浓度逐渐下降。

（2）大多数有毒污染物经各种物理、化学和生物作用，转变为低毒或无毒化合物。

（3）重金属一类污染物，从溶解状态被吸附或转变为不溶性化合物，沉淀后进入底泥。

（4）复杂的有机物，如碳水化合物，脂肪和蛋白质等，不论在溶解氧富裕或缺氧条件下，都能被微生物利用和分解。先降解为较简单的有机物，再进一步分解为二氧化碳和水。

（5）不稳定的污染物在自净过程中转变为稳定的化合物。如氨转变为亚硝酸盐，再氧化为硝酸盐。

（6）在自净过程的初期，水中溶解氧数量急剧下降，到达最低点后又缓慢上升，逐渐恢复到正常水平。

（7）进入水体的大量污染物，如果是有毒的，则生物不能栖息，如不逃避就要死亡，水中生物种类和个体数量就要随之大量减少。随着自净过程的进行，有毒物质浓度或数量下降，生物种类和个体数量也逐渐随之回升，最终趋于正常的生物分布。进入水体的大量污染物中，如果含有机物过高，那么微生物就可以利用丰富的有机物为食料而迅速地繁殖，溶解氧随之减少。随着自净过程的进行，使纤毛虫之类的原生动物有条件取食于细菌，则细菌数量又随之减少；而纤毛虫又被轮虫、甲壳类吞食，使后者成为优势种群。有机物分解所生成的大量无机营养成分，如氮、磷等，使藻类生长旺盛，藻类旺盛又使鱼、贝类动物随之繁殖起来。

影响水体自净过程的因素很多，主要有河流、湖泊、海洋等水体的地形和水文条件，水中微生物的种类和数量，水温和复氧（大气中的氧接触水面溶入水体）状况，污染物的性质和浓度等。水体自净机理包括沉淀、稀释、混合等物理过程以及生物化学过程。各种过程同时发生，相互影响，并相互交织进行。一般说来，物理和生物化学过程在水体自净中占主要地位。水体的自净能力是有一定限度的，与其环境容量有关。水体自净是一种资源，合理而充分利用水体自净能力，可减轻人工处理污染的负担，并据此安排生产力布局以最经济的方法控制和治理污染源。

5.3.4.2 需氧有机物的污染与自净过程

当有机污染物排入河流后，所引起的效应可归纳为两个方面：一是生态学效应，它是指生物在种类和数量上的变化；二是溶解氧效应，它是指有机物经生物降解后使水体中溶解氧浓度降低。

A 生态学效应

一般将生物分为自养性生物和异养性生物两大类。自养生物如各种藻类和绿色植物等能进行光合作用，它们靠光能和无机营养物质生长繁殖。有机污染物在降解前会使水浑浊或带有害物质，使自养性生物的生长繁殖受到抑制和损害，而降解后产生的无机物可作为它们的无机营养物质，促使其生长。这种光合自养生物在水中能产生溶解氧。异养性生物如各类细菌、原生动物等单线进行呼吸作用，它们靠有机物和溶解氧生长繁殖，有机物是它们生长繁殖的促进因素。这类异养性生物在水体中破坏有机物和消耗溶解氧。在正常的河流中，生物的种类繁多，而每种生物的数量少。当河流受有机物污染时，随着污染物在河流中的变化，生物的种类和数量也会相应地发生一系列规律性的变化。

B 溶解氧效应

水体中的溶解氧主要来自水体和大气界面上的气体交换。大气中的氧进入水体，水中藻类的光合作用所排出的氧补充水体的氧，这些构成了水体的复氧过程。同时，水体中还经常发生氧化作用，消耗溶解氧，特别是有机物降解时，会消耗大量的溶解氧，这就是耗氧过程。因此，水体中同时存在着耗氧和复氧两个过程，水体中溶解氧的含量是这两个过程共同作用的结果。正常水体中的溶解氧应达到当时温度下饱和浓度。该温度下实际的溶解氧浓度与饱和浓度的差值称为缺氧量，也称氧亏。若在河流某点连续排入固定量的有机污染物，在稳定流动状态下沿河道不同距离测定水中的溶解氧浓度，则可得到一条溶解氧变化曲线，也就是缺氧量变化曲线，又称为氧下垂曲线，如图5-3所示。

图5-3中曲线a为累积耗氧曲线，b为累积复氧曲线，c为氧下垂曲线。C_p是溶解氧最低点，称为临界点。C_p点以前，耗氧作用超过复氧作用，溶解氧逐渐下降，是水质恶化过程。C_p点以后，耗氧量已低于复氧量，溶解氧含量逐渐提高，水质逐渐好转，直至完全恢复。若临界点C_p的溶解氧大于4mg/L，表明排入的有机耗氧物未超过水体自净能力。若C_p点溶解氧小于4mg/L，此水体已不适于水生生物生存，排入污染物量超过了自净能力，水体受到了较重污染。若C_p点溶解氧等于零，表示此时水体达到无氧状态，出现厌氧分解，水质腐化发臭。按照上述净化过程，可划分为清洁区、水质恶化区和恢复区。对于某一区段，可根据其生物种类及数量和溶解氧浓度作指标，判断其水体污染状况。氧垂曲线上，溶解氧变化规律反映河段对有机污染的自净过程。这一问题的研究，对评价水污染程度，了解污染物对水产资源的危害和利用水体自净能力，都有重要意义。

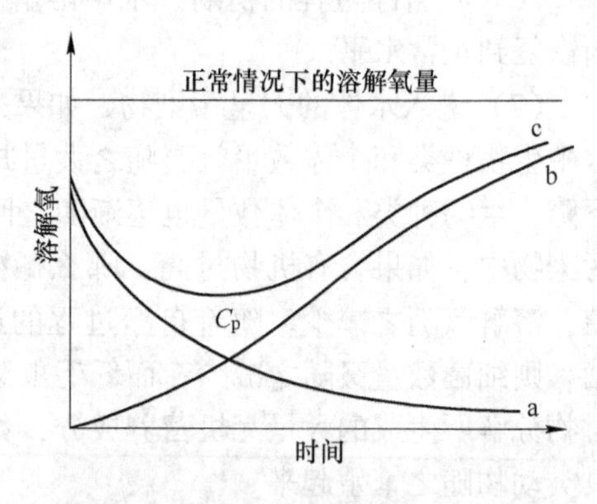

图5-3 耗氧、复氧和溶解氧下垂曲线

5.3.4.3 重金属在水体中的迁移转化

重金属在水体中不能被微生物降解，只能发生形态间的相互转化及分散和富集过程。这些过程统称重金属迁移。重金属在水体中的迁移主要与沉淀、配合、螯合、吸附和氧化还原等作用有关。

A 溶解-沉淀作用

重金属化合物在水中迁移能力，直观地可以用溶解度来衡量。溶解度小者，迁移能力小。溶解度大者，迁移能力大。重金属在水中可经过水解反应生成氢氧化物，也可与相应的阴离子生成硫化物、碳酸盐等。而这些化合物的溶度积都很小，容易生成沉淀物。这一情况使得重金属污染物在水体中随水流扩散的范围有限，从水质自净方面看，这似乎是好的一面，但大量聚集于排水口附近底泥中的重金属可能成为长期的次生污染源。

B 吸附作用

天然水体中的悬浮物和底泥中含有丰富的胶体，包括各种黏土矿物、水合金属氧化物和各种可溶性和不溶性的腐殖质。胶体由于具有巨大的比表面、表面能和带电荷，能强烈地吸附各种分子和离子，对重金属离子在环境中的迁移有重大影响。重金属化合物被吸附在有机胶体、无机胶体和矿物微粒上以后，就随它们在水体中运动。如果这些胶体微粒能够相互聚集到一起，形成比较粗大的絮状物，就可能在水流中沉降下来，沉积在水体底部，最终成为沉积物。在自然界中，许多元素和化合物是以胶体状态进行迁移的。胶体的吸附作用是使许多微量重金属从不饱和天然溶液中转入固相的最重要途径。

C 配合与螯合作用

水体中存在着多种多样的天然和人工合成的无机与有机配位体，它们能与重金属形成稳定的配合物和螯合物，对重金属在水体中的迁移有很大影响。天然水中最常见的无机配位体有 Cl^-、SO_4^{2-}、HCO_3^-、OH^- 等，在某些情况下还有 F^-、S_2^- 和磷酸盐等，它们均能与重金属形成配合离子。例如 Cd^{2+} 在海水中与 OH^- 和 Cl^- 形成 $CdOH^+$、$Cd(OH)_2$、$HCdO_2^-$、CdO_2^{2-}、$CdCl^+$、$CdCl_2$、$CdCl_3^-$、$CdCl_4^{2-}$ 等配合离子，使 $Cd(OH)_2$ 的溶解度增加 100 倍以上。天然水体中有机配位体主要是腐殖质。腐殖质是极为复杂的有机物质，含有 —COOH、—OH、—C=O、—O—CH_3 等功能基团，几乎能与所有的重金属形成可溶性螯合物。可以有效地阻止重金属生成难溶盐沉淀，也可以与底泥中的重金属结合形成可溶性螯合物而重新进入水层，对水体带来危害。

D 氧化、还原作用

重金属元素大多属于周期表中的过渡性元素，在不同条件下往往可以多种价态存在，能在较宽的幅度内发生电子得失的氧化还原反应。各价态变化反应要求不同的氧化还原条件，而在水体中有富氧的氧化性区域和缺氧的还原性区域，这样就使得在不同条件下的水体中以不同的价态存在。重金属的价态不同，其活性与毒性效应也不同。以铬为例，铬在水体中主要有两种价态：正三价（Cr^{3+}）和正六价（CrO_4^{2-}）。从毒性上看六价铬远大于三价铬，所以过去制定饮水卫生标准时均以六价铬为依据，但近年来研究证明，在正常 pH 值的天然水中三价铬与六价铬可以相互转化。

5.3.4.4 农药的降解

农药是水体中常见的污染物。有些农药在水体中较易分解，有些则比较稳定，能长期保持在水体中，对水体影响很大。有机磷农药很容易降解。难于降解的有机氯农药在微生物、紫外线及其他因素的作用下也可缓慢降解。农药在生物体内也同样会发生代谢和降解。一般说来农药的降解或代谢产物的毒性比亲体小些。但有几种情况应该注意：一是有些降解或代谢产物的毒性比亲体强，如杀虫脒的降解产物4-氯邻甲苯胺对小白鼠的致癌性比杀虫脒亲体强得多。二是降解产物虽然毒性较小，但性质已经发生变化，如有些农药的降解产物的溶解度升高了，危害性也就增强。三是有些农药亲体无毒，其代谢产物有毒，如二硫代氨基甲酸盐类中代森类杀菌剂形成的降解产物乙撑硫脲，对受试动物有致畸、致突变效应，亲体化合物则不会起这种作用。四是有些农药使用后的残留毒性是由药中所含杂质引起的，如除莠剂2，4，5-T对动物具促畸作用是因为产品中含有杂质四氯代二苯并二噁英。因此农药在什么样的自然环境中，以什么方式发生降解，是必须进一步研究的。

5.3.5 水体富营养化

在湖泊（还有水库、海岸的河口、港湾等）水流较缓的区域，最容易发生富营养化问题。这是一种由磷和氮的化合物过多排入水体后的二次污染现象。主要表现为水体中藻类大量繁殖，严重影响了水质。现代湖沼学也把这一现象当作湖泊演化过程中逐渐衰亡的一种标志。

5.3.5.1 富营养化的发生

通过近一、二十年来各国科学家的研究，已基本弄清富营养化的发生，主要是由于水体中氮、磷等营养元素的增多所引起的。从现象看，富营养化现象的发生与水体中藻类的多寡密切相关。在适宜的光照、温度、pH值和具备充分营养物质的条件下，天然水体中藻类进行光合作用，合成本身的原生质，其基本反应式可写为

$$106CO_2 + 16NO_3^- + HPO_4^{2-} + 122H_2O + 18H^+ + \text{能量} + \text{微量元素} \longrightarrow C_{106}H_{263}O_{110}N_{16}P + 138O_2$$

（藻类原生质）

从反应式可以看出，在藻类繁殖所需要的各种成分中，成为限制性因素的是磷和氮，所以藻类繁殖的程度主要决定于水体中这两种成分的含量，并且已经知道能为藻类吸收的是无机形态的含磷、氮的营养物。因而，水体中的氮、磷含量的高低与水体富营养化程度有密切关系。水体中氮、磷营养物质的最主要来源有：

（1）雨水。众多统计资料表明，雨水中的硝酸盐氮含量在0.16~1.06mg/L之间，氨氮含量在0.04~1.70mg/L之间；磷含量在0.10mg/L至不可检测的范围间。由此可见，大面积湖体或水库中，从雨水受纳氮营养物质的数量还是相当大的。

（2）农业排水。首先是由于天然固氮作用和农用氮、磷肥的作用，使在土壤中累积了相当数量营养物质，它们可随农田排水流入邻近的水体。当庄稼生长期很短而没有充分吸取农田中的肥料或农田有很大坡度时，这种流失就更为严重。此外，饲养家畜过程所产生的废物中也含有相当高浓度和相当数量的营养物质，有可能通过排水进入邻近水体。

（3）生活污水。生活污水含有丰富的氮、磷等营养物质，经济发达国家的调查表明，每人每天排入生活污水的磷、氮量分别为1.3~5.0g和12~14g。如日本对大阪和神奈川县调查结果，生活污水中磷平均含量为1.34g/(天·人)，氮为12.05g/(天·人)。生活污水中的营养物浓度与生活水平有关，我国目前生活水平还较低，排入生活污水的磷、氮量亦较少。据测定，城市居民每人每天排入生活污水的磷、氮量约为0.5g和10g。

在污水处理厂，通过厌氧处理污泥的方法，可除去污水中20%~50%的氮。在水处理

厂中未能除去的污水中的氮和磷就随排出水流入附近的受纳水体。

其他来源包括城镇和乡村的径流、工业废水、地下水等。

5.3.5.2 湖水的营养化程度判断标准

在湖泊水体中，凡生产者、还原者、消费者达到生态平衡者是属调和型的湖泊，这种类型的湖泊又可依据湖水营养化程度大小分贫营养化湖、低营养化湖、中营养化湖和富营养化湖。在另一种所谓非调和型的湖泊中，不存在能生产有机物质的生产者。非调和型湖泊又可分为腐植质营养湖和酸性湖两类，前者湖水呈弱酸性，水质褐色透明，含大量难分解腐殖质；后者是由于火山活动及酸雨等影响，使湖水呈较强酸性，因而导致水中大部分生物死亡或外逃。调和型湖泊的营养化程度可用磷含量、总氮含量、叶绿素 a 含量和透明度等指标来度量。一般地说，总磷和无机氮分别超过 20mg/m^3 和 300mg/m^3 就认为水体处于富营养化状态。

吉克斯塔特（Gekstatter）提出了划分水质营养状态的标准，并为美国环境保护局（EPA）在水质富营养化研究中所采用，见表 5-5。

表 5-5 吉克斯塔特划分水质营养状态的标准

参数项目	贫营养	中营养	富营养
总磷浓度/mg·L^{-1}	<0.01	0.01~0.02	>0.02
叶绿素浓度/μg	<4	4~10	>10
塞克板透明度/m	>3.7	2.0~3.7	<2.0
溶解氧饱和浓度/%	>80	10~80	<10

日本的坂本通过调查日本湖泊，得出表 5-6 所示的总磷和总氮的临界值。

表 5-6 总磷和总氮的临界值 (mg/m^3)

富营养化程度	总磷	无机氮
贫营养	2~20	20~200
中营养	10~30	100~700
富营养	10~90	500~1300
流动水	2~230	50~1100

从表 5-6 和表 5-7 可以看到，对发生富营养化作用来说，磷的作用远大于氮的作用，磷的含量不很高时就可以引起富营养化作用。

近年来有人认为，水体富营养化问题的关键不是水质营养物质的浓度，而是连续不断流入水体中的营养物质氮、磷的负荷量。负荷量有两种表示方法：单位体积负荷量（g/(m^3·a)）和单位面积负荷量（g/(m^2·a)）。据研究，当进入水体的磷大部分以生物代谢的方式流入时，则贫营养湖与富营养湖之间临界负荷量可设定总磷为 0.2~0.5g/(m^3·a)，总氮为 5~10g/(m^3·a)。

5.3.5.3 富营养化的危害与防治

A 富营养化的危害

藻类本身使水道阻塞，鱼类生存空间缩小，使水体生色，透明度降低，其分泌物又能引起水臭、水味，在给水处理中造成各种困难。更重要的是富营养化还可能破坏水体中生态系统原有的平衡。藻类繁生将使有机物生产速度远远超过消耗速度，从而使水体中有机物积蓄，其后果是：(1) 促进细菌类微生物繁殖，一系列异养生物的食物链都会有所发展，使水体耗氧量大大增加；(2) 生长在光照所不及的水层深处的藻类因呼吸作用也大量耗氧；(3) 沉于水底的死亡藻类在厌氧分解过程中促使大量厌氧菌繁殖；(4) 富氨氮的水体开始使硝化细菌繁殖，在缺氧状态下又会转向反硝化过程。综合上述作用，富营养发生后，将先引起水底有机物消耗速度超过其生长速度，处于腐化污染状态，并逐渐向上层扩展，在严重时可使一部分水体区域完全变为腐化区。这样，由富营养而引起有机体大量生长的结果，倒过来又走向其反面，藻类、植物及水生物、鱼类趋于衰亡以至绝迹。这些现象可能周期性地交替出现，破坏水城的生态平衡并且加速湖泊等水域的衰亡过程。富营养化作用引起的湖泊生态系统变化如图 5-4 所示。

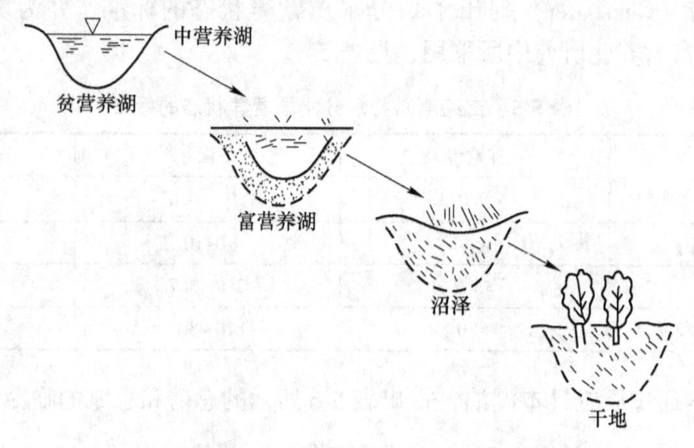

图 5-4　富营养化作用引起的湖泊生态系统变化

B　富营养化的防治

富营养化的防治是水污染处理中最为复杂和困难的问题。这是因为：(1) 污染源的复杂性，导致水质富营养化的氮、磷营养物质，既有天然源，又有人为源；既有外源性，又有内源性。这就给控制污染源带来了困难。(2) 营养物质去除的高难度，至今还没有任何单一的生物学、化学和物理措施能够彻底去除废水的氮、磷营养物质。通常的二级生化处理方法只能去除 30%～50% 的氮、磷。污水采用三级处理，去除点源污水中的氮和磷，加以回收再利用，是最先进、最经济、最有效的防治水体富营养化的积极措施。

人们在对富营养化的治理上采取了很多措施，主要有废水处理、排水改道、土地利用、工业产品改进、疏浚、凝聚沉淀处理、深层排水、底泥曝晒与干燥、湖底覆盖、曝气循环、物理方法水位升降、土壤改良、化学方法杀藻剂、除草剂、生物学方法生态系统控制、生物利用等。这些技术措施，可归纳为以下几大类：

(1) 控制水体中的营养盐。控制水体营养盐浓度是传统的富营养化防治措施。对于外源性污染物采取截污、污水改道、污水除磷等措施，而对于内源性污染物可采取清淤挖泥、营养盐钝化、底层曝气、稀释冲刷、调节湖水氮磷比、覆盖底部沉积物及絮凝沉降等措施，控制包括含营养盐、有毒有害化学品等污染物的各类废水进入水体，是水体富营养化防治和管理的重要措施，尤其是有毒有害化学品，根据湖泊水体的功能以及湖泊生态系统的生态学特征，制订切实可行的污染控制方案是富营养化防治的重要措施。

（2）除藻。用化学药品如硫酸铜控制藻类可能是最古老原始的方法。化学药品可快速杀死藻类，但死亡藻类所产生二次污染及化学药品的生物富集和生物放大对整个生态系统的负面影响较大，而且长期使用还会产生抗药性。这种方法只有局部治标作用，而且还要考虑残毒问题，因此除非应急和健康安全许可，化学杀藻一般不宜采用。

（3）生物调控和生物修复。由于过去对富营养化的防治措施都集中在理化方法和工程措施，对利用生态学方法，即从生态系统结构和功能的调整来进行治理很少引人注意。20 世纪 70 年代以来，不少学者强调了生物的作用，还提出了生物调控这一名词，或称生物操纵，这种观点强调的是整个生态系统的管理，从营养物质循环环节来控制富营养化。生物调控是通过重建生物群落以得到一个有利的响应，常用于减少藻类生物量，保持水质清澈并提高生物多样性。主要是采用鱼类种群的下行调控，如增加食鱼性鱼类或减少食浮游动物或食底栖动物鱼类，以保证有充分的浮游动物等来控制藻类，也有直接利用食藻鱼控制蓝藻水华的。

（4）生态工程和生态修复。越来越多的研究显示位于水体和陆地生态系统之间的生态交错带具有过滤功能、缓冲器功能，它不仅可吸附和转移来自面源的污染物、营养物，改善水质，而且可截留固定颗粒物，减少水体中的颗粒物和沉积率，同时湿地可以提供生物繁育生长栖息地，对于保护生物多样性、减少洪水危害、保持水土等具有重要意义，而且在湖泊周边建立和修复水陆交错带，是整个湖泊生态系统恢复的重要组成部分。

生态工程是修复富营养化湖泊生态系统的重要工具，用生态工程可以改善富营养化湖泊的局部水质，修复局部生态系统。但是全湖治理富营养化、控制藻类爆发、恢复健康的湖泊生态系统，仍然是一个世界性难题，尤其是对于大湖，全面恢复健康的生态系统需要相当长的时间。

5.4 电力能源生产与水环境问题

5.4.1 水力发电过程与水环境问题

水力发电是水力（能）利用的主要形式，它利用河流中以水的落差（水头）和流量为特征值所积蓄的势能和动能，通过水轮机转换成机械能，然后带动发电机发出电能，通过输电线将强大的电流输送到用电部门。

5.4.1.1 水力发电的原理与基本类型

水力发电过程其实就是一个能量转换的过程。在奔腾湍急的河川水流中，蕴藏着巨大的水力能量。把天然水能加以开发利用转化为电能，就是水力发电。构成水能的两个基本要素是流量和落差，流量由河流本身决定，直接利用河水的动能利用率会很低，水力利用主要利用势能，利用势能必须有落差，但河流自然落差一般沿河流逐渐形成，在较短距离内水流自然落差较低，需通过适当的工程措施，人工提高落差，也就是将分散的自然落差集中，形成可利用的水头。要把集中起来的水力（能）转换成电能，需要在坝的下游修建水力发电站（简称水电站）。在水电站里，通过引水道将高位的水引导到低位置的水轮机，被集中起来的水力（能）通过水轮机转变成机械能，然后带动发电机就变成电能。

常用的集中落差方式有筑坝、引水方式或两者混合方式。采用筑坝集中落差的方法建立的水电站称坝式水电站，主要有坝后式水电站与河床式水电站。由于坝内水库水面与坝外水轮机水面有较大的水位差，水库里大量的水通过较大的势能进行做功，可获得很高的水资源利用率。引水发电的方式是在河流高处建立水库蓄水提高水位，在较低的下游安装水轮机，通过引水道把上游水库的水引到下游低处的水轮机，水流推动水轮机旋转带动发电机发电，然后通过尾水渠到下游河道，引水道会较长并穿过山体。

5.4.1.2 水力发电及其特点

水力发电所用的河川水流是取之不尽、用之不竭的能源，与其他能源的开发相比，不需要昂贵的燃料开采、运输等复杂环节，因此发电的成本低。与此同时水电的应用还节约了大量煤炭、石油、天然气、原子能等重要原料，并有利于减少污染，保护环境。它是一种清洁的、可再生的能源。

水电站不仅同其他类型的电站一样，可以成为电力系统的骨干电站。由于水电机组具有启动快、开停机迅速、机组平均效率高等优点，因此很适宜于担任系统的调频、调峰任务。这样水电站不但保证了电力系统的电能质量，而且也能够使火电厂在高效率区稳定、经济的运行。同时，当电力系统发生故障时，由于水电机组发电、调相、开停机比较灵活迅速，可以很快地投入备用机组，对电力系统的稳定运行极为有利。

水电站的运行取决于水流情况和电力系统负荷。在汛期水量特别丰富时，一般水电可满负荷发电以充分利用水能，同时还可顶替火电工作容量而使火电机组有检修的机会。

随着现代化建设发展的需要，水力发电对电力系统起着举足轻重的作用。因此，应充分发挥水力发电的特点，大力加快水电基地的建设，以满足日益增长的电力市场的需求。但建设水电站一次性投资大，建设周期较长，并伴随着移民和淹没田地等复杂工作需要妥善处理。

5.4.1.3 水资源综合利用与水电站的开发建设

对一条河流而言，要开发它所蕴藏的水能资源，首先就要查明它的蕴藏量，了解它的开发条件，选择具体的开发对象，进而制定全河流的水电开发规划。

一般来说，构成水能资源开发条件主要有两个：（1）落差（水头），（2）流量。开发水能资源，就是想方设法尽量利用这两个条件，设计并修建水电站。

21 世纪的头 20 年是中国经济社会发展的重要战略机遇期，水电的规划必须在 2020 年中国经济实现翻两番这个总目标指导之下制定。国民经济的增长必然伴随着对能源电力需求的增长。因此，对水资源的规划必须根据地区规划（国土规划，包括农业、工业、交通、城镇建设规划和水利基本建设规划等）和能源（电力）规划，来进行河流（流域或河段）规划，在河流规划基础上，制定水电站规划。在河流规划时，要解决好以下关系：整体与局部，近期与长远，工业与农业，除害与兴利，干流与支流，上游与下游，大中型与小型，水电与火电，发电与用电，蓄与泄，发电与航运、渔业等关系，以及利用水源与保护水源等关系，根据地区的资金、物资和劳力，发挥地区优势，量力而行。

因地制宜，综合利用是水资源开发规划的基本原则。就是说必须根据当地的自然情况和经济条件，考虑防洪、发电、灌溉、航运、漂木、给水（包括居民用水）等国民经济许多部门对水资源综合利用的要求，统筹兼顾，合理安排，使其最大限度地发挥水资源的效益。同时，还应分清主次、轻重、缓急，分期分批、分水平，有计划、按比例地进行建设。

例如对山高坡陡、河谷狭窄、耕地分散、落差比较集中的山区河流，水资源的开发和综合利用，应以小型水力发电为主，一方面利用天然落差，尽量采用引水式小型水力发电；另一方面应在河流上游，人口、耕地稀少的地区选择合适的建库地点，修建水库，以调节径流，减少汛期弃水，增加枯水期出力，更好地利用水力资源。这样，不仅具有水库的水电站发电可适应用电的要求，而且在其下游一系列水电站也能减少弃水、增加枯水期出力和发电量。

对山低坡缓、耕地成片，土地潜力大、但水资源短缺的地区，水资源的开发和利用，应以灌溉为主，结合防洪和发电，在有条件发电的地点，可建小水电站。

在平原地区，河道坡缓，两岸人口和耕地密集，因建水库淹没损失很大，故一般只能建造低水头径流式水电站。

在水资源综合利用规划时，除了发电、防洪、灌溉之外，对航运和木材流送，城镇及工矿给水，发展养鱼和水产事业，均应予以重视。

要特别注意对自然环境、天然资源（例如天然生物资源：鱼类、野生动物、植物等）的保护以及生态平衡，还要考虑就业问题。

在制定综合利用规划时，要认真考虑河流上、中、下游和点、线、面的结合问题，应力求做到“一水多用，一库多利”。上游具有较大水库的梯级开发方案比较理想，这样可以“一库建成，多站受益”，因为在上游或支流上，修建治水办电结合的水库或小水库群，不但能截蓄上游山洪，拦堵泥沙，保护下游地区免受或减轻洪水威胁，减轻下游大中型水库的泥沙，而且还能灌溉下游农田，增加下游各梯级水电站的保证出力和发电量，以及有利于水资源的其他综合利用事业。

总之，分散修建在上游或支流上的治水办电结合的水力发电水库群，在水资源综合利用规划时应首先考虑，因为它淹没损失很小或没有，几乎没有环境保护和生态平衡等问题，而且工程量不大，投资省，工期短，易于施工，便于群众自办，收益快。这样，还可以为山区不富裕的乡镇，创造积累资金的条件，以水力发电促进农业、乡镇工业和农村其他企业、事业的兴办。

5.4.1.4 水力发电对水环境的影响

水力发电站对水环境的影响是多方面的。它影响水文、淤积与冲刷、水温、水质等。此外，由于水利水电工程种类的不同，影响的内容也不同。例如蓄水式侧重于对上下游的影响，引水式则有沿程影响。

A 水文影响

水电工程是通过在江河上建造蓄水式水力发电站，拦断河流使上游水位壅高，形成人工湖泊，改变原有河道的天然状态，从而改变水文形式，引起河道上、下游的水文状态显著变化。对天然河道而言，水文的变化与流域面积、植被覆盖率、大气降水、地下水对河道补给情况、蒸发与渗透率等因素有关，而流速与流量主要受地形与地貌的约束。水工建筑都将天然河道水文状态改变为人工控制的水文状态，而这种改变必然使水文情势产生显著变化。水力发电站引起的水文状态的变化主要有下述特征：

（1）拦河建库后，上游的径流受到抑制，在一定的距离内水面与容积发生变化。一是水面面积的变化与水位有着密切关系。二是水库容积与水面面积及深度有关系。两者均与水文状态密切相关。

（2）蓄积水量越大，径流调节的程度越高，就越增加淹没范围并扩大浸没面积。

（3）在多泥沙河流上蓄积水量容易产生淤积。

（4）筑坝蓄水改变了原有的来水、来沙过程，改变了下游河床的冲淤特性。

在水工设计中，通常要全面考虑防洪、发电、灌溉、航运与供水等方面的要求，以确定下泄流量。

首先，下泄流量与河床冲淤的特性表现在下泄水流与冲淤的平衡上。最理想的情况是，即使下泄水流恰好满足下游冲淤平衡，又不改变下游河床的水文、水力特性。实际上，在季节变换中，对大、中型水利水电工程来说，完全不改变下游河床水文、水力特性是不可能的。因此，需要在设计规划中尽量考虑如何减小水文、水力特性的变化。

其次，从对水利工程更深层次的要求来说，确定下泄的最小流量，还涉及水资源的综合利用与维持环境、生态与经济效益的统一问题。比如，为改善下游河道的水质，在水库调度时就应研究如何改变供水方式；为防止血吸虫病，应使下泄量变化幅度不大；为改善水产养殖条件，应对大坝阻断洄游性鱼类的洄游通道进行研究，为洄游鱼类产卵创造条件。这些要求都应在确定最小泄放量时考虑。

B　淤积与冲刷影响

在水利工程中，淤积与冲刷是常遇到的实际问题。可能产生淤积的环节是输水工程的渠道，蓄水工程的水库库区，水电站的前池、引水口与尾水放流处等；产生冲刷的主要有输水工程的渠道、蓄水工程的下游及水电站的尾水放流处。

产生淤积与冲刷的影响作用如下：（1）库区的淤积减少了水库有效容积，抬高了水库末端河床，阻塞会减少引水量，对库区周围土地村庄也构成威胁；（2）淤积减少输水工程的有效引水量；（3）淤积发生在发电厂的尾水放流处则降低发电厂的发电量；（4）冲刷导致渠系建筑物的废弃和沿程下切，造成两岸淘刷，最终破坏输水工程。

例如埃及的阿斯旺大坝，兴建大坝时形成的巨大的纳赛尔湖，由于泥沙的自然淤积，水库的有效库容逐渐缩小，因而导致水库的储水量下降。大坝工程的设计者未能准确估计库区泥沙淤积的速度和过程。根据阿斯旺大坝水利工程设计，这个水库26%的库容是死库容，而每年尼罗河水从上游夹带大约6000~18000t泥沙入库，设计者按照尼罗河水含沙量计算，结论是500年后泥沙才会淤满死库容，以为淤积问题对水库的效益影响不大。可是大坝建成后的实际情况是，泥沙并非在水库的死库容区均匀地淤积，而是在水库上游的水流缓慢处迅速淤积；结果，水库上游淤积的大量泥沙在水库入口处形成了三角洲；这样，水库兴建后不久，其有效库容就明显下降，水利工程效益大大降低。此外，浩大的水库水面蒸发量很大，每年的蒸发损失就相当于11%的库容水量，这也降低了预计的水利工程效益。

C　水温影响

在温带，水体水温随季节更替而有很大差异。春季开始，气温升高，日照增强，水库表面水温升高。夏末，水库表面水温达到最高值，水温呈上层高而下层低的状态，但同一高层上水温基本相同。秋天气温下降，库水放热，表面水温下降，密度增大，向下沉降，引起上下剧烈的掺混，因而在水库上层形成温度均匀的掺混层，厚度随着时间逐渐增强。

到冬天，水温分布又逐渐趋于均匀。

水温年变幅在水库表面最大，并随深度递增而逐渐减小。而库水中的化学变化又随水温不同而明显改变。库水较深时，温度的差异导致水体划分为库面动荡层、变温层（即跃温层）与库底静水层。实质上，库面动荡层是营养物质生成层，而静水层是营养物质分解层。正是这几层的厚度对比关系深刻地影响水体的化学过程。

水温分层将使水库下层的水体水温常年维持在较稳定的低温状态。水库的低温水下泄对农作物、鱼类和珍稀濒危水生生物将会造成不利影响，有时会严重影响水坝下游水生动物的产卵、繁殖和生长。特别是连续的高坝大库梯级开发，将使河道的水温更难以恢复。对于缓解水库分层现象带来的生态影响，可采取的措施有：（1）在工程设计时考虑采用分层取水措施，如在表层取水；（2）合理利用水库洪水调度运行方式；（3）采用防空洞泄洪，改善库区水体水温结构；（4）尽量采用宽浅式过水断面的灌溉渠道。

D 对水质影响

兴建水利水电工程能使水质得到改善。例如，水库能降低 SiO_2 的含量，减少浑浊度，削减溶解矿物质，减少生化耗氧量，能起到稀释净化的作用。但是，对水质也会产生不利影响。这些不利影响有以下几点：（1）库内流量减小使稀释自净能力减小，故物理变化、化学反应速率减慢，生成物容易积聚；（2）库水按温度分层后，使底部冷水层变成因终年得不到光合作用缺氧的“死水”，此层成为厌氧微生物层；（3）大坝阻拦来水下泄，使水体内不溶解的固态物质不断沉降，其中有毒物质使水质恶化；（4）库水下泄会改变水的物理性质，使下游农田得不到含有有机质的肥水，而影响农作物的产量。

E 对气象影响

一般情况下，地区性气候状况受大气环流所控制，但修建大、中型水库及灌溉工程后，原先的陆地变成了水体或湿地，使局部地表空气变得较湿润，对局部小气候会产生一定的影响，主要表现在对降雨、气温、风和雾等气象因子的影响。

（1）对降雨产生影响。降雨量有所增加，这是由于修建水库形成了大面积蓄水，在阳光辐射下，蒸发量增加引起的；降雨地区分布发生改变，水库低温效应的影响可使降雨分布发生改变，一般库区蒸发量加大，空气变得湿润。实测资料表明，库区和邻近地区的降雨量有所减少，而一定距离的外围区降雨则有所增加，一般来说，地势高的迎风面降雨增加，而背风面降雨则减少；降雨时间的分布发生改变，对于南方大型水库，夏季水面温度低于气温，气层稳定，大气对流减弱，降雨量减少，但冬季水面较暖，大气对流作用增强，降雨量增加。

（2）对气温的影响。水库建成后，库区的下垫面由陆面变为水面，与空气间的能量交换方式和强度均发生变化，从而导致气温发生变化，年平均气温略有升高。同时，水库建成蓄水后形成了一个广阔的水域。水库的蒸发量大，能得到太阳辐射热的调节，使库区及邻近区的气温和温度场等要素发生改变从而引起区域小气候变化。

水利水电工程（特别是大型工程）对局部气候的影响主要反映在改变气温、湿度等方面。例如，空气湿度增大，气温变化缓慢，即将大陆性气候改变为带有海洋性特征的气候。

水库引起周围气候的变化在很大程度上取决于水面的大小和当地的气象条件。水库水面越大，影响范围越大；反之，影响甚微。例如，俄罗斯西伯利亚永久冻土地带的高 70m 车尔尼雪夫斯基大坝，在上游形成 400km 长的水面，库容为 100 亿立方米，使该地区的年平均气温由-8.5℃上升至-7.0℃；冬季最低气温由-60℃上升至-50℃以上；夏季的湿度提高了 33%，气候变得较温和了，夏令季节变长了，使永久冻土的上层土壤解冻，水库沿岸动、植物明显增加。

F 化学成分影响

（1）盐分。河川径流变化对水体矿化度与盐类浓度有一定影响。当径流来自矿化度强的地区时，虽然水体中矿化度增高，但这种变化一般都有规律。水库水体矿化度和盐类的变化还与水体分层有关。不同水温度的矿化度与盐类含量不同，而且不同季节变化也不同。即使在同一个水库内，因静水作用以及矿化度与盐类的积累作用，在不同地段，变化也不一样。例如，在同一个水库内，靠近坝段的矿化度与盐类比在上游段明显大。

（2）营养元素。水库中的营养元素随着季节的变化而变化，这种变化与生物生长过程息息相关。就温度分层型水库而言，这种变化尤为明显。因水库表面动荡层光合作用强烈、温度梯度大、水体交换频繁，再加上跃温层中库水的密度阻碍着悬浮物潜入库底静水层，因而库面动荡层生物生长量很大，使原水体的水质产生了“质”的变化。营养元素及其有机物质的变化与水流速度有密切关系。若流速减小，一部分沉积于底层，形成富集现象；另一部分则在水体中转化。

（3）微量元素。由于水库的建设会影响天然河流的水文状况，从而间接影响河流自身的水体稀释和自净能力，进一步导致天然河流中的微量元素含量的变化。而水库内微量元素也有常年累积作用。库水微量元素超过水质标准的要求时，对人体与生物的危害相当大。在水利水电工程中，除建筑物本身化学物质产生的微量元素外，大量的微量元素来自工矿、农业排水及城镇生活污水。如对这些污染源不采取限制措施和严格治理，必然导致库水内产生过量的微量元素。由此可见，对水库上游污染源进行治理是十分重要的。

5.4.2 火力发电与水环境问题

5.4.2.1 火力发电用水对水资源的影响

按照国际上通用的分类方法，用水主要分为三类——农业用水、工业用水和生活用水。这三类用水在我国的比例为：农业（含林业、湿地等）约占总用水量的 64.5%、工业约占总用水量的 22.1%、生活及其他用水约占总用水量的 11.9%。

我国工业用水主要集中在火电、纺织、石油化工、造纸、冶金等行业。这五大用水巨头取水量占全国工业取水量的 66.6%。也就是说，仅这五个行业就“喝”掉了 2/3 的工业用水。

在上述五大用水行业中，火电又是我国取水量最大的行业。2015 年我国火电用水量达 59.2 亿立方米，占工业耗水量的 19.1%。与国外先进国家的同行业相比，我国火电行业在用水效率方面存在较大差距，统计资料显示，我国平均每兆瓦·时取水量为 31m^3（水平最高的为 2.3m^3，而最差的为 100m^3）。平均装机耗水率比国际先进水平高 40%～50%，相当于一年多耗水 15 亿立方米。水的重复利用率低（最低的只有 2.4%）是我国火电厂耗水量大的一个重要原因。

缺水已经成为我国火电行业发展的瓶颈。我国火电厂比较多地集中在华东、华北和华南，这些地区由于人口密集、工业企业集中，水资源本来就相对紧张，随着城市化和工业化进程的加快，国民经济对电力的需求加大，电力工业需要进一步发展，水资源供需矛盾将更加突出。

水污染进一步加剧了水资源紧缺的矛盾。河流、湖泊、地下水污染日趋严重，部分地区的供水水源地的水质达不到饮用水水源地水质标准，出现了“水质型缺水”现象。

从全国范围看，超用地上水和超采地下水引起的生态破坏事例已屡见不鲜——河水断流、湿地萎缩、地面下沉，不但影响了农业生产，造成了植被破坏、生物因失去栖息地和食物而灭绝，而且已经殃及人类自己——有些地方连生活用水都不能保证。随着时间的推移，为满足我国经济发展的需要，需水缺口还将扩大。其实不仅中国，全世界的水资源问题都将面临挑战。有未来学者预言，21 世纪人类将为水而战。作为一个水资源原本就不丰富的国家，提高我们对于水资源的管理和利用水平，成为解决国民经济和社会可持续发展的重大课题。

火力发电厂在用水过程中会增加一些有害于环境的物质，这些物质在特定的环境中达到一定的浓度，并持续一定的时间后可以对环境造成污染，这些物质有的是来自燃料；有的来自生产过程中使用的化学添加剂；有的来自运行过程中的腐蚀产物。比如，为防止贝类等低等生物在系统管道内繁殖生长、堵塞管道而加入的氯；防止管道腐蚀而加入的防腐剂；防止结垢而加入的阻垢剂；煤场、灰场的排水携带的大量悬浮物；化学水处理系统加入的酸和碱；含油废水、生活废水中的油脂；生活污水中的有机污染物，富营养污染物；凝结水中的铁和铜的腐蚀产物；除灰水中甚至可能存在的放射性污染物等。这些污染物最直接的影响是对地面水环境的污染，其次是通过渗流间接影响到地下水和土壤，并通过蒸发影响到大气。

火电厂的排水还有另一种类型的污染物——“热”。火电生产需要大量的冷却水，使用后的冷却水水温升高，再排入水体，给水体带入了大量的热量。控制不好则可能造成热污染，引起藻类及其他浮游生物迅速繁殖，加快水库或湖泊的富营养化过程。严重时使水体溶解氧量下降，水质恶化，鱼类及其他生物大量死亡。

综上所述，火电厂的用水和排水给资源和环境带来了一系列问题，在电力生产过程中节约用水和减少废水排放不但是提高电厂经济性的需要，而且也是保护环境、确保国民经济可持续发展的需要。

5.4.2.2 火电厂取水对水环境的影响

我国是一个水资源匮乏的国家，尤其是北方地区缺水情况相当严重，缺水已经在一定程度上制约了国民经济和社会发展。火力发电厂作为一个用水大户，在取水问题必须有严格的规划，否则会加剧水资源的短缺，火电厂的规划应遵循“以水定电”的原则，即必须在保证生态用水和人民生活用水的前提下进行。

电厂从水源中取用大量冷却水，在取水口水的流速快，与天然水体流速差异较大，造成水流的抽吸、高速旋转，其中的水生物也被水泵抽吸卷入冷却水系统，水生物受到滤网、高压冲洗水及水泵等的机械损伤，称为取水的卷吸或卷载效应。另外凝汽器温升造成的热冲击也能对水生生物造成较大伤害，但一般是机械损伤大于热冲击损伤。

取水中对鱼类的保护主要从两方面考虑，首先在选厂址阶段应对这一问题进行深入研究，要选择在漂浮鱼虾卵较少的水域取水；其次在设计阶段对取水形式、鱼类保护系统及设施予以研究。电厂取水对鱼虾类的影响与电厂热水排放对水生物的影响同样不可忽视，取水造成的危害有时甚至比热排放造成的危害更严重，但解决问题的难度却更大。

5.4.2.3 火电厂温排水对水环境的影响及控制

温排水（又称热排水）是人为排放的一些比自然水温高的废水的总称。火电厂温排水是指冷却水与蒸汽进行热交换，水温升高以后再排放入水体的水。

火电厂冷却水系统有开式（直流）和闭式（循环）之分，闭式只有少量排污水需要外排，所以基本不会对水体产生热污染；而开式要把全部冷却水排回水体。因其携带热量大（每发电 1kW·h，其冷却水将带走相当于 1.2~2.2kW·h 的电能所产生的热量），大量的冷却水经过热交换之后，温度升高了 8~10℃，温排水对环境的影响是火力发电造成的环境影响中一个不容忽视的问题。

A 火电厂温排水对水环境的影响

水体温度的升高会带来一系列问题，最主要的是使水体中溶解氧的能力下降，加之当有机污染较严重时，水中需氧有机物的氧化分解速度加快，耗氧量增加，也使水中溶解氧含量减少，溶解氧的减少又会影响水中的生化反应，导致水质的改变。

(1) 对水质的影响。水温的变化对水的物理性质，如密度、黏度、饱和水蒸气压力、表面张力、气体溶解度以及气体在水中的扩散系数等都有影响，其中以氧的饱和溶解度的改变对水生物影响关系最大。

水中溶解氧的含量除了与水的温度有关外，还与流速、水的波动状况及大气压有关。水中的氧气是维持绝大多数水生物生存所必需的，其来源主要由大气直接溶解于水中和水生植物的光合作用所产生。水的温度越高，饱和溶解氧越小。而另一方面，温度的上升，会加速水体上层和底泥中有机物生物降解和加速水中细菌和鱼类的呼吸率，这些都增加了对水中溶解氧的需要量。这种相反方向的变化（需氧量增加，而氧源减少），导致鱼类死亡、厌氧菌大量繁殖及水质严重恶化的现象。水体温升导致水中溶解氧降低可能对水生生物产生致命的影响，水中颗粒下沉的速度与运动黏度成反比，温度上升，运动黏度下降，颗粒下沉速度增大。在天然河流中由于水温的增高引起悬沙沉积的增加，已引起水运航道部门的注意。

水温的升高会使水中的化学、生化反应加快，水温每升高 10℃，化学反应速度增加 1 倍；微生物的活力是随化学反应速度增加而增加的，这是水温对水质影响的重要方面之一。温度升高加速化学与生化作用的同时也带来了水体的气味问题。水温的升高改变了水的离子强度、导电度、分解性、溶解和腐蚀性，对水处理厂的处理方法也有影响。

水体中的重金属和有毒物质亦会由于水温的升高而活性增强，从而加剧了升温水体的毒性作用。

水温增高可使一些藻类繁殖能力增强，加速水体的“富营养化”过程。

(2) 对水生生物的影响。鱼类是变温动物，它的体温是随着所生活的水体温度变化而改变的，水温直接影响到鱼类体内的生化反应，如酶的转化——基质的亲和性、能量激活的变化和同工酶机制的控制等，以致左右着整个有机体的代谢和生理机能。

各种鱼类及各种水生物对热冲击的适热性强弱不同，可适应的幅度也不一样，如较大幅度温升带来的热冲击超过了鱼类等的适热能力时，它们就会失常、昏迷乃至死亡。我国主要的淡水经济鱼类如青鱼、草鱼、鳙鱼、鲤鱼等都属于广温性温水鱼类，尽管它们能在较大的温度区间内生存（0~38℃），但如水温在短期内有较大幅度的升降，也会给它们带来不同程度的危害。

水体升温超过一定限度将改变原有水域的生态环境。温度是鱼类洄游的诱导因素，许多鱼、虾是依靠水温来引导它们洄游的。水温的变化可能改变鱼类的洄游习性，升温区内对温度敏感的水生物会在迁徙、回避过程中造成水域生态系统的紊乱，并出现生态转化现象，即某些不能适应升温水体环境的水生生物消失，适应的生物来此移植繁衍，使水域中原生的鱼种改变。而局部水域的生态转化，还会导致更广泛水域的生态转化，从而影响区域的生态平衡。

从生物学角度看，温排水使水温升高对水生生物的产卵期、栖息期、发育期都会产生严重影响，会引起水生物幼体、鱼卵等的畸变和死亡。有时水温虽未达到使鱼类致死的温度，但已超过了产卵和孵化最适宜的温度，从而使鱼类繁殖率降低。美国本土产的鱼，在温度超过35℃时，没有一种能活下来。

（3）对水生植物的影响。水生植物能通过光合作用产生氧气，其本身又是某些鱼类的食物。保护水生植物的生长环境是保护水体生态健康的基础。

浮游植物水体中鱼类和其他水生动物的直接或间接的饵料，是水域中的原始生产者，在决定水域生产力方面有重要意义。在藻类生长的环境中，光线、营养元素、温度等是主要因素。在前两者不发生人为变动时，水温的变化即可左右浮游植物的种和量的兴衰。

目前已知道蓝藻门中的多数种类适应于高温，绿藻次之，硅藻较喜低温。在自然水域中各藻种的季节变化就反映了这种关系。

B 火电厂温排水所造成热污染的防治措施

为减少火电厂温排水对环境的影响，避免造成水体热污染，常采用以下几种措施。

（1）优选厂址。现有对水体形成热污染的电厂，一般都是由于温排水热量远远超过了热能受纳容量和热容量自然动态平衡恢复能力而造成的。因此，温排水排放必须要求水体具有足够的热能受纳容量和热容量自然动态平衡恢复能力。

在允许的情况下，火电厂应尽可能建在大江、大河和沿海的岸边。这里的火电厂，由于水域广阔，环境热容量大，热排放一般符合《地表水环境质量标准》（GB 3838—2002）。因而，通常情况下采用直流供水系统都是可行的。

向中小河排水，当热排放不符合《地表水环境质量标准》（GB 3838—2002）时，应对水环境进行调查研究，评估其影响程度，论证采用不同供水系统的可行性。

应该注意的是，即使是在水量丰沛的河边、海边，也应注意避免电厂“扎堆儿”。如美国流经辛辛那提州的俄亥俄河因太多工厂、电厂依河而立，温排水使其水温明显增高，7~8月的河水温度有时比当地气温高出几摄氏度。日本是岛国，多数电厂、钢厂沿海布局，其冷却水大部分排入海洋。火力发电站，每10万千瓦功率的冷却水排放量一般为3~5t/s，原子能电站每10万千瓦需冷却水一般为6~8t/s，所造成的日本沿海一带的热污染已经引起有关方面的密切关注。另外，在缺水地区，尽可能不用水库或湖泊作为火电厂的冷却池。

（2）建立合理的温排水设施。根据火电厂的具体条件，通过采用不同的排水工程及其布置措施，达到降低排水温度及其影响范围的目的。比如为充分利用温排水出口动量和周围水体的掺混作用，可将排水口分为列式、重叠式和差位式布置，或在排水管道末端安装多孔喷口，温排水通过喷口形成喷射水流，与周围水体进行强烈掺混以达到迅速降低水温的目的。

综合利用水库作冷却池，应尽量利用水库向下游排放热水。温排水进入水库后水温分布情况，宜进行较长时期的动态水温三维分布的监测。在这一基础上，全面分析温排水对水环境的影响，并制定相应的工程措施。

另外还可采用大容量水泵抽取冷水直接向温排水水渠中排放，冷热水掺混，直至排水水温降低后再排入受纳水体。

（3）减少温排水的排放量和降低水温。选择合理的冷却水供水系统，以减少温排水的排放量和水温。比如：利用某些江河流量季节性强的特点，建混合供水系统。冬季枯水期采用冷却塔循环供水；夏季洪水期采用直流供水，且对有可能对水体造成热污染的温排水通过闲置的冷却塔冷却后再排入江河中，以降低排水温度。

（4）对温排水进行降温处理和余热利用。温排水的处理不外乎转嫁和利用两个途径。转嫁是将温水中的热量转移到大气或土壤等受纳区域，从而避免对水体造成热污染的方法，这是一种消极的方法。利用则是将温排水所携带的热能重新为人类所服务，这是一种积极的方法。

1）温排水热量向大气转嫁。将温排水热量向大气转嫁，一般是通过冷却塔、喷水池、冷却池和喷射冷却装置（又称漂浮泵）等设施。现有大容量火力发电厂采用最普遍的是建造冷却塔，虽投资费用较高，但运行费用低，维护量小，因此受到电厂的欢迎。

2）温排水热量向土壤转嫁。将温排水热量向土壤转嫁，可以作为一种蓄热手段，即将温排水热量暂时存储在土壤中，待气温下降时再散发入大气，或将热量取出利用。若水体已受严重污染，则温排水热量向土壤转嫁会造成地下水污染和土壤污染，因此，热量的转嫁必须在严格的控制条件下才能使用。

3）利用温排水余热。热品位低、排放量大的电厂温排水余热利用，受到技术、经济的限制，难度很大，目前尚难作为防治水体热污染的有效手段。但是，温排水余热利用正受到国际上的日益重视。目前，已有将低品位热能利用热泵转化为高品位热能的技术，如电厂温排水余热发电技术、水源热泵等。目前对于低品位热能的回收利用的研究已开始向大容量方向发展，一旦研究成功将对余热利用产生深远的影响。另外，发展温水养殖业也是温排水余热利用的一种简便方法，如我国许多电厂都利用温排水养殖罗非鱼。

（5）减少燃用化石能。虽然各国政府相继制定了冷却水的排放标准，并大力研究温排水的处理方法，其目的是防止水圈变热。然而热量是守恒的，产生的热量即使不进入水圈，也会进入大气层或其他环境系统中，所以，热污染呈现越来越严重的情势。因此，节约能源和开发清洁能源，比如太阳能、潮汐能等，减少燃用化石能，才是解决这一问题的根本途径。

5.4.3 火电厂废水处理技术

水是火力发电厂中最重要的能量转换介质。水在使用过程中，会受到不同程度的污染。在火力发电厂中，大部分水是循环使用的。水除用于汽水循环系统传递能量外，还用于很多设备的冷却和冲洗，如凝汽器、冷油器、水泵、风机等。对于不同的用途，产生污染物的种类和污染程度是不一样的。

5.4.3.1 火电厂排水污染的主要形式

火电厂排水污染有以下几种形式：

(1) 混入型污染。用水冲灰、冲渣时，灰渣直接与水混合造成水质的变化。输煤系统用水喷淋煤堆、皮带，或冲洗输煤栈桥地面时，煤粉、煤粒、油等混入水中，形成含煤废水。

(2) 设备油泄漏造成水的污染。

(3) 运行中水质发生浓缩，造成水中杂质浓度的增高。如循环冷却水、反渗透浓排水等。

(4) 在水处理或水质调整过程中，向水中加入了化学物质，使水中杂质的含量增加。如循环水系统加酸、加水质稳定剂处理；水处理系统加混凝剂、助凝剂、杀菌剂、阻垢剂、还原剂等；离子交换器、软化器失效后用酸、碱、盐再生；酸碱废液中和处理时加入酸、碱等。

(5) 设备的清洗对水质的污染。如锅炉的化学清洗、空气预热器、省煤器烟气侧的水冲洗等，都会有大量悬浮物、有机物、化学品进入水中。

5.4.3.2 火电厂废水种类和特征

火力发电厂废水的种类多，水质、水量差异大，有机污染物少，除了油之外，废水中的污染成分主要是无机物，另外，间断性排水较多。

按照废水的来源划分，火力发电厂的废水包括循环水排污水、灰渣废水、工业冷却水排水、机组杂排水、含煤废水、油库冲洗水、化学水处理工艺废水、生活污水等。

按照流量特点，废水分为经常性废水和非经常性废水。经常性废水指的是火力发电厂在正常运行过程中，各系统排出的工艺废水，这些废水可以是连续排放的，也可以是间断性排放的。火力发电厂的大部分废水为间断排放，连续排放的废水较少。连续排放的废水主要有锅炉排污水、汽水取样系统排水、部分设备的冷却水、反渗透水处理设备的浓排水；间断性排水包括锅炉补给水处理系统的再生废水、凝结水精处理系统的再生排水、锅炉定时排污水、化验室排水、冷却塔排污及各种冲洗废水等。非经常性废水是指在设备检修、维护、保养期间产生的废水，如化学清洗排水（包括锅炉、凝汽器和热力系统其他设备的清洗）、锅炉空气预热器冲洗排水、机组启动时的排水、锅炉烟气侧冲洗排水等。与经常性排水相比，非经常性废水的水质较差而且不稳定。火电厂工业废水的种类及其主要污染因子见表5-7。

表5-7 火力发电厂工业废水种类和污染因子

种 类	废水名称	主要污染因子
经常性废水	生活、工业水预处理装置排水	SS
	锅炉补给水处理再生废水	pH值、SS、TDS
	凝结水精处理再生废水	pH、SS、TDS、Fe、Cu等
	锅炉排污水	pH值、PO_4^{3-}
	取样装置排水	pH值、含盐量不定
	化验室排水	pH值与所用试剂有关
	冲灰废水	SS
	烟气脱硫系统废水	pH值、SS、重金属、F^-

续表 5-7

种 类	废水名称	主要污染因子
非经常性废水	锅炉化学清洗废水	pH 值、油、COD、SS、重金属、F^-
	锅炉向火侧清洗废水	pH 值、SS
	空气预热器冲洗废水	pH 值、COD、SS、F^-
	除尘器冲洗水	pH 值、COD、SS
	油区含油污水	SS、油、酚
	停炉保护废水	NH_3、N_2H_4
	主厂房地面及设备冲洗水	SS
	输煤系统冲洗煤场排水	SS

5.4.3.3 经常性废水的处理

A 经常性废水处理的典型流程

火电厂经常性排水种类多，杂质成分也比较复杂，处理的典型流程如图 5-5 所示。

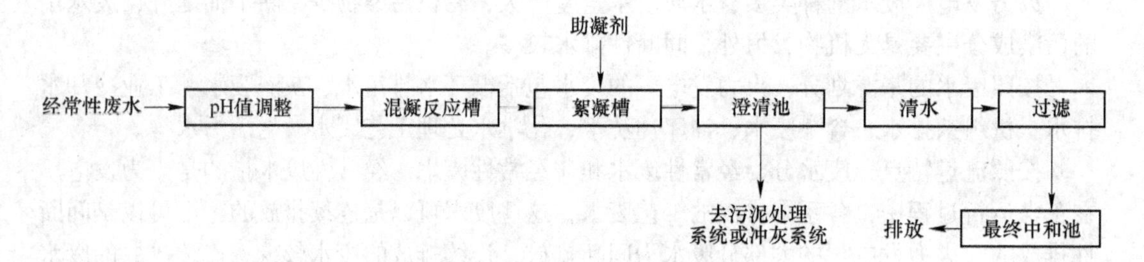

图 5-5 经常性废水处理的典型流程

目前主要通过混凝、澄清、过滤、中和（pH 值不合格时）等处理后，回用或直接排放。经过泥渣浓缩池浓缩后再送入泥渣脱水系统处理，浓缩池的上清液返回澄清池（器）或者废水调节池。

B 化学水处理系统酸碱废水的处理

化学水处理过程中产生的酸碱废水，主要来自锅炉补给水处理系统和凝结水精处理系统阳离子交换剂和阴离子交换剂的再生过程。这部分的酸碱废水是间断性排放的，其水质特点是含盐量很高、悬浮物含量较低，呈酸性或碱性。

由于此类废水的酸碱含量都很低，所以回收的价值不大，大多是采用自行中和法进行处理。此种方法是先将酸性废水（或碱性废水）排入中和池（或 pH 值调整池）内，然后再将碱性废水（或酸性废水）排入，搅拌中和，使 pH 值达到 6~9 后排放。运行方式大多为批量中和，即当中和池内的废水达到一定体积后，再启动中和系统。若 pH 值>9，加酸；若 pH 值<6，加碱；直至 pH 值达到 6~9 的范围，然后排放。

对于单独收集的酸碱废水，一般直接在废液池内进行中和处理。废液池中有加酸管、加碱管和空气混合管。酸碱废水中和处理流程见图 5-6。

除了采取上述方法对酸碱废水进行中和处理外，为了减少中和处理中酸碱的耗量，还可以采取下述方法处理酸碱废水。

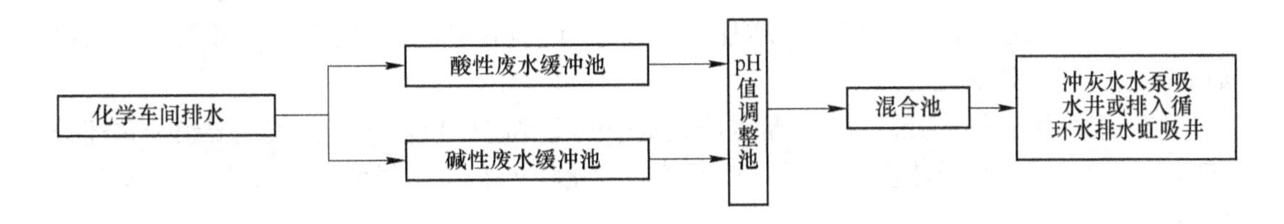

图 5-6 酸碱废水中和处理流程

通过对离子交换器的再生进行调整，也可以减少甚至消除中和阶段新鲜酸、碱的消耗。再生时通过合理地安排阳床和阴床的再生时间和酸碱用量，使阳床排出的废酸与阴床排出的废碱基本上可以等量反应，能够自行中和，就可以不用向废液中加新鲜酸或碱。有些火力发电厂在再生阳床、阴床时，有意地增加阴床的碱耗或者阳床的酸耗（可以提高离子交换树脂的再生度，增加周期制水量），使得再生废液混合后的 pH 值基本维持在 6~9 之间。

另外，还可采取弱酸树脂处理废酸液和废碱液的方法。此方法是将废酸液和废碱液交替地通过弱酸树脂，当废酸液通过钠型弱酸树脂时，它就转为 H 型，除去废液中的酸；当废碱液通过时，弱酸树脂将 H^+ 放出，中和废液中的碱，树脂本身转变为盐型。使用此种方法时，废酸液与废碱液的量应基本相当。但是一般除盐系统中使用脱碳塔脱除碳酸，所以废碱液量少得多。弱酸树脂在离子交换过程中，对 H 的选择性较高，Na 型时水解呈碱性，H 型时仍能将部分中性盐交换，出水呈酸性，因此在实际应用中应严格控制 pH 值在 6~9 的范围内，且需要一定量的钙、镁型树脂，以起缓冲作用。

C 脱硫废水的处理

脱硫废水中主要含有 SS、还原性无机物、F^-、Cl^- 及少量重金属等杂质。宜单独进行处理，处理方法有多种，其中曝气、石灰沉淀法为首选工艺。石灰沉淀处理具有运行费用低、处理范围广的优点，既可以除去废水中的重金属离子，又可以除去悬浮物、氟化物、过饱和的还原性无机盐等。

对不同组分的去除原理分别是：

（1）重金属离子——化学沉淀；

（2）悬浮物——混凝沉淀；

（3）还原性无机物——曝气氧化、絮凝体吸附和沉淀；

（4）氟化物——生成氟化钙沉淀。

下面讨论石灰沉淀处理对脱硫废水中几类主要的污染组分的去除方法及工艺流程。

（1）脱硫废水中各种杂质的去除方法。

1）悬浮物的去除。悬浮物是脱硫废水的主要污染物之一，主要是烟气中的细灰和脱硫吸收浆液中已沉淀的盐类。脱硫废水中的悬浮物浓度很高，可达 20000mg/L。其中大部分可直接沉淀，沉淀物呈灰褐色。

将水样放置 30min，容器底部就有大量的沉淀物，直接沉降后的水样仍然很浑浊，说明水中还含有大量不能直接沉淀的悬浮物微粒。

由于悬浮物浓度很高，在进行化学沉淀处理时，必须配合混凝处理，以去除水中大部分的悬浮物。混凝生成的活性絮体，可以将水中存在的细小金属氢氧化物絮粒（如 $Cr(OH)_3$）吸附在一起共同沉淀，增加了金属氢氧化物的沉淀速度和去除效率。如果投加助凝剂，沉淀效果会更好。

2）还原性物质的去除。COD 是脱硫废水中的主要超标项目之一，其主要组分是还原态的无机物，这类物质浓度的高低与吸收塔的氧化程度有关，降低 COD 是脱硫废水处理的一个难题。

在石灰沉淀处理时，COD 也有一定程度的降低，主要是在此过程中，废水中的过饱和亚硫酸盐会以沉淀的形式被除去。

如果在对废水进行曝气、石灰处理过程中，用 PAC 或 $FeCl_3$ 作混凝剂，处理后废水中的 COD 可以降至 250mg/L 以下，去除率可以达到 30%以上，可以满足《污水综合排放标准》（GB 8978—1996）中三级排放标准，但未能达到一级和二级标准。如果要提高废水处理标准，必要的情况下，可以投加氧化剂进行处理。

3）F^-的去除。采用石灰沉淀法处理脱硫废水时，F^-也可以被除去一部分，其原理是 Ca^{2+}与 F^-反应生成 CaF_2 沉淀。在难溶盐之中，CaF_2 的溶解度相对较高。在脱硫废水中，由于含盐量很高，处理后 F^-浓度远远高于理论计算值。因此采用石灰沉淀工艺时，即使 CaF_2 完全沉淀，水中的 F^-浓度也可能超过排放标准。

脱硫废水中的 F^-主要来自燃煤，由于烟气中的 HF 被脱硫浆液吸收后会转化为 CaF_2 沉淀，所以脱硫废水中 F^-浓度大小的决定因素并不是煤中含氟量的高低，而是废水中 CaF_2 的溶解情况。

要想改善除去 F^-的效果，可以考虑采取投加氯化钙和调整 pH 值的措施。

（2）脱硫废水处理工艺。一套完整的脱硫废水处理系统应包括以下物理化学过程。

1）匀质：通过搅拌、缓冲，使不同时段排出的废水均匀混合，稳定水质和水量，以利于后续处理。

2）碱化处理：提高废水的 pH 值，形成金属的氢氧化物沉淀。

3）混凝处理：消减 $CaSO_4$ 等难溶盐的过饱和度，使各种结晶固体、悬浮物沉淀。

4）加入硫化物，形成重金属的硫化物沉淀并析出，以补充氢氧化物沉淀的不足。

5）絮凝反应，使形成的多种沉淀物凝聚并进行沉降，分离出泥渣并进行浓缩。

6）对泥渣进行脱水。

脱硫废水处理常见工艺流程：废水先进入废液池，在此进行曝气，然后依次经过 pH 值调整、凝聚、化学沉淀和絮凝，进入澄清器，使形成的泥渣和水分离。一部分泥渣送去脱水，另一部分泥渣回流。理论上，含有石膏晶体的回流泥渣提供了结晶表面，有助于消减石膏的过饱和度，但实际上，由于脱硫废水中的悬浮物浓度较高，有时候并不一定需要泥渣回流。清水经过加酸调整 pH 值后直接排放或回用。

在 pH 值调整池中，加入 $Ca(OH)_2$ 将 pH 值调节到 9~9.5，这是废水中大部分金属离子能够发生沉淀反应的 pH 值范围。如果水中存在酸性条件沉淀的离子，单级沉淀残留浓度值较高，则需要两级沉淀处理。

如果废水的含汞量较高，仅仅碱化处理往往不能达标，有时需要添加硫化物（常用有机硫化物）使汞沉淀。

D 循环水系统排污水处理

由于水在循环过程中水质发生了浓缩，使其水质具有以下特点：(1) 含盐量高；(2) 水质稳定性差；(3) 对反渗透膜有污染的组分种类多、浓度高；(4) 水温随发电负荷变化大，不利于水处理系统的运行等。

循环水系统排污水水质复杂，处理难度极大：既要努力地降低水的过饱和度，防止在继续浓缩分离阶段结垢，又要尽量地减少各种有机杂质和胶体杂质，使污染指数（SDI）满足反渗透的要求，减轻对反渗透膜的污染，所以必须进行脱盐处理。又由于其水量大，所以处理规模大。这就使得处理系统比较复杂，运行费用很高。

根据其水质及水量特点，常用的循环水排污水处理的系统包括化学沉淀软化预处理或混凝澄清预处理、膜过滤处理（反渗透、微滤、超滤等）。

膜分离技术是利用一种特殊的半透膜将溶液隔开，使溶液中的某种溶质或溶剂（水）渗透出来，从而达到分离溶质的目的。废水处理中常用的膜为离子交换膜。使溶剂透过膜的方法称为渗透，使溶质透过膜的方法称为渗析。根据溶质或溶剂透过膜的推动力不同，膜分离法可分为：以电动势为推动力的电渗析和电渗透；以浓度差为推动力的扩散渗析和自然渗透；以压力差为推动力的压渗析、反渗透、超滤、微孔过滤。其中最常用的是电渗析、反渗透和超滤，其次是扩散渗析和微孔过滤。

某火电厂循环水排污水脱盐处理工艺流程如图 5-7 所示。

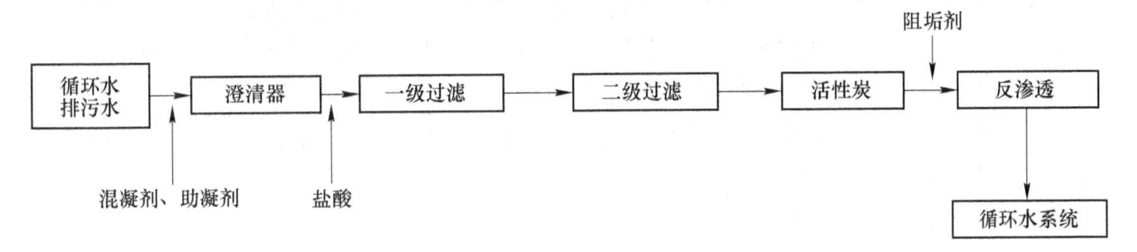

图 5-7 某火电厂循环水排污水脱盐处理工艺流程

E 生活污水的处理

电厂生活污水水质与工业废水水质不同，其化学成分主要有蛋白质、脂肪和各种洗涤剂，且 COD 含量很高，水量也远远少于工业废水。根据其水质特点，生活污水的处理一般除利用一级处理，如沉降澄清、机械过滤等工艺和消毒处理除去可沉降悬浮固体和病毒微生物之外，更主要的是降低有机物的含量。由于生活污水中有机物的成分比较复杂，其降解的难易程度也相差比较悬殊，一般认为 BOD_5/COD 大于 0.3 时，易于用生物转化降解。它可除去生活污水中 90% 的 BOD_5 和悬浮固体。实践表明，生活污水通过二级生物转化处理之后，其 BOD_5 和悬浮固体均可达到国家和地方的水质排放标准。目前有些火力发电厂的生活污水（包括厂区生活污水和居住区生活污水）采用了生物转化处理。经处理后多用作冲灰水或达标后排至下水道。对生活污水的主要监控项目为悬浮物、COD 及 BOD_5。

5.4.3.4 非经常性废水的处理

与经常性排水相比，非经常性排水的水质较差且不稳定。通常悬浮物、COD 和含铁量等指标都很高。由于废水产生的过程不同，各种排水的水质差异很大。有些废水的悬浮物浓度很高，而有些则COD很高。在这种情况下，需要针对不同来源的废水采取不同的处理工艺。例如，停炉保护排出的高联氨废水，化学清洗和空预器冲洗排出的高铁、高有机物、高色度废水，其处理工艺就不同。下面分别讨论几种非经常性废水的处理工艺。

A 停炉保护废水的处理

联氨是一种还原性的物质，在火力发电厂中是一种传统的锅炉给水除氧剂。联氨有毒，还是一种疑似的致癌物质。1985年美国职业安全健康管理局（OSHA）将其归为“危险药品”类，要求产品包装中必须注明是可疑的致癌物，并禁止含有联氨的蒸汽与食品接触。

停炉保护废水中含有较高浓度的联氨，因此需要进行处理。联氨废水一般采用氧化处理，利用联氨能被氧化的性质将其转化为无害的氮气。

从锅炉排出的停炉保护废液首先汇于机组排水槽，然后再用废水泵送入废水集中处理站的非经常性废水槽，在此进行氧化处理。

联氨废水的处理过程是：

（1）将废水的pH值调整至7.5~8.5的范围；

（2）加入氧化剂（通常使用NaClO）并使其充分混合，维持一定的氧化剂浓度和反应时间，使联氨充分氧化。反应式为

$$N_2H_4 + 2NaClO = N_2\uparrow + 2NaCl + 2H_2O$$

使用NaClO作氧化剂，其剂量通常高达数百毫克每升。在废液处理前，一般需要通过小型试验来确定氧化剂的剂量和反应时间。某厂在处理停炉保护废液时，NaClO的剂量控制在400mg/L。处理后维持余氯1~3mg/L。

氧化处理后的水还要被送往混凝澄清、中和处理系统，进一步除去水中的悬浮物并进行中和，使水质达到排放标准后外排。

B 锅炉化学清洗废水的处理

锅炉启动前化学清洗和定期清洗废水的特点是排放废液量大，排放时间短，排放液中有害物质浓度高。因此，对这类排放废液一般需设置专门的储存池，针对不同的清洗工艺，采用不同的废液处理方法，也有与其他生产废水（除含油废水及生活污水外）合并成化学废水经处理系统进行处理。

锅炉化学清洗一般包括碱洗、酸洗、漂洗、钝化等几个工艺环节，清洗时，各环节都有不同类型的废水产生，废液将大量连续排出。由于化学清洗废水的成分极其复杂，未经处理的酸、碱及其他有毒废液，是严禁排放的。排放废液的方式不得采用渗坑、渗井和漫流。为此，在事先设计废液处理设施时，应留有足够的容量。

从化学组成方面来讲，化学清洗废液含有的杂质主要是：

第一类，钙、镁和钠的硫酸盐、氯化物；

第二类，铁、铜和锌的盐类以及氟化物和联氨；

第三类，有机物、铵盐、亚硝酸盐、硫化物等。

污水排放标准对第二类和第三类中的很多成分都有限制，因此酸洗废水的处理目标是除去第二类和第三类中的杂质。

为了有效地去除这些杂质，需要将氧化工艺和混凝澄清处理联合使用。通过氧化处理（氧化剂通常采用NaClO，有时采用强氧化剂过硫酸铵），一方面分解废水中的有机物，

降低 COD 值；另一方面又将废水中大量存在的 Fe^{2+} 氧化成 Fe^{3+}，使之形成 $Fe(OH)_3$，在后续的混凝澄清阶段通过沉淀除去。

a 盐酸酸洗废液的处理

经典的处理方法是中和法。其反应式如下：

$$HCl + NaOH = NaCl + H_2O$$

$$FeCl_3 + 3NaOH = Fe(OH)_3\downarrow + 3NaCl$$

另外盐酸酸洗废液还可采用氧化与石灰沉淀工艺联合处理。图 5-8 为其处理工艺流程。

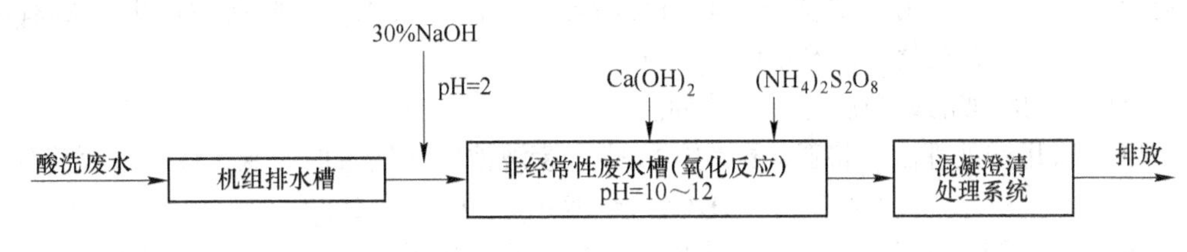

图 5-8 盐酸酸洗废水的处理流程

具体如下：(1) 酸洗废液首先排入机组排水槽，用压缩空气将废液混匀。(2) 用 30%~40%的浓碱液将废液中和至 pH 值为 2 左右。(3) 再用废液泵送入非经常性废水槽，加入石灰粉，混合，使水的 pH 值升至 10~12。因为酸洗废液的 pH 值很低，需要的石灰粉投加量很大（如 $1kg/m^3$）。石灰粉的剂量可以通过小型试验确定。(4) 用空气连续搅拌 2~3d，使水中的 Fe^{2+} 全部氧化成 Fe^{3+}。(5) 再加入强氧化剂过硫酸铵[$(NH_4)_2S_2O_8$]，用空气搅拌 10~12h。此过程可以将废水中的有机物和其他还原态无机离子进行氧化。过硫酸铵的剂量可以通过小型试验确定。(6) 经过上述处理后，将水中大量的 $Fe(OH)_3$ 沉淀和其他悬浮物，送入混凝澄清系统处理。

因为酸洗废液总量很大，混凝澄清处理系统的处理流量相对较小，所以需要较长的处理时间。

b 柠檬酸清洗废液的处理

柠檬酸清洗废液是典型的有机废水，COD 很高，对环境的污染性很强。该种废液有如下几种处理方式：

(1) 利用柠檬酸可以燃烧的性质，将废液与煤粉混合后送入炉膛中焚烧。焚烧后有机物全部转化为 CO_2 和水，随烟气排出。

(2) 利用煤灰的吸附能力和灰浆的碱性，将废液与煤灰混合后排至灰场。

(3) 采用空气氧化、臭氧氧化或其他氧化方式进行氧化处理。氧化处理时，一般需要将 pH 值调至 10.5~11.0 的范围内。因为在 pH 值为 10 时，铁的柠檬酸配合物可以被破坏；而 pH 值大于 11 时，铜、锌的柠檬酸配合物会被破坏。有时为了促进 Cu^{2+} 和 Zn^{2+} 沉淀，需要加入硫化钠。在氧化处理后，因为悬浮物浓度还很高，需要送入混凝澄清处理系统进行进一步处理。

c EDTA 清洗废液的处理

EDTA 清洗是配位反应，配位反应是可逆的。EDTA 是一种比较昂贵的清洗剂，因此，可以考虑从废液中回收。回收的方法有直接硫酸法回收和 NaOH 碱法回收等。

d 氢氟酸清洗废液的处理

氢氟酸清洗废液中所含的氟化物浓度很高，一般采用石灰沉淀法处理后排放。处理原理是在废液中加入石灰粉后，废液中的 F^- 与 Ca^{2+} 反应生成沉淀 CaF_2。其反应式如下：

$$2HF + Ca(OH)_2 = CaF_2 \downarrow + 2H_2O$$

该反应是常见的沉淀反应，在难溶盐中 CaF_2 的溶解度比较大，要达到规定的氟化物排放标准，单靠石灰沉淀处理是比较困难的。氟化物为二类污染物，可以与其他废水混合后再排放。一般氢氟酸溶液中残留的游离氟离子含量小于 10mg/L 即可。

锅炉清洗废水中还含有亚硝酸钠和联氨等组分，联氨的处理方法同前，此处介绍亚硝酸钠废液的处理。亚硝酸钠废液不能与废酸液排入同一池内，否则会生成大量氮氧化物 NO_x 气体，形成滚滚黄烟，严重污染空气。

亚硝酸钠废液的处理法有下列几种。

（1）氯化铵处理法。将亚硝酸钠废液排入废液池内，然后加入氯化铵，其反应如下：

$$NaNO_2 + NH_4Cl = NaCl + N_2 \uparrow + 2H_2O$$

氯化铵的实际加药量应为理论量的 3~4 倍，为加快反应速度可向废液池内通入0.78~1.27MPa 的蒸汽，维持温度在 70~80℃。为防止亚硝酸钠在低 pH 值时分解，造成二次污染，应维持 pH 值为 5~9。

（2）次氯酸钙处理法。将亚硝酸钠废液排入废液池，加入次氯酸钙，其反应如下：

$$CaCl(OCl) + NaNO_2 = NaNO_3 + CaCl_2$$

次氯酸钙加药量应为亚硝酸钠的 2.6 倍。此法处理可在常温下进行，并通入压缩空气搅拌。

（3）尿素分解法。用尿素的盐酸溶液处理亚硝酸钠废液，使其转化为氮气而除去，其反应如下：

$$2NaNO_2 + CO(NH_2)_2 + 2HCl = 2N_2 \uparrow + CO_2 \uparrow + 2NaCl + 3H_2O$$

处理后，应将溶液静置过夜后再排放。

C 空气预热器、省煤器等设备冲洗排水的处理

在机组大修期间，有时需要对锅炉设备的烟气侧进行冲洗，以除去附着在炉管外壁上的灰。需要冲洗的设备有空气预热器、省煤器、烟囱、送风机和引风机等。冲洗排水的水质特点是悬浮物和铁的浓度很高，而 pH 值较低。如果是燃油机组，则废水中的油、重金属钒等杂质的浓度会较高。

D 含油废水的处理

含油废水的量比较小，一般通过分散收集后送入含油废水处理装置处理。

含油废水的处理方式按照原理来划分，有重力分离法、气浮法、吸附法、粗粒化法、膜过滤法、电磁吸附法和生物氧化法等。其中，膜过滤法、电磁吸附法和生物氧化法在火力发电厂中不常用，火电厂中通常采用浮力浮上法。所谓浮力浮上法，就是借助水的浮力，使废水中密度小于或接近于 $1g/cm^3$ 的固态或液态污染物浮出水面，再加以分离的处理技术。根据污染物的性质和处理原理不同，浮力浮上法又分为自然浮上法、气泡浮上法和药剂浮选法三种。

（1）自然浮上法。利用污染物与水之间存在的密度差，让其浮升到水面并加以去除，称为自然浮上法。废水中直径较大的粗分散性可浮油粒即可用此法去除，采用的主要设备

是隔油池。

（2）气泡浮上法。气泡浮上法简称气浮法，是利用高度分散的微小气泡作为载体去黏附废水中的污染物，使其随气泡浮升到水面而加以去除。所以，实现气浮处理的必要条件是使污染物能够黏附于气泡上。

（3）药剂浮选法。药剂浮选法简称浮选法，是向废水中投加浮选药剂，选择性地将亲水性油粒转变为疏水性油粒，然后再附着在小气泡上，并上浮到水面加以去除的方法，它分离的主要对象是颗粒较小的亲水性油粒。

火力发电厂的含油废水，经隔油池和气浮处理之后，有时仍达不到排放标准，这时还应采用生物转化处理或活性炭吸附处理，从而进一步降低油污染物的含量，使出水水质提高，达到排放要求。

E　含煤废水的处理

含煤废水的外观呈黑色，悬浮物浓度变化比较大。悬浮物主要由煤粉组成。其中一部分粒径较大的煤粒可以直接沉淀，而大量粒径很小的煤粉基本不能直接沉淀，而是稳定地悬浮于水中。煤中含有很多的矿物质，主要有铁、铝、钙、镁等金属元素的碳酸盐、硅酸盐、硫酸盐和硫化物。与飞灰具有极强的化学活性不同，煤中的矿物质比较稳定，常温下在水中的溶解度不大。所以无烟煤可以作为水处理用的滤料，磺化煤可以作为离子交换剂。含煤废水的电导率并不高，悬浮物、SiO_2 的浓度和 COD 值比较大。在收集废水的过程中有时会漏入一些废油，因此，含煤废水有时含油量较高。

利用煤粉的密度大于水的密度，在重力的作用下，沉淀下来从而与水分离。但由于煤粉颗粒细小，纯粹利用重力很难全部与水分离，因此加药进行混凝，利用药剂的吸附、架桥作用，废水中的细小煤粉颗粒通过吸附架桥作用、电中和作用及沉淀物网捕作用，形成较大的颗粒，再通过沉淀实现与水分离。

随着微滤水处理技术的普及，近年来，在国内的一些火力发电厂已开始采用微滤装置来处理含煤废水。微滤作为膜处理的一种，具有占地面积小，处理后水的悬浮物浓度比沉淀、澄清或气浮要低的优点。但其处理成本要高于沉淀或澄清处理，主要是运行维护成本较高。比如微滤滤元、控制单元的自动阀门、控制元件等需要定期更换，而且需要定期进行化学清洗。

另外还有一种 JYMS 智能型一体化含煤废水处理设备，其核心是过滤器。加药混凝后的含煤废水进入过滤器，在混凝剂的作用下，煤粉絮凝形成较大的颗粒，通过过滤与水分离，处理后的清水送入清水池回用。

思考与练习题

5-1 什么是水资源？说明我国水资源的特征，并结合你所在的地区讨论水资源存在问题及解决措施。

5-2 天然水中俗称的“八大离子”是什么？比较分析不同水体的水质特点。

5-3 什么是 BOD 和 COD？BOD_5 中 5 的含义是什么？并简述 BOD 与 COD 的差异。

5-4 说明描述有机物水质指标种类。

5-5 说明工业废水一般分类方法及不同类型废水的主要特点。

5-6 废水主要污染物有哪些？并分别说明其来源性质及危害。

5-7 什么是水体的自净？说明水体的自净表现的特征，简述需氧有机物的污染与自净过程。
5-8 说明重金属在水体中的迁移转化方式。
5-9 什么是富营养化？其产生的原因是什么？简述富营养化的危害与防治。
5-10 简述火电厂取水对水环境的主要影响。
5-11 简述水力发电的基本过程。水力发电对水环境的影响有哪些？
5-12 火电厂排水污染的主要形式、种类及特点分别是什么？
5-13 火电厂经常性废水和非经常性废水的主要类型有哪些？
5-14 分析说明火电厂各类废水主要处理技术。

6 电力能源生产与固体废弃物污染

在当今社会里，人们在享受现代化所带来的物质文明的同时，每年要消耗大量的自然资源，并产生数百亿吨的各种废弃物质，最终都要排放到地球上。这些废弃物不仅占用了大量的土地，而且严重地污染了环境，对人类的生存空间和生存环境造成了巨大的威胁。同时，我们还面临着因资源无节制消耗而造成的资源短缺的严重挑战。早在20世纪初期，发达国家由于工业化的快速发展和人们生活水平的提高，资源短缺和环境污染问题就已经变得日益严重。固体废弃物的环境污染也因此成为人们普遍关注的问题之一。特别是20世纪下半叶，各工业国家都面临着资源危机和环境恶化的巨大压力，迫使这些国家开始认识到固体废弃物环境污染治理和资源化利用的紧迫性和必要性，以及它对各国经济和社会可持续发展的重要性。固体废弃物的开发利用也发展到一个新的阶段。它从最初简单的废旧物资回收，逐步发展成为一门新型的工程学科，也就是固体废弃物处理与处置。固体废弃物处理与处置涉及固体废弃物处理与利用工程技术、法律法规、技术标准等多个方面的内容，在现代环境管理中占有重要的地位。

作为固体废弃物的一种，危险废弃物引起的环境事故和危害往往具有持续时间长、隐蔽性大、后果严重的特点，一旦发生危险废弃物污染事故，污染治理将要耗费巨额资金，生态恢复也将需要更长的时间，有时甚至难以恢复。因此，危险废弃物的管理和无害化处理将是我国未来环境保护工作的重点。

能源开采和电力工业的发展带来了大量固体废弃物，由于我国煤炭资源丰富，火力发电在中国电力能源结构中始终占主要地位。粉煤灰是火电排出的废渣，是电力工业的主要固体废弃物。粉煤灰不仅占用大量的耕地，而且二次扬尘对生态环境造成了严重的危害。

那么，什么叫固体废弃物呢？什么又叫危险废弃物呢？固体废弃物和危险废弃物与电力能源生成过程中又有什么关系呢？

6.1 固体废弃物污染

6.1.1 固体废弃物概念

固体废弃物（solid waste）是指在生产、生活和其他活动中产生的丧失原有利用价值或者虽未丧失利用价值但被抛弃或者放弃的固态、半固态和置于容器中的气态物品、物质以及法律、行政法规规定纳入固体废弃物管理的物品、物质。

从广义上讲，根据物质的形态，废弃物可划分为固态、液态和气态废弃物质三种。液态和气态废弃物常以污染物的形式掺混在水和空气中，通常直接或经处理后排入水体或大气中。在我国，它们被习惯地称为废水和废气，而归入水环境和大气环境管理体系进行管理。其中不能排入水体的液态废弃物和不能排入大气的置于容器中的气态废弃物，由于多具有较大的危害性，在我国归入固体废弃物管理体系。因此，固体废弃物不只是指固态和半固态物质，还包括部分液态和气态物质。

通常，危险废弃物属于固体废弃物的一种。危险废弃物是指对人类、动植物和环境的现在和将来会构成一定危害的，没有特殊的预防措施不能进行处理或处置的废弃物。目前，世界上危险废弃物定义方法主要有三类：一般定义、排他定义和包含性定义。其中包含性定义相对较为完整和全面。包含性定义是通过建立一个包含性的名录来定义危险废弃物，即只要该废弃物属于名录中列出的废弃物，或表现出规定的任何一种危险特性，就被判定为危险废弃物，这种定义方法已被认为是危险废弃物鉴别的有效方法。

6.1.2 固体废弃物来源与分类

6.1.2.1 固体废弃物来源

固体废弃物主要来源于人类的生产和消费活动。人们在开发资源和制造产品的过程中，必然产生废弃物，任何产品经过使用和消费后，终将变成废弃物，仅有10%~15%以建筑物、工厂、装置、器具等形式积累起来。物质和能源的消耗越多，废弃物产生量就越多。随着生产力的迅速发展，人口向城市集中，消费水平不断提高，大量工业固体废弃物排入环境，城市生活垃圾的产量剧增，固体废弃物已成为严重的环境问题和社会问题。以美国为例，投入使用的食品罐头盒、饮料瓶等，平均几个星期就变成了废弃物，家用电器和小汽车平均7~10年变成废弃物，建筑物使用期限最长，但经过数十年至数百年也将变成废弃物。按照环保部2016年11月发布的《2016年全国大、中城市固体废物污染环境防治年报》，2015年，全国244个大、中城市一般工业固体废弃物产生量为19.1亿吨，工业危险废弃物产生量为2801.8万吨，医疗废弃物产生量约为68.9万吨，生活垃圾产生量约为18564.0万吨。

固体废弃物来自人类活动的许多环节，主要包括生产过程和生活过程的一些环节。表6-1列出从各类发生源产生的主要固体废弃物。

表6-1 从各类发生源产生的主要固体废弃物

发生源	产生的主要固体废弃物
矿业	废石、尾矿、金属、废木、砖瓦和水泥、砂石等
冶金、金属结构、交通、机械等工业	金属、渣、砂石、陶瓷、涂料、管道、绝热和绝缘材料、黏结剂。污垢、废木、塑料、橡胶、纸、各种建筑材料、烟尘等
建筑材料工业	金属、水泥、黏土、陶瓷、石膏、石棉、砂、石、纸、纤维
食品加工业	肉、谷物、蔬菜、硬壳果、水果、烟草等
橡胶、皮革、塑料等工业	橡胶、塑料、皮革、纤维、染料等
石油化工工业	化学药剂、金属、塑料、橡胶、陶瓷、沥青、油毡、石棉、涂料等
电器、仪器仪表等工业	金属、玻璃、木、橡胶、塑料、化学药剂、研磨料、陶瓷、绝缘材料等
纺织服装工业	纤维、金属、橡胶、塑料等
造纸、木材、印刷等工业	刨花、锯末、碎木、化学药剂、金属、塑料等
居民生活	食物、纸、木、布、庭院植物修剪物、金属、玻璃、塑料、瓷、燃料
商业、机关	灰渣、脏土、碎砖瓦、废器具、粪便等
市政维护、管理部门	灰渣、脏土、碎砖瓦、废器具、粪便等，另有管道、碎砌体、沥青及其他建筑材料，含有易爆、易燃腐蚀性、放射性废弃物以及废汽车、废电器、废器具等

续表 6-1

发 生 源	产生的主要固体废弃物
农业	碎砖瓦、树叶、死禽畜、金属、锅炉灰渣、污泥等，秸秆、蔬菜、水果、果树枝条、人和禽畜粪便、农药等
核工业和放射性医疗单位	金属、含放射性废渣、粉尘、污泥、器具和建筑材料等

固体废弃物中的危险废弃物种类繁多、来源复杂，如医院、诊所产生的带有病菌病毒的医疗垃圾，化工制药业排出的含有有毒元素的有机、无机废渣，有色金属冶炼厂排出的含有大量重金属元素的废渣，工业废弃物处置作业中产生的残余物等。

危险废弃物虽然一般只占固体废弃物总量的1%左右，但由于危险废弃物特殊的危害特性，它和一般的城市生活垃圾、商业垃圾及工业固体废弃物无论在管理方法还是在处理处置技术上都有较大差异，大部分国家都对其制定了特殊的鉴别标准、管理方法和处理处置规范。危险废弃物的主要特征并不是在于其相态，而是在于其危险特性，即易燃性、易爆性、腐蚀性、毒性、反应性、浸出毒性和感染性等。危险废弃物可以包括固态、油状、液体废弃物及具有外包装的气体等。

图 6-1 为 2001～2011 年全国工业危险废弃物产生、处理及排放量年变化。从 2001 年到 2011 年，全国累计固体废弃物贮存量高达 3619 万吨。根据我国环境保护部的环境统计年报的最新统计数据可知，2011 年医疗废弃物产生量为 33.6 万吨，放射源总数为 1.1 万枚，2009 年医疗废弃物产生量为 28.3 万吨，放射源总数为 1.1 万枚，医疗废弃物产量同比增长 18.72%。

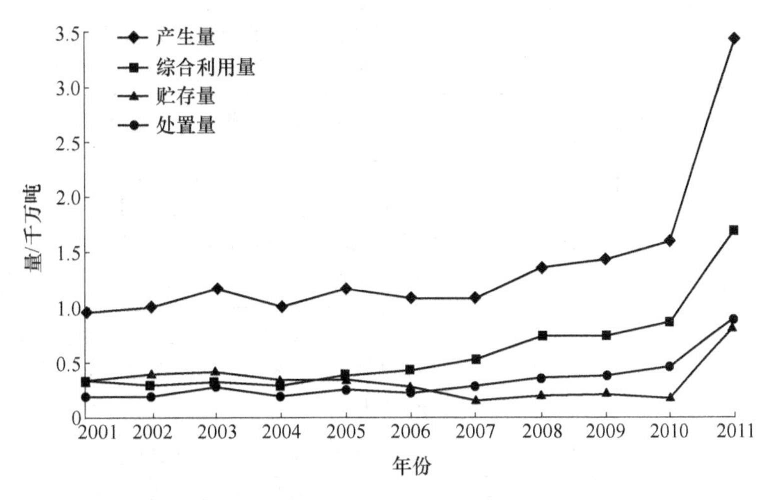

图 6-1　2001～2011 年全国工业危险废弃物产生、处理及排放量年变化

6.1.2.2　固体废弃物的分类

（1）按固体废弃物化学活性分为化学活性废弃物（易燃易爆废弃物、化学药剂等）和化学惰性废弃物（废石、尾矿等）。

（2）按固体废弃物化学性质分为有机废弃物（农业固体废弃物、食物残渣、剩余污泥、废纸、废塑料等）和无机废弃物（高炉渣、钢渣等）。

（3）按固体废弃物危害状况分为一般废弃物和危险废弃物。

我国把危险废弃物定义为，列入国家危险废弃物名录或根据国家规定的危险废弃物鉴别标准和鉴别方法认定的具有危险特性的废弃物。

美国对危险废弃物的定义为，危险废弃物是固体废弃物，由于不适当的处理、贮存、运输、处置或管理等，它能引起或明显地影响各种疾病和死亡，或对人体健康或环境造成显著的威胁。

联合国环境规划署制定的《控制危险废弃物越境转移及其处置巴塞尔公约》列出了“应加以控制的废弃物类别”共45类，“须加特别考虑的废弃物类别”共2类，同时列出危险废弃物“危险特性的清单”共14种特性。国家危险废弃物名录（部分）与能源生产相关的危险废弃物如表6-2所示。

危险废弃物的物理化学及生物特性包括与有毒有害物质释放到环境中的速率有关的特性，有毒有害物质在环境中迁移转化及富集的特性，有毒有害物质的生物毒性。所涉及的主要参数有有毒有害物质的溶解度、挥发度、分子量、饱和蒸气压、在土壤中的滞留因子、空气扩散系数、土壤/水分配系数、降解系数、生化富集因子、致癌性反应系数及非致癌性参考剂量。

表6-2　国家危险废弃物名录（2016版，部分）

废弃物类别	行业来源	废弃物代码	危险废弃物	危险特性
HW08 废矿物油与含矿物油废弃物	石油开采	071-001-08	石油开采和炼制产生的油泥和油脚	T，I
		071-002-08	以矿物油为连续相配制钻井泥浆用于石油开采所产生的废弃钻井泥浆	T
	天然气开采	072-001-08	以矿物油为连续相配制钻井泥浆用于天然气开采所产生的废弃钻井泥浆	T
		251-001-08	清洗矿物油储存、输送设施过程中产生的油/水和烃/水混合物	T
	精炼石油产品制造	251-002-08	石油初炼过程中储存设施、油-水-固态物质分离器、积水槽、沟渠及其他输送管道、污水池、雨水收集管道产生的含油污泥	T，I
		251-003-08	石油炼制过程中隔油池产生的含油污泥，以及汽油提炼工艺废水和冷却废水处理污泥（不包括废水生化处理污泥）	T
HW08 废矿物油与含矿物油废弃物	精炼石油产品制造	251-004-08	石油炼制过程中溶气浮选工艺产生的浮渣	T，I
		251-005-08	石油炼制过程中产生的溢出废油或乳剂	T，I
		251-006-08	石油炼制换热器管束清洗过程中产生的含油污泥	T
		251-010-08	石油炼制过程中澄清油浆槽底沉积物	T，I
		251-011-08	石油炼制过程中进油管路过滤或分离装置产生的残渣	T，I
		251-012-08	石油炼制过程中产生的废过滤介质	T

续表 6-2

废弃物类别	行业来源	废弃物代码	危险废弃物	危险特性
HW08 废矿物油与含矿物油废弃物	非特定行业	900-199-08	内燃机、汽车、轮船等集中拆解过程产生的废矿物油及油泥	T，I
		900-200-08	珩磨、研磨、打磨过程产生的废矿物油及油泥	T，I
		900-201-08	清洗金属零部件过程中产生的废弃煤油、柴油、汽油及其他由石油和煤炼制生产的溶剂油	T，I
		900-203-08	使用淬火油进行表面硬化处理产生的废矿物油	T
		900-204-08	使用轧制油、冷却剂及酸进行金属轧制产生的废矿物油	T
		900-205-08	镀锡及焊锡回收工艺产生的废矿物油	T
		900-209-08	金属、塑料的定型和物理机械表面处理过程中产生的废石蜡和润滑油	T，I
		900-210-08	油/水分离设施产生的废油、油泥及废水处理产生的浮渣和污泥（不包括废水生化处理污泥）	T，I
		900-211-08	橡胶生产过程中产生的废溶剂油	T，I
		900-212-08	锂电池隔膜生产过程中产生的废白油	T
		900-213-08	废矿物油再生净化过程中产生的沉淀残渣、过滤残渣、废过滤吸附介质	T，I
		900-214-08	车辆、机械维修和拆解过程中产生的废发动机油、制动器油、自动变速器油、齿轮油等废润滑油	T，I
HW08 废矿物油与含矿物油废弃物		900-215-08	废矿物油裂解再生过程中产生的裂解残渣	T，I
		900-216-08	使用防锈油进行铸件表面防锈处理过程中产生的废防锈油	T，I
		900-217-08	使用工业齿轮油进行机械设备润滑过程中产生的废润滑油	T，I
		900-218-08	液压设备维护、更换和拆解过程中产生的废液压油	T，I
		900-219-08	冷冻压缩设备维护、更换和拆解过程中产生的废冷冻机油	T，I
		900-220-08	变压器维护、更换和拆解过程中产生的废变压器油	T，I
		900-221-08	废燃料油及燃料油储存过程中产生的油泥	T，I
		900-222-08	石油炼制废水气浮、隔油、絮凝沉淀等处理过程中产生的浮油和污泥	T
		900-249-08	其他生产、销售、使用过程中产生的废矿物油及含矿物油废弃物	T，I
HW11 精（蒸）馏残渣	精炼石油产品制造	251-013-11	石油精炼过程中产生的酸焦油和其他焦油	T

续表 6-2

废弃物类别	行业来源	废弃物代码	危险废弃物	危险特性
HW11 精（蒸）馏残渣	炼焦	252-001-11	炼焦过程中蒸氨塔产生的残渣	T
		252-002-11	炼焦过程中澄清设施底部的焦油渣	T
		252-003-11	炼焦副产品回收过程中萘、粗苯精制产生的残渣	T
		252-004-11	炼焦和炼焦副产品回收过程中焦油储存设施中的焦油渣	T
		252-005-11	煤焦油精炼过程中焦油储存设施中的焦油渣	T
		252-006-11	煤焦油分馏、精制过程中产生的焦油渣	T
		252-007-11	炼焦副产品回收过程中产生的废水池残渣	T
		252-008-11	轻油回收过程中蒸馏、澄清、洗涤工序产生的残渣	T
		252-009-11	轻油精炼过程中的废水池残渣	T
		252-010-11	炼焦及煤焦油加工利用过程中产生的废水处理污泥（不包括废水生化处理污泥）	T
		252-011-11	焦炭生产过程中产生的酸焦油和其他焦油	T
		252-012-11	焦炭生产过程中粗苯精制产生的残渣	T
		252-013-11	焦炭生产过程中产生的脱硫废液	T
		252-014-11	焦炭生产过程中煤气净化产生的残渣和焦油	T
		252-015-11	焦炭生产过程中熄焦废水沉淀产生的焦粉及筛焦过程中产生的粉尘	T
		252-016-11	煤沥青改质过程中产生的闪蒸油	T
	燃气生产和供应业	450-001-11	煤气生产行业煤气净化过程中产生的煤焦油渣	T
		450-002-11	煤气生产过程中产生的废水处理污泥（不包括废水生化处理污泥）	T
		450-003-11	煤气生产过程中煤气冷凝产生的煤焦油	T

注：危险特性，包括腐蚀性（corrosivity，c）、毒性（toxicity，t）、易燃性（ignitability，I）、反应性（reactivity，R）和感染性（infectivity，In）。

（4）按固体废弃物形状分为固态（粉状、粒状、块状）废弃物和泥状废弃物。

（5）按固体废弃物来源分为生活垃圾（municipal solid waste/garbage，指在日常生活中或者为日常生活提供服务的活动中产生的固体废弃物以及法律、行政法规规定视为生活垃圾的固体废弃物）、工业固体废弃物（industrial waste，指在工业生产活动中产生的固体废弃物根据国家环境保护总局污染控制司编制的《固体废物申报登记工作指南》，我国将工业固体废弃物按产生源和主要污染物划分为 77 类）及农业固体废弃物（agricultural waste，指来源于农业生产和禽畜饲养过程中产生的固体废弃物，如秸秆、畜禽粪便等）。

我国工业固体废弃物绝大部分来自重工业，以 2010 年为例，如表 6-3 所示，2010 年我国的工业固体废弃物 95. 34%来自电力、热力生产供应业、矿业、煤炭、石油开采及化工业等重工业。

表 6-3 2010 年按行业分工业固体废弃物产生量及比例

行　业	工业固体废弃物产生量/万吨	工业固体废弃物产生比例/%
行业总计	225093.6	
电力、热力的生产和供应业	53823.1	23.91
黑色金属冶炼及压延加工业	38007.9	16.89
黑色金属矿采选业	31968.9	14.20
有色金属矿采选业	29338.4	13.03
煤炭开采和洗选业	27316.1	12.14
化学原料及化学制品制造业	14359.1	6.38
有色金属冶炼及压延加工业	8791.1	3.91
非金属矿物制品业	5160.6	2.29
石油加工、炼焦及核燃料	3512.6	1.56
造纸及纸制品业	2321.3	1.03
其　他	10494.5	4.66

为便于管理，通常采用按来源分类的方法。固体废弃物排放量最多的四个行业依次为采掘业（废石、尾矿等）、电力煤气及水生产供应业（粉煤灰、煤矸石等）、黑色金属冶炼及压延加工业（高炉渣、钢渣等）、化学原料及化学品制造业（硫铁矿烧渣、废石膏、废母液等）。

6.1.2.3 固体废弃物的特点

固体废弃物的特点具体如下。

（1）资源和废弃物的相对性。固体废弃物具有鲜明的时间和空间特征，是在错误时间放在错误地点的资源。从时间方面讲，它仅仅是在目前的科学技术和经济条件下无法加以利用，但随着时间的推移，科学技术的发展，以及人们的要求变化，今天的废弃物可能成为明天的资源。从空间角度看，废弃物仅仅相对于某一过程或某一方面没有使用价值，而并非在一切过程或一切方面都没有使用价值。一种过程的废弃物，往往可以成为另一种过程的原料。固体废弃物一般具有某些工业原材料所具有的化学、物理特性，且较废水、废气容易收集、运输、加工处理，因而可以回收利用。

（2）富集终态和污染源头的双重作用。固体废弃物往往是许多污染成分的终极状态。例如，一些有害气体或飘尘，通过治理最终富集成为固体废弃物；一些有害溶质和悬浮物，通过治理最终被分离出来成为污泥或残渣；一些含重金属的可燃固体废弃物，通过焚烧处理，有害金属浓集于灰烬中。但是，这些“终态”物质中的有害成分，在长期的自然因素作用下，又会转入大气、水体和土壤，故又成为大气、水体和土壤环境的污染“源头”。

（3）危害具有潜在性、长期性和灾难性。固体废弃物对环境的污染不同于废水、废气和噪声。固体废弃物呆滞性大、扩散性小，它对环境的影响主要是通过水、气和土壤进行的。其中污染成分的迁移转化，如浸出液在土壤中的迁移，是一个比较缓慢的过程，其危害可能在数年甚至数十年后才能发现。从某种意义上讲，固体废弃物，特别是有害废弃物对环境造成的危害可能要比水、气造成的危害严重得多。

6.1.3 固体废弃物对环境的危害

6.1.3.1 固体废弃物对环境的危害

固体废弃物对环境的危害很大，其污染往往是多方面、多环境要素的。主要污染途径有下列几个方面：

（1）侵占土地。固体废弃物的任意露天堆放，需占地堆放，而且堆积存放量越多，占地面积也就越大。据估算，每堆积1万吨废弃物，约需占地1亩。

（2）污染土壤。废弃物堆放或没有适当的防渗措施的垃圾填埋，其中的有害组分很容易经过风化、雨雪淋溶、地表径流的侵蚀，产生高温和有毒液体渗入土壤，能杀害土壤中的微生物，破坏微生物与周围环境构成的生态系统，导致草木不生。

（3）污染水体。固体废弃物随天然降水或地表径流进入河流、湖泊，或随风飘落入水体，使地面水污染，并随渗滤液渗透到土壤中，渗入地下水，使地下水污染；固体废弃物直接排入水体，会造成更大的水体污染。

（4）污染大气。固体废弃物一般通过如下途径污染大气：以细粒状存在的废渣和垃圾，在大风吹动下会随风飘逸，扩散到很远的地方；运输过程中产生有害气体和粉尘；一些有机固体废弃物在适宜的温度和湿度下被微生物分解，能释放出有害气体；固体废弃物本身或在处理（如焚烧）时散发毒气和臭味等。典型的例子是煤矸石的自燃，曾在各地煤矿多次发生，散发出大量的SO_2、CO_2、NH_3等气体，造成严重的大气污染。

（5）影响环境卫生。城市的生活垃圾、粪便等由于清运不及时，便会产生堆存现象，严重影响人们居住环境的卫生状况，对人们的健康构成潜在的威胁。

（6）其他危害。除上述各种危害外，某些特殊的有害固体废弃物可能会造成燃烧、爆炸、接触中毒、严重腐蚀等特殊损害。

6.1.3.2 危险废弃物对环境的危害

危险废弃物的危害主要体现在：

（1）破坏生态环境。随意排放、贮存的危险废弃物在雨水地下水的长期渗透、扩散作用下，会污染水体和土壤，降低地区的环境功能等级。

（2）影响人类健康。危险废弃物通过摄入、吸入、皮肤吸收、眼接触而引起毒害，或引起燃烧、爆炸等危险；长期接触导致中毒、致癌、致畸、致突变等。

（3）制约可持续发展。危险废弃物不处理或不规范处理处置所带来的大气、水源、土壤等的污染也将会成为制约经济活动的“瓶颈”。

在20世纪80年代早期，危险废弃物成为我们社会的最主要环境问题。首先开始于无机化合物，如铅和汞，随后扩展到20世纪出现的合成有机化合物。日本的汞污染事件和包括PCBs、二噁英和其他有机物污染事件提高了公众的环境意识和关注，推动了环境运动，最终促进了管理危险废弃物的立法。这些划时代的环境事件有：

（1）滴滴涕（DDT）污染。自1962年，蕾切尔·卡逊著的《寂静的春天》，通过叙述怎样在深海鱿鱼、南极企鹅和人类脂肪组织中发现DDT残留物，唤醒了世界对所有生命相互关系的注意。DDT阻碍鸟类卵巢中钙的吸收，导致蛋壳很薄，不能承受成鸟的重量而导致繁殖力下降。在实验动物中，DDT的暴露与癌症频率的上升成正比。医学家发现，现代人的血液、大脑、肝和脂肪里都有DDT的残留物。不少人因DDT而慢性中毒。

虽然许多国家已在20世纪70年代停止使用DDT，我国在1983年停止使用DDT，但DDT的影响远未终结。美国一些医学家测试到，一些母亲的乳汁中含有较高的DDT毒物，医生在死婴的脑部也发现了DDT。DDT的化学性质很稳定，会长期滞留在环境中，并且不断地在环境中循环。

（2）多氯联苯（PCBs）和多溴联苯（PBB）污染。据估计存在于全世界海洋、土壤、大气中的PCBs总量达到25万~30万吨，污染的范围很广，从北极的海豹、加拉帕戈斯的黄肌鲔，到南极的海鸟蛋，以及从日本、美国、瑞典等国人的母乳中都能检出PCBs。PCBs污染大气、水、土壤后，通过食物链的传递，富集于生物体内。20世纪60~70年代，美国被多溴联苯（PBB）污染的密歇根牛草料，通过牛奶和其他奶制品、肉类等食物链引起了大范围的人群暴露，导致PBB在母乳中被发现。

（3）二噁英污染事件。在1982年梅勒梅克河淹过时代河滩之后，美国环保局宣布，此地的二噁英浓度已经达到安全水平的100倍，要求全部居民即刻撤离。1976年，意大利的塞韦索市化工厂发生爆炸，由此释放的二噁英带来的毒性影响迅速扩大，最后，通过购买所有社区财产和永久疏散居民的方式处理此事。

6.2 固体废弃物污染防治与管理

6.2.1 控制固体废弃物污染的技术政策

20世纪60年代中期以后环保开始在国际上受到重视，污染治理技术迅速发展，从而形成了一系列固废处理方法。20世纪70年代以来，一些工业发达国家，由于废弃物处置场地紧张，处理费用巨大，也由于资源缺乏，提出了“资源循环”口号，开始从固体废弃物中回收资源和能源，逐步发展成为控制废弃物污染的途径——资源化。

我国固体废弃物污染控制工作起步较晚，开始于20世纪80年代初期。由于技术力量和经济力量有限，当时还不可能在较大的范围内实现“资源化”。因此，从“着手于眼前，放眼于未来”出发，我国于20世纪80年代中期提出了以“资源化”“无害化”“减量化”作为控制固体废弃物污染的技术政策，并确定以后较长一段时间内应以“无害化”为主。将固体废弃物中可利用的那部分材料充分回收利用是控制固体废弃物污染的最佳途径，但它需要较大的资金投入，并需有先进的技术作先导。我国固体废弃物处理利用的发展趋势必然是从“无害化”走向“资源化”，“资源化”是以“无害化”为前提的，“无害化”和“减量化”则应以“资源化”为条件，这是毫无疑问的。

6.2.1.1 “无害化”

固体废弃物“无害化”处理的基本任务是将固体废弃物通过工程处理，达到不损害人体健康，不污染周围的自然环境（包括原生环境与次生环境）。

目前，废弃物“无害化”处理工程已经发展成为一门崭新的工程技术。诸如，垃圾的焚烧、卫生填埋、堆肥、粪便的厌氧发酵，有害废弃物的热处理和解毒处理等。其中，“高温快速堆肥处理工艺”“高温厌氧发酵处理工艺”在我国都已达到实用程度，“厌氧发酵工艺”用于废弃物“无害化”处理工程的理论也已经基本成熟，具有我国特点的“粪便高温厌氧发酵处理工艺”，在国际上一直处于领先地位。

在对废弃物进行“无害化”处理时，必须看到，各种“无害化”处理工程技术的通用性是有限的，它们的优劣程度，往往不是由技术、设备条件本身所决定。以生活垃圾处理为列，焚烧处理确实不失为一种先进的“无害化”处理方法，但它必须以垃圾含有高热值和可能的经济投入为条件，否则，便没有引用的意义。根据我国大多数城市生活垃圾平均可燃成分偏低的特点，早期内，着重发展卫生填埋和高温堆肥处理技术是适宜的。特别是卫生填埋，处理量大，投资少，见效快，可以迅速提高生活垃圾处理率，以解决当前带有“爆炸性”的垃圾出路问题。至于焚烧处理方法，只能有条件地采用。就是在将来，垃圾平均可燃成分提高了，卫生填埋也还是必不可少的方法，故又具有一定的长远意义。

6.2.1.2 “减量化”

固体废弃物“减量化”的基本任务是通过适宜的手段减少固体废弃物的数量和体积。这一任务的实现，需从两个方面着手，一是对固体废弃物进行处理利用，二是减少固体废弃物的产生。

对固体废弃物进行处理利用，属于物质生产过程的末端，即通常人们所理解的“废弃物综合利用”，我们称之为“固体废弃物资源化”。例如，生活垃圾采用焚烧法处理后，体积可减小80%~90%，余烬则便于运输和处置。固体废弃物采用压实、破碎等方法处理也可以达到减量并方便运输和处理处置的目的。

减少固体废弃物的产生，属于物质生产过程的前端，需从资源的综合开发和生产过程中物质资料的综合利用着手。当今，从国际上资源开发利用与环境保护的发展趋势看，世界各国为解决人类面临的资源、人口、环境三大问题，越来越注意资源的合理利用。人们对综合利用范围的认识，已从物质生产过程的末端（废弃物利用）向前延伸，即从物质生产过程的前端（自然资源开发）起，就考虑和规划如何全面合理地利用资源，把综合利用贯穿于自然资源的综合开发和生产过程中物质资料与废弃物综合利用的全程，亦即“废弃物最小化”与“清洁生产”。其工作重点包括采用经济合理的综合利用工艺和技术，制订科学的资源消耗定额等。

6.2.1.3 “资源化”

固体废弃物“资源化”的基本任务是采取工艺措施从固体废弃物中回收有用的物质和能源。固体废弃物“资源化”是固体废弃物主要归宿。相对于自然资源来说，固体废弃物属于“二次资源”或“再生资源”范畴，虽然它一般不具有原使用价值，但是通过回收、加工等途径，可以获得新的使用价值。

“资源化”应遵循的原则是：“资源化”技术是可行的；“资源化”的经济效益比较好，有较强的生命力；废弃物应尽可能在排放源就近利用，以节省废弃物在贮放、运输等过程的投资；“资源化”产品应当符合国家相应产品的质量标准，因而具有与之相竞争的能力。

6.2.2 控制固体废弃物的管理政策

6.2.2.1 我国固体废弃物管理体系和政策

我国固体废弃物管制政策主要还停留在末端治理阶段，垃圾整合管理水平较低。总的来说，目前我国生活垃圾管理逐步加强，城市生活垃圾基本做到日产日清，环境卫生质量有了明显提高。但是，我国固体废弃物管制主要以垃圾收集、中转、运输、处理为主，目前政策实践的重点是垃圾处理的产业化、市场化改革。垃圾减量化、再利用、再循环尽管已经开始受到重视，但垃圾减量化、再利用、再循环的整体水平还很低。

在我国固体废弃物管制政策中，社会的责任没有得到足够重视。在固体废弃物管制中，我国往往强调政府的责任和作用，而对社会（家庭和企业等）的责任和作用不够重视，尤其体现在垃圾整合管理上。近年来，在垃圾末端治理上，我国已经注重垃圾处理的产业化改革、市场化发展；但在垃圾整合管理上，社会责任还没有得到普遍认同，政府在垃圾整合管理中仍然发挥着主导作用，针对家庭和厂商的激励性管制政策还非常少。这也导致了我国城市垃圾减量化、再利用、再循环水平的低下。

以城市固体垃圾处理为例：

考察城市固体废弃物管制政策必须首先分析垃圾生产的全过程。从垃圾生产的物质流看，垃圾生产遵循这样的物质流程：原材料—产品商品—消费品—垃圾。从垃圾生产涉及的责任者看，垃圾生产物质流程中的责任者依次为：原材料厂商—制造商—零售商—家庭等消费者—垃圾处理处置场（厂）。由于垃圾在不同阶段有不同的物质形式，且有着不同的责任者，因此，在城市固体废弃物管制中，必须针对不同的责任者及其产品形式采取不同的管制政策。对原材料厂商可以采用原生材料征税、再生材料补贴；对制造商可以采用循环补贴、产品责任延伸（或生产者责任延伸）、预收处理费用（或产品消费税、包装税等）；对零售商可以采用押金返还制度、产品责任延伸；对家庭消费者可以采用按抛扔量收费、垃圾分类收集、回收补贴；对垃圾处理场可以采用垃圾填埋税、倾倒费。垃圾生产的物质流程与相应的管制政策工具如图 6-2 所示。

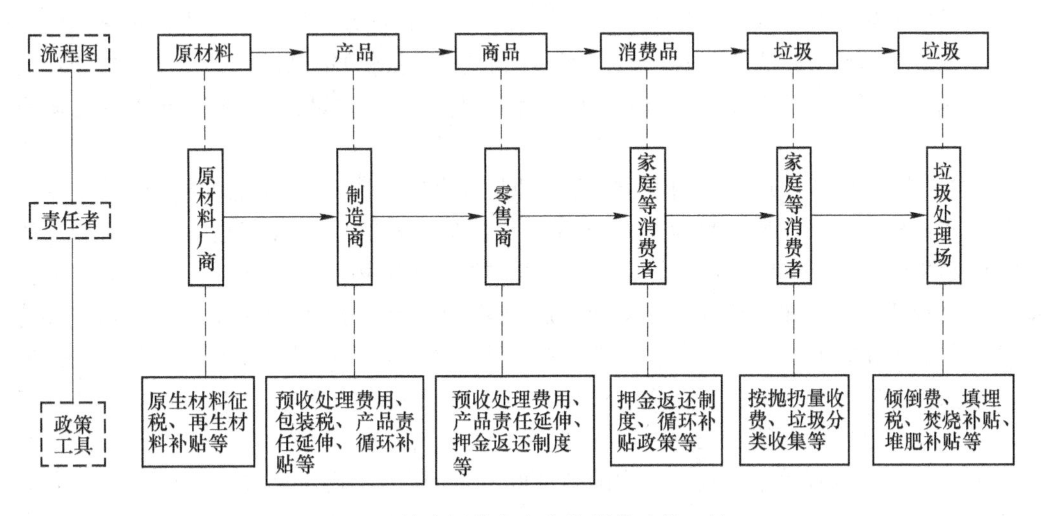

图 6-2 城市固体废弃物管制的政策工具

概括地说，城市固体废弃物管制政策可以分为三类：

（1）下游管制政策。下游管制政策主要针对家庭和其他消费组织（如政府机构、学校等）。主要包括按抛扔量收费、垃圾分类收集、垃圾回收政策等。

（2）上游管制政策。上游管制政策主要针对厂商（包括制造商和零售商）。主要包括产品责任延伸（或生产者责任延伸）、预收处理费用（或产品消费税、包装税等）、原生材料征税、循环补贴等。

（3）综合管制政策。综合管制政策既涉及厂商也涉及家庭。包括押金返还制度等。

6.2.2.2 国外固体废弃物管理政策

20世纪80年代后期开始，美国等经济发达国家对固体废弃物问题的关注持续升温，固体废弃物管制政策研究的文献也大量涌现，这主要由于以下几个原因：（1）城市固体废弃物数量急剧增加，造成垃圾填埋场的剩余填埋能力锐减，美国等发达国家面临着空前的"填埋危机"（landfill crisis）。（2）环境保护主义的抬头和公众对健康、卫生的关注使新建垃圾填埋场和焚化设施的选址越来越困难。"别在我的后院"（not in my back yard，NIMBY）运动的盛行就是一例。这最终导致了垃圾处理成本的增加。（3）一些原生材料（如森林木材、矿物资源等）的紧缺（价格上涨）也激发了人们对废弃物循环利用的兴趣。

经济学家和管制者提出了一些具体的固体废弃物管制政策，主要包括按抛扔量收费、税收和补贴（原生材料征税、预收处理费用、循环补贴）、押金返还制度、生产者责任延伸制度（或产品责任延伸制度）、循环材料含量标准、回收率标准、产品耐用性标准等。在这些管制政策中，按抛扔量收费属于下游政策，它直接针对家庭的垃圾处理行为和产品消费行为；原生材料征税、循环补贴、预收处理费用、生产者责任延伸制度（或产品责任延伸制度）、循环材料含量标准、产品耐用性标准等政策属于上游政策，它们直接针对厂商的生产行为；押金返还制度则是综合性政策，它同时影响家庭和厂商的行为。

6.2.3 控制固体废弃物的经济政策

从总体上讲，我国目前在用经济手段管理固体废弃物方面的力度不大，但未来将向这方面发展。固体废弃物管理的经济政策有多种，这些经济政策制定依各国国情的不同有很大的区别。这里介绍几项国外比较普遍采用的主要经济政策，其中部分已在我国开始实施。

（1）"排污收费"政策。"排污收费"即是根据固体废弃物的特点，征收总量排污费和超标排污费。排污收费制度是国内外环境保护最基本的经济政策之一。我国实行的是"谁污染谁治理"的环保政策，也就是说，谁排放的污染物污染了环境，谁就必须承担相应的社会责任，自己花钱治理，或交纳一定的费用由专门的环保企业治理。固体废弃物产生者除了需承担正常的排污费外，如超标排放废弃物，还需额外负担超标排污费，以促使企业加强废弃物管理，减少废弃物的产生，减轻对环境的污染。例如，日本于1990年实施了垃圾收费制，韩国从1995年也开始实行"垃圾计量收费制"，这些收费制度实行后，两国的垃圾产生量有明显的减少。我国从2002年起开始实行垃圾收费制度。它一方面可解决我国城市垃圾服务系统的运行费用问题，另一方面也有利于促使每个家庭和有关企业减少垃圾的产生量，因而，是一项促使垃圾"减量化"的重要经济政策。

（2）"生产者责任制"政策。"生产者责任制"是指产品的生产者（或销售者）对其产品被消费后所产生的废弃物的管理负有责任。发达国家对易回收废弃物、有害废弃物等一般都制定有再生利用的专项法规或者强制回收政策。例如对包装废弃物，规定生产者首先必须对其商品所用包装的数量或质量进行限制，尽量减少包装材料的用量；其次，生产者必须对包装材料进行回收和再生利用。由于发达国家城市生活垃圾中，废弃包装物所占比例较大（30%~40%），通过生产者负责对包装物用量的限制和对废弃包装物的回收利用，可大大减少废弃包装物的产生和节约资源，效果非常显著。又如，美国加州对汽车蓄电池也采取了这种政策。它要求顾客在购买新的汽车电池时，必须把旧的汽车电池同时返还到汽配商店，汽配商店才可以向顾客出售新的汽车电池。收回的旧电池再由汽配商店交由生产者或专门的机构安全处理。这样就可避免消费者对汽车电池的随意丢弃，避免其对环境的污染。

（3）“押金返还”制度。“押金返还”制度是指消费者在购买产品时，除了需要支付产品本身的价格外，还需要支付一定数量的押金，产品被消费后，其产生的废弃物返回到指定地点时，可赎回已支付的押金。“押金返还制度”是国外广泛采用的经济管理手段之一。对易于回收物质、有害物质等，采取保证金返还制度可鼓励消费者参与物质的循环利用、减少废弃物的产生量和避免有害废弃物对环境的危害。

（4）“税收、信贷优惠”政策。“税收、信贷优惠”政策就是通过税收的减免、信贷的优惠，鼓励和支持从事固体废弃物管理的企业，促进环保产业长期稳定的发展。由于固体废弃物的管理带来更多的是社会效益和环境效益，经济效益相对较低，甚至完全没有，因此，就需要国家在税收和信贷等方面给予政策优惠，以支持相关企业和鼓励更多的企业从事这方面的工作。例如，对回收废弃物和资源化产品的出售减免增值税，对垃圾的清运、处理、处置、已封闭垃圾处置场地的地产开发实行财政补贴，对固废处理处置工程项目给予低息或无息优惠贷款等。

（5）“垃圾填埋费”政策。“垃圾填埋费”有时又称“垃圾填埋税”，它是指对进入填埋场最终处置的垃圾进行再次收费，其目的在于鼓励废弃物的回收利用，提高废弃物的综合利用率，以减少废弃物的最终处置量，同时也是为了解决填埋土地短缺的问题，“垃圾填埋费”政策是用户付费政策的继续，它是对垃圾采用填埋方式进行限制的一种有效的经济管理手段。

6.3 电力能源生产中产生的固体废弃物

6.3.1 煤开采过程产生固体废弃物

6.3.1.1 煤炭固体废弃物的概念

煤炭固体废弃物是指煤炭在生产、加工和消费过程中产生的不再需要或暂时没有利用价值而被遗弃的固态或半固态物质。煤炭固体废弃物是排放量最大的工业固体废弃物，具有排放量大、分布广、呆滞性大，对环境污染种类多、面广、持续时间长的特点。这些主要体现在煤炭固体废弃物产生方式和贮存方式两个方面。煤炭固体废弃物在整个生产过程中是连续产生的。固体废弃物连续不断地产生出来，通过输送泵、管道和传送带等排出，它们在生产过程中，物理性质相对稳定，化学性质则有时呈现周期性变化。排放的废弃物通常堆积贮存，形成一个散状堆积废弃物场。

6.3.1.2 煤炭固体废弃物的来源及分类

在煤炭固体废弃物中，煤炭工业的煤矸石和燃煤电厂的煤灰渣是排放量最大最集中的固体废弃物。煤炭固体废弃物主要有煤矸石、露天矿剥离物和煤泥等。

A 煤矸石

煤矸石是煤炭生产、加工过程中产生的岩石的统称。煤矸石主要由各种砂岩、泥质岩及石灰岩组成，有些矿区还包括火成岩，各地矸石的成分和性质变化很大。就其来源可以分为：煤矿建井时期排出的煤矸石、煤采出过程中排出的煤矸石、原煤洗选过程中排出的煤矸石。它们或来自所采煤层的顶板、底板与夹层，或来自运输大巷、主井、副井和风井所凿穿的岩层，即主要来源于相关的煤系地层中的沉积岩层。在我国，煤矸石大部分自然堆积贮存，堆放于农田、山沟、坡地，且多位于煤矿工业广场附近。受地形限制堆积形状复杂，多近似呈圆锥体，堆积高度从几十米至一百多米，俗称矸石堆或矸石山。

由于各煤产地的煤层形成地质环境、赋存地质条件、开采技术条件及所采用的开采方法差别较大，各地煤矸石的排出率也不相同。一般认为，煤矸石综合排放量约占原煤产量的15%，全国每年除综合利用约6000万吨外，其余部分作为工业固体废弃物混杂堆积。煤矸石是目前我国最大的固体废弃源，占全国工业固体废弃物的20%以上（图6-3）。随着社会的发展，既要逐渐增加煤炭产量、提高煤的质量，同时又必须达到空气洁净要求的标准，这将导致今后煤矸石的排出率将会越来越高。

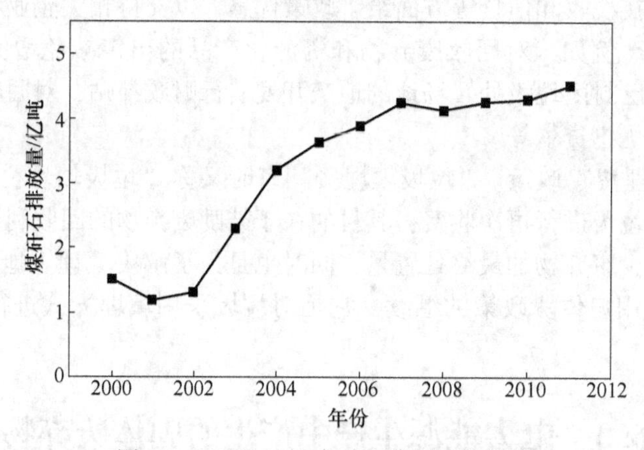

图6-3 2000~2012年我国煤矸石排放量

a 煤矸石的成分

煤矸石煅烧以后分析得到的化学成分是有机物和无机物组成的混合物。前者含量少，大部分低于1%，主要由碳、氢、氮、硫与氧所构成，可燃。后者含量大，主要由氧、硅、铝、铁、钙、镁、钾、钠、钛、钒、钴、镍、硫、磷等组成，前8位元素占煤矸石总量的98%以上，不可燃。SiO_2一般占40%~60%，少数达80%；Al_2O_3占15%~30%，高者超过40%；铁小于10%。其化学组成见表6-4。

表6-4 煤矸石化学组成 (%)

序号	SiO_2	Al_2O_3	Fe_2O_3	CaO	MgO	SO_3	燃烧量
1	59.5	22.4	3.22	0.46	0.76	0.12	10.49
2	57.24	25.14	1.86	0.96	0.53	1.78	12.75
3	52.47	15.28	5.94	7.07	3.51	1.99	13.27

b 煤矸石的矿物组成

由成矿母岩演变而来的煤矸石矿物就成因而言，有原生矿物（各种岩浆岩的碎屑物，如硅酸盐类、氧化物类、硫化物类和磷酸盐类）和次生矿物（原生矿物风化后形成的新矿物，如简单盐类、三氧化物类和次生铝硅盐的黏土矿物类）之分。煤矸石主要由高岭土、石英、伊利石、石灰石、硫化铁、氧化铝等组成。按岩石特性不同，煤矸石可以分为泥质页岩、炭质页岩、砂质页岩、砂岩及石灰岩，性能及用途如表 6-5 所示。

表 6-5 煤矸石的种类及性质

类别	颜色	结构及性能	用 途
泥质页岩	深灰或灰黄色	片状结构、不完全解离、质软，经大气作用和日晒雨淋后，易崩解风化，加工时易粉碎	发电、生产耐火砖、水泥填料、空心砖、煅烧高岭土、精密铸造型砂、特种耐火材料、超轻质绝热保温材料等
炭质页岩	黑色或黑灰色	层状结构，表面有油脂光泽，不完全解离，受大气作用后易风化，其风化程度稍次于泥质页岩，易粉碎	
砂质页岩	深灰或灰白色	结构较泥质，炭质页岩粗糙而坚硬，不完全解离，出矿井时，块度较其他页岩为大，在大气中风化较慢，加工中难以粉碎	交通、建筑用碎石、混凝土密实骨料
砂岩	黑色	结构粗糙而坚硬，在大气中一般不易风化，难以粉碎	
石灰岩	灰色	结构粗糙而坚硬，较砂岩岩性脆，出矿井时，块度较大，在大气中一般不易风化，难以粉碎	胶凝材料、建筑用碎石、改良土壤用石灰

按碳含量的多少，煤矸石分为四类：一类碳含量≥4%、二类 4%~6%、三类 6%~20%、四类>20%。一、二类煤矸石的热值低（≤2090kJ/kg），可作路基材料，或塌陷区复垦和采空区回填；三类煤矸石（热值 2090~6279kJ/kg）可用作生产水泥、砖瓦、轻骨料和矿渣棉等建材制品；四类煤矸石热值较高（6270~12550kJ/kg），可从中回收煤炭或作工业用燃料。

煤矸石中的铝硅比（Al_2O_3/SiO_2）也是确定煤矸石综合利用途径的主要因素。铝硅比大于 0.5 的煤矸石，铝含量高、硅含量低，其矿物含量以高岭石为主，有少量伊利石、石英，质点粒径小，可塑性好，有膨胀现象，可作为制造高级陶瓷、煅烧高岭土及分子筛的原料。

煤矸石中的全硫含量决定了其中的硫是否具有回收价值，以及煤矸石的工业利用范围。按硫含量的多少可将煤矸石分为四类：一类≤0.5%，二类 0.5%~3%，三类 3%~6%，四类≥6%。全硫含量大于 6%的煤矸石即可回收其中的硫精矿，用煤矸石作燃料要根据环保要求，采取相应的除尘、脱硫措施，减少烟尘和 SO_2 的污染。

B 露天矿剥离物

露天矿剥离物是指煤炭露天开采时，为揭露所采煤层而剥离覆盖在煤层之上的表土、岩石和不可采矿体的总称。覆盖岩石一般包括黏土泥质岩、砂岩及石灰岩，其中主要是泥质岩。剥离物的排放量与露天矿所处的地质位置、剥离深度有关。

C 煤泥

煤泥是指湿法选煤过程中所产生的粒度在 0.5mm 以下的含水泥状物质，它是一种复杂的分散体，由各种不同形状、不同粒度和不同岩相成分的颗粒以不同的比例构成。煤泥一般呈塑性体和松散体。粒度大于0.045~0.5mm的为粗粒煤泥，粒度小于0.045mm的为细粒煤泥。煤泥的产生是由于煤炭在开采、运输、分选等过程中被破碎、粉碎和磨碎以及在水中泥化所致，煤泥的形成还与煤炭及煤矸石的物理性质以及所采用的选煤工艺流程和煤泥处理系统有关。煤泥中还有一定量的有机物质和矿物质。煤泥对环境的影响主要体现在占用耕田，影响景观；干煤泥遇风起尘，污染大气环境；湿煤泥中含有有害的有机浮选药剂，深入土壤会危害植物生长，随雨水流入江湖会造成河道淤塞，污染水质。

6.3.1.3 煤炭固体废弃物的危害

煤炭固体废弃物如果处置不当，对环境的危害很大，其危害归纳起来主要有以下几点：

(1) 侵占大量土地，污染土壤。煤炭、电力工业要大力发展，排放的煤矸石和煤灰渣会越来越多，压占的土地也必定会越来越多，如不采取适当措施，便会造成污染。其中的各种物质，会随雨水沥滤进入土壤，从而使土壤被重金属元素污染，导致土壤结构改变；而且，这种污染会随流水扩散，从而使被污染的土壤面积扩大。

(2) 严重污染空气。煤矸石在自燃过程中释放二氧化碳、SO_x 和 NO_x，在粉煤灰及尾矿堆放场，如遇四级以上大风，灰尘可飞扬20~50m，其表面可剥离1~1.5cm，造成空气污染。

(3) 严重污染水体。煤炭固体废弃物随大气降水和地表径流进入河、湖等水体，或落入地表水体使地表水体受到污染；或直接排入江、河、海、湖，造成更大的地表水体污染；或淋溶水渗入土壤，进入地下水体，污染水体和地下水环境。

6.3.2 火力发电过程产生固体废弃物

6.3.2.1 粉煤灰

A 粉煤灰的来源

粉煤灰又称飞灰，是一种颗粒非常细以至能在空气中流动并能被特殊设备收集的粉状物质。我们通常所指的粉煤灰是指燃煤电厂中磨细煤粉在锅炉中燃烧后从烟道排出、被收尘器收集的物质。简单地说，粉煤灰呈灰褐色，通常呈酸性，比表面积在2500~7000cm^2/g，尺寸从几百微米到几微米，通常为球状颗粒，主要成分为 SiO_2、Al_2O_3 和 Fe_2O_3，有些时候还含有比较高的CaO。粉煤灰是一种典型的非均质性物质，含有未燃尽的碳、未发生变化的矿物（如石英等）和碎片等，而相当大比例（通常大于50%），是粒径小于10μm的球状铝硅颗粒。

粉煤灰是排放量最大的一种工业废料，在所有燃煤副产品中占有绝对大的比例，并且随世界各国对环境要求的提高、收集技术的发展和大量低级煤的使用，粉煤灰的排放量增长速度非常快。一般来说，现代化电厂如果使用低灰分的优质煤，煤能够充分燃烧，则 1×10^4kW装机容量的年粉煤灰排放量为 $(0.1\sim0.2)\times10^4$t；但如果使用的是劣质煤，煤又不能充分燃烧，则粉煤灰的排放量可高达 1×10^4t［按火力电厂的效率为42%~61%，煤耗210~307g/(kW·h) 计算］。

现代化火力电厂，煤必须进行粉磨才能送入燃烧室。粉磨的细度首先要满足煤粉能悬浮在空气中，并能满足在最短时间内燃烧充分。通常煤粉颗粒越细越能满足这样的条件，但不同的煤，满足最短时间燃烧充分的最佳颗粒尺寸有一定的差异。一般来说，煤粉颗粒的尺寸通常在30~70μm，当然实际煤粉的尺寸可能比此范围要宽。因此，一般煤粉的平均粒径在50μm，小于10μm和大于100μm的颗粒通常占总量的10%左右。

粉煤灰的主要来源为：

(1) 煤中混杂的矿物在煤破碎时可能与煤的颗粒分离，这些矿物颗粒尺寸相对比较大，在燃烧过程中可能成为碎块，也可能部分熔融，这取决于燃烧的温度、矿物的成分以及挥发性物质的含量。

(2) 煤内含有的矿物颗粒通常粒度很小，存在于煤粉颗粒之中，这些颗粒受煤的膨胀、焦化和燃烧的影响，也会参与煤粉在燃烧过程中的破碎、挥发物质的迁移、团聚和熔融。

(3) 分散在煤中的一些无机物在煤的燃烧过程中会气化成很细的颗粒，这些颗粒通常会黏附在大颗粒的表面，或团聚成非常小的颗粒。

B 粉煤灰的组成

a 化学组成

粉煤灰的化学组成与煤的矿物成分、煤粉细度和燃烧方式有关，其主要化学成分是SiO_2、AlO_2、Fe_2O_3、CaO和未燃尽的炭粒，另外还含有少量的MgO、Na_2O、K_2O和As、Cu、Zn等微量元素。表6-6为我国一般低钙粉煤灰的化学成分，其与黏土成分类似。

表6-6 我国一般低钙粉煤灰的化学成分

成分	SiO_2	Al_2O_3	Fe_2O_3	CaO	MgO	SO_3	Na_2O及K_2O	烧失量
含量/%	40~60	17~35	2~15	1~10	0.5~2	0.1~2	0.5~4	1~26

煤灰的化学成分是评价粉煤灰质量优劣的重要技术参数。粉煤灰实际应用中应充分重视其化学成分由于煤的品种和燃烧条件的不同，各地粉煤灰的化学成分含量往往差别较大，根据粉煤的化学成分和成分含量可以评价粉煤灰的质量高低。其质量高低直接影响到将粉煤灰回收利用时原料的优劣。我国燃煤电厂大多燃用烟煤，粉煤灰中CaO含量偏低，属低钙灰，但Al_2O_3含量一般较高，烧失量也较高。此外，我国有少数电厂为脱硫而喷烧石灰石、白云石，其粉煤灰的CaO含量都在30%以上。

(1) 根据粉煤灰中CaO含量的高低，将其分为高钙灰和低钙灰。CaO含量在20%以上的叫高钙灰，其质量优于低钙灰。

(2) 粉煤灰中SiO_2、Al_2O_3、Fe_2O_3的含量直接关系到它做建材原料的好坏。

(3) 粉煤灰的烧失量可以反映锅炉燃烧状况，烧失量越高，粉煤灰质量越差。

b 矿物组成

从矿物组分的角度，粉煤灰可分成两部分，一是无定形相，以玻璃体为主；二是结晶相，以各种矿物为主。粉煤灰冷却速度越快，无定形相含量越大，反之结晶相含量越大。

无定形相是粉煤灰的主要矿物成分，占粉煤灰总量的50%~80%，大多是SiO_2和Al_2O_3形成的固熔体，且大多数形成空心微珠。此外，含有的未燃尽炭粒也属于无定形相。无定形相含有较高的化学能，具有良好的化学活性。

结晶相中含有的各类矿物主要包括莫来石、石英砂粒、磁铁矿、赤铁矿，还含有云母、长石、钙长石、方镁石、硫酸盐矿物、石膏、游离石灰、金红石、方解石等。这些结晶相大多是在燃烧区形成，往往不能单独存在，大多被包裹在玻璃相内，也有的附在炭粒和煤矸石上（称集合体），或分布在空心微珠的壳壁上。因此，粉煤灰中单独存在的结晶体极为少见，从粉煤灰中单独提纯结晶矿物相十分困难。

我国粉煤灰的矿物组成及范围如表 6-7 所示。

表 6-7　我国粉煤灰的矿物组成及范围

矿物名称	平均值/%	含量范围/%
低温型石英	6.4	1.1~15.9
莫来石	20.4	11.3~29.2
高铁玻璃珠	5.2	0~21.1
低铁玻璃珠	59.8	42.2~70.1
含碳量	8.2	1.0~23.5
玻璃态 SiO_2	38.5	26.3~45.7
玻璃态 Al_2O_3	12.4	4.8~21.5

粉煤灰的矿物组分对其性质和应用具有很大影响。低钙粉煤灰的活性主要取决于玻璃相矿物，低钙灰的玻璃体含量越高，其化学活性越好；高钙粉煤灰中富钙玻璃体含量多，且又有较多的 CaO 等矿物结晶组分。高钙灰的化学活性高于低钙灰，其既与玻璃相有关，又与结晶相有关。

c　颗粒组成

粉煤灰是一种复杂的细分散相固体物质。在其形成过程中，由于表面张力的作用，大部分呈球状，表面光滑，微孔较小，小部分因在熔融状态下互相碰撞而粘连，成为表面粗糙、棱角较多的集合颗粒。因而，粉煤灰颗粒大小不一，形貌各异。根据颗粒形貌和形状的差异，可将粉煤灰分为玻璃微珠、海绵状玻璃体和炭粒三种。

（1）玻璃微珠。包括薄壁空心的漂珠、厚壁空心的空心沉珠、粘集大量细小玻璃微珠的复珠（子母珠）、铝硅酸盐玻璃体的密实沉珠和含氧化铁较高的富铁微珠。“漂珠”是一类富含 SiO_2、Al_2O_3 的玻璃微珠，是我国粉煤灰中数量最多的颗粒，可多达 70%以上。

（2）海绵状玻璃体。多是结构疏松的海绵状多孔玻璃碴粒。通常是由于燃烧温度不高，或在火焰中停留时间过短，或因灰分熔点较高，以致灰渣没有达到完全熔融的程度而形成的。

（3）炭粒。一般是形状不规则的多孔体，也有一些没燃尽的炭粒，结构疏松，具有吸附性。炭粒属惰性组分，呈球粒状或碎屑，密度与容重均小。粉煤灰制品的强度和性能均随含碳量的增加而下降。

C　粉煤灰的物理化学特性

a　物理性质

粉煤灰的外观似水泥，颜色多变。粉煤灰的颜色是评定其质量优劣的一项重要指标，因为粉煤灰中含有炭粒，是未充分燃烧的煤粉，使粉煤灰呈现由乳白到灰黑不等的颜色，而炭粒存在于粉煤灰的粗颗粒中，所以粉煤灰颜色越深，含碳量越高，粒度越大，质量越差。炭粒存在于粉煤灰的粗颗粒中，粉煤灰的颜色可在一定程度上反映其质量优劣。

粉煤灰的密度与化学成分密切相关。普通粉煤灰密度为1800~2300kg/m^3，低钙灰密度一般为1800~2800kg/m^3，高钙灰密度可达2500~2800kg/m^3。如果灰的密度改变了，其化学成分也就发生了变化；粉煤灰的容重在600~1000kg/m^{3}范围内，其压实容重为1300~1600kg/m^3，湿粉煤灰的压实容重随含水率增加而增加。

b 化学性质

粉煤灰的化学性质是使它能够与混凝土等掺混使用，用于生产各种建筑材料。粉煤灰本身没有水硬胶凝性能，但当以粉状及有水存在时，能与掺混材料中的氢氧化钙或其他碱土金属氢氧化物发生二次化学反应，生成具有水硬胶凝性能的化合物，增强材料的强度和耐性。比如粉煤灰与混凝土掺混后生成难溶的水化硅酸钙凝胶，提高了混凝土的强度和抗治性。

粉煤灰的化学活性包括物理和化学两方面，物理活性综合了粉煤灰的形态效应和微集料效应两种。形态效应指粉煤灰中含有大量玻璃微珠，用作掺混材料时有减水作用和润滑作用，微集料效应指粉煤灰中细小的颗粒能提高材料的结构强度、匀质性和致密性。

粉煤灰的化学活性也称火山灰活性，指粉煤灰中SiO_2、Al_2O_3等大量活性成分在有水条件下与碱性物质生产水化胶凝成分，玻璃体合量及性能和玻璃体中SiO_2、Al_2O_3含量就决定了其化学活性。

粉煤灰的活性经研究表明是“潜在的”，表现在大量粉煤灰粒子被在高温下形成的液相玻璃态包裹，而且液相玻璃态收缩成球形并相互黏结，结构致密，颗粒较大，可溶性SiO_2和Al_2O_3很少，常温下非常稳定。

6.3.2.2 脱硫石膏

目前全世界脱硫石膏的年排放量约为1.8亿吨，其中我国脱硫石膏的年排放量也超过200万吨，并且呈现逐年增长的势头。表6-8为2009~2013年中国工业副产石膏产生情况。

表6-8 2009~2013年中国工业副产石膏产生情况

年份	种类			
	磷石膏	脱硫石膏	其他副产石膏	合计/万吨
2009	5000	4300	2545	11845
2010	6200	5230	2904	14334
2011	6800	6770	3285	16855
2012	7000	6800	3410	17210
2013	7000	7550	3808	18358

脱硫石膏又称排烟脱硫石膏、硫石膏或FGD石膏，是对含硫燃料燃烧后产生的烟气进行脱硫净化处理而得到的工业副产石膏，属于化学石膏的一种。烟气脱硫是指从燃煤电厂的烟气中除去二氧化硫的化学过程。许多烟气脱硫方法被开发以适应不同场合。它们的目标是要使煤燃烧产生的二氧化硫气体同吸收剂进行化学结合以达到脱硫的目的，所用的

吸收剂有石灰石、石灰或者氨气。当使用石灰石或者石灰做吸收剂时，在一定工艺下可得到满足建材行业使用的脱硫石膏。

脱硫石膏的主要成分是结晶硫酸钙，呈白色粉末状（随杂质的变化呈黄白色、灰白色、灰黄色等），其酸碱度与天然石膏相当，呈中性或略偏碱性，主要杂质是 $CaCO_3$，还含有少量粉煤灰。天然石膏的杂质主要是黏土类矿物质。

脱硫石膏化学成分稳定。脱硫石膏与天然石膏来源不同，杂质状态相差较大。脱硫石膏中以碳酸钙为主要杂质，一部分碳酸钙以石灰石颗粒形态单独存在，这是由于反应过程中部分颗粒未参与反应；另一部分碳酸钙则存在于石膏颗粒中，这是由于碳酸钙与 SO_x 反应不完全所致，使石膏颗粒中心部位为碳酸钙，这与天然石膏中杂质主要以单独形态存在明显不同。表 6-9 为脱硫石膏与天然石膏的成分对比。

表 6-9 脱硫石膏和天然石膏的成分对比 (%)

石膏种类	$CaSO_4\cdot 2H_2O$	$CaSO_3\cdot 1/2H_2O$	$CaSO_3$	MgO	H_2O	SiO_2	Al_2O_3	Fe_2O_3	Cl
脱硫石膏	85~95	1.2	2~6	0.86	5~15	1.2	2.8	0.6	0.01
天然石膏	70~74	0.5	2~4	3.8	5~19	3.49	5.04	1.3	0.01

6.4 固体废弃物处置与综合利用

6.4.1 固体废弃物处理与利用技术

固体废弃物的处理和利用总原则是先考虑减量化、资源化，以减少固体废弃物的产生量与排出量，后考虑适当处理以加速物质循环。不论前面处理得如何完善，总要残留部分物质，因此，最终处置是不可少的。

6.4.1.1 *减量化法*

据粗略统计，目前我国矿物资源利用率仅为 50%~60%，能源利用率为 30%，有 40%~50%没有发挥生产效益而变成废弃物，既污染环境，又浪费大量宝贵资源，其他行业也是如此。因此加强技术改造，提高资源的利用效率，减少固体废弃物产生大有可为。

减量化法一般有以下三种方法：

(1) 通过改变产品设计，开发原材料消耗少、包装材料省的新产品，并改革工艺强化管理，减少浪费，以减少产品物质的单位耗量；

(2) 提高产品质量，延长产品寿命，尽可能减少产品废弃的概率和更换次数；

(3) 开发可多次重复使用的制品，使制成品循环使用以取代只能使用一次的制成品，如包装食品的容器和瓶类。

6.4.1.2 *资源化法*

资源化法即是通过各种方法从固体废弃物中回收或制取物质和能源，将废弃物转化为资源，即转化为同一产业部门或其他产业部门新的生产要素，同时达到保护环境的方法。其具体利用途径有以下几个方面：

(1) 作工业原材料。如从尾矿和废金属渣中回收金属元素。

（2）回收能源。我国每年排放的煤矸石中，有3000多万吨热值在6276kJ/kg以上，可作沸腾炉燃料用于发电，全国已有2000多台沸腾炉，每年可节约大量优质煤。此外，还有垃圾填埋、焚烧回收能源及从有机废弃物分解回收燃料油、煤气及沼气等回收能源的方法。

（3）作土壤改良剂和肥料。实践证明，用粉煤灰改良土壤，对酸性土、黏性土和弱盐碱地都有良好效果，可使粮食增产10%~30%。对水果、蔬菜也有增产效果。

（4）直接利用。如各种包装材料直接利用。

（5）作建筑材料。利用矿渣、炉渣和粉煤灰等可制作水泥、砖、保温材料等各种建筑材料，也可作道路和地基的垫层材料。

6.4.1.3 处理法

固体废弃物通过物理的、化学的、生物化学的方法，使其减容化、无害化、稳定化和安全化，以加速物质在环境中的再循环，减轻或消除环境污染。

A 物理处理

物理处理是通过浓缩或相变改变固体废弃物的结构，使之成为便于运输、贮存、利用或处置的形态。物理处理方法包括压实、破碎、分选、增稠、吸附、萃取等。物理处理也往往作为回收固体废弃物中有用物质的重要手段加以采用。

B 化学处理

化学处理是采用化学方法破坏固体废弃物中的有害成分从而达到无害化，或将其转变成为适于进一步处理、处置的形态。由于化学反应条件复杂，影响因素较多，故化学处理方法通常只用在所含成分单一或所含几种化学成分特性相似的废弃物处理方面。对于混合废弃物，化学处理可能达不到预期的目的。化学处理方法包括氧化、还原、中和、化学沉淀和化学溶出等。有些有害固体废弃物，经过化学处理还可能产生富含毒性成分的残渣，还须对残渣进行解毒处理或安全处置。

C 生物处理

生物处理是利用微生物分解固体废弃物中可降解的有机物，从而达到无害化和综合利用。固体废弃物经过生物处理，在容积、形态、组成等方面，均发生重大变化，因而便于运输、贮存、利用和处置。生物处理方法包括好氧处理、厌氧处理、兼性厌氧处理。与化学处理方法相比，生物处理在经济上一般比较便宜，应用也相当普遍，但处理过程所需时间较长，处理效率有时不够稳定。

（1）堆肥化。它是依靠自然界广泛分布的细菌、放线菌、真菌等微生物，人为地促进可生物降解的有机物向稳定的腐殖质的生物转化过程。堆肥化的产物称作堆肥，是一种具有改良土壤结构，增大土壤容水性、减少无机氮流失、促进难溶磷转化为易溶磷、增加土壤缓冲能力，提高化学肥料的肥效等多种功效的廉价、优质土壤改良肥料。

根据堆肥化过程中微生物对氧的需求关系可分为厌氧（气）堆肥与好氧（气）堆肥两种方法。好氧堆肥因具有堆肥温度高、基质分解比较彻底、堆制周期短、异味小等优点而被广泛采用。

（2）沼气化。沼气化亦称厌氧发酵，是固体废弃物中的碳水化合物、蛋白质、脂肪等有机物在人为控制的温度、湿度、酸碱度的厌氧环境中经多种微生物的作用生成可燃气体的过程。该技术在城市下水污泥、农业固体废弃物、粪便处理中得到广泛应用。它不仅对固体废弃物起到稳定无害的作用，更重要的是可以生产一种便于贮存和有效利用的能源。据估计我国农村每年产农作物秸秆5亿多吨，若用其中的一半制取沼气，每年可生产沼气500亿~600亿立方米，除满足8亿农民生活用燃料之外，还可余60亿~100亿立方米。由此可见，沼气化技术是控制污染、改变农村能源结构的一条重要途径。

（3）废纤维素糖化技术。废纤维素糖化是利用酶水解技术使之转化成单体葡萄糖，然后可通过化学反应转化为化工原料或生化反应转化为单细胞蛋白或微生物蛋白。结晶度高的天然纤维素在纤维素酶的作用下分解成纤维素碎片（降低聚合度），经纤维素酶的进一步作用而分解成聚合度小的低糖类，最后靠β-葡萄糖化酶作用分解为葡萄糖。据估算，世界纤维素年净产量约1000亿吨，废纤维素资源化是一项十分重要的世界课题。日本、美国已成功地开发了废纤维糖化工艺流程。

（4）细菌浸出。化能自养细菌将亚铁氧化为高铁、将硫及还原性硫化物氧化为硫酸从而取得能源，从空气中摄取二氧化碳、氧以及水中其他微量元素（如N、P等）合成细胞质。这类细菌可生长在简单的无机培养基中，并能耐受较高金属离子和氢离子浓度。利用化能自养菌的这种独特生理特性，从矿物料中将某些金属溶解出来，然后从浸出液中提取金属的过程，通称为细菌浸出。该法主要用于处理如铜的硫化物和一般氧化物（Cu_2O、CuO）为主的铜矿和铀矿废石，回收铜和铀。对锰、砷、镍、锌、钼及若干种稀有元素也有应用前景。目前，细菌浸出在国内外得到大规模工业应用。

D 热处理

热处理是通过高温破坏和改变固体废弃物组成和结构，同时达到减容、无害化或综合利用的目的。热处理方法包括焚化、热解、湿式氧化以及焙烧、烧结等。

（1）焚烧处理。焚烧处理即在高温（800~1000℃）下，通过燃烧，使固体废弃物中的可燃成分转化成惰性残渣，同时回收热能。通过燃烧，可使固体废弃物进一步减容，城市垃圾经燃烧后可减小体积80%~90%，重量将降低75%~80%，同时可以较彻底的消灭各种病原体，消除腐化源。相比之下，燃烧处理具有：1）焚烧占地小；2）焚烧对垃圾处理彻底，残渣二次污染危险较小；3）焚烧操作是全天候的不受天气影响；4）焚烧可安装在接近垃圾源的地方，节约运输费用；5）焚烧的适用面广，除城市垃圾以外的许多城市废弃物也可以采用焚烧方法进行净化；但是，燃烧处理也有明显缺陷。首先，仍然存在二次污染，燃烧仍然要排出灰渣、废气。特别是近年来出现的“二噁英”（DIOXIN，即两个氧键连结两苯环的有机氯化物），其毒性比氰化物大1000倍；其次是单位投资和处理运转成本较高；再次，就是对废弃物有一定要求，即要求其热值至少大于4000kJ/kg。因此，对经济不发达国家来说，城市垃圾几乎都达不到此要求，故很难普遍推广使用。

燃烧一般要经历脱水、脱气、起燃、燃烧、熄灭等过程。控制此过程的因素主要有三个，即时间，温度和燃料与空气混合的湍流混合程度（习惯称三T）。一般认为，燃烧时间与固体废弃物粒度的平方近似成正比，粒度越细，其与空气的接触面积越大，燃烧进行就越快，废弃物停留时间就越短。另外，燃烧中氧气浓度越高，燃烧速度和质量就越高，因此，必须使燃料中有足够的空气流动，燃料与空气的湍流混合度越高，对燃烧的进行越有利。

一般来讲，燃烧的工艺包括固体废弃物的贮存、预处理、进料系统、燃烧室、废气排放与污染控制、排渣、监控测试，能源回收等12大系统，如图6-4所示。

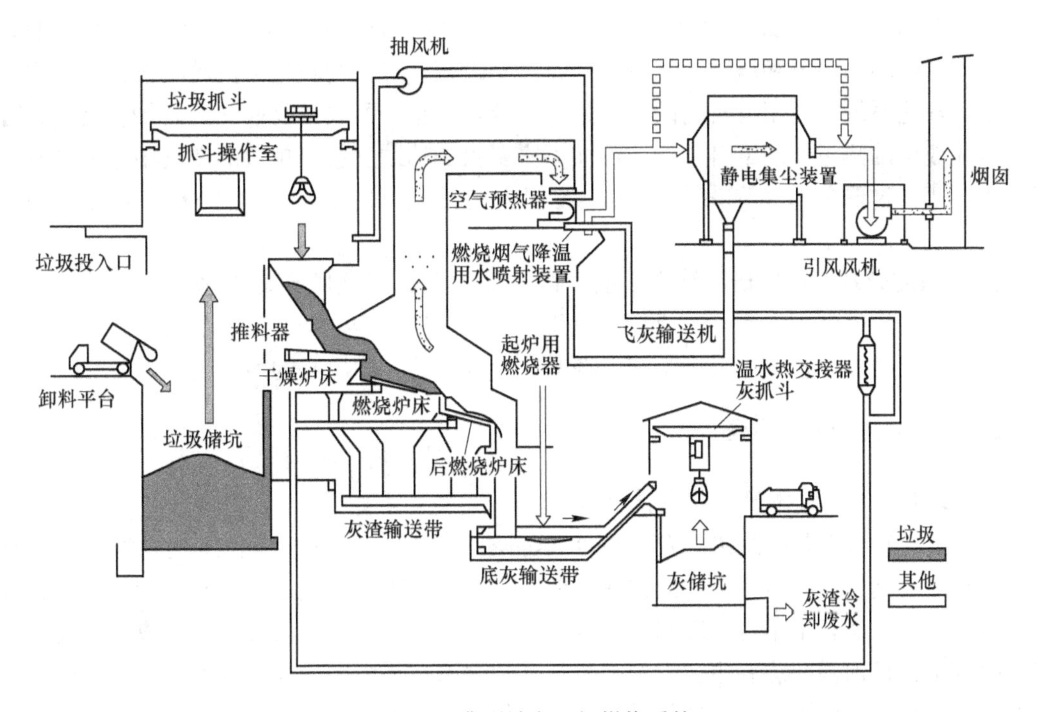

图 6-4　典型城市垃圾燃烧系统

（2）热解。热解是将有机物在无氧或缺氧条件下高温（500～1000℃）加热，使之分解为气、液、固三类产物，气态的有氢、甲烷、碳氢化合物、一氧化碳等可燃气体；液态的有含甲醇、丙酮、醋酸、乙醛等成分的燃料油；固态的主要为固体碳。该法的主要优点是能够将废弃物中的有机物转化为便于贮存和运输的有用燃料，而且尾气排放量和残渣量较少，是一种低污染的处理与资源化技术。垃圾热解气化装置工艺流程图见图 6-5。

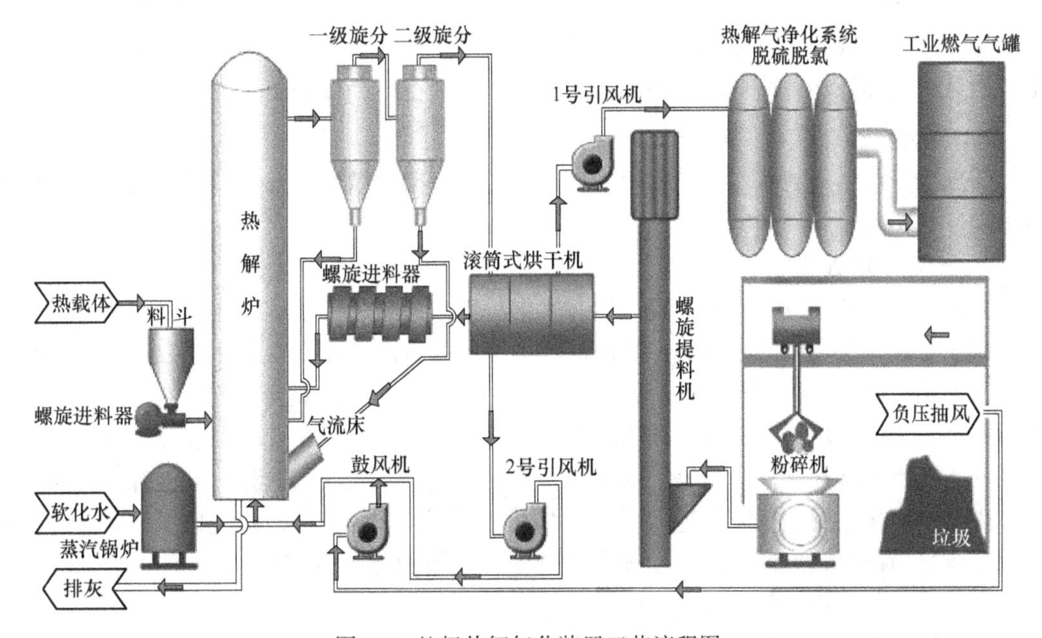

图 6-5　垃圾热解气化装置工艺流程图

（3）湿式氧化。湿式氧化法又称湿式燃烧法。它是指有机物料在有水介质存在的条件下，加以适当的温度和压力所进行的快速氧化过程。有机物料应为流动状态，可以用泵加入湿式氧化系统。由于有机物的氧化过程是放热过程，所以，反应一旦开始，就会在有机物氧化放出的热量作用下自动进行，而不需要投加辅助燃料。排放的尾气中主要含有二氧化碳、氮、过剩的氧气和其他气体，液相中包括残留的金属盐类和未完全反应的有机物。

（4）微波处理。最新研究结果表明，微波技术在放射性废弃物处理、土壤去污、工业原油、污泥等的处理方面可以成功地应用。目前虽还只是处于实验室的研究阶段，但有关专家指出，微波技术在以后肯定能发挥其废弃物处理方面应有的潜力。

6.4.2 固体废弃物处置方法

6.4.2.1 一般固体废弃物处置方法

固体废弃物处置是指最终处置（final disposal）或安全处置，是固体废弃物污染控制的末端环节，是解决固体废弃物的归宿问题。一些固体废弃物经过处理和利用，总还会有部分残渣存在，而且很难再加以利用，这些残渣可能又富集了大量有毒有害成分；还有些固体废弃物，目前尚无法利用，它们都将长期地保留在环境中，是一种潜在的污染源。为了控制其对环境的污染，必须进行最终处置，使之最大限度地与生物圈隔离。

以往，“处置”是指无控地将固体废弃物排放、堆积、注入、倾倒、泄入任意的土地上或水体中，使这些废弃物进入环境，很少考虑其长期的不利影响。随着环境法规的完善，向水体倾倒和露天堆弃等无控处置被严格禁止，故所说的“处置”是指“安全处置”。

固体废弃物处置方法包括海洋处置和陆地处置两大类。

A 海洋处置

海洋处置主要分为海洋倾倒与远洋焚烧两种方法。近年来，随着人们对保护环境生态重要性认识的加深和总体环境意识的提高，海洋处置已受到越来越多的限制。

B 陆地处置

陆地处置包括土地耕作、工程库或贮留池贮存、土地填埋以及深井灌注几种。其中土地填埋法是一种最常用的方法。

a 土地填埋处置

它是从传统的堆放和填地处置发展起来的一项最终处置技术。因其工艺简单，成本较低，适于处置多种类型的废弃物，目前已成为一种处置固体废弃物的主要方法（图 6-6）。

土地填埋处置种类很多，采用的名称也不尽相同。按填埋地形特征可分为山间填埋、平地填埋、废矿坑填埋；按填埋场的状态可分为厌氧填埋、好氧填埋、准好氧填埋；按法律可分为卫生填埋和安全填埋等。随填埋种类的不同其填埋场构造和性能也有所不同。一般来说，填埋场主要包括废弃物坝、雨水集排水系统（含浸出液体集排水系统、浸出液处理系统）、释放气处理系统、入场管理设施、入场道路、环境监测系统、飞散防止设施、防灾设施、管理办公设施、隔离设施等。

卫生土地填埋适于处置一般固体废弃物。用卫生填埋来处置城市垃圾，不仅操作简

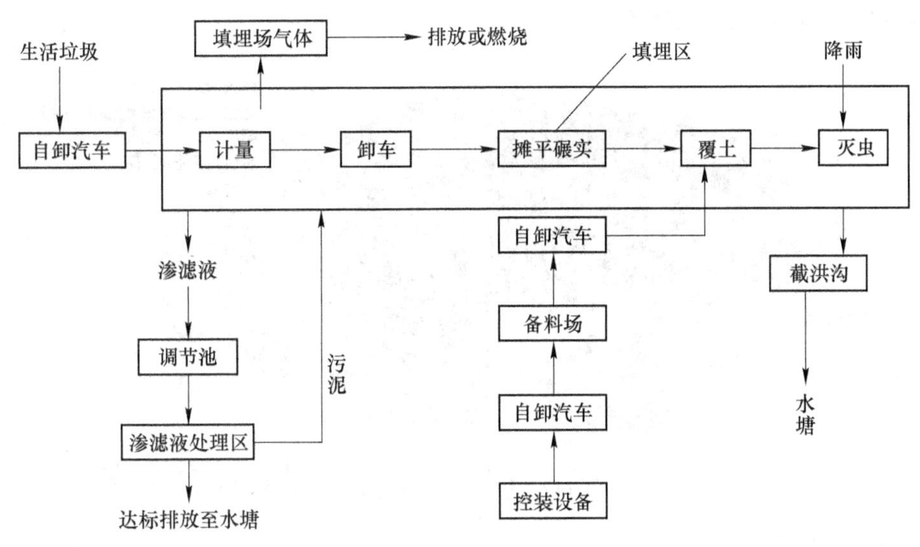

图 6-6 垃圾填埋工艺流程图

单，施工方便，费用低廉，还可同时回收甲烷气体，目前在国内外被广泛采用。在进行卫生填埋场地选择、设计、建造、操作和封场过程中，应着重考虑防止浸出液的渗漏、降解气体的释出控制、臭味和病原菌的消除、场地的开发利用等几个主要问题。

（1）场地选择。场地选择一般要考虑容量、地形、土壤、水文、气候、交通、距离与风向、土地征用和废弃物开发利用等诸多问题。一般来讲，填埋场容量应满足 5~20 年的使用期。填埋地形要便于施工，避开洼地，地面泄水能力要强，要容易取得覆盖土壤，土壤要易压实，防渗能力强；地下水位应尽量低，距最下层填埋物至少 1.5m；避开高寒区，蒸发大于降水区最好；交通要方便，具有能在各种气候下运输的全天候公路，运输距离要适宜，运输及操作设备噪声要不至影响附近居民的工作和休息；填埋场地应位于城市下风向，避免气味、灰尘飘飞对城市居民造成影响，最好选在荒芜的廉价地区。

（2）填埋方法的选择。常用的填埋方法有沟槽法、地面法、斜坡法、谷地法等。土地填埋法的操作灵活性较大，具体采用何种方法，可根据垃圾数量以及场地的自然条件确定。

（3）填埋场气体的控制。当固体废弃物（垃圾）进入填埋场后，由于微生物的生化降解作用会产生好氧与厌氧分解。填埋初期，由于废弃物中空气较多，垃圾中有机物开始进行好氧分解，产生 CO_2、H_2O、NH_3，这一阶段可持续数天；但当填埋区氧被耗尽时，垃圾中有机物开始转入厌氧分解，产生 CH_4、CO_2、NH_3、H_2O 以及 H_2S 等。因此，应对这些废气进行控制或收集利用，以避免二次污染。

（4）浸出液的控制。填埋场浸出液一般源于降雨、地表径流、地下水涌出、废弃物本身水分。渗出液成分较复杂，其 COD 高达 4 万~5 万毫克/升，氨氮达 $(7\sim8)\times10^2$mg/L。浸出液属高浓度有机废水，若不加以控制必然对环境造成严重危害。常用的措施是设置防渗衬里，即在底部和侧面设置渗透系数小的黏土或沥青、橡胶、塑料隔层，并设置收集系统，由泵把浸出液抽到处理系统进行集中处理。此外还应采用控制雨水、地表水流入的措施，减小浸出液的量。

图 6-7 为垃圾填埋场立体图。

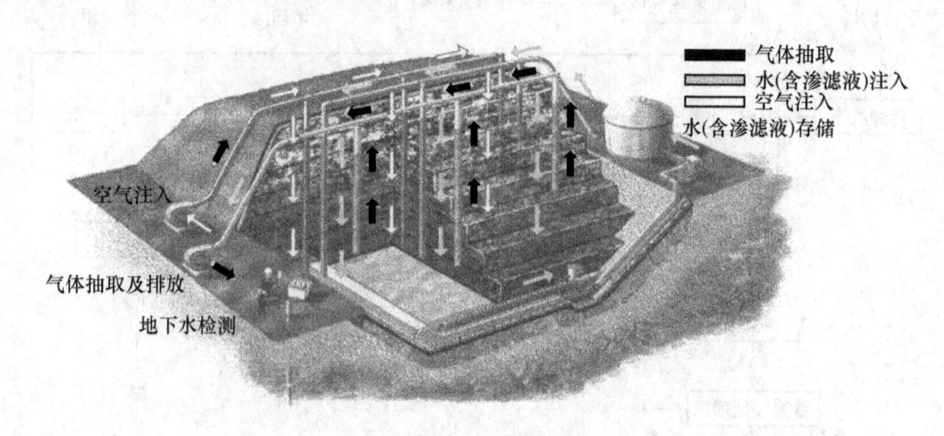

图 6-7 垃圾填埋场立体图

b 深井灌注处置

此法系指把液状废弃物注入地下与饮用水和矿脉层隔开的可渗性岩层内。一般废弃物和有害废弃物都可采用深井灌注方法处置。但主要还是用来处置那些实践证明难于破坏、难于转化、不能采用其他方法处理或者采用其他方法费用昂贵的废弃物。深井灌注处置前，需使废弃物液化，形成真溶液或乳浊液。

深井灌注处置系统的规划、设计、建造与操作主要分废弃物的预处理、场地的选择、井的钻探与施工，以及环境监测等几个阶段。

6.4.2.2 危险废弃物处置方法

危险废弃物的处理方法主要有：

(1) 土地填埋。土地填埋是最终处置危险废弃物的一种方法，是将危险废弃物铺成一定厚度的薄层，压实并覆盖土壤。这种处理技术在国内外得到普遍应用。土地填埋法又分为卫生土地填埋和安全土地填埋。

(2) 焚烧法。焚烧法是高温分解和深度氧化的综合过程。通过焚烧可以使可燃性的危险废弃物氧化分解，达到减少容积，去除毒性，回收能量及副产品的目的。一般来说，几乎所有的有机性危险废弃物均可用焚烧法处理，而对于某些特殊的有机危险废弃物，只适合用焚烧法处理，如石化工业生产中某些含毒性中间副产物等。

(3) 固化法。固化法能降低危险废弃物的渗透性，并且通过固化能将其制成具有高应变能力的最终产品，从而使有害废弃物变成无害废弃物。

1) 水泥固化法是用污泥（危险固体废弃物和水的混合物）代替水加入水泥中，使其凝结固化的方法。对有害污泥进行固化时，水泥与污泥中的水分发生水化反应生成凝胶，将有害污泥微粒包容，并逐步硬化形成水泥固化体，这种方法使得有害物质被封闭在固化体内，达到稳定化、无害化的目的。

2) 塑料固化法，将塑料作为凝结剂，使含有重金属的污泥固化而将重金属封闭起来，同时又可将固化体作为农业或建筑材料加以利用，适用于对有害废弃物和放射性废弃物的固化处理。

3) 水玻璃固化是以水玻璃为固化剂，无机酸类（如硫酸、硝酸、盐酸等）作为辅助剂，与有害污泥按一定的配料比进行中和与缩合脱水反应，形成凝胶体，将有害污泥包容，经凝结硬化逐步形成水玻璃固化体。

（4）化学法。化学法是一种利用危险废弃物的化学性质，通过酸碱中和、氧化还原以及沉淀等方式，将有害物质转化为无害的最终产物。常用技术有化学氧化、沉淀及絮凝、沉降、重金属沉淀、化学还原、中和、油水分离等。

（5）深井灌注技术。深井灌注技术是通过深井将危险废弃物注入地下多孔的岩石或土壤地层的污染物处理技术，主要用于液体废弃物处置。美国是最早利用深井进行废液灌注的国家。

现代危险废弃物填埋场多为全封闭型填埋场，可选择的处置技术包括共处置、单组分处置、多组分处置和预处理后再处置。

（1）共处置。所谓共处置，就是将难处置废弃物有意识地与生活垃圾或类同废弃物一起处置。主要目标是利用生活垃圾的特性来衰减难处置废弃物中一些具有污染性和潜在危险性的组分，使其达到环境可接受的程度。对准备进行共处置的难处置废弃物必须进行严格的评估，只有与生活垃圾相容的难处置废弃物，才能进行共处置，并要求在共处置实施过程中，对所有操作步骤进行严格管理，控制难处置废弃物的输入量，确保安全。

危险废弃物在城市垃圾填埋场共同处置现在许多国家已被禁止。我国城市垃圾卫生填埋标准也规定危险废弃物不能进入填埋场。

（2）单组分处置。采用填埋场处置物理、化学形成相同的废弃物称之为单组分处置。

（3）多组分处置。多组分处置的目标是当处置混合废弃物时，确保它们之间不能发生反应而产生更毒的废弃物，或更严重的污染，如产生高浓度有毒气体或蒸气。可分为下述三种类型：

1）将被处置的各种混合废弃物转化成较为单一的无毒废弃物，一般用于化学性质相异而物理状态相似的废弃物处置，如各种污泥等；

2）将难处置废弃物混在惰性工业固体废弃物中处置，这种共处置不发生反应；

3）接受一系列废弃物，但各种废弃物在各自区域内进行填埋处置。这种共处置实际上与单组分处置无差别，只是规模大小不同而已，虽称为共处置，但这种操作应视用单组分处置。

（4）预处理后再处置。对于因其物理、化学性质而不适合于填埋处置的废弃物，在填埋处置前必须经过预处理达到入场要求后方能进行填埋处置。

6.4.3 煤开采过程中的废弃物利用

6.4.3.1 煤矸石的利用

A 煤矸石代替燃料

煤矸石含有一定数量的固定碳和挥发分，一般烧失量在10%~30%，发热量可达1000~3000kcal/kg（1cal=4.1868J）。当可燃组分较高时，煤矸石可用来代替燃料。如铸造时，可用焦炭和煤矸石的混合物作燃料来化铁；可用煤矸石代替煤炭烧石灰，亦可用作生活炉灶燃料等。烧沸腾锅炉：将煤矸石粉碎至8mm以下，送入沸腾锅炉（一种广泛适宜烟煤、无烟煤、褐煤和煤矸石的锅炉）料床上，用风吹起，呈一定高度的沸腾状燃烧。该床料层较厚，温度可达850~1050℃，相当于一个大蓄热池，燃料仅占5%。利用含灰分

70%发热量7.5MJ/kg的煤矸石，使其运行正常。大大节约了燃料，降低了成本；但破碎量大、灰渣量大，埋管磨损重，耗电多。

B 掺入化铁

铸造生产多用焦炭化铁。掺入发热量为7.5~11.3MJ/kg的煤矸石可替代1/3的焦炭，要求破碎为80~200mm，勤通风眼，勤出渣，勤出铁水。

C 拌烧石灰

生产1t石灰需要燃煤370kg左右，煤破碎至25~40mm，成本较高。加入100mm以下的煤矸石无须破碎，生产1t石灰需要煤矸石600~700kg，质量好，成本低。

D 回收煤炭

利用浮选技术回收其中的煤炭资源，近年来在煤炭价格较高的情况下得到重视与发展。一般对含煤炭率大于20%的煤矸石采用浮选技术较为经济。多为水力旋流器和重介质分选工艺设备。

E 煤矸石生产砖、瓦

煤矸石经过配料、粉碎、成型、干燥和焙烧等工序可制成砖和瓦。除煤矸石必须破碎外，其他工艺与普通黏土瓦的生产工艺基本相同。黑龙江鹤岗等八个企业用煤矸石生产矸石砖、空心砖、矸石水泥瓦、陶粒、水泥等产品，使煤矸石的处理利用率达87%以上，经济效益十分明显。利用煤矸石可生产煤矸石半内燃砖、微孔吸声砖和煤矸石瓦。

F 用煤矸石生产各种型号的水泥

煤矸石中二氧化硅、氧化铝及氧化铁的总含量一般在80%以上，它是一种天然黏土质原料，可代替黏土配料烧制普通硅酸盐水泥、快硬硅酸盐水泥、煤矸石炉渣水泥等。

G 用煤矸石生产预制构件

利用煤矸石中所含的可燃物，经800℃煅烧后成为熟料矸石，再加入适量磨细生石灰、石膏，经轮辗、蒸汽养护可生产矿井支架、水沟盖板等水泥预制构件，其强度可达20~40MPa。这种水泥预制的灰浆的参考配比为：熟料矸石85%~90%，生石灰8%~10%，石膏1%~2%，外加水18%~20%。

H 利用煤矸石生产空心砌块

煤矸石空心砌块是以煤矸石无熟料水泥作胶结料，自然煤矸石作粗细骨料，加水搅拌配制成半干硬性混凝土，经振动成型，再经蒸气养护而成的一种新型墙体材料。其规格可根据各地建筑特点选用。生产煤矸石空心砌块是处理利用煤矸石的一条重要途径，具有耗量大、经济、实用等优点，可以大量减少煤矸石的占地。

I 用煤矸石生产轻骨料

轻骨料是为了减小混凝土的密度而选用的一类多孔骨料。轻骨料应比一般卵石、碎石的密度小得多，有些轻骨料甚至可以浮在水上。用煤矸石生产轻骨料的工艺大致可分为两种：一种是用烧结机生产烧结型的煤矸石多孔烧结料；另一种是用回转窑生产膨胀型的煤矸石陶粒。

J 煤矸石的农业利用

a 煤矸石有机复合肥

由于煤矸石一般含有大量的炭质页岩或炭质粉砂岩，15%~20%的有机质，以及高于土壤 2~10 倍植物生长所需的 B、Zn、Cu、Co、Mo、Mn 等微量元素，因此煤矸石经粉碎磨细后，按一定比例与过磷酸钙混合，同时加入适量活化剂与水，充分搅匀后堆沤，即可制得新型农肥，该肥掺入氮、磷、钾元素后，可得到全营养矸石复合肥。

b 煤矸石微生物肥料

煤矸石和风化煤中含有大量有机物，易携带固氮、解磷、解钾等微生物最理想的基质和载体，因而可以作为微生物肥料，又称菌肥。以煤矸石和廉价的磷矿粉为原料基质，外加添加剂等，可制成煤矸石生物肥料，主要以固氮菌肥、磷肥、钾细菌肥为主。与其他肥料相比，它是一种广谱性的生物肥料，施用后对农作物有奇特效用。

c 煤矸石改良土壤

针对某一特定土壤，利用煤矸石的酸碱性及其中含有的多种微量元素和营养成分，适当掺入一些有机肥料，可有效地改良土壤结构、增加土壤疏松度和透气性、提高土壤含水率，促进土壤中各类细菌新陈代谢、丰富土壤腐殖质，从而使土地得到肥化，促进植物的生长。

6.4.3.2 煤泥的利用

通常煤泥具有含水分高、黏结性大、热值低的特点，可用作民用燃料，单独作为工业燃料使用较为困难。由于缺乏利用途径，很多选煤厂将煤泥排放，这样既浪费了能源又污染了环境。在有条件的情况下可将其作为流化床锅炉的燃料。煤泥按其可利用的途径大体可分为三类：低灰分高热值煤泥、中灰分中热值煤泥和高灰分低热值煤泥。高热值煤泥，其热值不低于 18MJ/kg；中热值煤泥，其热值为 8~12MJ/kg；低热值煤泥其热值为 3~6MJ/kg。

低灰分高热值煤泥：煤泥也可以说就是一种含水的浆体燃料，它通常是用洗煤厂尾煤压滤机的滤饼和尾煤深锥浓缩机的高浓度底流（500~700g/L）混合而成。可用于电厂流化床锅炉的燃料。低灰分高热值煤泥，其灰分为 20%~30%，热值不低于 18MJ/kg，如果含水分较高，可以经脱水后掺入商品煤中，作为民用或工业燃料销售。

中灰分中热值煤泥：它的灰分为 30%~50%，热值为 8~12MJ/kg。由于热值低，只能就地作为民用燃料或工业燃料。

高灰低热值煤泥：高灰低热值煤泥的灰分大于 60%，热值为 3.4~6.3MJ/kg。由于热值低，且灰分大，难于作为民用燃料。在工业上，除了作为内燃砖的掺混料外，尚无其他可利用的价值。少数选煤厂利用它作为露天矿或矿井采空区的填充物。

6.4.4 火力发电产生的废弃物利用

6.4.4.1 粉煤灰综合利用

我国粉煤灰的具体利用情况见图 6-8。

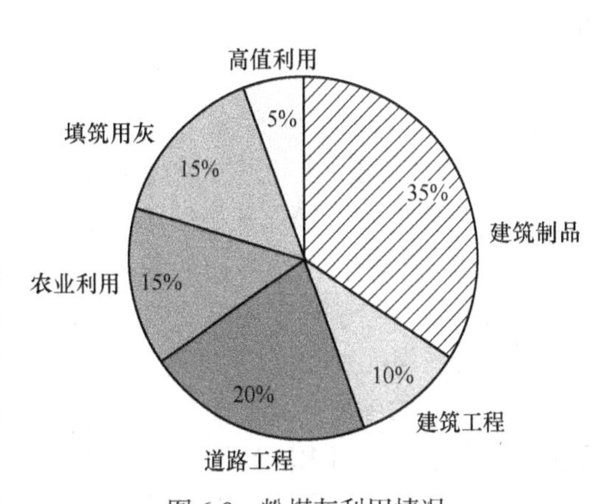

图 6-8 粉煤灰利用情况

A 建筑材料

粉煤灰在建筑材料上的应用具体如下。

(1) 水泥、混凝土掺合料。粉煤灰与黏土成分类似，并具有火山灰活性，在碱性激发剂下，能与 CaO 等碱性矿物在一定温度下发生“凝硬反应”，生成水泥质水化胶凝物质。作为一种优良的水泥或混凝土掺合料，它减水效果显著，能有效改善和易性，增加混凝土最大抗压强度和抗弯强度，增加延性和弹性模量，提高混凝土抗渗性能和抗蚀能力，同时具有减少离析现象、降低透水性和浸析现象、减少混凝土早期和后期干缩、降低水化热和干燥收缩率的功效。因此，在各种工程建筑（包括工民建筑、水工建筑、筑路筑坝等）中，粉煤灰的掺入不仅能改善工程质量、节约水泥，还降低了建设成本、使施工简单易行。我国三峡大坝的建设中，已广泛应用了粉煤灰硅酸盐水泥，效果良好。

(2) 粉煤灰砖。粉煤灰可以和黏土、页岩、煤矸石等分别制成不同类型的烧结砖，如蒸养粉煤灰砖、泡沫砖、轻质黏土砖、承重型多孔砖、非承重型空心砖以及炭化粉煤灰砖、彩色步道板、地板砖等新型墙体材料。粉煤灰制砖已有70多年的历史，其生产工艺及主要设备与普通黏土砖基本相同，但兼具工艺简单、建厂速度快、用灰量大（粉煤灰掺入量最高可达80%~90%）、节约黏土和燃料等特点。大部分粉煤灰砖都具有轻质保温、隔热隔声、绿色环保等性能。

(3) 小型空心砌块。以粉煤灰为主要原料的小型空心砌块可取代砂石和部分水泥，具有空心质轻、外表光滑、抗压保暖、成本低廉、加工方便等特点，成为近年来有较大发展的绿色墙体材料。

(4) 硅钙板。以粉煤灰为硅质材料，石灰为钙质材料，加入硫酸盐激发剂和增强纤维或使用高强碱性材料，采用抄取法或流浆法生产的各种硅酸钙板，简称SC板。它具有质轻、高强、不燃、无污染、可任意加工等特点，尤其是其干缩变形小的特点，更是解决了长期困扰石膏板、GRC板等非金属板材施工后出现的翘曲和对接处存在板缝的问题。

(5) 粉煤灰陶粒。它是以粉煤灰为原料，加入一定量的胶结料和水，经成球、烧结而成的人造轻骨料，具有用灰量大（粉煤灰掺入量约为80%）、质轻、保温、隔热、抗冲击等特点，用其配制的轻混凝土容重可达13530~17260N/m^3，抗压强度可达20~60MPa，适用于高层建筑或大跨度构件，其质量可减轻33%，保温性可提高3倍。

(6) 其他建材制品。利用粉煤灰生产的辉石微晶玻璃与普通矿渣微晶玻璃相比，具有很高的强度、硬度，其耐蚀和耐磨性也有数倍提高；利用粉煤灰作为石膏制品的填充剂，既能取代部分石膏，又可作为促凝剂，提高石膏制品的防水性，一般掺用量最大可达30%；利用粉煤灰作沥青填充料生产防水油毡，无论外观质量，还是物理性能，都与用滑石粉作填充料的防水油毡相同，并使成本大大降低；此外，还可以利用粉煤灰制备矿物棉、纤维化灰绒、陶砂滤料，提高玻璃纤维水泥制品的寿命，在砂浆中代替部分水泥、石灰或砂等。

B 农业

粉煤灰农用投资少、用量大、需求平稳、发展潜力大，是适合我国国情的重要利用途径。目前，粉煤灰主要利用方式为土壤改良剂、农肥和造地还田等。

(1) 改良土壤。粉煤灰松散多孔，属热性砂质，细砂约占80%，并含有大量可溶性硅、钙、镁、磷等农作物必需的营养元素，因此有改善土壤结构、降低密度、增加空隙率、提高地温、缩小膨胀率等功效。可用于改造重黏土、生土、酸性土和碱盐土，弥补其黏、酸、板、瘦的缺陷。

(2) 堆制农家肥。用粉煤灰混合家畜粪便堆肥发酵比纯用生活垃圾堆肥慢，但发酵后热量散失也少，雨水不易下渗，这对防止肥效流失有利；另外粉煤灰比垃圾干净，无杂质、无虫卵与病菌，有利于田间操作及减少作物病虫害的传播；把粉煤灰堆肥施在地里不仅能改良土壤、增加肥效，还可增加土壤通气与透水性，有利于作物根系的发育。

(3) 加工磁化肥。粉煤灰中含有较多的铁元素，经磁化后，再配入其他有效养分即得到磁化肥，它的施入可使土壤颗粒发生“磁性活化”而逐步团聚化，从而改善土壤的通气、透水和保水性；其中 Fe^{2+} 和 Fe^{3+} 的转换又加快了土壤中其他成分的氧化还原过程，促进了农作物的呼吸和新陈代谢，提高了土壤的宜耕性，有利于有机组分的矿质化，提高营养元素的有效态含量。

(4) 复合肥。粉煤灰粒径小，流动性好，用作复合肥原料具有减少摩擦、提高粒肥制成速度的作用，而且能提高粒肥的抗压强度；加之其蓬松多孔、比表面积大、吸附性能好，吸附某些养分离子和气体，以调节养分释放速度。因此，利用粉煤灰制成硅酸钙、硅酸钾、硅钙硫等复合肥，不仅可提高土壤中有效磷、有效硅的含量，平衡土壤的酸碱度，还能大大改善土壤活性，促进有机成分在土壤中生物的抗性，使有益微生物占据优势。

(5) 其他农用途径。粉煤灰有促进水稻生长的作用，并可代替马粪、牛粪等用作水稻秧田的覆盖物，育出的秧苗壮实、根系发达、分蘖能力强；粉煤灰质软松细、营养成分全面，有利于小麦增产和麦苗安全越冬；粉煤灰可用于马铃薯、大白菜、甘薯等的栽种，对洋葱头、秋菜花、黄瓜等施用粉煤灰也能取得良好效果；此外，土壤中掺入粉煤灰还有利于铁、硅、硫、钼等元素的吸收，可增强植物的防病抗虫能力，起到施加农药的效果，如可用其防治果树黄叶病、稻瘟病及麦锈病等。

C 处理造纸废水

造纸工业废水排放量大，水污染严重，生态破坏性大，多年来一直是困扰世界各国造纸工业和环境保护界的热门话题和研究重点，尤其在我国显得更为突出。如何确定一个经济有效的处理方法显得迫在眉睫。将一定量的粉煤灰直接投入废水中，使之充分接触，而后灰、水分离，这就是直接投入法。虽然粉煤灰的比表面积比活性炭的要小，但是它的吸附能力也很显著。例如，在相同的投加量下，粉煤灰对造纸废水的吸附量可达活性炭的65%。而且由于粉煤灰是固体废弃物，处理后的粉煤灰不必再生，可废弃填埋、直接再用作建筑工程材料或应用于农业，因此比活性炭经济。当然，由于粉煤灰的吸附量小，在水处理时它的投加量必然要大一些，这样就会带来劳动量大及处理后粉煤灰。例如，保定市环保局用此法处理造纸污水取得良好效果。工艺流程见图 6-9。该系统平均日处理污水3.7 万吨，污水主要污染指标 COD、BOD_5、Zn 和 SS 的去除率分别达 69.0%、81.7%、93.7%和 51.3%。如果热电厂与造纸厂的位置进行整体规划，废水进入灰场法将是一种大有前途、值得大力提倡的方法。

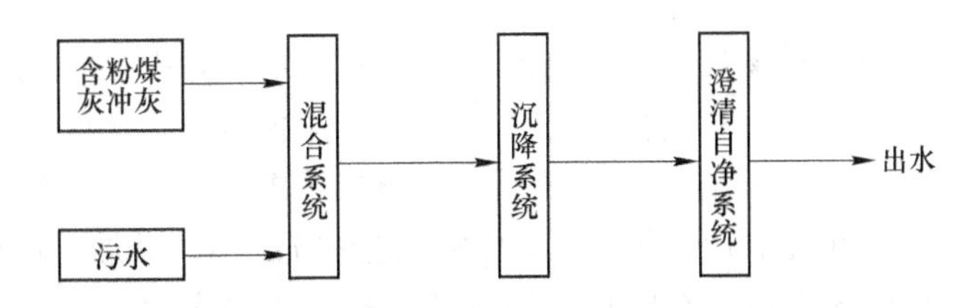

图 6-9 灰场处理造纸废水工艺流程图

D 在噪声防治工程中的应用

粉煤灰在噪声防治工程中的应用具体如下。

（1）制作保温吸声材料。粉煤灰可按粗、细进行分类，细灰作为水泥与混凝土的混合材料，而粗灰因强度差难以再利用，可用于水泥刚体多孔吸声材料上，具有良好的声学性能。将70%粉煤灰、30%硅质黏土材料以及发泡剂等混配后，经二次烧成工艺制得粉煤灰泡沫玻璃，具有耐燃、防水、保温、隔热、吸声和隔声等优良性能，可广泛应用于建筑、石油、化工、造船、食品和国防等工业部门的隔热、保温、吸声和装饰等工程中。

（2）制作GRC双扣隔声墙。板粉煤灰GRC圆孔隔墙板面密度40～55kg/m^3，仅为同厚度黏土砖墙的1/6，具有质量轻、强度高、防火与耐水性能好、生产成本低、运输安装方便等优点，若再采用边肋与面板一次复合成型结构，组成GRC双扣隔声墙板，即双层GRC隔墙板夹空气层结构，隔声指数大于45dB，可达到国家二级或一级隔声标准，接近24cm厚实心砖墙的隔声效果，能满足工程上对隔声降噪性能的要求。

E　粉煤灰的工程填筑应用

粉煤灰的成分及结构与黏土相似，可代替砂石，应用在工程填筑上，如筑路筑坝、围海造田、矿井回填等。

（1）用作路基材料将粉煤灰、石灰和碎石按一定比例混合搅拌，即可制作路基材料。掺入粉煤灰后路面隔热性能好，防水性和板体性好，利于处理软弱地基。粉煤灰的掺加量最高可达70%，且对其质量要求不高。铺设此种道路技术成熟、施工简单、维护容易，可节约维护费用30%～80%。

（2）用于工程回填煤矿区因采煤后易塌陷，形成洼地，利用粉煤灰对矿区的煤坑、洼地等进行回填，既降低了塌陷程度，用掉了大量粉煤灰，还能复垦造田，减少农户搬迁，改善矿区生态。

F　从粉煤灰中回收有用物质

粉煤灰作为一种潜在的矿物资源，不仅含有SiO_2、Al_2O_3、Fe_2O_3、CaO、未燃尽C、微珠等主要成分，还富集有许多稀有元素，如Ge、Ga、Ni、V、U等，其主要矿物有石英、莫来石、玻璃体、铁矿石及炭粒等，因此从中回收有用物质，既可节省开矿费用、获得有价原料和产品，又可达到防治污染、保护环境的目的。

（1）分选空心微珠。空心微珠直径为1～300μm，主要成分为SiO_2、Al_2O_3和Fe_2O_3，分为厚壁玻璃珠（沉珠）和薄壁玻璃珠两种。空心微珠的应用范围非常广泛：作为塑料、橡胶制品的填充料；生产轻质耐火材料、防火涂料与防水涂料；用于汽车刹车片、石油毡机刹车块等耐磨制品；用于人造大理石的主要填料与人造革的填充剂；用于石油产品、炸药、玻璃钢制品等。

（2）提取工业原料。粉煤灰的主要金属成分为铝和铁，采用磁选法，从含铁5%左右的粉煤灰可获得含铁50%以上的铁精矿粉，铁回收率可达40%。化学法回收铁铝等物质的方法主要有热酸淋洗，高温熔融、气-固反应及直接溶解法等，从粉煤灰中提取铝矾土提炼的成本要高30%。在提取粉煤灰中Al_2O_3的十余种方法中，碱加压法、石灰石和苏打焙烧法较为成熟。粉煤灰中还含有定量未燃尽的炭粒，实践表明，含碳量超过12%的粉煤灰就具有回收炭粉的价值，回收方法有浮选法和电选法。

（3）回收稀有金属。粉煤灰中的硼可用稀硫酸提取，控制最终溶液的pH值为7.0，硼的溶出率为72%左右。浸出的硼溶液通过螯合树脂富集，并用2-乙基-1，3-己二醇萃取剂分离杂质，得到纯硼产品。粉煤灰压皮片状，并在一定的温度和气氛下加热分离锗和镓，其中镓的回收率为80%左右。镓可采用还原熔炼-萃取法及碱熔-碳酸化法，从粉煤灰中加以提取金属镓。此外，国内外还开发了从粉煤灰中回收钼、钛、锌、铀等稀有金属的新技术，其中有些实现了工业化提取（图6-10）。

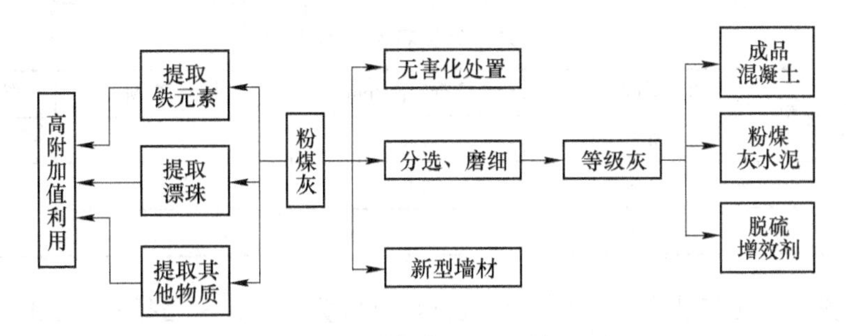

图6-10 粉煤灰产品规划利用途径

6.4.4.2 脱硫石膏的综合利用

石灰石湿法烟气脱硫技术在我国火电厂得到大规模应用。在FGD装置设计中均采用石膏脱水工艺，以便于综合利用。脱硫石膏的综合利用，一方面，可以减少天然石膏的开采，节约资源，大大减少开采、运输过程对生态环境的破坏和环境污染；另一方面，有效的综合利用是脱硫副产物最合理的出路，可以减少灰渣场的占地面积和减轻对生态环境的污染破坏，同时可以为电厂创造一定的经济效益。

脱硫石膏经过工业处理后，与天然石膏性能类似。下面将从5个方面概述脱硫石膏的综合利用情况。

（1）利用脱硫石膏生产水泥辅料。在水泥生产时，为了调节和控制水泥的凝结时间，一般掺入石膏作为缓凝剂。石膏还可以促进硅酸三钙和硅酸二钙矿物的水化，从而提高水泥的早期强度及平衡各龄期强度。由于水泥厂加入含有一定游离水的脱硫石膏在输送提升设备中容易发生积料堵塞问题，因此，使用前需将脱硫石膏造粒为20~40mm的球状，先自然干燥，然后预热烘干，制得具有一定强度的粒状脱硫石膏。粒状脱硫石膏能够正常调节水泥的凝结时间，水泥性能正常，水泥强度、凝结时间等均达到国家标准要求。粒状脱硫石膏与天然石膏对水泥性能的影响参见表6-10。

表6-10 粒状脱硫石膏与天然石膏对水泥性能的影响

种类	初凝时间/min	终凝时间/min	抗折强度/MPa	抗压强度/MPa
脱硫石膏原状湿料	159	265	7.6	48.1
脱硫石膏100℃烘干	225	357	8.2	49.5
脱硫石膏150℃烘干	216	341	7.9	49.6
脱硫石膏200℃烘干	261	352	7.5	48.7
天然石膏	196	365	7.3	49.4
国家标准	>45	<30	7.0	42.5

（2）利用脱硫石膏生产建筑材料。脱硫石膏可以替代天然石膏作建筑材料。脱硫建筑石膏是由二水脱硫石膏在不饱和水蒸气气氛中经回转窑燃烧脱水（130℃）、干燥、磨

粉制成。我国的脱硫石膏品位较高、杂质较少，尤其可溶性杂质少（Cl^-、Na^+、K^+的含量均不高于0.01%），可以代替天然石膏作建筑材料。资料表明，用脱硫石膏生产的建筑石膏性能优异，强度比国家标准规定的优等品的强度值高40%~60%，生产成本为天然石膏成本的70%~80%。建筑石膏的性能比较参见表6-11。

表6-11 建筑石膏性能比较

种 类	初凝时间/min	终凝时间/min	抗折强度/MPa	抗压强度/MPa
脱硫石膏	6.2	11.5	3.9	8.3
天然石膏	7.1	12.3	2.5	4.4
国家标准	>6	<30	2.1	3.9

（3）脱硫石膏在农业上的应用。脱硫石膏可作为肥料。S是排在N、P、K之后的第四种植物营养素，其需要量与磷相当。由于我国农业生产密集，而且氮肥使用比例失调，致使耕地硫元素严重缺乏。有资料报道，植物吸收硫酸根形式的硫比其他形式的硫要快。用脱硫石膏生产硫酸铵，因碳酸钙在氨溶液中的溶解度比硫酸钙小得多，硫酸钙很容易转化为碳酸钙，而溶液转化为硫酸铵溶液。碳酸钙是水泥的原料，而硫酸铵是肥效较好的化肥，适合我国北方碱性土壤使用。此外，Ca是作物第五种植物营养素，可以增强作物对病虫害的抵抗能力，使作物茎叶粗壮、籽粒饱满。同时，利用脱硫石膏中的钙离子和土壤中的游离碳酸氢钠、碳酸钠作用，生成硫酸氢钙和硫酸钙降低碱性土壤的碱性。

（4）利用脱硫石膏生产路基回填材料。目前，公路建设路基回填材料的需求和质量要求则越来越高。充分利用脱硫石膏作为修筑道路的回填材料，既可以为修筑公路提供材料来源，又可以解决脱硫石膏的处理问题。回填材料配比是脱硫石膏：火电厂废弃物：矿物添加剂为50：40：10，再掺入复合早强减水剂1%。试验证明：此回填材料的28d强度达到325号水泥的标准，膨胀率、溶出率也符合路基材料的要求。

（5）利用脱硫石膏生产充填尾砂结剂。胶结充填尾砂采矿法所用的充填材料主要是尾砂和棒磨砂中含有大量的潜在胶凝成分（$Al_2O_3+Fe_2O_3+CaO$）。将脱硫石膏、火电厂废弃物、棒磨砂按一定比例混合后，可得到与普通硅酸盐水泥矿物组成相似的胶结材料。发热量低的脱硫石膏代替发热量高的水泥，不仅可以降低水泥的水化热，降低充填体的绝热温度，还可以推迟水化热峰值出现的时间，防止温度裂缝的产生，提高胶结材料的后期强度。

目前，利用脱硫石膏生产建筑材料已形成规模，用于水泥辅料的生产也进入工业化，用于充填尾砂结剂也具有一定的发展潜力。脱硫石膏的综合利用既有利于烟气脱硫技术的推广应用，又有利于减少脱硫产物堆放所带来的二次污染和占地。因此，大力研究和开发脱硫石膏的综合利用，可以获得良好的社会效益、经济效益和环境效益，具有十分广阔的应用前景。

思考与练习题

6-1 我国控制固体废弃物污染的技术政策是什么？

6-2 在固体废弃物的产生和防治中，简述对废弃物适当处理的方法，举例说明。

6-3 举例说明固体废弃物对环境的危害。
6-4 分别说明电力能源生产中产生的固体废弃物的种类和来源，以及对环境的危害。
6-5 固体废弃物的处理与利用技术包括哪些方法？举例说明。
6-6 能源开采和火力发电过程中产生的废弃物的处理与处置方法有哪些？
6-7 作为固体废弃物的一种，危险废弃物是怎么分类的？处置方法有哪些？
6-8 简述垃圾填埋场的工艺流程。

7 电力能源生产与物理性污染

7.1 物理性污染

7.1.1 物理性污染概念及分类

人类的生存环境包括物理环境、化学环境和生物环境。物理性污染是指由物理因素引起的环境污染，如噪声、振动、放射性辐射、电磁辐射、光污染、热污染等。物理性污染程度是由声、光、热等在环境中的量决定的。物理污染与化学污染相比具有如下特点：

（1）物理污染是能量污染，随着距离增加，污染衰减很快，因此其污染具有局部性，区域性和全球性污染较少见；

（2）物理性污染在环境中不会有残余的物质存在，一旦污染源消除以后，物理性污染也随即消失。

7.1.1.1　噪声

声音在人们的日常活动中起着十分重要的作用，可以帮助人们借助听觉熟悉周围环境、向人们提供各种信息、让人们交流思想。但是有一些声音会使人感到烦躁不安，影响人的工作和健康，这些声音称为噪声。即凡是妨碍交谈和会议、妨碍学习、妨碍睡眠等有损于人的欲求、愿望目的的声音都称为噪声。收音机里，播放出悦耳的交响乐，但对于正在睡眠或需要集中注意力工作的人来说就是一种讨厌的噪声。从物理学观点看，噪声是由许多不同频率和强度的声波，杂乱无章组合而成的。《中华人民共和国环境噪声污染防治法》中对环境噪声作如下定义：环境噪声是指在工业生产、建筑施工、交通运输和社会生活中所产生的干扰周围生活环境的声音。噪声污染是指所产生的环境噪声超过国家规定的环境噪声排放标准，并干扰他人正常生活、工作和学习的现象。

噪声的分类方法有多种。下面简要介绍一下几种常见的分类方法。按频率分，噪声可分为低频噪声（小于500Hz）、中频噪声（500~1000Hz）和高频噪声（大于1000Hz）。

按噪声随时间的变化可分为稳态噪声、非稳态噪声和瞬时噪声。

按城市环境噪声源划分，环境噪声可分为交通噪声、工业噪声、建筑施工噪声和社会生活噪声。

按噪声产生的机理，可分为机械噪声、空气动力性噪声和电磁噪声。

7.1.1.2　振动

机械振动是指物体或物体的一部分沿直线或曲线并经过平衡位置所做的往复的周期性的运动。按振动系统中是否存在阻尼作用，振动分为无阻尼振动和阻尼振动；按照振动系统所加作用力的形式，振动又可分为自由振动和强迫振动。

7.1.1.3 放射性辐射

有些原子核是不稳定的，能够自发地改变核结构而转变成另一种核，这种现象称衰变。由于在发生核衰变的同时，总是伴随不稳定的核放出带电或不带电的粒子，所以这种核衰变称为放射性衰变。把某些原子能够释放射线的性质叫放射性，把能够放出射线的元素称为放射性元素。

环境放射性源包括天然放射源和人工放射源，天然放射源包括宇宙辐射、地球表面放射性物质、空气中存在的放射性物质、地面水系中含有的放射性物质和人体内的放射物质。而人工放射源主要包括核武器试验时产生的放射性物质，生产和使用放射性物质企业排出的核废料以及医用、工业用的X射线源及放射性物质镭、钴等。

7.1.1.4 电磁辐射

无线电通信、微波加热、高频淬火、超高压输电网站等的广泛应用，给人类物质文化生活带来了极大的便利，但也由于产生大量的电磁波，当电磁辐射过量时，就会对人们生活、工作环境以及人体健康产生不利影响，称之为电磁辐射污染。电磁辐射已成为危害人类健康的致病源之一。

影响人类生活环境的电磁污染源可分为天然和人为的两大类。大然的电磁污染是由某自然现象引起的，如雷电，除了可能对电器设备、飞机、建筑物等直接造成危害外，还会在广大地区从几千赫到几百兆赫以上的范围内产生严重的电磁干扰。其他如火山喷发、地震、太阳黑子活动引起的磁暴等都会产生电磁干扰，这些电磁干扰对通信的破坏特别严重。

人为的电磁波污染主要有脉冲放电、功频交变电磁场、射频电磁辐射，如无线电广播、电视、微波通信等各种射频设备的辐射。研究表明，电磁波的频率超过100kHz时就会对人体构成潜在威胁。

7.1.1.5 热污染

随着社会生产力的迅速发展，人们的生活水平不断提高，能源的消耗日益增加，人在利用能源过程中，不仅会产生大量有毒有害气体，而且还会产生二氧化碳、水蒸气、水等对人体虽无直接危害但对环境却产生不良增温效应的物质，这类物质引起的环境污染即为热污染。《中国大百科·环境科学》将热污染定义为："由于人类某些活动使局部环境或全球环境发生增温，并可能形成对人类和生态系统产生直接或间接、即时或潜在的危害的现象。"

热污染发生在城市、工厂、火电站、原子能电站等人口稠密和能源消耗大的地区。根据污染对象的不同，可将热污染分为水体热污染和大气热污染。

人类活动消耗的能源最终会转化为热的形式进入大气，并且能源消耗的过程中释放大量的副产物（如二氧化碳、水蒸气和颗粒物质等）会进一步促进大气的升温。当大气升温影响到人类的生存环境时，即为大气热污染。

当人类排向自然水域的温热水使所排放水域的温升超过一定限度时，就会破坏所排放水域的自然生态平衡，导致水质变化，威胁到水生生物的生存，并进一步影响到人类对该水域的正常利用，即为水体的热污染。

7.1.1.6 光污染

光污染是现代社会中伴随着新技术的发展而出现的环境问题。当光辐射过量时，就会对人们的生活、工作环境以及人体健康产生不利影响，称之为光污染。狭义的光污染指干扰光的有害影响，其定义是"已形成的良好的照明环境，由于逸散光而产生被损害的状况，又由于这种损害的状况产生的有害影响"。逸散光指从照明器具发出的，使本不应是照射目的的物体被照射到的光。干扰光是指在逸散光中，由于光量和光方向，使人的活动、生物等受到有害影响，即产生有害影响的逸散光。广义光污染指由人工光源导致的违背人的生理与心理需求或有损于生理与心理健康的现象，包括眩光污染、射线污染、光泛滥、视单调、视屏蔽、频闪等。按照波长不同，光污染可分为可见光污染、红外光污染及紫外光污染。

7.1.2 物理性污染产生的原因及对环境的危害

7.1.2.1 噪声

噪声的危害是多方面的，不仅可以致聋、诱发疾病、干扰正常生活和工作，而且特别强的噪声还对建筑物及设备造成影响（表 7-1）。下面分别加以简要阐述。

表 7-1 某些声源的声压级和危害情况

环境及声源	声压级/dB	人耳感觉
静夜	10~20	静
轻声耳语	20~30	静
普通室内谈话	40~60	一般
城市巷道、收音机、公共汽车内	80	大吵闹
载重汽车、泵房、很吵的街道、空压机、抛光	90	很吵闹
一般风机、电锯、冲床	100~110	痛苦
高压风机、罗茨风机、锅炉房、钢铁厂、高射机枪	120~130	很痛苦
喷气飞机、大炮、耳边步枪的发射	160	极其痛苦，产生严重生理损害

（1）噪声可以致聋。当人们在较强的噪声环境中，待上一段时间，会感到耳鸣。此时，若回到安静环境中，会发现原来听得到的声音，这时听起来弱了，有的声音甚至听不到。但这种情况持续时间并不长，只要在安静的环境中，待一段时间，听觉就会恢复原状，这种现象叫暂时性听阈偏移，亦称听觉疲劳。这是由于在强噪声作用下，听觉皮质层器官的毛细胞受到暂时性伤害而引起的。如原来听起来是 55dB 的声音，出现暂时性听阈偏移时，听起来只有 30dB，等到听力恢复后，又能听到 55dB 的声音。

如果长期工作在 90dB（A）以上的强噪声环境中，人耳不断地受到强噪声刺激，暂时性听迁移恢复越来越慢，久而久之，听觉器官发生器质性病变，便失去恢复正常的听阈能力，就成为永久性听迁移，或称听力损失。噪声引起的听力损失，是由于过量的噪声暴露，导致听觉细胞的死亡，死亡的细胞不能再生，因此噪声性耳聋是不能治愈的。

国际标准化组织规定，用 500Hz、1000Hz 和 2000Hz 三个频率上的听力损失平均值来表示听力损失。听力损失在 15dB 以下属正常，15~25dB 属接近正常，25~40dB 为轻度聋，40~65dB 为中度耳聋，65dB 以上为重度耳聋。一般来讲噪声性耳聋是指平均听力损失超过 25dB。

（2）噪声可能诱发疾病。在噪声的影响下，会不会诱发某些疾病，是与人的体质和噪声的频率和强弱有关。噪声作用于人的中枢神经系统，使大脑皮层的兴奋和抑制平衡失调，导致条件反射异常。这些生理变化，在噪声的长期作用下，得不到恢复，就会出现头痛、脑涨、头晕、疲劳、记忆力衰退等神经衰弱的症状。

暴露在噪声环境中的人，易患胃功能紊乱症，表现为消化不良、食欲不振、恶心呕吐，长期如此，将导致胃病及胃溃疡发病率的增高。噪声还可使交感神经紧张，从而使人产生心动过速、心律不齐、血管痉挛、心电图 T 波升高、血压波动等症状。因此，近年来一些医学家认为，噪声可以导致冠心病、动脉硬化和高血压。据调查，长期在高噪声环境下工作的人与低噪声环境工作的人相比，这三种病的发病率要高出 2~3 倍。此外，噪声对视觉器官产生不良影响，噪声越大，视力清晰度的稳定性越差；噪声影响胎儿的正常发育；噪声对胎儿的听觉器官会造成先天性损伤等。

（3）噪声影响正常生活。人们总是遵循着一定的规律工作、学习、休息和娱乐，但是吵闹的噪声会扰乱正常生活的规律。噪声影响睡眠的程度大致与声级成正比，在 A 声级 40dB 时约有 10%的人受到影响；在 70dB 时，受影响的人就占 50%。突发噪声把人惊醒的情况也基本与声级成正比，A 声级在 40dB 的突然声响可能会惊醒约 10%的睡眠者；60dB 时可能会惊醒约 70%的人。在喧哗的噪声环境里，人们谈话、打电话、听广播、开会和授课等都会受到严重的干扰。如果房间里的噪声级与谈话声相近，就会影响人们的正常谈话；如果噪声级高于谈话声 10dB，谈话声就听不见了，普通谈话的 A 声级约 60dB，大声谈话也不过是 70~80dB，因此，当噪声级为 65dB 以上时，人们相互之间的交谈就会受到影响。

（4）噪声降低劳动生产率并影响安全生产。在声环境中，人们由于心情烦躁，身体不适，而使注意力不易集中，反应迟钝，这样工作起来很容易出差错，不仅会影响工作速度，而且还会降低工作效率，甚至会引起工伤事故，特别是对那些要求注意力高度集中的复杂作业和脑力劳动，噪声的影响更大。有人对打字、排字、速记、校对等工种进行调查，发现随着工作环境中噪声的增加，差错率会有上升。有人对电话交换台进行过调查，发现噪声级从 50dB 降到 30dB，差错率减少 42%。

（5）噪声损害建筑物。高强度噪声能损害建筑物，特别是航空噪声对建筑物影响很大。1962 年，美国三架军用飞机以超声速低空掠过日本藤泽市，使该市许多民房玻璃振碎，烟囱倒塌，日光灯掉下，商店货架上的商品振落满地，造成很大损失。此外，噪声对精密仪器的精度也会产生影响。

7.1.2.2 振动

振动的影响是多方面的，它损害或影响振动作业工人的身心健康和工作效率，干扰居民的正常生活，还影响和损害建筑物、精密仪器和设备等（表 7-2）。

（1）振动对人的影响。振动对人体的影响可分为全身振动和局部振动。全身振动是指人体直接位于振动物体上所受到的振动；局部振动是指加在人体某个部位并且只传递到人体某个局部的振动，例如手持振动物体时引起的手部局部振动。

在振动环境工作的工人由于振动妨碍视觉、手的动作等原因，会造成操作速度下降生产效率降低，并影响安全生产。工人经常在强振动环境下工作，会危害或影响作业工人的神经系统、消化系统、心血管系统健康。经常经受局部（手臂）振动的工人，易发生局部振动病，为法定职业病。

表 7-2　振动强度对工作人员的影响

振动极限加速度（频率 1~10 次/s）/mm · s^{-2}	振动极限速度（频率 10~100 次/s）/mm · s^{-2}	振动对人的影响
10	0.16	无感觉
40	0.64	微感觉
125	2.0	明显感觉
400	6.4	强烈感觉
1000	16	长期作用下对身体有害
>1000	>16	对身体绝对有害

（2）振动对建筑物的危害。振动作用于建筑物会使其结构受到破坏，常见的破坏现象表现为基础和墙壁龟裂、墙皮脱落、石块滑动、地基变形和下沉，重者可使建筑物倒塌。

（3）振动对精密仪器、设备的影响。振动会影响精密仪器精度及正常运行；振动作用于一些灵敏的电器，可使其误动作，从而可能造成重大事故。

（4）振动产生噪声。振动的物体可直接向空间辐射空气声。此外，振动会在土壤中传播，在传播过程中会激发建筑物基础、门窗、管道等振动，这些物体振动会再次辐射噪声。

7.1.2.3　放射性

放射性危害主要体现在对人体的危害。无论是来自体外的辐射照射还是来自体内的放射性核素的污染，电离辐射对人体的作用都会导致不同程度的生物损伤，并在以后作为临床症状表现出来。这些症状的性质和严重程度以及症状出现的早晚取决于人体吸收的辐射剂量和剂量的分次给予情况。核辐射对人体辐射损伤分为躯体效应和遗传效应。

A　核辐射与细胞的相互作用

人体是由不同器官或组织构成的有机整体，构成人体的基本单元是细胞，由细胞眼、细胞质和细胞核组成。细胞核含有 23 对（46 个）染色体，它是由基因构成的细小线状物。基因由脱氧核糖核酸（DNA）和蛋白质分子组成，带有决定子体细胞特性的遗传密码。核辐射与物质的相互作用的主要效应是使其原子发生电离和激发。细胞主要是由水组成的。辐射作用于人体细胞将使水分子产生电离，形成对染色体有害的物质，产生染色体变。这种损伤使细胞的结构和功能发生变化，使人体呈现出放射病、眼晶体白内障或晚发性癌等临床症状。

产生辐射损伤的过程极其复杂，大致分为 4 个阶段，如图 7-1 所示。

（1）物理阶段：

$$H_2O \xrightarrow{辐射} H_2O^+ + e^-$$

（2）物理-化学阶段。该阶段中，离子和其他水分子作用形成新的产物。正离子分解或负离子附着在水分子上，然后分解。

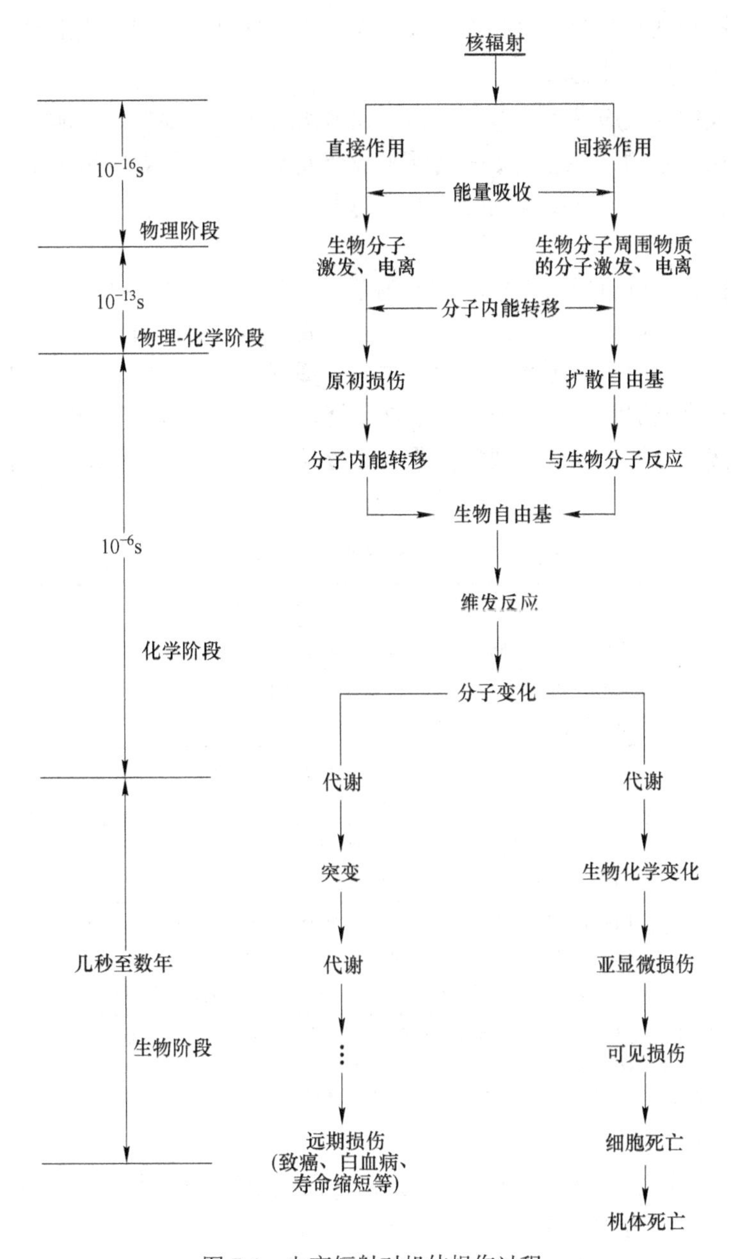

图 7-1 电离辐射对机体损伤过程

$$H_2O^+ \longrightarrow H^+ + OH\cdot$$

$$H_2O + e^- \longrightarrow H_2O^-$$

$$H_2O^- \longrightarrow H\cdot + OH^-$$

这里的 H· 和 OH· 称为自由基，它们有不成对的电子，化学活性很大。两个 OH· 可生成强氧化剂过氧化氢。

(3) 化学阶段。在此阶段中，反应产物和细胞的重要有机分子相互作用。自由基和强氧化剂破坏构成染色体的复杂分子。

(4) 生物阶段。这个阶段时间从几秒钟到几十年，以特定的症状而定。可能导致细胞早期死亡或影响细胞分裂，引起细胞永久变态，并且可持续到子代细胞。

B 核辐射对生物体的效应

核辐射对人体的效应是由于单位细胞受到损伤所致。核辐射的驱体效应是由于人体普通细胞受到损伤引起的，并且只影响到受照者个人本身。遗传效应是由于性腺中的细胞受到损伤引起的，这种损伤能影响到受照人员的子孙。

a 躯体效应

早期效应指在大剂量或大剂量率的照射后，受照人员在短期内（几小时或几周）就可能出现的效应。一般只有由于意外放射性事故或核爆炸时才可能发生。例如：1945 年，在日本长崎和广岛的原子弹爆炸中，病者在原子弹爆炸后 1h 内就出现恶心、呕吐、精神萎靡、头晕、全身衰弱等症状。经过一个潜伏期后，再次出现上述症状，同时伴有出血、毛发脱落和血液成分严重改变等现象；严重的造成死亡。有关全身急性照射的效应摘录于表 7-3。

表 7-3 全身急性照射可能产生的反应

照射剂量/Gy	临床症状
0~0.25	无可检出的临床症状。可能无迟发反应
0.5	血象有轻度暂时性变化（淋巴细胞和白细胞减少），无其他可查出的临床症状。血相可以有迟发反应，对个体不会发生严重的效应
1	可产生恶心、疲劳。受照射剂量达到 1.250Gy 以上时，有 20%~25%的人可能发生呕吐，血相有显著变化，可能致轻度急性放射病
2	受照射 24h 内出现恶心及呕吐。经约一周潜伏期后，毛发脱落、厌食，全身虚及受酸等状。如果既往身体健康或无并发感染者，短期内可望恢复
4（半致死剂量）	受照射几小时内出现恶心及呕吐。潜伏期约一周。两周内可见毛发脱落、厌食、全身虚弱、体温增高。第三周出现紫斑、口腔及咽部感染。第四周，出现苍白、鼻血、腹泻，迅速消瘦。50%受照个体可能死亡，存活者 6 个月内可逐渐恢复健康
≥6（致死剂量）	受照射 1~2h 内出现恶心、呕吐、腹泻。潜伏期短，第一周出现腹泻、呕吐、口腔咽喉发炎，体温增高，迅速消瘦。第二周出现死亡，死亡率可达 100%

b 遗传效应

核辐射的遗传效应是由于生殖细胞受损伤，而生殖细胞是具有遗传性的细胞。电离辐射的作用使 DNA 分子损伤，如果是生殖细胞中 DNA 受到损伤，并把这种损伤传给子女后代，后代身上就可能出现某种程度的遗传疾病。

在遗传学上，基因的变化称为突变。在人类的进化过程中，没有任何明确的原因或人为的干扰而自然发生的基因突变，称为自然突变（虽然自然突变的原因未完全清楚，但宇宙辐射等构成的本底照射，可能是引起缓慢自然突变的因素之一）。

7.1.2.4 电磁辐射

电磁辐射的危害体现在对人体健康和对电磁设备的干扰两方面，可用图 7-2 表示。

A 电磁辐射对人体健康的影响

a 电磁辐射对人体作用机制

电磁辐射对生物体的作用机制，大体上可分为热效应与非热效应两类，如图 7-3 所

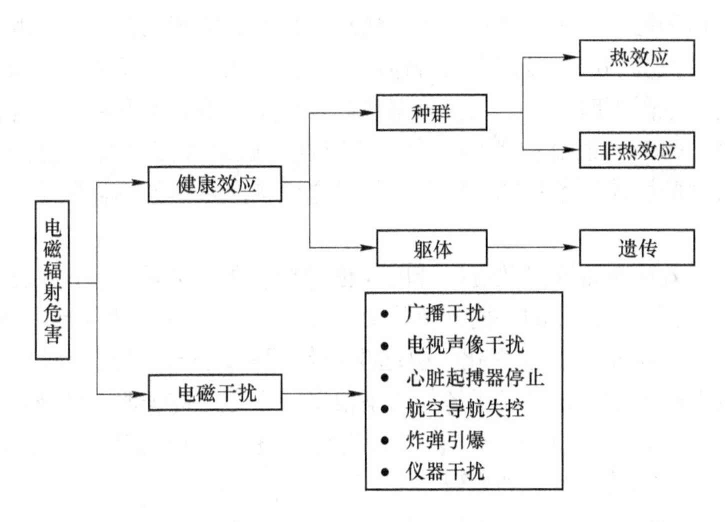

图 7-2 电磁辐射的危害

示。当生物体受强功率电磁波照射时，热效应是主要的；长期的低功率密度电磁波辐射主要引起非热效应。

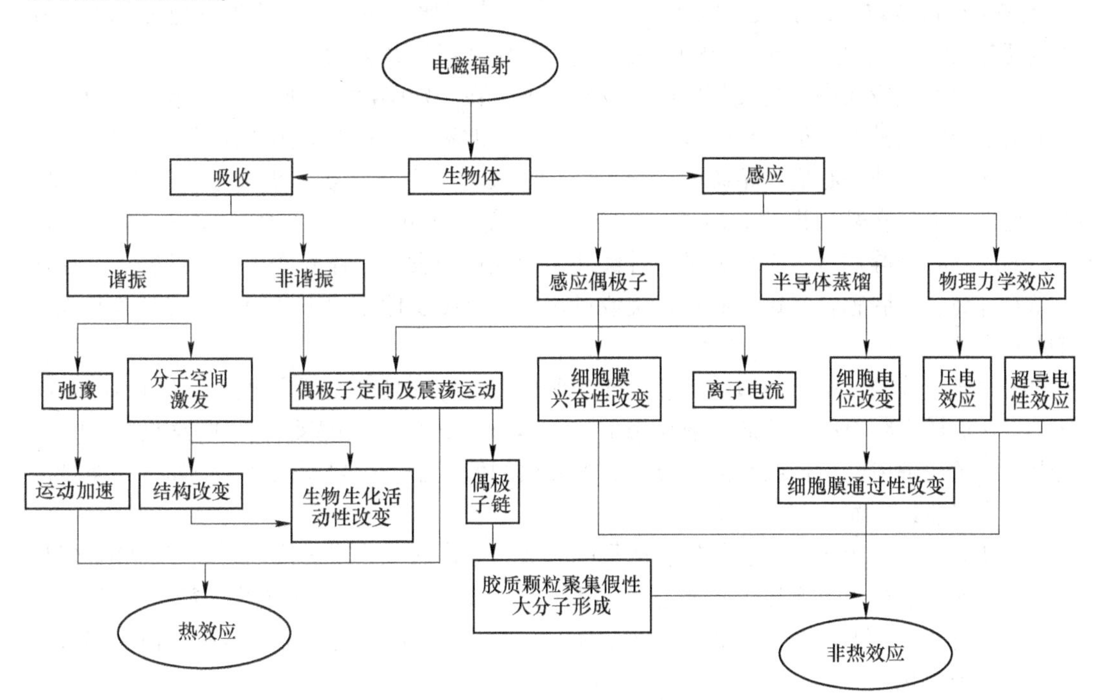

图 7-3 电磁辐射作用机理

热效应主要是生物体内极性分子在电磁波的高频电场作用下反复快速取向转动而摩擦生热，体内离子在电磁波作用下振动也会将振动能量转化为热量，一般分子也会吸收电磁波能量后使热运动能量增加。如果生物体组织吸收的电磁波能量较少，它可借助自身的热调节系统通过血循环将吸收的微波能量以热量形式散发至全身或体外。如果电磁波功率很强，生物组织吸收的能量多于生物体所能散发的能量，则引起该部位体温升高。局部组织温度升高将产生一系列生理反应，如使局部血管扩张，并通过热调节系统使血循环加速，组织代谢增强，白细胞吞噬作用增强，促进病理产物的吸收和消散等。因此，当电磁场的辐射强度在一定量值范围内，可使人的身体产生温热作用，有益于人体健康。然而，当电磁场的强度超过一定限度时，将使人体体温或局部组织温度急剧升高，破坏热平衡而有害于人体健康。由于每个人的身体条件、个体适应性与敏感程度以及性别、年龄或工龄不同，电磁场对机体的影响也不相同。因此，衡量电磁场对机体的不良影响，是一个综合分析的过程。

电磁波的非热效应是指除热效应以外的其他效应，如电效应、磁效应及化学效应等。在电磁场的作用下，生物体内的一些分子将会产生变形和振动，使细胞膜功能受到影响，使细胞膜内外液体的电状况发生变化，引起生物作用的改变，进而可影响中枢神经系统等。对电磁波的非热效应，人们还了解得不是很多。已有研究表明，微波可能干扰生物电（如心电、脑电、肌电、神经传导电位、细胞活动膜电位等）的节律，会导致心脏活动、脑神经活动及内分泌活动等一系列障碍。

b　对人体的危害

电磁辐射危害的一般规律是随着波长的缩短，对人体的作用加大，其中微波作用最突出。研究发现，电磁场的生物学活性随频率加大而递增，就频率对生物学活性而言，即微波>超短波>短波>中波>长波，频率与危害程度亦成正比关系。不同频段的电磁辐射，在大强度与长时间作用下，对人体的不良影响主要包括以下几方面。

中、短波频段在中、短波频段电磁场作用下，在一定强度和时间下，作业人员及高场强作用范围内的其他人员会产生不适反应。中、短波辐射对机体的主要作用，是引起神经衰弱症候群和反映在心血管系统的植物神经功能失调，主要症状为头痛头晕、周身不适、疲倦无力、失眠多梦、记忆力减退，口干舌燥，部分人员则发生嗜睡、发热、多汗、麻木、胸闷、心悸等症状，女性人员有月经周期紊乱现象发生。体检发现，少部分人员血压下降或升高、皮肤感觉迟钝、心动过缓或过速、心电图窦性心律不齐等，且发现少数人员有脱发现象。

超短波与波频段由于超短波与微波的频率很高，特别是微波频率更高，均在 3×10^{8} Hz 以上。在这样高频率的电磁波辐射作用下，人体可将部分电磁能反射、部分电磁能吸收。被吸收的微波辐射能量使组织内的分子和电介质的偶极子产生射频振动，媒质的摩擦把动能转变为热能，从而引起温度上升。

微波对人体的影响，除引起比较严重的神经衰弱症状外，最突出的是造成植物神经机能紊乱，如心动过缓、血压下降或心动过速、高血压等。心电图检查可见窦性心律不齐、窦性心动过缓、T 波下降等变化。血象方面，可能引起有轻度的白细胞减少、白细胞吞噬能力下降等症状。

B　电磁干扰

人类社会步入了信息时代，环境中电磁辐射的污染也在与日俱增，有的地方已超过自然本底值的几千倍以上。实际上，电磁辐射作为一种能量流污染，人类无法直接感受到，但它却无时不在。电磁辐射污染不仅对人体健康有不良影响，而且对其他电器设备也会产生干扰。电磁干扰、电磁辐射可直接影响到各个领域中电子设备、仪器仪表的正常运行，造成对工作设备的电磁干扰。一旦产生电磁干扰，有可能引发灾难性的后果。如美国就曾发生一起因电磁干扰使心脏起搏器失灵而使病人致死的事件。

对电器设备的干扰最突出的情况有三种：一是无线通信发展迅速，如发射台、站的建设缺乏合理规划和布局，使航空通信受到干扰；二是一些企业使用的高频工业设备对广播、电视信号造成的干扰；三是一些原来位于城市郊区的广播电台发射站，后来随着城市的发展被市区所包围，电台发射出的电磁辐射干扰了当地百姓收看电视。

电磁辐射还可以引起火灾或爆炸事故。较强的电磁辐射，因电磁感应面产生火花放电，可以引燃油类或气体，酿成火灾或爆炸事故。

7.1.2.5 热污染

热污染分为水体热污染和大气热污染，其危害分述如下。

A 水体热污染的危害

水体热污染的危害主要有：

（1）降低了水中的溶解氧。水体热污染导致水温急剧升高，以致水中溶解氧减少，使水体处于缺氧状态，同时又因水生生物代谢率增高而需要更多的氧，造成一些水生生物发育受阻或死亡，从而影响环境和生态平衡。

（2）导致水生生物种群的变化。任何生物种群都要有适宜的生存温度，水温升高将使适应于正常水温下生活的海洋动物发生死亡或迁移，还可以诱使某些鱼类在错误的时间进行产卵或季节性迁移，也有可能引起生物的加速生长和过早成熟。水体内的藻类种群也会随着温度的升高而发生改变。

（3）加快生化反应速度。随着温度的上升，水体生物的生物化学反应速度也会加快，在0~40℃的范围内，温度每升高10℃，生物的代谢速度加快1倍。在这种情况下，水中的化学污染物质，如氧化物、重金属离子等对水生生物的毒性效应会增加。

（4）破坏水产品资源。海洋热污染问题在全球范围内正日益加重。研究发现，温度升高3℃的水域水生生物的种类和数量都变得极为稀少，温度升高4℃的水域海洋生物绝迹。

（5）影响人类生产和生活。水的任何物理性质，几乎无一不受温度变化的影响。水的黏度随着温度的上升而降低，水温升高会影响沉淀物在水库和流速缓慢的江河、港湾中的沉积。水温升高还会促进某些水生植物大量繁殖，使水流和航道受到阻碍。

（6）危害人类健康。河水水温上升给一些致病微生物造成一个人工温床，使它们得以滋生、泛滥，引起疾病流行，危害人类健康。1965年，澳大利亚曾流行过一种脑膜炎，后经科学家证实，其祸根是一种变形原虫，由于发电厂排出的热水使河水温度增高，这种变形虫在温水中大量滋生，造成水源污染而引起了那次脑膜炎的流行。

B 大气热污染的危害

大气热污染的危害主要表现在：

（1）气候异常，对人类经济、生存环境带来不利影响。大气热污染会导致全球气候变暖，导致海水热膨胀和极地冰川融化，使海平面升高，一些沿海地区及城市被海水淹没。全球变暖的结果可以影响大气环流，继而改变全球的雨量分布以及各大洲表面土壤的含水量。

（2）加剧热岛效应和能源消耗。热污染会导致城市气温升高，致使空调类电器不断向城市大气中排放热量，导致热岛效应加剧。

7.1.2.6 光污染

A 可见光污染

可见光是波长在390~760mm的电磁辐射体，也就是常说的七色光组合，是自然光的主要部分。

杂散光是光污染中的一部分，它主要来自建筑的玻璃幕墙、光面的建筑装饰（高级光面瓷砖、光面涂料)，由于这些物质的反射系数较高，一般在60%~90%，比一般较暗建筑表面和粗糙表面的建筑反射系数大10倍。当阳光照射在上面时，就会被反射过来，对人眼产生刺激。另一部分杂散光污染来源于夜间照明的灯光通过直射或者反射进入住户内。其光强可能超过人夜晚休息时能承受的范围。从而影响人的睡眠质量，导致神经失调引起头晕目眩、困倦乏力、精神不集中。人点着灯睡觉不舒服就是这个原理。

B 红外线污染

红外线辐射是指波长从760~1000nm范围的电波辐射，也就是热辐射。自然界中主要的红外线来源是太阳，人工的红外线来源是加热金属、熔融玻璃、红外激光器等。物体温度越高，其辐射波长越短，发射的热量就越高。

随着红外线在军事、科研、工业等方面的广泛应用，同时也产生了红外线污染。红外线可以通过高温灼伤人的皮肤，波长在750~1300mm时主要损伤眼底视网膜，超过900nm时就会灼伤角膜。近红外线辐射能量在眼睛晶体内被大量吸收，随着波长的增加，角膜和房水基本上吸收全部入射的辐射，这些吸收的能量可传导到眼睛内部结构，从而升高晶体本身的温度，也升高角膜的温度。而人体的细胞更新速度非常慢，一天内照射受到伤害，可能在几年后也难以恢复（吹玻璃工或者钢铁冶炼工白内障得病率较高就是其中的一例)。

C 紫外线污染

紫外线辐射是波长范围在10~400nm的电磁波，其频率范围在（0.7~3)×10^{15}Hz，相应的光子量为3.1~12.4eV。自然界中的紫外线来自太阳辐射，不同波长的紫外线可被空气、水或生物分子吸收。人工紫外线是由电弧和气体放电所产生的。一般都承认，长期受紫外线辐射可对人体产生有害作用，其中最明显的现象是维生素D缺乏症和由于磷和钙的新陈代谢紊乱所导致的儿童佝偻症。

7.2 电力能源生产过程中的物理性污染

7.2.1 噪声污染

7.2.1.1 电力行业工业噪声的种类

电力行业的工业噪声，根据噪声源的性质分类有以下三类：

(1) 机械性噪声：由于机械的撞击、摩擦、转动而产生的噪声。例如球磨机、振动筛、凿岩机、电锯、风铲、扒煤机、皮带机等发出的声音。

(2) 流体动力性噪声：由于气体压力突变或液体流动而产生的噪声。例如：空压机、通风机、汽笛或放水冲刷等发出的声音。

(3) 电磁性噪声：由于电机、变压器等发出的声音。

此外，根据生产性噪声持续时间和出现的形态，还可分为连续噪声和间断噪声；稳态噪声和非稳态噪声。稳态噪声是指声压波动小于5dB的噪声。非稳态噪声中，声音持续时间小于0.5s，间隔时间大于1s，声压变化大于40dB者称为脉冲噪声；噪声按频谱还可分为低频（400Hz以下）噪声，中频（400~1000Hz）噪声，高频（1000Hz以上）噪声。

7.2.1.2 电力行业工业噪声的特点

电力行业中脉冲噪声较少见，工业噪声主要属于稳态噪声。但是，电力生产具有自身的特殊性，即电业职工在生产过程中多处于巡回操作，在一个工作日内接触多处噪声源。这些噪声源影响的作业空间很大，每一处噪声源的噪声强度虽然变化不大但各处噪声源的噪声强度相差很大。因此作业人员相当于接触的是非稳态噪声声场。此外，电力行业的工业噪声一般强度较大，如球磨机的噪声强度高达110~114dB [A]；低中频和中高频噪声占的比例大（见表7-4），而以这样一些频率为主的噪声比以低频为主的噪声对听力危害大。电力行业主要工业噪声源的声级和频谱特性见表7-4。

电力行业工业噪声作业环境的特点是：噪声源多，影响面广，往往还有粉尘、振动、高温、毒物等职业性有害因素同时存在，会加强噪声对作业人员安全与健康的不良作用；此外，接触噪声的作业人员也多。据调查，在火力发电厂大约有五分之一的职工处于工业噪声威胁之下劳动，有些工业噪声甚至影响到职工生活区。

表7-4 电力行业主要工业噪声源的声级和频谱特性

噪声源	声级/dB	频谱特性	噪声源	声级/dB	频谱特性
球磨机	107~114	低中频	破碎机	94~96	中高频
引风机	96~99	低中频	吊筛	109~110	中高频
给水泵	93~104	低中频	座筛	106~108	中高频
励磁机	97~98	中高频	风动泵	100~102	高频
汽轮机	94~98	低中频	手风钻	102~104	高频
皮带机	90~95	低中频	潜孔钻	96~98	中高频
扒煤机	83~85	低频	带锯	98~100	中高频
冷冻机	94~96	中高频	平刨	97~99	中高频
水轮机	92~94	低中频	风铲	100~102	中高频
空调机	90~91	中频	钻机	92~94	高频
空压机	94~95	低频	拌和机	93~95	低频
振动筛	94~96	低频	过江皮带	107~108	高频

7.2.2 放射性污染

电力能源生产过程中的放射性污染主要来自核电站。

在核电站运行和停运过程中都会形成放射性活度不同的废水。这些废水的特点是组分复杂、浓度变化和水量变化的幅度较大，这种变化与核电站反应堆类型、电站的管理水平以及水化学工况等有关，因此如何进行放射性废水的处理是核电站的一项较为复杂而重要的任务。

核电站运行和停运过程中可能形成如下几类放射性废水：（1）主设备和辅助设备排空时的排放水；（2）泄漏水；（3）清洗废液和冲洗水；（4）专用洗涤水和淋浴水；（5）离子交换装置的再生废液和清洗水；（6）反应堆排水；（7）第二回路的放射性废水。

7.2.3 电磁辐射污染

在我国及世界上部分国家，电力频率采用 50Hz（也有部分国家采用 60Hz），因此，在电力或动力领域中，通常将 50Hz（或 60 Hz）频率称之为工业频率（简称工频）。在临近输电线路或电力设施的周围环境中，产生工频电场与磁场，但并不类似于高频电磁场那样以电磁波形式形成有效的电磁能量辐射或体内能量吸收。

7.2.3.1 工频电场

A 工频电场的产生

带电导体周围的电场是由导体上载有的电荷所产生的。人们周围的低频电场（一般指 0~300Hz 频率范围）通常与电力的传输与应用有关。当电气设备接通电源（即加上“电压”）时，其导体就带有低频的交变电荷，同时在导线与大地之间的周围空间中就形成一个低频电场。电场的强度是用沿某方向单位距离内的电位差（即“电压”）来度量的，电场强度的计量单位为 V/m 或 kV/m。

B 电场的衰减和屏蔽

由于高压输电线路导线直径很小，因此邻近导线处电场高度集中，线路导线与大地间的空间电场分布是不均匀的。仅以单根（单相）带电高压导线为例，在无建筑物、树木等影响的情况下，沿导线到地面高度的空间范围内，电位分布呈指数衰减分布，越接近于地面处，电场强度（E）越小。

就人体通常活动所处的地面高度（一般取离地 1.0~1.5m）处的电场强度而言，以正对导线下方的地面投影点为原点（0 点），沿垂直于线路方向，地面电场强度（E）同样大致呈指数状迅速衰减，如图 7-4 所示。按现有的线路设计，在高压线路边导线地面投影数米距离以外，人体所处地面电场强度均已小于 4kV/m 控制限值。空间的电场很容易被导电物质所屏蔽或削弱（即使该物质是导电性不良的）。建筑物、树木等都可以使空间电场畸变，并削弱其遮蔽空间或邻近范围内的电场；由于建筑物墙体的有效屏蔽作用，室内的电场强度一般很小，且与户外输电线路产生的电场几乎没有相关性。在电气设备处于充电状态而无电流流动的情况下（例如设备未运转，输电线路充电而未传输能量时），设备导体周围仍可有电场存在。

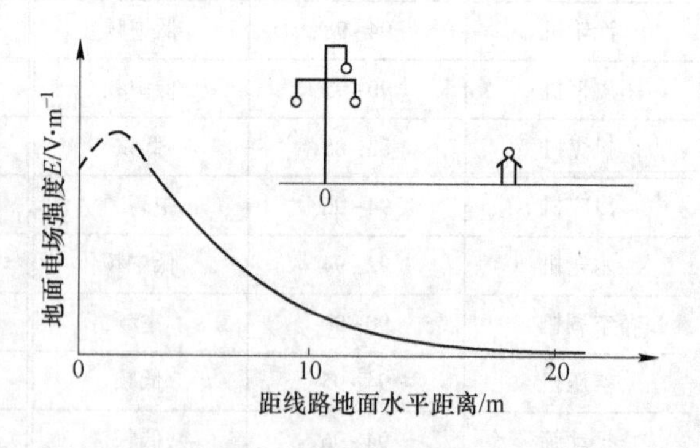

图 7-4 邻近高压输电线路的地面场强分布

C 工频电场强度

a 输电线路

图 7-5 所示为 500kV 平武线（河南省平顶山到武汉）下面电场分布状况。

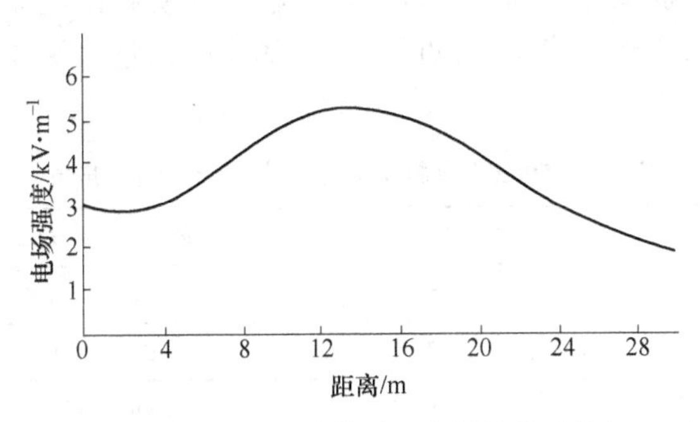

图 7-5 500kV 平武线下面电场的典型分布

在线路的边相外侧 1~2m 处相间的场强较小，这是由于不同相产生的电场相位不同，有互相抵消的结果。电场强度值随着距离输电线路的加大而逐步减小，一般在离输电线路中心 30m 以外的地方，电场强度衰减到 3kV/m 以下。表 7-5 是不同电压等级的输电线下及变电站（所）内离地面 1m 高处的空间电场强度分布情况。

表 7-5 110~500kV 线路下及变电所空间场强值表

线路电压等级/kV	场强值/kV·m^{-1}	变电所电压等级/kV	场强值/kV·m^{-1}
110	0.1~2.0	110	2.0~3.0
220	2.5~6.0	220	5.0~6.0
330	5	330	7.5~10
500	6.5~10	500	8.5~10

图 7-6 表明两条线路结构和系统电压在支撑电线的两个铁塔中间地面水平的电场强度，这一位置的地面水平场强一般为最大，这是因为电线导体最接近地面并且受接地铁塔的屏蔽最小。图 7-6 显示出随着与铁塔的接近而电场强度明显降低。

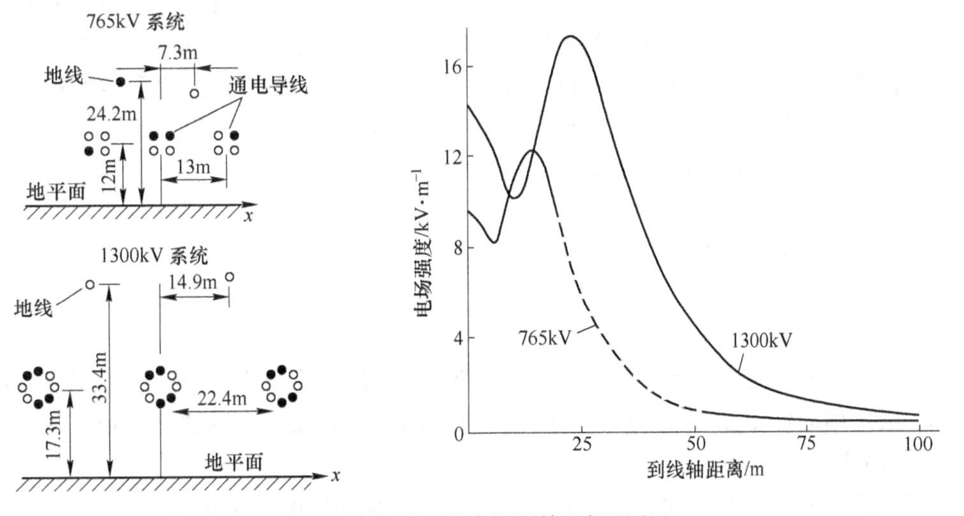

图 7-6 在架线两塔中间测算电场强度

b 高压变电站

变电站（所）与输电线路不同，站（所）内电器设备较多，结构亦复杂。不仅如此，还有构架、围栅、控制箱、电缆沟、各种引线等。正因为这样，站（所）内的电场强度分布不会像输电线路下面那样均匀，所以通常变电站（所）配电装置附近区域内的电场分布采用统计概率分布方法来表示，也可以在现场实际测量。我国湖北省内 500kV 凤凰山变电站内空间场强和人体感应电流统计分析见表 7-6。

表 7-6 500kV 凤凰山变电所空间场强的分布表

空间场强 $E/kV\cdot m^{-1}$	占比/%	人体感应电流 $I/\mu A$	占比/%
$E\leqslant5$	43.5	$I\leqslant70$	51.3
$5<E\leqslant8$	51.7	$70<I\leqslant100$	39.7
$8<E\leqslant10$	4.0	$100<I\leqslant130$	7.7
$E>10$	0.8	$I>130$	1.3

测得的最大场强是 11.2kV/m，最大感应电流是 150μA；大于 10kV/m 的区域仅占 0.8%，主要是在同相导线交叉处及电压互感器等一些电器设备附近；值班人员巡视道上的场强值在 4~7kV/m。

7.2.3.2 工频磁场

A 磁场的产生

电荷的流动（称之为电流）产生磁场。电气设备工作或运转时需要电流来做功，上述电流必然会在载流导体周围感应出低频磁场。表征电流产生磁场能力的物理量称为磁场强度（H），以安培每米（A/m）为计量单位；磁场强度在周围空间中产生磁通量及相应的磁感应强度。

B 磁感应强度

磁感应强度又称磁通密度，即单位面积的磁通量大小，取决于周围空间介质的磁导率（单位磁场强度能产生的磁通量，即导磁性能）。在载流导体周围存在高磁导率的磁性物质（铁磁体，如变压器线圈带有闭合铁芯时），磁场通常会在磁性物体内高度集中，在铁芯中感应出很高的磁通量及相应的磁感应强度。而在空气、砖石、非磁性金属以及自然界大量非铁磁性物质（即所谓自由空间）中，其导磁性能与在真空中相同，磁导率是常数。磁感应强度与磁场强度成正比。空间某点处磁通的密度（单位面积的磁通量）一般用磁感应强度（B）来计量。磁场强度与磁感应强度的关系：

$$B=\mu H$$

式中 B——磁感应强度；

μ——磁导率；

H——磁场强度。

磁感应强度的法定计量单位为特斯拉（T），在人体所处环境中，磁感应强度的计量单位一般采用 mT 或 μT 来计量（$1mT=10^{-3}T$，$1\mu T=10^{-3}mT$），磁通量（Φ）的计量单位为韦伯（Wb）。

在生活环境（自由空间）中，磁场强度与磁感应强度的关系式为：

$$B = \mu_0 H$$

式中 μ_0——在生活环境（自由空间）中的磁导率。

由于在自由空间中，磁感应强度（B）与磁场强度（H）成一定比例关系，故也有采用磁场强度来描述环境中空间磁场的强弱。但需要注意，磁场强度与磁感应强度仅是在自由空间中互成因果和一一对应关系的不同物理量，两者间大约的对应关系是：1A/m 的磁场强度对应于自由空间中产生 1.257μT 磁感应强度。

7.2.3.3 磁场的影响和衰减

在我们生活环境中，极低频磁场与电场一样，通常源自电力的生产与运用。但是，研究表明，较高水平的磁场并非来自高压输电线路，而多由各种频率的电加热或冶炼设备、各类电动机具、电气化交通、建筑物供电布线及某些家用电器产生。由于极低频磁场是由导体电流在其周边所感应的，故磁感应强度随着与磁场源距离的增加而迅速衰减，在变电站周界或围墙外，由变电设备产生的磁场水平通常接近当地背景水平。

7.2.3.4 磁场的分布

A 输电线路

距线路中心磁场强度最大，随着距离加大而逐渐减小。不同电压磁场强度亦不同，表 7-7中列出不同电压线路及电气设备的磁感应强度。

表 7-7 输电线及电气设备的磁感应强度

输电线	磁感应强度/μT	电气设备	磁感应强度/μT
低压输电线	4	强电流装置	1
中压输电线	6	电抗器	2
高压输电线	10	感应炉	10
超高压输电线	47	核旋转层面 X 照相机	1000～2000

图 7-7 显示的是在输送 1kA 电流的电力输电线下的磁场状况。

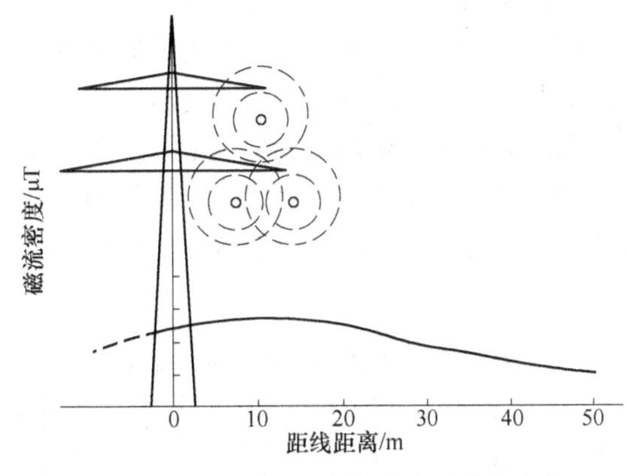

图 7-7 1kA 电流电力输送线下磁流密度

B 地下电缆

地下电力电缆周围的电场已经是很小了，但其磁场应当与架空输电线路一样予以注意。一般规律是，电缆产生的磁感应强度要比同样架空输电线路大一些，其特点是离开电缆后的衰减速度很快。图 7-8 所示已明显表明，离开电缆 5m 或 10m 处的磁感应强度即可下降到接近 0，而架空输电线路要离开 50m 或 100m 才能够降低到这一水平。

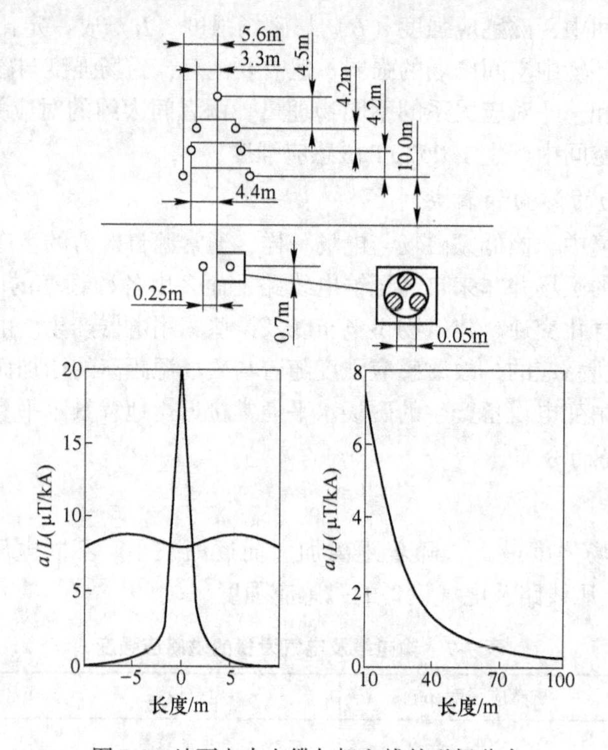

图 7-8 地下电力电缆与架空线的磁场分布

7.2.4 热污染

水体热污染主要来源于工业冷却水，其中以电力工业为主，其次是冶金、化工、石油、造纸和机械行业（表 7-8）。这些行业排出的主要废水中均含有大量废热，排入地表水体后，导致水温急剧升高，从而影响环境和生态平衡。

通常核电站的热能利用率为 31%~33%，火力发电站热效率为 37%~38%。火力发电站产生的废热有 10%~15%从烟囱排出，而核电站的废热则几乎全部从冷却水排出。所以在相同的发电能力下，核电站对水体产生的热污染问题比火力发电站更为明显。

目前，发电厂循环水的冷却系统既有采用直流冷却系统的，也有采用循环冷却系统的。其中，60%的火力发电厂将采用具有不同类型冷却池的循环冷却系统，25%的火力发电厂采用冷却塔。

表 7-8 各行业冷却水排放的比例

行　业	电力	冶金	化工	其他
占总量的百分比/%	81.3	6.8	6.3	5.6

在现代火力发电厂中，每发电 1kW · h，其循环冷却水带走的热量达到 1.2~2.2kW · h，这将导致水体和大气的温度上升，同时增加了大气的湿度。排入水体的热量应加以控制，使水体天然温度的增加在冬季不超过 5℃，在夏季不超过 3℃。然而，热水和冷水的混合

过程不能认为是瞬间完成的，所以排水口的水温会大大增加。水体水质的全面恶化，会直接影响到火力发电厂的运行经济性。为了维持汽轮机凝汽器内规定的真空度，需要耗用大量的水。

7.3 物理性污染防治与管理

7.3.1 噪声污染防治与管理

电力行业噪声污染防治主要从以下几个方面去考虑：第一，从声源根治噪声；第二，在噪声传播途径上采取控制措施；第三，在接受点采取防护措施。而在接受点采取防护措施，即是个人防护，是个人佩戴噪声防护用品的问题。

7.3.1.1 从声源上控制噪声

解决噪声危害的最有效的办法是从声源上去考虑，这是一种最积极、最彻底的措施。可以通过改进机械设备的结构，改变操作工艺方法，提高加工精度和提高设备的装配质量等，使发声大的设备改造为发声小或者不发声的设备。

A 改进机械设计

在电力行业中，大量的噪声源属于机械噪声源。机械噪声源一般是由高速旋转的机械往复振动，轴承安装的不妥、齿轮表面接触不平滑、不准确等造成的振动及其辐射的噪声。可以采取选用发声小的材料制造机件，改革设备结构和改变传动装置等技术措施，取得降低噪声的效果。

在选用发声小的材料制造机件降低噪声方面，可以选择材料内耗大的高分子材料或高阻尼合金（亦称减振合金）制造机械部件或工具。减振合金（如锰-铜-锌合金）的合金晶体内部存在有一定的可动区，当它受到作用力时，合金内部摩擦将引起振动滞后损耗效应，使振动能转化为热能而散掉，因而在同样作用力的激发下，减振合金要比一般金属材料如钢、铜、铝等辐射的噪声小得多。例如锰-铜-锌合金与45号钢试件相比，前者的内摩擦损耗是后者的12～14倍，在相同力的作用下，前者辐射的噪声要比后者低27dB［A］。

此外，采用阻尼减振等措施来减弱机器表面的振动，对于降低机械噪声的强度会带来良好的效果。

B 改革工艺和操作方法

改革工艺和操作方法，也是从声源上降低噪声的一种途径。例如，发电厂的工业锅炉，当高压蒸汽放空时产生很大的噪声，通过工艺改革，将所排放的蒸汽回收进入减温减压器，再送入蒸汽管网中去，这样既能消除排气噪声，又可节约能源。例如，把铆接改为焊接，把锻压改为液压等，都会得到明显的降低噪声的效果。

C 提高加工精度和装配质量

机器在运行中，机件之间的撞击、摩擦或由于动态平衡不好，都会导致噪声增大。如果提高机械加工及装配的精度，平时注意检修，减少撞击和摩擦；正确校准中心，做好动态平衡以减少激发力的振幅，都会带来良好的降低噪声的效果。例如，齿轮转速为1000r/min的条件下，如果齿形误差从17mm降为5mm时，减小了齿轮的啮合摩擦，噪声可降低 8dB［A］。如果将轴承滚珠加工精度提高一级，则轴承噪声可降低 10dB［A］。

7.3.1.2　在噪声传播途径上控制噪声

由于某些技术和经济上的原因，从声源上控制噪声难以实现时，就需要在噪声传播途径上采取措施加以控制。在噪声传播途径上控制噪声主要是阻断和屏蔽声波的传播或使声波传播的能量随距离衰减。

A　总体设计要布局合理

采用"闹静分开"的设计原则，将噪声强的车间和作业场所与办公区、职工生活区分开；在车间内部将强噪声设备与其他一般生产设备分隔开来。这样利用噪声在传播过程中的自然衰减作用，能够缩小噪声的污染面。采用"闹静分开"的原则，关键在于确定必要的防护距离。对于室内声源应当扣除厂房隔墙的降噪作用。一般来说，厂房内噪声向室外空间传播，其声压级衰减可粗略估计为：通过围墙（开窗条件下）可衰减 10dB；距离 1~2m 处，衰减 1.5dB；在 2~8m 范围内，距离每增加一倍，噪声衰减 3dB；8m 之外，距离每增加 1 倍，噪声衰减 5dB。各车间同类型的噪声源如空压机等应当集中在一个空压机房内，这样既可防止声源过于分散扩大噪声的污染面，同时也便于采取声学技术措施集中处理噪声。办公楼、职工生活区建筑物内部的房间配置合理，也能减少噪声的干扰。例如，将厕所、贮藏室和浴室、厨房等布置在朝有噪声的一侧，而把办公室和书房、卧室布置在避开噪声的一侧。

B　利用屏障阻止噪声传播

可以利用天然地形如山岗、土坡、树木、草丛或已有的建筑屏蔽等有利条件，阻断或屏蔽一部分噪声的传播，例如，将噪声严重的车间或作业场所，施工现场的两旁设置有足够高的围墙或屏障，可以减弱声音的传播。

如果车间内噪声设备多，而作业人员少，则可采用隔声室的办法，减弱噪声对作业人员的传播及影响。隔声间的实际隔声量不仅取决于墙体的隔声性能，而且还与门窗的结构、门窗的密封程度有关。在隔声要求比较高的条件下，门窗尽量少开或尺寸尽量开得小一些，或采用固定窗扇，门窗采用双层。隔声门中间夹以吸声材料。门窗缝必须处理好，在接缝处嵌上软橡皮、毛毡或泡沫乳胶等弹性材料，在门框和墙的接缝处用沥青麻刀等软材料填充起来。在土建工程中要注意砖墙和灰缝的饱满，混凝土墙的砂浆切实捣实，严禁有蜂窝洞孔。隔声室的隔声效果不仅取决于组成隔声室的各个构件的隔声值，而且还与隔声间的内表面积大小及吸声效果有关，隔声室内部加吸声处理则隔声室的隔声效果好。

C　利用声源的指向性控制噪声

在与声源距离相同的位置，因处在声源指向的不同方向上，接收到的噪声强度会有所不同，因此，可以使噪声源指向无人或对安静要求不高的方向。而需要安静的作业场所、宿舍、办公室等则应避开噪声强的方向。车间内的小口径高速排气管道，如果把出口引出室外，让高速气流向上空排放，一般都可以改善室内的噪声环境。车间内使用的各类风机的进排气噪声大都有明显的指向性，如果把排气管道与烟道或地沟连接起来，噪声从烟囱或通过一段地沟再排到大气，也可降低噪声的污染。应该提出的是，多数声源在低频辐射时指向性较差，随着频率的增加，指向性就增强。所以，改变噪声传播方向只是降低高频噪声的有效措施。

D 绿化降低噪声

绿化不仅可以改善厂区、生活区的环境，有一定密度和具有一定宽度的种植面积的树丛、草坪也能引起噪声的衰减。绿化对1000Hz以下的噪声降噪效果较差；当噪声频率较高时，树叶的周长接近或大于声波的波长，则有明显的降噪效果。实测表明，2000Hz以上的高频噪声通过绿化带，每前进10m其衰减量为1dB。因此，采用绿化的方法降低噪声，要求绿化带有一定的宽度，树也要有一定的密度。总之，绿化带若不是很宽，降噪效果是不明显的，但是绿化能使人产生心理上的调节作用，给人以安宁的感觉。

E 采取声学控制技术措施

用上述办法仍不能控制噪声时，就需要在噪声传播途径上采取声学处理措施，即声学控制方法，这是噪声工程控制的主要内容。表7-9是常用的噪声声学控制技术措施适用的范围、场所及其降噪效果。

表7-9 几种常用的噪声声学控制技术措施

合理的技术措施	适用范围	适用现场情况	降噪效果/dB
消声器	降低空气动力性噪声：各种风机、空气压缩机、内燃机等进排气噪声	进气、排气噪声	10~30
隔声室	隔绝各种声源噪声：各种通用机器设备、管道的噪声	车间工人少，噪声设备多	20~40
隔声罩	隔绝各种声源噪声：各种通用机器设备、管道的噪声	车间工人少，噪声设备少	20~30
吸声处理	吸收室内的混响声：混响车间或做管道内衬	车间噪声设备多且分散	4~12
隔振	阻止固体声传递较少二次辐射：声源基础的减振器管道隔振	机器振动，影响邻居	5~25
阻尼减震	较少板壳振动辐射噪声：车体、船体、隔声罩、管道减振	机壳或管道振动并辐射噪声	5~15

上述的几种措施，既有各自的特点，又互有联系。实际应用中，需要针对噪声传递的具体情况，分清主次，互相配合，综合治理才能达到预期的控制噪声的效果（图7-9）。

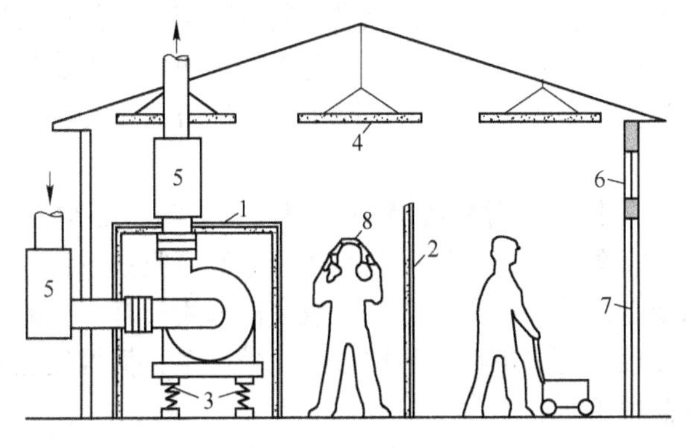

图7-9 车间噪声综合治理示意图

1—风机隔声罩；2—隔声屏；3—减振弹簧；4—空间吸声体；5—消声器；6—隔声窗；7—隔声门；8—防声耳罩

7.3.2 放射性污染防治

7.3.2.1 放射性的防护措施

放射性照射分外照射和内照射，根据其照射类型的不同，需要采取不同的防护措施。

A 外照射防护

外照射的防护方法主要包括时间防护、距离防护和屏蔽防护。

(1) 时间防护。由于人体所受的辐射剂量与受照射的时间成正比，所以熟练掌握操作技能，缩短受照射时间，是实现防护的有效办法。

(2) 距离防护。点状放射源周围的辐射剂量与距离的平方成反比。因此，尽可能远离放射源是减少吸收量的有效办法。

(3) 屏蔽防护。在放射性物质和人体之间放置能够吸收或减弱射线强度的屏蔽材料，以达到防护目的屏蔽材料的选择及厚度与射线的性质和强度有关。

B 内照射防护

工作场所或环境中的放射性物质一旦进入人体，它就会长期沉积在某些组织或器官中，既难以探测或准确监测，又难以排出体外，从而造成终生伤害。因此，必须严格防止内照射的发生。

内照射防护的基本原则和措施是切断放射性物质进入体内的各个途径，具体方法有：制定各种必要的规章制度：工作场所通风换气，在放射性工作场所严禁吸烟、吃东西和饮水：在操作放射性物质时要戴上个人防护用具：加强放射性物质的管理：严密监视放射性物质的污染情况，发现情况时尽早采取措施，防止污染范围扩大：布局设计要合理，防止交叉污染等。

7.3.2.2 放射性废物处理技术

目前主要依据废物的形态，即废水、废气、固体废物，分别进行放射性污染的治理。放射性废物处理体系包括废物的收集、废液废气的净化浓集和固体废物的减容、存储、固化、包装及运输处置等。放射性废物的处置是废物处理的最后工序，所有的处理过程均应为废物的处置创造条件。

A 放射性废液的处理

放射性废液的处理非常重要。现在已经发展起来很多有效的废液处理技术，如化学处理离子交换、吸附法、膜分离法、生物处理、蒸发浓缩等。根据放射性比活度的高低、废水量的大小及水质和不同的处置方式，可选择上述一种方法或几种方法联合使用，达到理想的处理效果。

(1) 放射性废液的收集。放射性废液在处理或排放前，必须具备废液收集系统。废液的收集要根据废液的来源、数量、特征及类属设计废液收集系统。对强放射废液，收集废液的管道和容器需要专门的设计和建造。中放废液采用具有屏蔽的管道输入专门的收集容器等待处理。对低放废液的收集系统防护考虑比较简单，值得注意的是超轴放射性废液因其寿命长、毒性大需慎重考虑。

(2) 高放废液的处理。目前对高放废液处理的技术方案有：1) 把现存的和将来产生的高放废液全都利用玻璃、水泥、陶瓷或沥青固化起来，进行最终处置而不考虑综合利用；2）从高放废液中分离出在国民经济中很有用的系元素，然后将高放废液固化起来进行处置；3）从高放废液中提取有用的核素，其他废液作固化处理；4）把所有的放射性核素全部提取出来。对高放废液的处理目前各国都处在研究试验阶段。

（3）中放和低放废液的处理。对中低放射性水平的废液处理首先应该考虑采取以下三种措施，即尽可能多的截留水中的放射性物质，使大体积水得到净化；把放射性废液浓缩，尽量减少需要储存的体积及控制放射性废液的体积；把放射性废液转变成不会弥散的状态或固化块。目前应用于实践的中低放射性废液处理方法很多，常用化学沉淀、离子交换、吸附、蒸发的方法进行处理。

1）化学沉淀法。化学沉淀法是向废水中投放一定量的化学凝聚剂，如硫酸锰、硫酸铝钾、硫酸钠、硫酸铁、氯化铁、碳酸钠等。助凝剂有活性二氧化硅、黏土、方解石和聚合电解质等，使废水中胶体物质失去稳定而凝聚成细小的可沉淀的颗粒，并能与水中原有的悬浮物结合为疏松绒粒。

2）离子交换法。离子交换树脂有阳离子、阴离子和两性交换树脂。离子交换法处理放射性废液的原理是，当废液通过离子交换树脂时，放射性粒子交换到树脂上，使废液得到净化。

3）吸附法。吸附法是用多孔性的固体吸附剂处理放射性废液，使其中所含的一种或数种核素吸附在它的表面上。从而达到去除有害元素的目的。吸附剂有三大类：天然无机材料，如蒙脱石和天然沸石等。

4）膜分离技术。膜分离是指借助膜的选择渗透作用，在外界能量或化学位差的推动下对混合物中溶质和溶剂进行分离、分级、提纯和富集。由于膜材料、操作条件和物质通过膜传递的机理和方式不同，可分为反渗透、电渗析、微滤和超滤等。①反渗透：是利用压力通过半渗透膜从溶液中分离溶剂和溶质的一种方法。反渗透对从含高盐分的溶液中去除放射性核素是非常有效的（图7-10）。②电渗析：电渗析装置采用的选择性渗透膜是一类离子交换膜。电渗析装置用于废水除盐相当有效，作为离子交换的前级处理使用，可大大提高树脂对放射性核素的吸附交换容量，延长树脂的再生周期。③微滤和超滤：对于放射性废液中颗粒更大和浓度很高的悬浮固体，利用控制孔径的有机合成膜的微滤和超滤膜分离技术，能够有效地去除废液中附在不溶物或腔体微粒上的放射性组分。

5）过滤技术。含有放射性颗粒的水被收集在澄清槽内，当槽中水充满后，经过一段时间（数小时至数十小时），颗粒物就沉降下来。过滤介质一般用砂、活性炭、滤布、玻璃纤维、金属丝和其他各种材料制成。如果在过滤介质表面预先涂上一层不可压缩的大颗粒材料，如硅藻土，则可提高过滤速度。

6）蒸发。蒸发工艺较多用于高、中水平放射性废液的处理，其主要目的是将放射性物质浓缩、减少废液的体积，以便降低贮存或后处理的费用。

B　放射性废气的处理

放射性污染物在废气中存在的形态包括放射性气体、放射性气溶胶和放射性粉尘，对挥发性放射性气体可以用吸附或者稀释的方法进行治理。对于放射性气溶胶，可用除尘技术进行净化。通常，放射性污染物用高效过滤器过滤、吸附等方法使空气净化后经高烟囱排放，如果放射性活度在允许限值范围，可直接由烟囱排放。

（1）放射性粉尘的处理。对于产生放射性粉尘工作场所排出的气体，可用干式或湿

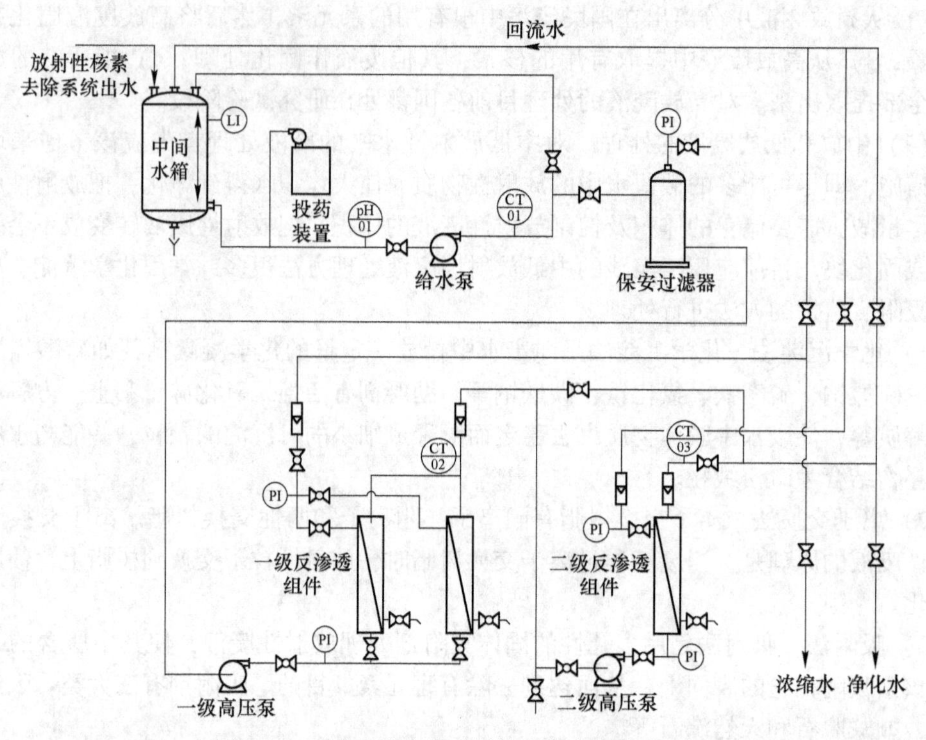

图 7-10 反渗透法去除放射性废液中硼酸流程图

式除尘器捕集粉尘。常用的干式除尘器有旋风分离器，泡沫除尘器和喷射式洗涤器等。

（2）放射性气溶胶的处理。放射性气溶胶的处理是采用各种高效过滤器捕集气溶胶粒子。为了提高捕集效率，过滤器的填充材料多采用各种高效滤材，如玻璃纤维、石棉、聚氯乙烯纤维、陶瓷纤维和高效滤布等。

（3）放射性气体的处理。由于放射性气体的来源和性质不同（表 7-10），处理方法也不相同（图 7-11）。

表 7-10 放射性废气的来源

废气类型	主要来源	频 率	备 注
含氢废气	化容系统容控箱	每月 1~2 次	吹扫排气
	稳压器卸压箱和冷却剂疏水箱	设计频率约每年 12 次	吹扫排气
	硼回收系统脱气塔	每天 2~3 次	
	硼回收系统前置贮箱	停堆过程中排气	吹扫排气
含氧废气	除含氢废气外核岛各辅助系统排气	—	气体中还有氧气、氮气、少量碘和气溶胶

常用的方法是吸附，即选用对某种放射性气体有吸附能力的材料做成吸附塔。经过吸附处理的气体再排入烟囱，吸附材料吸附饱和后需再生后才可继续用于放射性气体的处理。

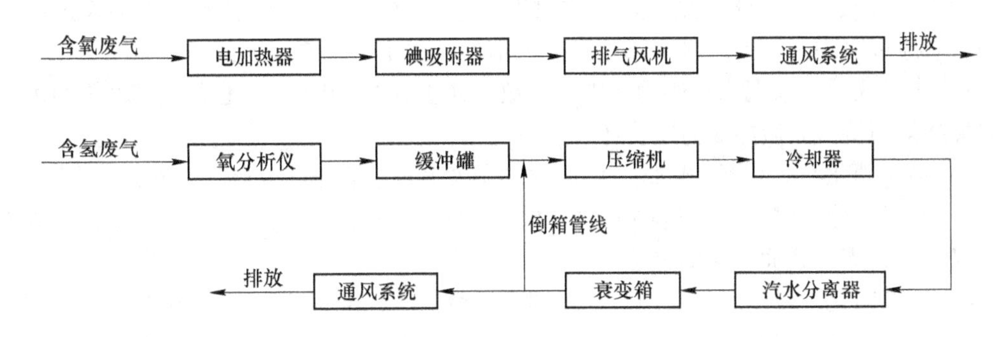

图 7-11 放射性废气处理系统流程简图

（4）高烟囱排放。高烟囱排放是借助大气稀释作用处理放射性气体常用的方法，用于处理放射性气体浓度低的场合。烟囱的高度对废气的扩散有很大的影响，必须根据实际情况（排放方式、排放量、地形及气象条件）来设计，并选择有利的气象条件排放。

C 放射性固体废物的处理

含有放射性物质的固体废物以外照射或通过其他途径进入人体产生内照射的方式危害人体健康。随着核能源的日益发展，放射性固体废物量迅速增加，因此，控制和防止环境中放射性固体废物污染，是保护环境的一个重要方面。对于放射性固体废物，目前常用的处理技术主要有固化和减容。图 7-12 为大亚湾核电站废物处理的工艺流程。

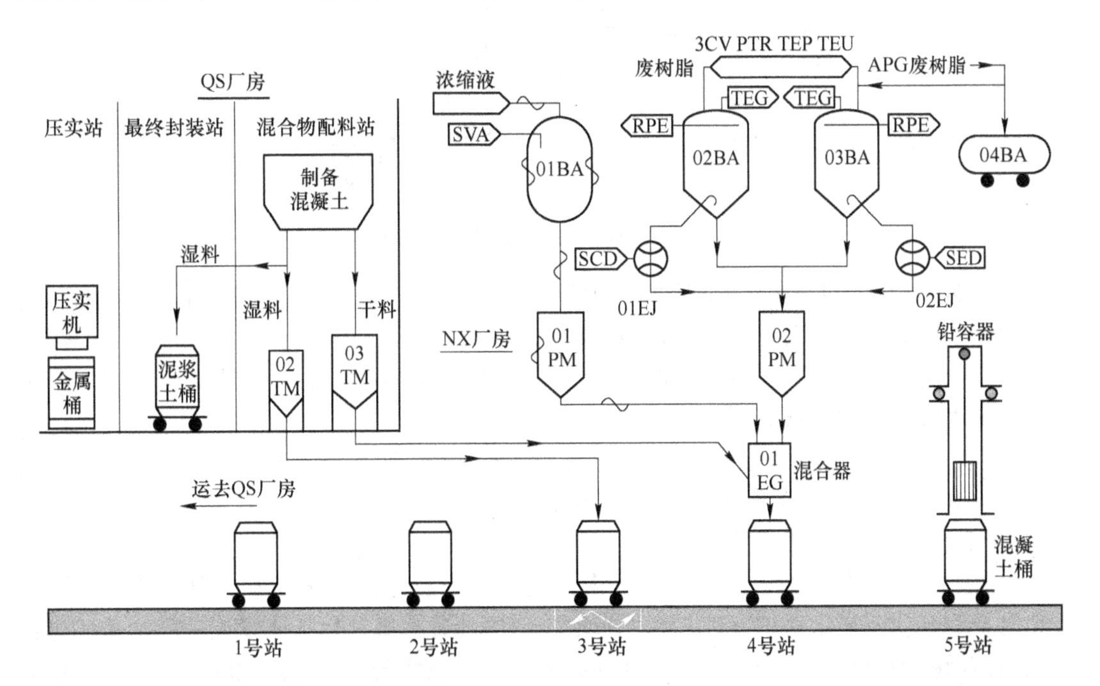

图 7-12 大亚湾核电站放射性固体废物处理工艺流程示意图

01PM—浓缩液计量罐；02PM—废树脂计量罐；01EG—搅拌混合装置；01BA—浓缩液储存罐；02~04BA—废树脂储存罐；SVA—蒸汽供给系统；SED—核岛除盐水系统；RPE—废水收集系统；TEG—废气收集处理系统

（1）固化技术。固化的途径是将放射性核素通过化学转变，引入到某种稳定固体物质中或者通过物理过程把放射性核素直接入惰性基材中。主要分为：

1）水泥固化。水泥固化适用于中、低放废水浓缩物的固化。泥浆、废树等均可拌入水泥搅拌均匀待凝固后即成为固化体。

2）沥青固化。适宜于处理低、中放射性蒸发残液、化学沉淀物、烧炉灰分等。

3）塑料固化。塑料固化是将放射性废物浓缩物（如树脂、泥浆、蒸残液、焚烧灰等）携入有机聚合物而固化的方法。

4）玻璃固化。玻璃固化已经成为处理高放废液的标准工艺流程（图 7-13）玻璃固化在所有的固化方法中效果最好。

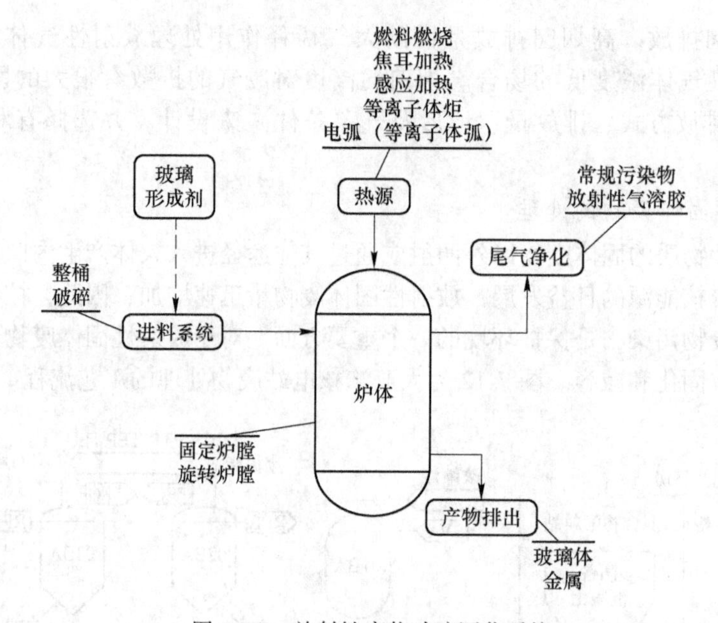

图 7-13 放射性废物玻璃固化系统

（2）减容技术。固体废物减容的目的是减少体积，降低废物包装、储存、运输和处置的费用。处理方法主要有压缩或焚烧两种工艺。

1）压缩。固体废物的标准金属圆桶放置在挤压机平台上，然后由液压机将挤压机圆盘压进金属桶，重复多次直到金属桶装满为止。

2）焚烧。焚烧是将可燃性废物氧化处理成灰烬（或残渣）的过程。焚烧可获得很大减容比（10~100 倍），可使废物向无机转变，免除热分解、腐烂、发酵和着火等危险，还可以回收钚、铀等有用物质。

（3）处理处置措施。放射性固体废物管理的根本问题是最终处置，根据放射性固体废物种类和性质不同，可以有针对性地采取不同的处置措施。核工业废渣一般指采矿过程的废石渣及铀前处理工艺中的废渣。这种废渣的放射性活度很低而体积庞大，迄今采用的处理方法主要堆放弃置，或者回填矿井。通过筑坝堆放，用土壤或岩石掩埋，种上植被加以覆盖，或者将它们回填到废弃矿坑。

（4）放射性表面污染的去除。放射性表面污染是指空气中放射性气溶胶沉降于物体表面造成表面污染，是造成内照射危害的途径之一。由于通风和人员走动，可能使这些污染物重新悬浮于空气中，被吸入人体后形成内照射，所以，必须对地面、墙壁、设备及服装表面的放射性污染加以控制。表面污染的去除一般采用酸碱溶解、配合、离子交换、氧化及吸收等方法。不同污染表面所用的去污剂及其使用方法不同。

7.3.3 电磁辐射污染防治与管理

由于科技发展的需要，彻底取消电磁辐射的污染是不可能的。当前，只有在掌握电磁辐射特性的基础上研究如何采取有效措施来增强自我防范的能力，总的原则是摸清底数妥善管理，做好环境影响评价和监督、管理、审批工作。因为电磁辐射是不可见的物理性污染，防治这种污染的技术称为“抑制”技术。常用的抑制技术包括下述几个方面。

(1) 电磁屏蔽的原理与方式。对于电视发射接收、移动通信、高压输变电设施中的工作人员及附近居民必须采用屏蔽防护的方法。电磁屏蔽是采用某种能抑制电磁辐射能扩散的材料，将电磁场源与外界隔离开来，使辐射能限制在某一范围内，达到防止电磁污染的目的。屏蔽材料选用良导体。当场源作用于屏蔽体时，因电磁感应，屏蔽体产生与场源电流方向相反的感应电流而生成反向磁力线，这种磁力线与场源磁力线相抵消，起到屏蔽效应。屏蔽体采取接地处理，使屏蔽体对外界一侧电位为零，这样电场也起到屏蔽作用。电磁屏蔽的实质是利用屏蔽材料的吸收与反射效应。由于反射作用，使射入屏蔽体内部的电磁能显著减少，而射入屏蔽体内的部分电磁能又被吸收，从而使穿透屏蔽体的能量显著降低。

屏蔽方式根据场源与屏蔽体相对位置可分为主动场屏蔽与被动场屏蔽两类。主动场屏蔽是将场源作用限制在某一范围之内，使之对限定范围之外的任何生物机体或仪器均产生影响。主动场屏蔽的特点是场源与屏蔽体之间距离小，结构严密，可以屏蔽电磁场强大的场源，要有符合技术要求的接地处理。被动场屏蔽是将场源设置于屏蔽体之外，使之对限定范围内的生物机体或仪器不产生影响。其特点是屏蔽体与场源间距离大，屏蔽体可不接地。

(2) 屏蔽材料与结构。实验证明，铜、铝与铁对各种频段的电磁辐射源都有较好的屏蔽效果。在屏蔽设计中可以根据技术与经济评价选材。一般情况，电场屏蔽宜选用铜材，磁场屏蔽则宜选用铁材，微波电磁场的屏蔽可选用铜材或铝材。对于网状结构，设计应考虑网孔目数与层数。网孔目数愈大，金属丝直径愈粗，愈有利于屏蔽。对中、短波场源屏蔽要求不严格，可以根据取材的方便确定。对于微波场源则要确定网孔的直径，但网孔的直径要防止与波长构成比例关系。网层数的选择根据屏蔽要求而定，一般双层效果远高于单层。屏蔽体要求有较好的整体性，交接处需用严格的焊接结构。缝隙与门窗要严密，但防止产生绝缘部位。

(3) 接地处理。接地处理是将屏蔽体用导线与大地连接，为屏蔽体与大地间提供一个等电势分布。设计接地系统必须遵守下述各项要求：

1) 由于射频电流的集肤效应，接地系统要有足够的表面积，以宽为 10cm 的铜带为佳。

2) 为保证接地系统有较低的阻抗，接地线应尽量短。

3) 为保证接地系统的良好作用，接线长度应避免 1/4 波长的奇数倍。

4) 接地方式有埋接地棒、铜板或网格等，无论哪种方式，都应有足够厚度，以保证一定的机械强度与耐腐蚀性。

(4) 吸收法控制微波污染。对于微波辐射污染控制可以采用对这种辐射能产生强烈吸收作用的材料敷设于场源外围，以防止大范围的污染。目前电磁辐射吸收材料可分为两类，一类为谐振型吸收材料，是利用某些材料的谐振特性制成的吸收材料。这种吸收材料厚度小，对频率范围较窄的微波辐射有较好的吸收效率。另一类为匹配型吸收材料，是利用某些材料和自由空间的阻抗匹配，达到吸收微波辐射能的目的。应用吸收材料防护，一般多用在微波设备调试过程，要求在场源附近能将辐射能大幅度衰减。实际应用的吸收材料种类繁多，如各种塑料、橡胶、胶木、陶瓷等加入铁粉、石墨、木材和水等物质制备而成。此外，应用等效天线吸收辐射能，也有良好效果。

(5) 远距离控制和自动作业。根据射频电磁场，特别是中、短波，其场强随距场源距离的增大而迅速衰减的原理，若采取对射频设备远距离控制或自动化作业，对操作人员将会显著减少辐射能的损害。电磁辐射对人体的影响也与发射功率及与发射源的距离密切相关，与发射功率成正比，而与距离的平方成反比。仅以移动电话为例，虽然其发射功率只有几瓦但由于发射天线距离人头部很近，其实际受到的辐射相当于距离几十米处的一座几百千瓦的广播电视发射台。

(6) 线路滤波。为了减少或消除电源线可能传播的射频信号和电磁辐射能，可在电源线与设备交接处加装电源（低通）滤波器，以保证低频信号畅通，而将高频信号滤除，起到对高频传导隔离去除作用。

(7) 合理设计工作参数，保证射频设备在匹配状态下操作。射频设备工作参数的合理，元件、线路正确的布局，使设备在匹配条件下作业，可以避免设备因参数不能处于最佳状态或负载过轻而形成高频功率以驻波形式通过馈线辐射造成污染。

(8) 个人防护。对于临时无屏蔽条件的操作人员直接暴露于微波辐射近区场时，必须采取个人防护措施，包括穿防护服，戴防护头盔和防护眼镜。

7.3.4 光污染防治与管理

光污染防治与管理主要是对眩光的控制。

7.3.4.1 消除不同场合眩光的具体措施

照明眩光的限制对照明眩光的限制还包括以下几个方面。

(1) 眩光限制分级：眩光限制可分为三个等级，如表 7-11 所示。

表 7-11 眩光限制等级

眩光限制等级		眩光程度	适用场所
Ⅰ	高质量	无眩光	阅览室、办公室、计算机房、美工室、化妆室、商业营业厅的重点陈列室、调度室、体育比赛馆
Ⅱ	中等质量	有轻微眩光	会议室、接待室、会客厅、游戏厅、影院进口大厅、商业营业厅、体育训练馆
Ⅲ	低质量	有眩光感觉	贮藏室、站前广场、开水房

（2）光源和眩光效应：眩光的出现与照明光源、灯具或照明方式的选择有关。一般是光源越亮，眩光的效应越大，根据选用光源的类型，眩光效应如表 7-12 所示。

表 7-12 光源和眩光效应

照明用电光源	表面亮度	眩光效应	用　途
白炽灯	较大	较大	室内外照明
柔和白炽灯	小	无	室内照明
镜面白炽灯	小	无	定向照明
卤钨灯	小	大	舞台、电影、电视照明
荧光灯	小	极小	室外照明
高压钠灯	较大	小于高压汞灯	室外照明
高压汞灯	较大	较大	室外照明
金属卤化物灯	较大	较大	室内外照明
氙　灯	大	大	室外照明

（3）光源的眩光限制：光源主要指照明光源，其限制方法主要通过四种方式来实现。一是在满足照明要求的前提下，减小灯具的功率，避免高亮度照明。二是避免裸露光源的高亮度照明，可以在室内照明中多采用间接照明的手法，利用材质对光的漫反射和漫透射的特性对光进行重新分配，产生柔和自然的扩散光的效果，例如把灯泡外罩上一个乳白色的磨砂玻璃灯罩，我们就可以得到柔和的漫射光。三是减小灯光的发光面积，同样的光源，随着光源亮度的增加，光源的发光面积会增大，随之而来的就是更加强烈的眩光，因此在选择使用高亮度裸露光源进行照明的时候，可以把高亮度、大发光面灯光和发光面分割成细小的部分，那么光束也就相对分散，既不容易产生眩光又可以得到良好的照明表现效果。四是合理安排光源的位置和观看方向。例如当房间尺寸不变时，提高灯具的安装高度可以减少眩光，反之则增加眩光。

7.3.4.2 各类建筑的眩光限制

下面介绍各类建筑的眩光限制。

（1）住宅建筑的眩光限制。进行窗设计时，对于大面积的窗或玻璃墙幕慎用，在窗外要有一定的遮阳措施，窗内可设置窗帘等遮光装置；室内各种装修材料的颜色要求高明度、无光泽，以避免出现眩光；采用间接照明时，使灯光直接射向顶棚，经一次反射后来满足室内的采光要求；采用探照明灯具要求灯具材料具有扩散性；采用悬挂式荧光灯可适当的提高光源的位置。

（2）办公建筑的眩光限制。考虑窗的布置，适当减小窗的尺寸，采用有色或透射系数的玻璃。在大面积的玻璃窗上设置窗帘或百叶窗；室内的各种装饰材料应无光泽，宜采用明度大的扩散性材料。在室内不宜采用大面积发光顶棚，在安装局部照明时，要采用上射式或下射式灯具；灯具宜用大面积、低亮度、扩散性材料的灯具，适当的提高灯具的位置，并将灯具做成吸顶式。

（3）商用建筑的眩光限制。在窗前设置遮阳板、遮棚等装置，在橱窗内部可做有暗灯槽、隔等将过亮的照明光源遮挡起来，窗的玻璃要有一定的角度，或做成曲面，以避免眩光的发生；在陈列橱内的顶部、底部及背景都要采用扩散性材料，橱内的如镜子之类可产生镜面反射的物品要适当地倾斜排放，顶棚的灯具要安装在柜台前方，柜内的过亮灯具要进行遮蔽。

（4）工厂厂房的眩光限制。车间的侧窗要选用透光材料、安装扩散性强的玻璃，如磨砂玻璃，窗内要有由半透明或扩散性材料做成的百叶式或隔栅式遮光设施。车间的天窗尽量采用分散式采光罩、采光板，选用半透明材料的玻璃：车间的顶棚、墙面、地面及机械设备的表面的颜色和反射系数要很好地选择，限制眩光的发生。对于具有光泽面的器械，可在其表面采取施加油漆等措施；车间内的灯具宜采用深照型、广照型、密封型以及截光型等，其安装高度应避免靠近视线，为避免眩光可适当地提高环境亮度，并且根据视觉工作的要求，要适当限制光源本身的亮度。

7.3.5 热污染

7.3.5.1 水体热污染防治

A 改进冷却方式，减少温排水

产生温排水的企业，应根据自然条件，结合经济和可行性两方面的因素采取相应的防治措施。以对水体热污染最严重的发电行业为例，其产生的冷却水不具备一次性直排条件的，应采用冷却池或冷却塔，使水中废热逸散，并返回到冷凝系统中循环使用，以提高水的利用率。冷却水池是通过废热水从池中流过，靠自然蒸发达到冷却的目的。采用这种方法的投资比较少，但缺点是占地面积较大。如果没法把冷却水喷射到大气中进行雾化冷却，可以提高蒸发冷却效率，减少冷却池的占地面积，但需要考虑运行经济成本。

B 废热水的综合利用

水利用温热水进行水产品养殖，在国内外都取得了较好的试验成果。在温热排水没有放射性及化学污染的前提下，选择一些可适应温热水的生物品种，可促进其产卵量增加、成活率提高、生长速率加快的良好效果。国外学者提出的综合利用大型发电厂温排水余热的方法如图 7-14 所示。

农业是温热水有效利用的一个重要途径，在冬季用热水灌溉能促进种子发芽和生长，从而延长了适于作物种植的时间。在温带的暖房中用温热水浇灌还能培植一些热带或亚热带的植物。利用温热排水，在冬季供吸、在夏季作为吸收型空调设备的能源。温热水的排放，在某些地区可以预防船运航道和港口结冰，从而节约运费。适量的温热水排入污水处理系统有利于提高活性污泥的活性，特别是在冬季，污水温度的升高对活性污泥中的硝化菌群的生长繁殖极为有利，可以整体提升污水处理效果。

7.3.5.2 大气热污染的防治

A 植树造林

森林是最高的植被。森林对温度、湿度、蒸发、蒸腾及雨量可起调节作用。

（1）温度。根据观察研究的结果说明，森林不能降低日平均温度，但能略微增加秋冬平均温度。森林能降低每日最高温度，而提高每日最低温度，在夏季较其他季节更为显著。

（2）湿度。林木的生命不能离开蒸腾，这是植物的生理原因。林内的相对湿度要比

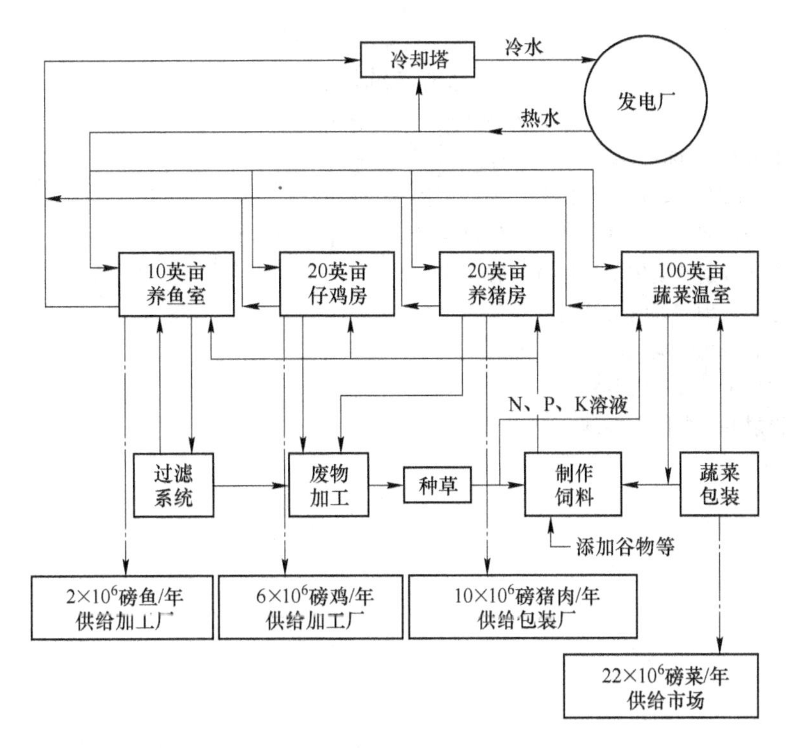

图7-14 电厂余热综合利用的生态工程体系

林外高，树木越高，则树叶的蒸腾面积越大，它的相对湿度亦越高。

(3) 蒸发。降水到地面上，除去径流及深入土壤下层以外，有相当部分将被蒸发回天空。蒸发多少要由土壤的结构、气温与湿度的大小、风的速度决定。森林能减低地表风速，提高相对湿度，林地的枯枝败叶能阻碍土壤水分蒸发，因此光秃的土地比林地水分蒸发要大5倍，比雪的蒸发要大4倍。

(4) 雨量（地区性降水）。在条件相同地区，森林地区要比无林地区降水量大。一般要大20%~30%。

B 提高燃料燃烧的完全性

由于化石燃料是目前世界一次能源的主要部分，其开采、燃烧耗用等方面的数量都很大，从而对环境的影响也令人关注。化石燃料在利用过程中对环境的影响，主要是燃烧时各种气体与固体废物和发电时的余热所造成的污染。化石燃烧时产生的污染物对环境的影响主要有两个方面：一是全球气候变化。燃料中的碳转变为CO_2进入大气，使大气中CO_2的浓度增大，从而导致温室效应，改变了全球的气候，危害生态平衡。二是热污染。火电站发电所剩“余热”被排到河流、湖泊、大气或海洋中，在多数情况下会引起热污染。例如，这种废热水进入水域时，其温度比水域的温度平均要高出7~8℃，明显改变原有的生态环境。

C 发展清洁和可再生能源

我们应居安思危，尽量减少家用燃烧以煤为主的矿植物燃料，大力开发利用清洁和可再生能源，努力减少CO_2排放，降低温室效应。所谓清洁型能源就是指在利用的过程中不产生或极少产生污染环境物的能源，如发展太阳能、地热能、风能、生物质能、水能（潮汐能）等清洁能源。

思考与练习题

7-1 物理性污染分为哪些类？分别是什么？
7-2 噪声的危害有哪些？如何进行控制？
7-3 电力能源生产过程中产生的物理性污染包括哪些？请举例说明。
7-4 放射性废液和放射性气体的处理方法有哪些？
7-5 放射性固体的处理与处置方法包括哪些方面？
7-6 简述热污染的概念和类型。
7-7 消除眩光的技术手段有哪些？
7-8 简述电磁辐射的主要防护措施。

8 新能源利用与电力能源可持续发展

8.1 新能源概述

新能源又称非常规能源，是指传统能源之外的各种能源形式，也指刚开始开发利用或正在积极研究、有待推广的能源，如核能、太阳能、风能和生物质能等。

相对于传统能源，新能源普遍具有污染少、储量大的特点，对于解决当今世界严重的环境污染问题和资源（特别是化石能源）枯竭问题，具有重要的意义。联合国开发计划署把新能源分为以下三大类：(1) 大中型水电；(2) 新可再生能源，包括小水电、太阳能、风能、现代生物质能、地热能和海洋能（潮汐能）；(3) 传统生物质能。

一般地说，常规能源是指技术上比较成熟且已被大规模利用的能源，而新能源通常是指尚未大规模利用、正在积极研究开发的能源。因此，煤、石油、天然气以及大中型水电都被看作常规能源，而太阳能、风能、现代生物质能、地热能、海洋能、核能和氢能等则被看作新能源。随着技术的进步和可持续发展观念的树立，过去一直被视做垃圾的工业与生活有机废弃物被重新认识，作为一种能源资源化利用的物质而获得深入的研究和开发利用，因此，废弃物的资源化利用也可以看作新能源技术的一种形式。当今社会，新能源通常指核能、太阳能、风能和生物质能等。

据估算，每年辐射到地球上的太阳能为 17.8 万亿千瓦·时，其中可以开发利用的为 500 亿~1000 亿千瓦·时。但因为其分布很分散，目前能利用的甚微。地热能资源指陆地下 5000m 深度内的岩石和水体的总含热量。其中全球陆地部分 3000m 深度内、150℃以上的高温地热能资源为 140 万吨标准煤，目前一些国家已经着手商业开发利用。世界风能的潜力约为 3500 亿千瓦·时。因为风力断续分散，难以经济地利用，今后输能储能技术如有重大改进，风力利用比例将会增加。海洋能包括潮汐能、波浪能、海水温差能等，理论储量十分可观。限于技术水平，现尚处于小规模研究阶段。当前，由于新能源的利用技术尚不成熟，所以已开发出的新能源只占世界所需总能量的很小部分，因此今后有着很大的发展前途。

8.1.1 常见新能源形式

8.1.1.1 太阳能

广义上的太阳能是地球上许多能量的来源，如风能、化学能、水的势能等由太阳能导致或转化成的能量形式。

太阳能一般指太阳光的辐射能量。太阳能的主要利用形式有太阳能的光—热转换、光—电转换和光—化转换三种主要方式。

(1) 光—热转换。太阳能集热器以空气或液体为传热介质吸热，可以采用抽真空或其他透光隔热材料来减少集热器的热损失。太阳能建筑分为主动式和被动式两种，前者与常规能源采暖相同；后者是利用建筑本身吸收储存能量。

(2) 光—电转换。太阳能电池类型很多，如单晶硅、多晶硅、硫化镉和砷化锌电池。非晶硅薄膜很可能成为太阳能电池的主体。缺点主要是光—电转换率低，工艺还不成熟。目前，太阳能利用转化率为10%~12%。据此推算，到2020年，全世界能源消费总量大约需要25万亿升原油，如果用太阳能替换，只需要约97万千米的一块吸太阳能的“光板”就可以实现。

(3) 光—化转换。光照半导体和电解液界面使水电离直接产生氢的电池，即光化学电池。

利用太阳能的方法主要有：

(1) 太阳能电池，通过光—电转换把太阳光中包含的能量转化为电能；

(2) 太阳能热水器，利用太阳光的热量加热水，并利用热水发电等。

常见的太阳能技术可分为以下几类：

(1) 太阳能光伏。光伏板组件是一种暴露在阳光下便会产生直流电的发电装置，由几乎全部以半导体物料（例如硅）制成的薄身固体光伏电池组成。由于没有活动的部分，所以可以长时间地操作而不会导致任何损耗。简单的光伏电池可以为手表及计算器提供能源，较复杂的光伏系统可以为房屋照明，并且能为电网供电。光伏板组件可以制成不同形状，而组件又可以连接，以产生更多的电力。近年来，天台及建筑物表面均会使用光伏板组件，甚至被用做窗户、天窗或遮蔽装置的一部分，这些光伏设施通常被称为附设于建筑物的光伏系统。

(2) 太阳热能。现代的太阳热能科技将阳光聚合，并运用其能量产生热水、蒸汽和电力。除了运用适当的科技来收集太阳能外，建筑物也可以利用太阳的光和热能，方法是在设计时加入合适的装备，例如，巨型的向南窗户或使用能吸收及慢慢释放太阳热力的建筑材料。

(3) 太阳光合能。植物利用太阳光进行光合作用，合成有机物。因此，可以人为地模拟植物的光合作用，大量合成人类需要的有机物。提高太阳能利用效率。

8.1.1.2 核能

核能是通过核反应从原子核释放的能量，符合爱因斯坦的能量方程 $E=mc^2$。式中，E 为能量；m 为质量；c 为光速。

核能的释放形式包括：(1) 核裂变能。所谓核裂变能，是指通过一些重原子核（如铀235、铀238、钚239等）的裂变释放出的能量。(2) 核聚变能。由两个或两个以上氢原子核（如氢的同位素——氘和氚）结合成一个较重的原子核，同时发生质量亏损，释放出巨大能量的反应，叫做核聚变反应，其释放出的能量被称为核聚变能。(3) 核衰变。核衰变是一种自然的、慢得多的裂变形式，因为其能量释放缓慢而很难加以利用。

现阶段核能利用主要存在的问题为：(1) 资源利用率低。(2) 反应后产生的核废料成为危害生物圈的潜在因素。其最终处理问题尚未被完全解决。(3) 反应堆的安全问题尚需要不断监控及改进。(4) 核不扩散要求的约束，即核电站反应堆中生成的钚239受其控制。(5) 核电建设投资费用仍然比常规能源高，投资风险较大。

8.1.1.3 海洋能

海洋能指蕴藏于海水中的各种可再生能源，包括潮汐能、波浪能、海流能、海水温差能和海水盐度差能等。这些能源都具有可再生性和不污染环境等优点，是一项亟待开发利用的具有战略意义的新能源。

（1）波浪发电。据科学家推算，地球上波浪蕴藏的电能高达 90 万亿千瓦·时。目前，海上导航浮标和灯塔已经用上了波浪发电机发出的电来照明。大型波浪发电机组也已经问世。我国也在对波浪发电进行研究和试验，并制成了供航标灯使用的发电装置。

（2）潮汐发电。据世界动力组织估计，到 2020 年，全世界潮汐发电量将达到 1000 亿~3000 亿千瓦·时。世界上最大的潮汐发电站是法国北部英吉利海峡上的朗斯河口电站，发电能力为 24 万千瓦·时，已经工作了 30 多年。中国在浙江省建造了江厦潮汐电站，总容量达到 3900kW。

8.1.1.4 风能

风能即地球表面大量空气流动所产生的动能。由于地面各处受太阳辐照后气温变化不同和空气中水蒸气的含量不同，因而引起各地气压的差异，在水平方向，高压空气向低压地区流动，即形成风。风能资源决定于风能密度和可利用的风能年累计小时数。

风力发电是当代人利用风能最常见的形式，自 19 世纪末丹麦研制成风力发电机以来，人们认识到石油等能源会枯竭，才开始重视风能的发展，利用风来做其他事情。1977 年，联邦德国在著名的风谷——石勒苏益格-荷尔斯泰因州的布隆坡特尔——建造了一台世界上最大的发电风车。该风车高 150m，每个桨叶长 40m，重 18t，用玻璃钢制成。经过几十年的发展，在风能资源良好的地点，风力发电已经可以与普通发电方式竞争。全球装机容量每翻一番，风力发电成本下降 12%~18%。风力发电的平均成本从 1980 年的 46 美分/(kW·h) 下降到目前的 3~5 美分/(kW·h)（风能资源良好的地点）。1994 年，全世界的风力发电机装机容量已经达到 300 万千瓦左右，每年发电约 50 亿千瓦·时。2010 年，岸上风力发电成本将低于天然气成本，近海风力发电成本将下降 25%。随着成本的下降，在风速低的地区安装风电机组也是经济的，这极大地增加了全球风电的潜力。过去 10 年间，全球风电装机容量的年平均增长率为 30%。

风能是在太阳辐射下流动所形成的。风能与其他能源相比。具有明显的优势，它蕴藏量大，是水能的 10 倍，分布广泛，永远不会枯竭，对交通不便、远离主干电网的岛屿及边远地区尤为重要。

8.1.1.5 生物质能

生物质能来源于生物质，也是太阳能以化学能形式储存于生物中的一种能量形式，它直接或间接地来源于植物的光合作用。生物质能是储存的太阳能，更是一种唯一可再生的碳源，可转化成常规的固态、液态或气态的燃料。地球上的生物质能资源较为丰富，而且是一种无害的能源。地球每年经光合作用产生的物质有 1730 亿吨，其中蕴涵的能量相当于全世界能源消耗总量的 10~20 倍，但尚未被人们合理地利用，多半直接当作薪柴使用，效率低，影响生态环境。现代生物质能的利用是通过生物质的厌氧发酵制取甲烷，用热解法生成燃料气、生物油和生物炭，用生物质制造乙醇和甲醇燃料，以及利用生物工程技术培养能源植物，发展能源农场。

8.1.1.6 地热能

地热能是离地球表面 5000m 以内、15℃以上的岩石和液体的热源能量。据有关组织推算，约为 14.5×10^{25}J，约相当于4948 万亿吨标准煤的热量。

地热来源主要是地球内部放射性同位素热核反应产生的热能。我国一般把高于 150℃的称为高温地热，主要用于发电；低于此温度的叫做低温地热，通常直接用于采暖、工农业加温、水产养殖及医疗和洗浴等。早在 1990 年年底，世界地热资源开发利用于发电的总装机容量就已达到588 万千瓦，地热水的中低温直接利用约相当于 1137 万千瓦。

地热能的开发利用已有较长的时间，地热发电、地热制冷及热泵技术都已经比较成熟。在发电方面，国外地热单机容量最高已经达到 60MW，采用双循环技术，可以利用100℃左右的热水发电。我国单机容量最高为 10MW，与国外有较大差距。另外，发电技术目前还有单级闪蒸法发电系统、两级闪蒸法发电系统、全流式地热发电系统、单级双流地热发电系统、两级双流地热发电系统和闪蒸与双流两级串联发电系统等。我国适合于发电的高温地热资源不多，总装机容量为 30 兆瓦左右，其中西藏羊八井、那曲、郎久三个地热电站规模较大。

地球内部热源可以来自重力分异、潮汐摩擦、化学反应和放射性元素衰变释放的能量等。放射性热能是地球的主要热源。我国地热资源丰富，分布广泛，已有 5500 处地热点，地热田 45 个，地热资源总量约为 320 万兆瓦。

8.1.2 新能源的发展现状和趋势

部分可再生能源利用技术已经取得了长足的发展，并且在世界各地形成了一定的规模。目前，太阳能、风能、生物质能、水力发电和地热能等的利用技术已经得到了应用。国际能源署对 2000~2030 年国际电力的需求进行了研究，结果表明，来自可再生能源的发电总量年平均增长速度将最快。国际能源署的研究结果认为，在未来 30 年内。非水利的可再生能源发电将比其他任何燃料的发电都要增长得快，年增长速度近 6%。在 2000~2030 年间，其总发电量将增加 5 倍。到 2030 年，它将提供世界总电力的 4.4%，生物质能将占其中的 80%。

目前，可再生能源在一次能源中所占比例总体上偏低，一方面与不同国家的重视程度与政策有关；另一方面与可再生能源技术的成本偏高有关，尤其是技术含量较高的太阳能、生物质能和风能等。国际能源署预测，在未来 30 年，可再生能源发电的成本将大幅度下降，从而提高它的竞争力。可再生能源利用的成本与多种因素有关，因而成本预测的结果具有一定的不确定性。但这些预测结果表明了可再生能源利用技术成本将呈现出不断下降的趋势。

太阳能发电具有布置简便和维护方便等特点，应用面较广，现在全球装机总容量已经开始追赶传统风力发电。在德国，甚至接近全国发电总量的 5%~8%。随之而来的问题令人意想不到，太阳能发电时间的局限性导致了对电网的冲击，如何解决这一问题，成为能源界的一大困惑。

风力发电从 19 世纪末开始登上历史的舞台，在一百多年的发展过程中，由于它造价相对低廉，所以已经成为各个国家竞相发展的首选新能源，然而，随着大型风电场的不断增多，占用的土地也日益扩大，产生的社会矛盾日益突出，如何解决这一难题，成为我们的又一困惑。

早在2001年，上海模斯电子设备有限公司就为了开拓稳定的海岛通信电源而开展一项研究，经过六年多的研究和实践，终于将一种成熟的新型应用方式上海模斯电子设备有限公司风光互补系统向社会推广，这种系统采用了我国自主研制的新型垂直轴风力发电机（H型）和太阳能发电进行10∶3的结合，形成了相对稳定的电力输出。在建筑物、野外、通信基站、路灯、海岛均进行了实际应用，获得了大量可靠的使用数据。这一系统的研究成果将为我国乃至世界的新能源发展带来新的动力。

新型垂直轴风力发电机（H型）突破了传统的水平轴风力发电机启动风速高、噪声大、抗风能力差、受到风向影响等缺点，采取完全不同的设计理论，采用新型结构和材料，达到微风启动、无噪声、抗12级以上台风、不受风向影响等性能，可以大量用于别墅、多层及高层建筑、路灯等中小型应用场合。以它为主建立的风光互补发电系统具有电力输出稳定、经济性高、对环境影响小等优点，也解决了太阳能发展过程中对电网冲击等影响。

8.1.3 新能源的环境意义和能源安全战略意义

我国能源需求的急剧增长打破了我国长期以来自给自足的能源供应格局，自1993年起，我国成为石油净进口国，且石油进口量逐年增加，使得我国进入世界能源市场的竞争。由于我国化石能源尤其是石油和天然气生产量相对不足，所以未来我国能源供给对国际市场的依赖程度将越来越高。国际贸易存在着很多的不确定因素，国际能源价格有可能随着国际和平环境的改善而趋于稳定，但也有可能随着国际局势的动荡而波动。今后，国际石油市场的不稳定以及油价波动都将严重地影响我国的石油供给，对经济社会造成很大的冲击。大力发展新能源可以相对减少我国能源需求中化石能源的比例和对进口能源的依赖程度，提高我国能源、经济安全。

8.2 新能源发电技术

8.2.1 核能发电

8.2.1.1 核电站概述

核电厂是一个能量转换系统，将原子核裂变过程中释放的核能转化为电能，目前世界上核电厂使用的反应堆有压水堆、沸水堆、重水堆和改进型气冷堆以及快堆等。对于不同类型的反应堆，相应的电厂的系统和设备有较大差别，使用最广泛的是压水堆。压水堆是以普通水作冷却剂和慢化剂，它是从军用堆基础上发展起来的最成熟、最成功的堆型。

核电厂通常分为核岛和常规岛两大部分。核岛包括核蒸汽供应系统、核辅助系统和放射性废物处理系统，常规岛是指核岛以外的部分，包括汽轮发电机组及其系统、电气设备和全厂公用设施等。

压水堆核电厂主要由核反应堆、一回路系统、二回路系统、电气和厂用电系统及其他辅助系统所组成。图8-1为压水堆核电厂一回路和二回路系统的原理流程。

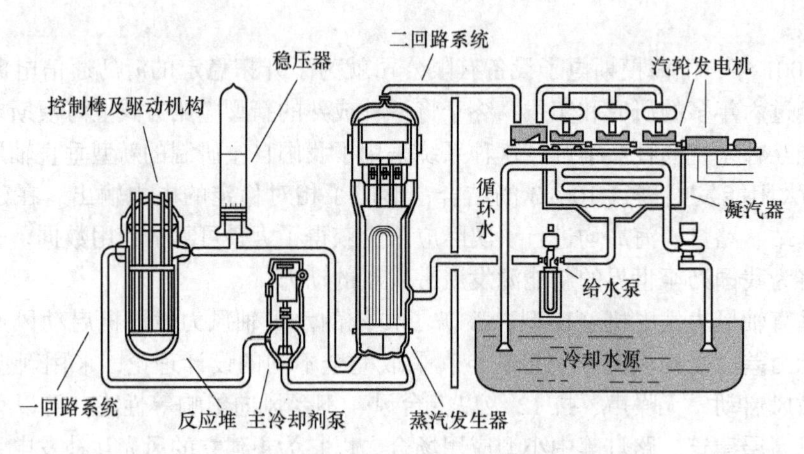

图 8-1 压水堆核电厂一回路和二回路系统的原理流程

核反应堆是核电厂关键部件，同时它又是放射性的发源地。反应堆安装在核电厂主厂房的反应堆大厅内，通过环向接管段与一回路的主管道相连。反应堆的全部重量由接管支座承受，即使发生大的地震，仍能保持其位置稳定。在进行核电厂选址时，也要求当地的地质条件满足稳定性的要求，即使发生大地震，核电厂的地基应该保持稳定，核反应堆内装有一定数量的核燃料，核燃料裂变过程中放出的热能，由流经反应堆内的冷却剂带出反应堆，送往蒸汽发生器。

一回路系统由核反应堆、主冷却剂泵（又称主循环泵）、稳压器、蒸汽发生器和相应的管道、阀门及其他辅助设备所组成。高温高压的冷却水在主循环泵的推动下在一回路系统中循环流动。当冷却水流经反应堆时，吸收核燃料裂变放出的热能，随后流入蒸汽发生器，将热量传递给蒸汽发生器管外侧的二回路给水，使给水变成蒸汽，冷却水自身受到冷却，然后流到主冷却剂泵入口，经主冷却剂泵提升压头后重新送至反应堆内。如此循环往复，构成一个密闭的循环回路。一回路系统的压力由稳压器来控制。现代大功率压水堆核电厂一回路系统一般有多个回路，它们对称地并联连接到反应堆。以 900MW 的某种压水堆核电厂为例，它的一回路系统包括三个环路，分别并联连接在反应堆上，每一个环路由一台主冷却剂泵、一台蒸汽发生器和管道等组成，稳压器是各个环路共用的，如图 8-2 所示。

二回路系统将蒸汽发生器中产生的蒸汽所具有热能转化为电能。它由汽水分离器、汽轮机、发电机、凝汽器、凝结水泵、给水泵、给水加热器、除氧器等设备组成。二回路给水在蒸汽发生器中吸收热量后成为蒸汽，然后进入汽轮机做功，汽轮机带动发电机发电。做功后的乏汽排入凝汽器内，凝结成水，然后由凝结水泵送入加热器，加热后重新返回蒸汽发生器，构成二回路的密闭循环。因此，核电厂的二回路系统与常规火力发电机组的动力回路相似。蒸汽发生器及一回路系统（通常称为“核蒸汽供应系统”）相当于火电厂的锅炉系统。但是，由于核反应堆是强放射源，流经反应堆的冷却剂带有一定的放射性，特别是在燃料元件破损的事故情况下，回路的放射性剂量很高，因此，从反应堆流出来的冷却剂一般不宜直接送入汽轮机，否则将会造成汽轮发电机组操作维修上的困难，所以，压水堆核电厂比常规火力发电机组多一套动力回路。

由于核电厂发电功率大，需要的蒸汽量大，同时蒸汽发生器产生的蒸汽是微过热蒸汽

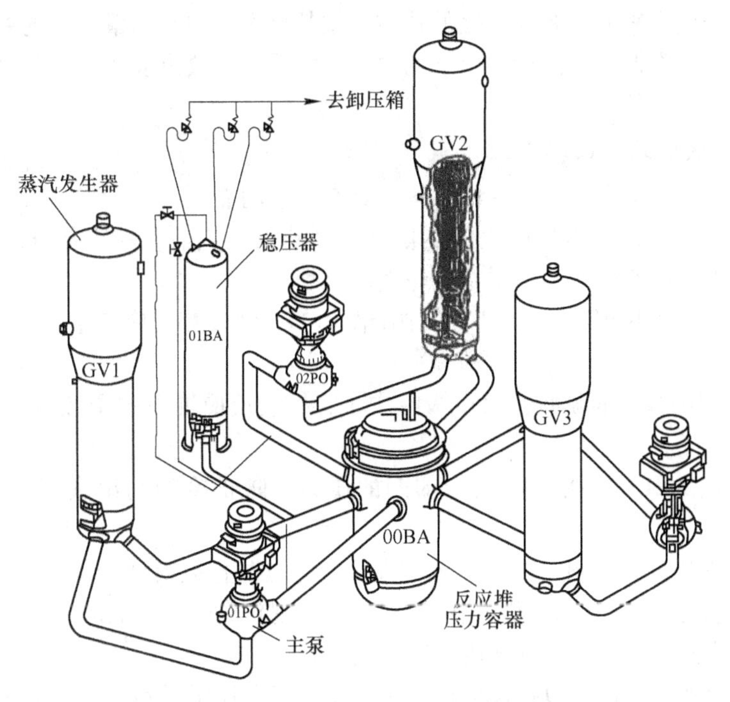

图 8-2　一回路的三个环路

(由于反应堆一回路冷却剂温度的限制)，蒸汽的温度和压力都比较低，做功能力较低，所以与火电厂汽轮机相比，核电厂中使用的汽轮机体积庞大、抗冲蚀等技术要求高、转速一般较低。火电厂汽轮机转速均为3000r/min，核电厂汽轮机转速有的为1500r/min，有的为3000r/min。

反应堆、蒸汽发生器、主冷却剂泵、稳压器及管道阀门等设备集中布置在一个立式圆柱状半球形顶盖或球形的建筑物内，这个建筑物通常称为反应堆安全壳。它的作用是将一回路系统中带放射性物质的主要设备和管道包围在一起，防止放射性物质向外扩散。即使核电厂发生最严重的事故，放射性物质仍能全部安全地封闭在安全壳内，不致影响到周围的环境。

为了保证核电厂一回路系统和二回路系统的安全运行，核电厂中还设置了许多辅助系统，按其所起的作用，大致可以分为以下几类：

(1) 保证反应堆和一回路系统正常运行的系统有化学和容积控制系统、主冷却剂泵轴密封水系统等。

(2) 提供核电厂一回路系统在运行和停堆时必要的冷却系统有停堆冷却系统、设备冷却水系统等。

(3) 在发生重大失水事故时保证核电厂反应堆及主厂房安全的系统有安全注入系统、安全壳喷淋系统等。

(4) 控制和处理放射性物质，减少对自然环境放射性排放的系统有疏排水系统、放射性废液处理系统、废气净化处理系统、废物处理系统、硼回收系统、取样分析系统等。

除一、二回路主厂房和辅助厂房外，核电厂还设有循环水泵房、输配电厂房和放射性三废处理车间等。放射性三废处理车间是核电厂特有的车间，该车间对核电厂在正常运行或事故情况下排放出来的带有放射性的物质，按其相态不同及剂量水平的差异，分别进行处理。放射性剂量降低到允许标准以下的放射性物质才排放出去或储存起来，以达到保护核电厂周围环境的目的。

8.2.1.2　核电站一回路系统

一回路系统是核电厂中最重要的系统，具有以下功能：

(1) 将反应堆堆芯核裂变产生的热量传送到蒸汽发生器，并冷却堆芯，防止燃料元件烧毁，蒸汽发生器产生的蒸汽供给汽轮发电机。

(2) 水在反应堆中既作冷却剂又作中子慢化剂，使裂变反应产生的快中子降低能量，减速到热中子。

(3) 冷却剂中溶解的硼酸，可以吸收中子，控制反应堆内中子数目（即控制反应堆反应性的变化）。

(4) 系统内的稳压器用于控制冷却剂的压力，防止冷却剂出现不利于传热的沸腾现象。

(5) 目前采用的核燃料是二氧化铀陶瓷块，它是防止放射性产物泄漏的第一道屏障；核燃料元件的包壳是第二道屏障；当核燃料元件出现包壳破损事故时，一回路系统的管道和设备可以作为防止放射性产物泄露的第三道屏障。

一回路系统的主要设备包括反应堆、蒸汽发生器、稳压器和主冷却剂泵等。

A　反应堆

反应堆是以铀（或钚）作为燃料实现可控制的链式裂变反应的装置。压水堆是以低浓缩铀为燃料，用轻水作慢化剂和冷却剂。反应堆由安全壳、堆内构件、堆芯和控制棒驱动构件组成。

a　安全壳

反应堆安全壳是一个圆柱形的容器，分为上下两个部分，底部是带有焊接半球形封头的圆柱体，上部是一个可拆卸的半球形上封头，容器有三个进口接管和三个出口接管，分别与一回路系统的三环路相连。安全壳内部放置堆芯和堆内构件，顶盖上设有控制棒驱动机构。为保持一回路的冷却水在350℃时不发生沸腾，反应堆安全壳要承受140～200atm的高压，要求在高浓度硼水腐蚀、强中子和γ射线辐照条件下使用30～40年。

b　堆内构件

反应堆的堆内构件使堆芯在安全壳内精确定位、对中及压紧，以防止堆芯部件在运行过程中发生过大的偏移，同时起到分隔流体的作用，使冷却剂在堆内按一定方向流功，有效地带出热量。

堆内构件可分为两大主要组件，上部组件（又称压紧组件）和下部组件（又称吊篮组件），这两部分可以拆装。在每次反应堆换料时，拆装压紧组件后，这两个组件可以重新装配起来。

上部组件是由上栅隔板、导向管支撑板、控制棒导向筒和支承柱等主要部件组成。下部组件由吊篮筒体、下栅隔板、堆芯围板、热屏层、幅板、吊篮底板、中子通量测量管和二次支承组件等部件组成。

这些部件结构复杂，尺寸大，精度和粗糙度要求高，而且辐照条件下，要求这些部件必须能够抗腐蚀和保证尺寸稳定，不变形。

c 反应堆的堆芯

反应堆的堆芯是原子核裂变反应区，它由核燃料组件、控制棒组件和启动中子源组成，通常称为活性区。核燃料组件是产生核裂变并释放热量的重要部件，压水反应堆中使用的铀，一般是纯度为3.2%的浓缩铀。核燃料是经高温烧结成圆柱形的二氧化铀陶瓷块，即燃料芯块，呈小圆柱形，直径为9.3mm。把大量的芯块装在两端密封的锆合金包壳管中，包壳内充入一定压力的氦气，成为一根长约4m、直径约10mm的燃料元件棒。然后按一定形式排列成正方形或六角形的栅阵，中间用定位格架将燃料棒夹紧，构成棒束型的燃料组件。

控制棒是中子的强吸收体，它移动速度快，操作可靠、使用灵活，对反应堆的控制准确度高，是保证反应堆安全可靠运行的重要部件。在运行过程中，控制棒组件可以控制反应堆核燃料链式裂变速率，实现启动反应堆、调节反应堆功率、正常停堆以及事故情况时紧急停堆之目的。压水反应堆中普遍采用棒束控制，即在燃料组件中的导管中插入控制棒。通常用银-铟-镉等吸收中子能力较强的物质做成吸收棒，外加不锈钢包壳，棒束的外形与燃料棒的外形相似，用机械连接件将若干根棒组成一束，然后插入反应堆的燃料组件内。

根据功能和使用目的不同，压水堆核电厂中的控制棒可以分成以下三类：

(1) 功率补偿棒（简称G棒）。用于控制反应功率，补偿运行时各种因素引起的反应性波动。

(2) 温度调节棒（简称R棒）。用于调节反应堆进出口温度。

(3) 停堆棒（又称安全棒，简称S棒）。用于在发生急事故工况时，能迅速使反应堆停堆，正常运行时停堆棒提出堆外，接到停堆信号后迅速插入堆芯。

以某核电厂为例，其电功率为900MW，每个燃料组件采用17×17正方形栅格排列，上面装有264根燃料棒、24根控制棒及一个仪表管，每个反应堆使用157个燃料组件，总共有41448根。堆中共有控制棒组53个，其中功率补偿棒28组，温度调节棒8组，停堆棒17组。此外，在几个棒束中含有启动中子源，启动中子源在首次启动时为反应堆提供中子。

d 控制棒驱动机构

在反应堆安全壳的顶盖上设有控制棒驱动机构，通过它带动控制棒组件在堆内上下移动，以实现反应堆的启动，功率调节、停堆和事故情况下的安全控制。

对控制棒驱动的动作要求是：在正常运行情况下棒应缓慢移动，行程约为10mm/s；在快停堆或事故情况下，控制棒应快速下插。接到停堆信号后，驱动机构机件松开控制棒，控制棒在重力作用下迅速下插，要求控制棒从堆顶全部插入到堆芯底部的时间不超过2s，从而保证反应堆的安全。

控制棒在反应堆中的位置，用“步”（step）来表示。在某900MW压水堆核电厂中，当控制棒位于反应堆底部时，step的数值为零；当控制棒位于反应堆顶部，step的数值为225。

B 蒸汽发生器

蒸汽发生器是一种热交换设备，它将一回路中水的热量传给二回路中的水，使其变为蒸汽用于汽轮机做功。由于一回路中的水流经堆芯而带有放射性，所以蒸汽发生器与一回路的压力容器以及管道构成防止放射性泄漏的屏障。在压水堆核电厂正常运行时，二回路中的水和蒸汽不应受到一回路水的污染，不具有放射性。

压水堆核电厂的蒸汽发生器有两种类型，一种是直流式蒸汽发生器，另一种是带汽水分离器的饱和蒸汽发生器。大多数核电厂采用带汽水分离器的饱和蒸汽发生器，下面重点介绍此种蒸汽发生器的结构形式。

大多数饱和蒸汽发生器是带内置汽水分离器的立式倒“U”形管自然循环的结构形式。由反应堆流出的冷却剂从蒸汽发生器下封头的进口接管进入一回路水室，经过倒“U”形管，将热量传给壳侧的二次侧水，然后由下封头出口水室和接管流向冷却剂循环泵的吸入口。在蒸汽发生器的壳侧，二回路水由上筒体处的给水接管进入环形管，经下筒体的环形通道下降到底部，然后在倒“U”形管束的管外空间上升，被加热并蒸发，部分水变为蒸汽。这种汽水混合物先进入第一、二级汽水分离器进行粗分离，继而进入第三级汽水分离器进一步进行细分离。经过三级汽水分离后，蒸汽的干度大大提高。具有一定干度的饱和蒸汽汇集在蒸汽发生器顶部，经二回路主蒸汽管通往汽轮机。根据核电厂饱和蒸汽汽轮机的运行要求，蒸汽发生器出口的饱和蒸汽干度一般应不小于99.75%，汽轮机入口处的蒸汽干度约为99.5%。

C 稳压器

稳压器用于稳定和调节一回路系统中冷却剂——水的工作压力，防止水在一回路主系统中汽化。在正常运行期间，压水堆的堆芯不允许出现大范围的饱和沸腾现象。如果水在一回路系统中发生汽化沸腾，水中产生大量的气泡，单相水变成汽水混合物，汽水混合物的冷却效果远远低于单相水的冷却效果。当汽水合物流经堆芯燃料棒时，造成燃料棒的冷却效果变差，使燃料棒过热甚至发生烧毁的事故。因此，要求反应堆出口水的温度低于饱和温度15℃左右，以保证燃料棒的冷却效果。另外，稳压器还可以吸收一回路系统水容积的变化，起到缓冲的作用。

现代大功率压水堆核电厂都采用电热式稳压器，一般采用立式圆柱形结构。它是一个立式圆筒，上下分别是半球形的封头，内表面有不锈钢覆盖层，高约13m，直径为2.5m。正常运行时稳压器内是两相状态的，上部空间是饱和蒸汽，下部空间是饱和水，水和汽都处于当地压力下对应的饱和温度。稳压器底部以波动管与一回路管道相连，上部蒸汽空间的顶端安装有喷淋阀，电加热元件安装在下部水空间内，依靠喷淋阀喷淋和电加热器的加热进行压力调节。稳压器顶部还设有安全阀组，用于提供稳压器的超压保护。

正常运行期间，稳压器内部液相和汽相处于平衡状态，当冷水通过喷淋阀喷淋时，上部空间的蒸汽在喷淋水表面凝结，从而使蒸汽压力降低；当加热器投入后，底部空间的部分水变成蒸汽，进入到蒸汽空间，从而使蒸汽压力增加。由于稳压器通过波动管与一回路系统相连，可以认为稳压器内的蒸汽压力等于一回路中水的压力，所以，可以通过控制稳压器的压力来调节一回路系统中水的压力。

电加热器分为两组：一为比例组，二为备用组。比例组供系统稳定运行时调节系统压力微小波动时使用；备用组供系统启动和压力大幅度波动时使用。在一回路系统启动的整个升温升压过程中，备用组电加热器也能起到加热一回路水的作用，但主要靠冷却剂泵提供温升所需的热量。比例组和备用组的单根电热元件的功率和结构都完全相同，但备用组的电加热元件数量多，总功率大。

D 主冷却剂泵

主冷却剂泵又称主循环泵，它是反应堆冷却剂系统中唯一的高速旋转设备，用于推动一回路中的冷却剂，使冷却剂水以很大的流量通过反应堆堆芯，把堆芯中产生的热量传送给蒸汽发生器。

主冷却剂泵是大功率旋转设备，工作条件苛刻。泵的关键是保持轴密封，以免堆内带放射性的水外漏。核电厂的主冷却剂泵除了密封要求严以外，由于泵放在安全壳内，处于高温、高湿及γ射线辐射的环境下，要求电机的绝缘性能好。它是核电厂中的关键设备。

8.2.1.3 一回路的辅助系统

一回路辅助系统的主要作用是保证反应堆和一回路系统能正常运行及调节，在事故情况下提供必要的安全保护，防止放射性物质扩散。下面简要介绍几个主要的辅助系统。

A 化学和容积控制系统

核电厂的化学和容积控制系统的作用包括：（1）容积控制。调节一回路系统中稳压器的液位，以保持一回路水的容积；（2）反应性控制。调节一回路水中的硼酸浓度，以补偿反应堆运行过程中反应性的缓慢变化；（3）化学控制。通过净化作用及添加化学药剂保持一回路的水质。

a 容积控制

容积控制的目的是吸收稳压器不能全部吸收的一回路水的容积变化，将稳压器水位维持在设定值。水容积变化的原因在于水温度的变化，由于水温度随反应堆功率变化，导致水的比体积变化，从而使一回路中水的体积发生改变。

当核电厂一回路处在稳定功率运行时，一回路中高温高压的水从下泄管路流经化学和容积控制系统中的再生热交换器与下泄节流孔，降低水的温度和压力，再经过下泄热交换器进一步降温，以达到离子交换树脂床的工作温度。然后经过过滤器除去水中颗粒杂质，进入混合床净化离子交换器，去除以离子状态存在于水中的裂变产物和腐蚀产物。

从离子交换器出来的下泄流，经过过滤后，喷淋到容积控制箱内，在喷淋过程中除去其中的气体裂变产物。通过上述过滤、离子交换和喷淋除气，使冷却剂的放射性低于允许水平。

容积控制箱的底部与上充泵的吸入口相连，水经上充泵加压后，大部分经过再生热交换器加热后回到主回路冷却剂系统中去，少部分被送到主冷却剂泵轴封水系统用作轴密封水。

b 反应性控制

硼是吸收中子能力很强的一种物质，硼溶解在水中形成硼酸溶液。反应性控制的目的是调节一回路水的硼浓度，以控制整个反应堆的反应性。反应性控制的措施包括：

（1）加硼。增加一回路中硼的浓度，在反应堆停堆、换料及补偿氙的衰变所引起的反应性增加时，需要向一回路水中注入浓硼酸溶液，并将相应数量的水排放到硼回收系统中去，以提高一回路系统冷却剂的硼浓度。

（2）稀释。降低一回路水中的硼酸浓度，随着反应堆的启动运行，一回路水的温度上升、核燃料的燃耗、裂变产物积累等引起反应性下降，需要降低硼酸浓度来调整反应性。这种方法是将除盐水充至一回路水中，将下泄流排放到硼回收系统中去。

(3) 除硼。用离子交换树脂吸附一回路水中的硼。在反应堆堆芯寿命后期，由于水中硼酸浓度很低，如仍采用稀释的方法会使排放到硼回收系统的水量大大增加。因此，另设有除硼离子交换器，在大量稀释时将下泄流通过除硼离子交换器，以降低水中硼酸的浓度。

c 化学控制

一回路中水的温度高，会使水中含氧量增加，而且水的 pH 值较低，这些因素都将导致一回路系统中部件的腐蚀。冷却剂流经堆芯时，可能带出从核燃料包壳破裂处泄漏的裂变产物，因此需要通过化学控制，维持一回路水的化学性质在规定的范围内。化学控制的方法包括注入化学试剂、过滤、通过离子交换去除离子杂质（即容积控制中的离子交换树脂床）。

B 余热冷却系统

核电厂的余热冷却系统又称为反应堆停堆冷却系统，主要作用有两个：

(1) 反应堆停堆时，先由蒸汽发生器将一回路热量带走，然后通过余热冷却系统将反应堆停堆后的余热带走，使堆芯冷却剂温度降低到允许温度，并使其保持到反应堆重新启动为止。

(2) 在一回路系统发生失水事故时，在某些堆型中该系统作为低压安全注射系统执行专设安全功能，将硼酸水注射到堆芯中去。

8.2.2 生物质能发电

8.2.2.1 生物质直接燃烧发电技术

生物质直接燃烧发电就是利用生物质代替煤炭直接燃烧产生热和水蒸气进行火力发电。

生物质直接燃烧主要分为炉灶燃烧和锅炉燃烧。炉灶燃烧操作简便、投资较省，但燃烧效率普遍偏低，从而造成生物质资源的严重浪费；锅炉燃烧采用先进的燃烧技术，把生物质作为锅炉的燃料燃烧，以提高生物质的利用效率，适用于相对集中、大规模地利用生物质资源。生物质燃料锅炉的种类很多，按照锅炉燃用生物质品种的不同，可分为木材炉、薪柴炉、秸秆炉、垃圾焚烧炉等；按照锅炉燃烧方式的不同，可分为流化床锅炉、层燃炉等。

A 传统的层燃技术

传统的锅炉层燃技术是指生物质燃料铺在炉排上形成层状，与一次配风相混合，逐步地进行干燥、热解、燃烧及还原过程，可燃气体与二次配风在炉排上方的空间充分混合燃烧。这种锅炉又可分为炉排式和下饲式。

炉排式锅炉形式种类较多，包括固定床、移动炉排、旋转炉排和振动炉排等，可适于含水率较高、颗粒尺寸变化较大及水分含量较高的生物质燃料，具有较低的投资和操作成本，一般额定功率小于20MW。下饲式锅炉将燃料通过螺旋给料器从下部送至燃烧室，简单、易于操作控制，适用于含灰量较低和颗粒尺寸较小的生物质燃料，作为一种简单廉价的技术，广泛的应用于中、小型系统。

B 流化床燃烧技术

流化床燃烧是固体燃料颗粒在炉床内经气体流化后进行燃烧的技术。生物质流化床锅炉是大规模高效利用生物废料最有前途的技术之一。自 1921 年 Fritz Winkler 建立第一台流化床试验装置以来，流化床燃烧技术在能源、化工、建材、制药和食品行业得到了广泛的推广应用。在能源领域，流化床燃烧技术以燃料种类适应性好、低温燃烧和污染排放低等独特的优点，在近 30 年中得到了广泛的重视和商业化应用，并且由早期的鼓泡流化床（见图 8-3）发展为现在不同形式的循环流化床。流化床燃烧技术适合于燃烧含水率较高的生物质燃料。

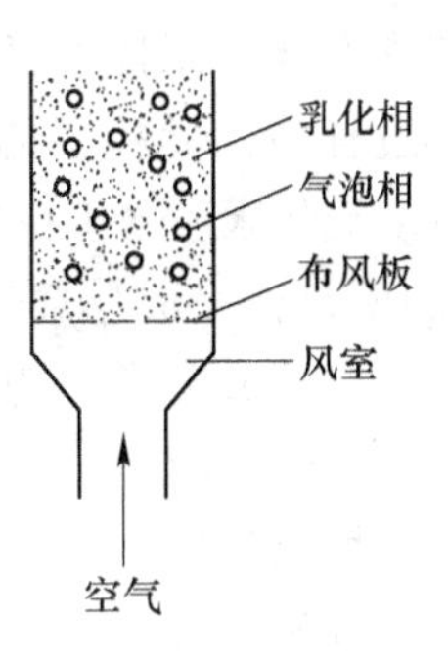

图 8-3 鼓泡流化床

a 流化床的流化过程

当流化介质（空气）从风室通过布风板进入流化床时，随着风速的不断增加，流化床内的燃料先后出现固定床、流化床和气流输送三种情况。当空气的流速（以按整个风室截面积计算的空截面气流速度为基准）较低时，燃料颗粒的重力大于气流的向上浮力，使燃料颗粒处于静止状态，燃料层在布风板上保持静止不动，称为固定床，与层燃方式相同。在这种状态下，只存在空气与燃料颗粒间的相对运动，燃料颗粒间相对静止，燃料层高度基本不变，空气通过燃料层的阻力（压差 Δp）与速度的平方成正比，如图 8-4 所示。逐渐增加气流速度，当气流速度超过某一临界值时，气流产生的浮力等于燃料颗粒的重力。燃料颗粒由气流托起上下翻腾，呈现不规则运动。燃料颗粒间的空隙度增加，整个燃料层发生膨胀，体积增加，处于松散的沸腾状态燃料层表现出流体特性，称为流化床，此种燃烧方式称为流化床燃烧。燃料层开始膨胀时，称为临界流化点，此时的气流速度为临界流化速度。试验结果表明，临界流化速度与燃料颗粒的大小、粒度分布、颗粒密度和气流物理性质有关。如果气流速度继续提高，燃料颗粒间的空隙随之增加，此时通过燃料层的实际风速趋于常数，故气流通过燃料层的阻力也基本维持定值，如图 8-4 中 BC 段所示。当气流速度进一步增加，超过携带速度时，燃料颗粒将被气流携带离开燃烧室，燃料颗粒的流化状态遭到破坏，如图 8-4 中 C 点所示。此种状态称为气流输送。此时，燃料层已不存在，气流阻力下降，携带燃料颗粒离开流化床床体的空截面速度称为携带速度，它在数值上等于燃料颗粒在气流中的沉降速度。因此，要保证燃料颗粒处于正常的流化状态，就要使流化床内的气流速度大于临界流化速度，小于携带速度。

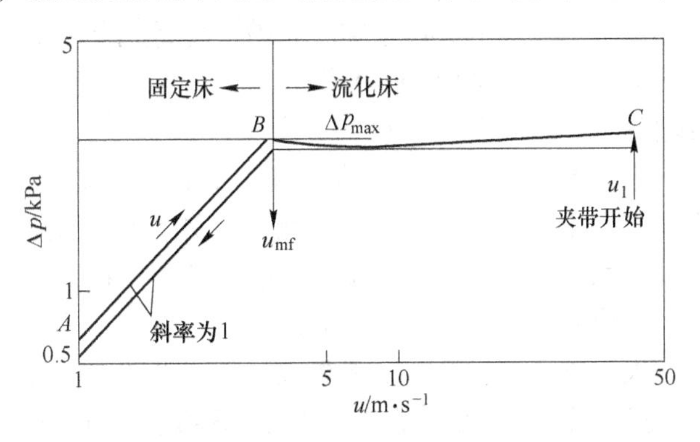

图 8-4 流化床的流化过程

为了保证流化床内稳定的燃烧，流化床内常加入大量的石英砂（SiO_2）作为床料的一部分（占床料的 90%~98%）来蓄存热量。炽热的床料具有很大的热容量，仅占床料 5%的新鲜燃料进入流化床后，燃料颗粒与气流的强烈混合，不仅使燃料颗粒迅速升温和着火燃烧，而且可以在较低的过量空气系数（$\alpha=1.1$）下保证燃料充分燃烧。流化床燃烧过程中，燃料层的温度一般控制在800~900℃，属于低温燃烧，可显著减少NO_x的排放。流化床还便于在燃烧过程中直接加入脱硫剂，如石灰石（$CaCO_3$）和白云石（$CaCO_3 \cdot MgCO_3$），完成燃烧过程中的脱硫。

受热分解产生的CaO与烟气中的SO_2反应生成$CaSO_4$，主要反应过程如下。

燃烧反应：
$$S + O_2 \longrightarrow SO_2$$

煅烧反应：
$$CaCO_3 \longrightarrow CaO + CO_2$$

固硫反应：
$$CaO + SO_2 + 1/2O_2 \longrightarrow CaSO_4$$

其中，固硫反应是吸热反应，且反应速度较慢，脱硫反应的速度取决于CaO的生成速度。脱硫效果通常用烟气中SO_2被石灰石吸收的百分比表示，称为脱硫率。影响脱硫率的主要因素有Ca/S摩尔比、脱硫剂特性、温度、流化速度和分级燃烧等。当农作物秸秆采用流化床燃烧时，秸秆灰中的Na_2CO_3或K_2CO_3可与床料中的石英砂（熔点为1450℃）发生如下反应：

$$2SiO_2 + Na_2CO_3 \longrightarrow Na_2O \cdot 2SiO_2 + CO_2$$
$$4SiO_2 + K_2CO_3 \longrightarrow K_2O \cdot 4SiO_2 + CO_2$$

上述反应生成了熔点为874℃和764℃的低温共熔混合物，并与床料相互黏结，导致流化床温度和压力波动，影响了流化床的安全性和经济性，可用长石、白云石、氧化铝等取代石英砂作为床料，以缓解上述情况的发生。

根据生物质原料的不同特点，流化床燃烧技术分为鼓泡流化床技术（BFB）和循环流化床技术（CFB）。循环流化床燃烧技术具有燃烧效率高、有害气体排放易控制、热容量大等一系列优点。流化床锅炉适合燃用各种水分大、热值低的生物质，具有较广的燃料适应性。相比较而言，循环流化床技术较鼓泡流化床技术有相对较高的燃烧效率，CO_2、CO排放较鼓泡流化床技术低5%~10%。

b　悬浮燃烧技术

在悬浮燃烧系统中，首先要对生物质进行粉碎，颗粒尺寸要小于2mm，含水率要低于15%。经过粉碎的生物质与空气混合后喷入燃烧室，呈悬浮燃烧状态，通过精确控制燃烧温度，可使悬浮燃烧系统在较低的过量空气系数下进行充分燃烧；采用分段送风以及燃料颗粒与空气的良好混合，可以降低CO_2的排放。

c　生物质与煤混烧技术

由于生物质中含有大量的水分（有时高达60%~70%），在燃烧过程中大量的热量以汽化潜热的形式被烟气带走排入大气，燃烧效率低，浪费了大量的能量。为了克服单燃生物质发电的缺点，当今使用较多的是利用大型电站的设备将生物质与煤混燃发电。大型电站混燃发电能够克服生物质原料供应波动的影响，在原料供应充足时进行混燃，在原料供应不足时单燃煤。利用大型电站混燃发电，无需或只需对设备进行很小的改造，能够利用大型电站的规模，经济效率高。现在欧美一些国家都基本使用热电联合生产技术（CHP），锅炉设计基本全部采用流化床技术。CHP工艺中发电效率为30%~40%，但是它有80%的潜力可控。

在生物质燃烧过程中，因生物质含有较多的水分和碱性金属物质（尤其是农作物秸秆），燃烧时易引起积灰结渣损坏燃烧床，还可能发生烧结现象，为防止积灰结渣，烧结腐蚀问题发生，可以考虑采用后者比例不小于30%与煤炭或泥炭混合燃烧技术，使用具有抗蚀功能的富铬钢材或者镀铬管道；尽可能使用较低的蒸汽温度；在条件允许时，可使农作物收割后置于田间，经过雨淋和风干降低碱含量后再使用。

必须指出的是，在煤炭紧缺且价格上涨的今天，我国发电企业走混燃发电道路是企业可持续发展的需要。

8.2.2.2 生物质气化发电

A 发电原理

生物质气来自生物质的气化、裂解或生物厌氧发酵过程，它包括 H_2、CH_4、CO、CO_2和其他多元混合气体。

生物质气化发电包括两种：沼气发电；将生物质在气化炉内转换成可燃气体，再将可燃气体供给内燃机或是燃气轮机发电。通常所说的生物质气化发电主要指后者。

生物质气化发电需要三个过程：

(1) 固气转化。生物质气化是把固体生物质转化为气体燃料。气化过程和常见的燃烧过程的区别是：1）燃烧过程中供给充足的氧气，使原料充分燃烧，目的是直接获取热量，燃烧后的产物是二氧化碳和水蒸气等不可再燃烧的烟气；2）气化过程则只供给热化学反应所需的那部分氧气，而尽可能将能量保留在反应后得到的可燃气体中，气化后的产物是含氢、一氧化碳和低分子烃类的可燃气体。

从气化形式上，生物质气化过程可以分为固定床气化和流化床气化两大类。固定床气化包括上吸式气化、下吸式气化和开心层下式气化三种，这三种形式的气化发电系统都有代表性的产品。流化床气化包括鼓泡床气化、循环流化床气化及双流化床气化三种。国际上为了实现更大规模的气化发电方式，提高气化发电效率，正在积极开发高压流化床气化发电工艺。

(2) 除杂、气体净化。气化出来的燃气都含有一定的杂质（包括灰分、炭和焦油等），需经过净化系统把杂质除去，以保燃气发电设备的正常运行。

(3) 燃气发电。利用汽轮机或燃气内燃机进行发电。有的工艺为了提高发电效率，发电过程可以增加余热锅炉和蒸汽轮机。

生物质气化发电可通过三种途径实现：(1) 生物质气化产生燃气作为燃料直接进入燃气锅炉生产蒸汽，再驱动蒸汽轮机发电；(2) 将净化后的燃气送给燃气轮机燃烧发电；(3) 将净化后的燃气送入内燃机直接发电。图8-5为生物质气化发电原理图。

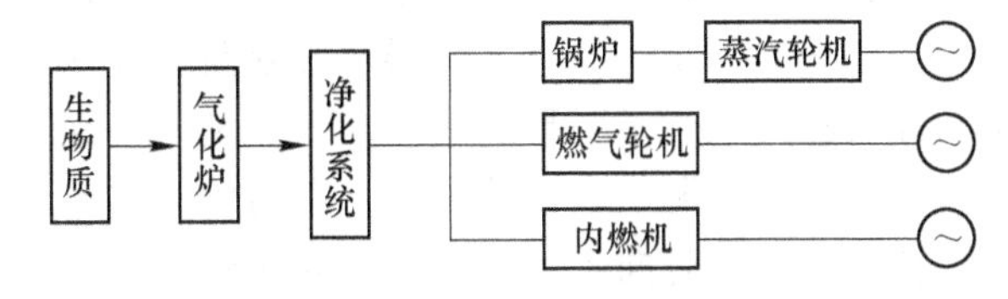

图8-5 生物质气化发电原理图

目前在商业上最为成功的生物质发电技术是生物质气化内燃发电技术，由于其具有装机容量小、布置灵活、投资少、结构紧凑、技术可靠、运行费用低廉、经济效益显著、操作维护简单和对燃气质量要求较低等特点，得到广泛的推广与应用。

从燃气发电过程上分类，通常气化发电可分为内燃机发电系统、燃气轮机发电系统及燃气-蒸汽联合循环发电系统。

内燃机发电系统以简单的燃气内燃机组为主，可单独燃用低热值燃气，也可以燃气、油两用。它的特点是设备紧凑、系统简单、技术较成熟可靠。

燃气轮机发电系统采用低热值燃气轮机，燃气需增压，否则发电系统效率较低。由于燃气轮机对燃气质量要求高，并且需有较高的自动化控制水平和燃气轮机改造技术，所以一般单独采用燃气轮机的生物质气化发电系统较少。

燃气-蒸汽联合循环发电系统是在内燃机、燃气轮机发电的基础上增加余热蒸汽的联合循环，该种系统可以有效地提高发电效率。一般来说，燃气-蒸汽联合循环生物质气化发电系统采用的是燃气轮机发电设备，而且最好的气化方式是高压气化，所构成的系统称为生物质整体气化联合循环系统（B/IGCC）。它的一般系统效率可以达 40%以上，是目前发达国家重点研究的内容。

针对目前我国具体实际，采用气体内燃机代替燃气轮机，其他部分基本相同的生物质气化发电过程，不失为解决我国生物质气化发电规模化发展的有效手段。一方面，采用气体内燃机可降低对燃气杂质的要求［焦油与杂质含量（标准状态）<100mg/m^3］，可以大大减少技术难度；另一方面，避免了调控相当复杂的燃气轮机系统，大大降低系统的成本。从技术性能上看，这种气化及联合循环发电在常压气化下整体发电效率可达 28%～30%，只比传统的低压 B/IGCC 降低 3%～5%；系统简单，技术难度小，单位投资和造价大大降低（约 5000 元/kW）；更重要的是，这种技术方案更适合于我国目前的工业水平，设备可以全部国产化，适合于发展分散的、独立的生物质能源利用体系，可以形成我国自己的产业，在发展中国家大范围处理生物质中有更广阔的应用前景。

B　气化发电技术的应用

按发电规模划分，生物质气化发电系统可分为小、中和大型系统三类。

小型生物质气化发电系统一般指采用固定床气化设备、发电规模在 200kW 以下的气化发电系统。小型生物质气化发电系统主要集中在发展中国家。虽然美国、欧洲等发达国家的小型生物质气化发电技术非常成熟，但由于发达国家中生物质能源相对较贵，而能源供应系统完善，对劳动强度大、使用不方便的小型生物质气化发电技术应用等非常少，只有少数供研究用的实验装置。

我国有着良好的生物质气化发电基础，早在 20 世纪 60 年代初就开展该方面工作，研制了样机并做了初步推广，还曾出口到发展中国家，一度取得了较大的进展。但由于当时经济环境的限制，谷壳气化发电很难在经济上取得较好收益，在很长一段时间上没有新的改进。近年来，我国的经济状况发生了明显的变化，因而利用谷壳气化发电的外部经济环境有了明显的改善：首先是中国能源供应持续紧张，电力价格居高不下，气化发电可以取得显著的效益；其次是粮食加工厂趋向于大型化，谷壳比较集中，便于大规模处理，气化发电的成本大大降低；最后是环境问题，丢弃或燃烧谷壳会产生环境污染，处理谷壳已成为一种环保要求。目前 160kW 和 200kW 的生物质气化发电设备在我国已得到小规模应用，显示出一定的经济效益。

中型生物质气化发电系统一般指采用流化床气化工艺、发电规模在 200～3000kW 的气化发电系统。中型气化发电系统在发达国家应用较早，所以技术较成熟，但由于设备造价很高，发电成本居高不下，所以在发达国家应用极少。目前在欧洲有少量的几个项目在试用中。近年我国开发出了循环流化床气化发电系统，由于该系统有较好的经济性，在我国推广很快，已经是国际上应用中型生物质气化发电系统最多的国家。

以1000kW的生物质气化发电系统为例，在正常状态运行下，生物质循环流化床气化发电系统气化效率大约在75%，系统发电效率在15%~18%之间，单位电量对原料的需求量为1.5~1.8kg/(kW·h)（谷壳）或1.25~1.35kg/(kW·h)（木屑）。但由于气化工艺的影响，在不同的温度下进行气化，气化生成的燃气质量和气化效率有明显的变化，见表8-1~表8-3。

表8-1 温度对木粉气化发电系统技术参数的影响

影响因素	温度/℃		
	620	750	820
产气率/$m^3 \cdot kg^{-1}$	1.5	1.9	2.4
气化效率/%	44	57.79	67.96
气体热值/$MJ \cdot m^{-3}$	7.06	5.83	4.3
碳的转化率/%	57.2	79.56	81.4

注：产气率为单位质量的原料气化后所产生的气体燃料在标准状态下的体积。气化效率为生物质气化后生成的气体总热量与气化原料的总热量之比。气体热值为单位体积气体燃烧所产生的热能。碳转化率为生物质燃料中的碳转化为气体热燃料中碳的份额，即气体中含碳量与原料中含碳量之比。

表8-2 谷壳气化炉在不同操作温度下的气体成分及热值

操作温度/℃		730	730	750	760	760	790	820	820	830	830	830
气体成分（体积分数）/%	CO_2	15.4	16.2	16.0	15.5	15.3	15.7	14.6	15.3	15.1	14.5	15.3
	CO	19.0	18.6	17.4	18.7	15.4	15.9	15.8	16.5	16.5	15.6	16.1
	CH_4	6.8	7.3	7.99	7.3	8.78	6.8	5.01	6.71	7.54	8.42	4.06
	C_nH_m	1.7	1.6	1.6	1.6	1.5	1.5	1.4	1.3	1.5	1.0	1.2
	H_2	3.7	1.39	1.63	1.39	0.44	2.3	7.12	3.17	2.51	1.5	7.68
	N_2	51.7	53.5	54.3	54.3	56.9	56.5	54.5	56.3	55.6	57.5	53.9
	O_2	1.7	1.4	1.1	1.2	1.7	1.3	1.6	2.0	1.2	1.5	1.6
气体热值（标准状态）/$kJ \cdot m^{-3}$		6152	6113	6234	6235	6083	4669	5449	5667	5991	5772	5061

表8-3 温度对气体质量的影响

温度/℃	气体质量							
	H_2	CO	CO_2	CH_4	C_2H_6	C_2H_2	N_2	LHV（低热值）
620	9.4	29.8	7.2	7.1	0.83	0.21	45.5	8
750	7.7	23.5	10.7	5.3	0.25	0.11	52.4	6.2
820	6.4	19.9	8.7	4.7	0.09	0.28	59.9	5.1

从表8-1~表8-3可见，气化工况对运行效果影响很大，所以中型生物质气化发电系统的运行控制是生物质气化发电技术的关键。

中型生物质气化发电系统的运行主要包括以下三个方面：

(1) 气化炉的运行控制。气化炉点火成功后，即进入运行状态，在循环流化床谷壳气化反应中，谷壳对温度反应非常敏感，当温度超过860℃时谷壳灰便会发生软化结渣现象，堵住炉内排渣口，影响气化炉的正常运行，因此，炉内温度的控制十分关键。正常情况下，气化炉的反应温度应稳定在700~800℃之间，当炉内温度显示低于600℃并继续下降或高于800℃并继续上升时，都需及时调节，具体方法是，当温度小于600℃时，适当减少进料量或稍微加大进风量，使温度回升至正常范围，当温度高于800℃时，加大进料量或减少进风量。

同其他生物质相比，谷壳的灰分含量高达12%以上，气化后仍残余大量灰分，这些灰分必须及时排出炉外，可以采用螺旋干式排灰设备，排灰连续而均匀，使得谷壳进料量和排灰量形成一种相对稳定的平衡状态，保证气化炉顺利运行。当螺旋排灰出现不均现象或无灰排出时，应及时排除故障；否则，炉内灰分越积越多，气化炉反应层逐渐上移，最终将导致加料口堵塞而停机。此外，由于排灰不均匀，炉内灰分时多时少，谷壳气化的稳定状态受到干扰，其结果是炉内温度不均，局部温度过高并出现结渣现象，也会使气化炉无法正常工作。

从气化效率的角度看，气化炉温度的控制对气化效率有显著的影响，不同气化形式及不同的原料对最佳的气化温度都有影响。

(2) 净化装置的运行管理。由于净化装置中文氏管除尘器及喷淋洗气塔都采用水封结构，因此气化炉点火启动前必须先启动水泵以确保水封设备有充足的水起密封作用，防止燃气通过水封口外窜引起意外事故；同时，应定期清除文氏管喇叭口处的灰垢，一般每星期清理一次较为合理。

(3) 发电量大小的调节。1000kW循环流化床谷壳气化发电系统可根据生产负荷的需要对发电量进行调节，调节范围为200~1000kW。调节方法是控制谷壳进料量及相应的进风量，先缓慢加大进料量，同时加大进风量，使炉内温度稳定在700~800℃之间，加料量的多少可由加料螺旋电磁调速电机的转速来确定。

气化发电系统的投资成本和经济效益是影响用户应用积极性的关键因素，规模小于200kW的气化发电系统国内目前采用固定床气化装置，总的经济效益较差。循环流化床谷壳气化发电对于处理大规模生物质具有显著的经济效益，表8-4为600kW、800kW、1000kW流化床谷壳气化发电的投资成本和运行费用估算表。

表8-4的结果表明，在开工率70%、电价0.8元/(kW·h) 条件下，气化发电的投资回收期约为1年；若开工率不变，而电价降为0.6元/(kW·h)，则600kW、800kW、1000kW三种规模的投资回收期分别是22.5个月、21个月和17.8个月。在实际应用过程中，由于各地的人工成本和电价差异很大，这两种因素将对投资回收期构成重大影响，但无论如何，流化床谷壳气化发电的经济效益是显著的。需要指出的是，流化床谷壳气化发电设备的气化原料不仅局限于谷壳，还可用于处理木屑，对木料加工厂而言，木粉、木屑是一种废料，有时不但没有任何价值，还需花费一笔不小的处理费，因此，对有废料的加工厂，木粉气化发电的运行成本明显比谷壳低，投资回收期将大大缩短。

表 8-4 流化床谷壳气化发电投资成本及运行费用估算表

项 目		发电规模/kW		
		600	800	1000
投资成本	总投资/万元	195	262	290
	设备投资/万元	133	170	207
	基建投资/万元	10	12	15
	安装测试费用/万元	10	12	15
	谷壳输送设备/万元	8	8	8
	污水处理/万元	35	40	45
运行费用	运行天数	250（开工率 70%）	250	250
	运行人数	4 人/班×3 班=12	12	12
	总发电量/万度·年$^{-1}$	360	480	600
	原料费用/万元·年$^{-1}$	49	65	82
	人工费用/万元·年$^{-1}$	21.6	21.6	21.6
	维修费/万元·年$^{-1}$	20	25.5	31
	办公费/万元·年$^{-1}$	9.6	11.2	13.5
	总开支/万元·年$^{-1}$	100.2	123.3	148.1
资金成本（利率按 6%计）/万元·年$^{-1}$		11.7	15.72	17.4
发电费用成本/元·(kW·h)$^{-1}$		0.31	0.29	0.276
年毛利/万元·年$^{-1}$		176①、104②	245①、149②	315①、195②
投资回收期		13.3 个月①、22.5 个月②	12.8 个月① 21 个月②	11 个月① 17.8 个月②

注：人工费用以人均月工资 1500 元计算。

①毛利以电价 0.80 元/(kW·h) 计算；

②毛利以电价 0.6 元/(kW·h) 计算。

大型生物质气化发电系统只是相对的概念，因为即使目前世界上最大的生物质气化发电系统，相对于常规能源系统，仍是非常小规模的。考虑到生物质资源分散的特点，一般把大于 5000kW、而且采用了联合循环发电方式的气化发电系统归入“大型”的行列，特别对于发展中国家，5000kW 以上的气化发电系统每天需生物质超过 100t，所以应用的客户已很少。另外，发电规模在 2000~5000kW 的发电系统可归为大中型生物质发电系统，目前应用也较少。

8.2.3 风能发电

随着全球经济的快速增长，人类对于能源的需求也在不断地增加。人类的生存离不开能源的开发，充足的能源是经济发展的必要条件。科技的飞速发展导致以煤炭、石油、天然气为主的常规能源过度的消耗，能源短缺和环境污染成为限制各国发展的主要问题，只有大力开发新能源，才能实现可持续发展。新能源的开发与利用不仅能够作为常规能源的补充，而且也可以有效地降低环境的污染。在新能源发展进程中，风能凭借着其建设周期短，环境要求低，储量丰富，利用率较高等特点在世界各国得到了持续快速的发展。由于风力发电是低排放、低污染的低碳电力发展模式，因此将其作为电能可持续发展的重要战略选择之一。

8.2.3.1　风力机系统

风力机可以根据不同的标准来分类。一种分类方法是基于旋转轴的位置，另一种分类方法是基于风力机的规模。

A　基于轴位置的风力机分类

根据轴的位置，可以将风力机分为水平轴风力机和垂直轴风力机，如图 8-6 和图 8-7 所示。

图 8-6　水平轴风力机

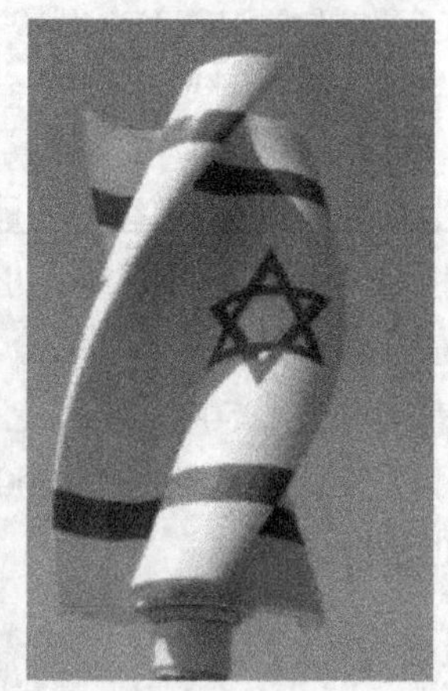

图 8-7　垂直轴风力机

水平轴风力机（HAWT）比垂直轴风力机（VAWT）更为常见。水平轴风力机有一根水平放置的轴，这有助于使风的线性能量转换成旋转能量。

与 HAWT 相比，VAWT 有几个优点。VAWT 的电机和齿轮箱可以放置在塔架的底部，安装在地面上，而 HAWT 的这些组件则必须安装在塔架上，这需要额外的系统稳定结构。VAWT 的另一个优点是不需要偏航机构，因为其发电机并不依赖于风向。最著名的 VAWT 是 Darrieus 式风力机。

VAWT 也有一些缺点限制了它的应用。由于叶片设计的原因，纵轴扫掠面积要小得多。VAWT 接近表面的风速较低，通常还带有湍流，因此这些风力机要比 HAWT 采集到的能量少。此外 VAWT 不能自起动机器，必须以拖动模式开始，然后再切换到发电模式。

B 基于功率容量的风力机分类

基于装机容量，风力机可以分为小型、中型与大型三类。小型风力机的输出功率小于 20kW。小型风力机可以用于民用住宅，为家庭提供电力供应，它们专门为低切入风速（一般为 3~4m/s）而设计的。它们还适用于远离电网难以输电的偏远地区。小型风力发电机可以为一个家庭负载提供独立的供电系统，而且它通常还会与电池相连，如图 8-8 所示。据预测，到 2020 年，小型风力机将会占到美国电力消耗 3%的份额。

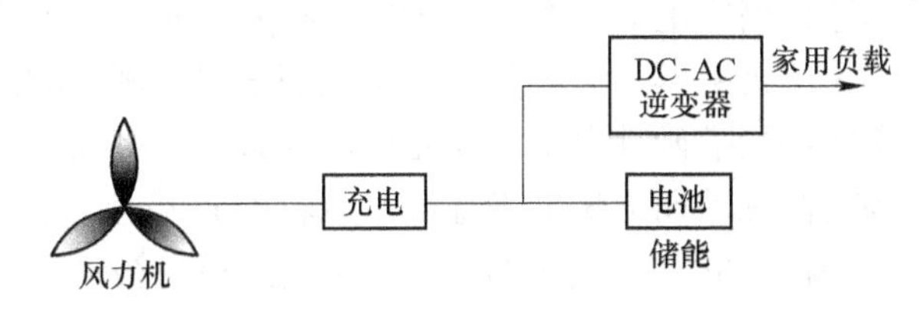

图 8-8 一个典型的小型风力机连接方案

中型风力机的装机容量通常为 20~300kW。它们通常用于为需要更多电力的远程负载或者商业楼宇提供电能。中型风力机的叶片直径通常为 7~20m，而且其塔架不高于 40m。它们几乎从来不会与电池系统相连接，而是通过 DC-AC 电力电子逆变器直接与负载连接。

大型风力机组功率范围可达到兆瓦级。这些风力机能够组合成复杂的系统，而且这类风力发电场通常由数台到上百台大型风力机组成。世界上最大的风力机之一位于德国的埃姆登（Emden），它是由德国 Enercon 公司建造的一台海上风力机。大型风力机 1kW 装机功率的成本要明显低于 1kW 的小型风力机。目前，一个大型风力机的装机成本约为 500 美元/kW，而能源成本则为 30~40 美分/(kW·h)，这要取决于发电场位置和风力机的大小。Enercon 风力机输出功率为 5MW，风轮叶片直径为 126m，扫掠面积超过 12000m^2。

8.2.3.2 并网风力发电机组的结构

A 水平轴风力发电机

水平轴风力发电机是目前国内外广泛采用的一种结构形式。主要的优点是风轮可以架设到离地面较高的地方，从而减少了由于地面扰动对风轮动态特性的影响。它的主要机械部件都在机舱中，如主轴、齿轮箱、发电机、液压系统及调向装置等。

水平轴风力发电机的优点是：

（1）由于风轮架设在离地面较高的地方，随着高度的增加发电量增高。

（2）叶片角度可以调节功率，直到顺桨（即变桨距）或采用失速调节。

（3）风轮叶片的叶型可以进行空气动力最佳设计，可达最高的风能利用效率。

（4）启动风速低，可自启动。

水平轴风力发电机的缺点是：

(1) 主要机械部件在高空中安装，拆卸大型部件时不方便。

(2) 与垂直轴风力机比较，叶型设计及风轮制造较为复杂。

(3) 需要对风装置即调向装置，而垂直轴风力机不需要对风装置。

(4) 质量大，材料消耗多，造价较高。

根据风向的不同，水平轴风力发电机组也可分为上风向和下风向两种结构形式。这两种结构的不同主要是风轮在塔架前方还是在后面。欧洲的丹麦、德国、荷兰、西班牙的一些风电机组制造厂家等都采用水平轴上风向的机组结构形式，有一些美国的厂家曾采用过下风向机组。顾名思义，对上风向机组，风先通过风轮，然后再到达塔架，因此气流在通过风轮时因受塔架的影响，要比下风向时受到的扰动小得多。上风向必须安装对风装置，因为上风向风轮在风向发生变化时无法自动跟随风向。在小型机组上多采用尾翼、尾轮等机构，人们常称这种方式为被动式对风偏航。现代大型风电机组多采用在计算机控制下的偏航系统，采用液压马达或伺服电动机等通过齿轮传动系统实现风电机组机舱对风，称为主动对风偏航。上风向风电机组其测风点的布置是人们常感到困难的问题，如果布置在机舱的后面，风速、风向的测量准确性会受到风轮旋转的影响。有人曾把测风系统装在轮毂上，但实际上也会受到气流扰动而无法准确地测量风轮处的风速。下风向风轮，由于塔影效应，使得叶片受到周期性大的载荷变化的影响，又由于风轮被动自由对风而产生的陀螺力矩，这样使风轮轮毂的设计变得复杂起来。此外，由于每一叶片在塔架外通过时气流扰动，从而引起噪声。

B 垂直轴风力发电机

顾名思义，垂直轴风力发电机是一种风轮叶片绕垂直于地面的轴旋转较大的风力机械，通常见到的是达里厄型（Darrieus）和H型（可变几何式）。过去人们利用的古老的阻力型风轮，如Savonius风轮、Darrieus风轮，代表着升力型垂直轴风力机的出现。

自20世纪70年代以来，有些国家又重新开始设计研制立轴式风力发电机，一些兆瓦级立轴式风力发电机在北美投入运行，但这种风轮的利用仍有一定的局限性，它的叶片多采用等截面的NACA0012~NACA0018系列的翼形，采用玻璃钢或铝材料，利用拉伸成型的办法制造而成，这种方法使一种叶片的成本相对较低，模具容易制造。由于在整个圆周运行范围内，当叶片运行在后半周时，它非但不产生升力反而产生阻力，使得这种风轮的风能利用率低于水平轴。虽然它质量小，容易安装，且大部件如齿轮箱、发电机等都在地面上，便于维护检修，但是它无法自启动，而且风轮离地面近，风能利用率低，气流受地面影响大。这种形式的风力发电机的主要制造者是美国的FloWind公司，在美国加州安装有近两千台这样的设备。FloWind还设计了一种EHD型风轮，即将Darrieus叶片沿垂直方向拉长以增加驱动力矩，并使额定输出功率达到300kW。另外还有可变几何式结构的垂直轴风力发电机，如德国的Heideberg和英国的VAWT机组。这种机组只是在实际样机阶段，还未投入大批量商业运行。尽管这种结构可以通过改变叶片的位置来调节功率，但造价昂贵。

C 其他形式

其他形式如风道式、龙卷风式、热力式等，目前这些系统仍处于开发阶段，在大型风电场机组选型中还无法考虑，因此不再详细说明。

8.2.4 太阳能发电

能源短缺是目前我国发电能源使用中遇到的最大难题，为了满足社会和经济发展对电的需求，我国一直在研发适合进行发电的新能源，经过不断的研究和发展，太阳能开始广泛应用于发电技术中。太阳能自开始进行研究和使用以来，一直被认为是21世纪最环保和利用效率高的新能源发电技术，其是一种可以再生的光发电技术，能够最大程度地将太阳能转化为电能，且其在进行实际发电技术应用时，也非常的环保和便捷。随着我国对太阳能发电技术的不断研究和深入，目前在我国太阳能发电技术使用中最为成熟的发电技术主要为太阳能光伏发电技术和太阳能热发电技术两种，这两种技术中包含了几种使用较为广泛的太阳能发电技术，且这些太阳能发电技术在发电利用中有着较大的发展前景。

8.2.4.1 太阳能光伏发电系统

A 太阳能光伏发电原理与组成

太阳光发电是指无需通过热力学过程直接将太阳光能转变成电能的发电方式。它包括光伏发电、光化学发电、光感应发电和光生物发电。光伏发电是利用太阳能电池这种半导体电子器件有效地吸收太阳光辐射能，并使之转变成电能的直接发电方式，是当今太阳能发电的主流。时下，人们通常所说太阳能发电就是指太阳能光伏发电。由于太阳能光伏发电系统是利用光生伏打效应制成的太阳能电池将太阳能直接转换成电能的，也叫做太阳能电池发电系统。它由太阳能电池方阵、控制器、蓄电池组、直流-交流逆变器等部分组成，其系统组成如图8-9所示。

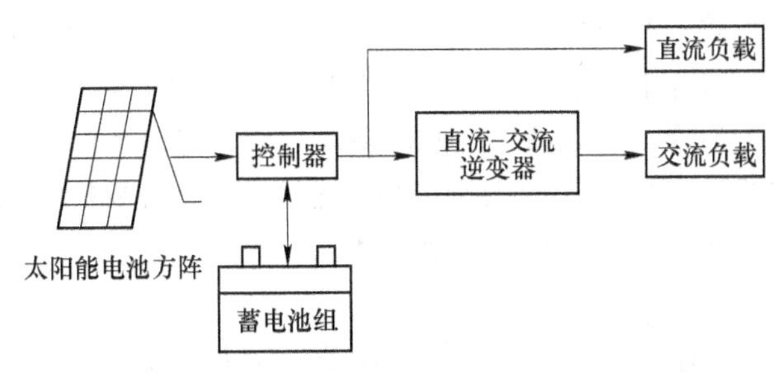

图8-9 太阳能发电系统示意图

a 太阳能电池方阵

太阳能电池单体是用于光电转换的最小单元，它的尺寸一般为4~100cm^2。太阳能电池单体工作电压为0.45~0.50V，工作电流为20~25mA/cm^2，一般不能单独作为电源使用。将太阳能电池单体进行串、并联并封装后，就成为太阳能电池组件，其功率一般为几瓦至几十瓦、一百余瓦，是可以单独作为电源使用的最小单元。太阳能电池组件再经过串联、并联并装在支架上，就构成了太阳能电池方阵，它可以满足负载所要求的输出功率，如图8-10所示。

常用的太阳能电池主要是硅太阳能电池。晶体硅太阳能电池由多个晶体硅片组成，在晶体硅片的上表面紧密排列着金属栅线，下表面是金属层。硅片本身是P型硅，表面扩散层是N区，在这两个区的连接处就是所谓的PN结。PN结形成一个电场。太阳能电池的顶部被一层减反射膜所覆盖，以便减少太阳能的反射损失。

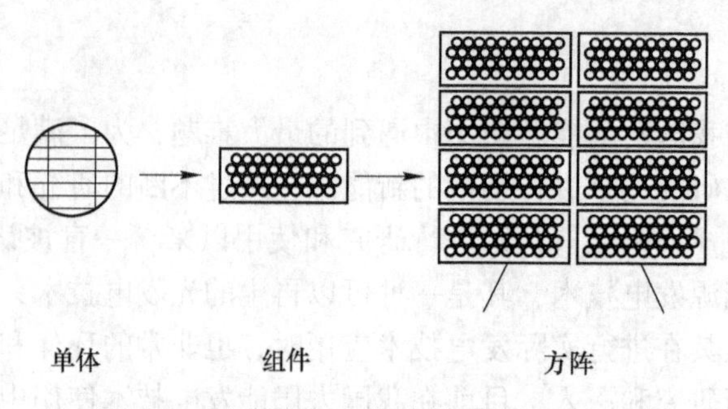

图 8-10 太阳能电池的单体、组件和方阵

太阳能电池的工作原理。光是由光子组成的，而光子是含有一定能量的微粒，能量的大小由光的波长决定。光被晶体硅吸收后，在 PN 结中产生一对对的正、负电荷，由于在 PN 结区域的正、负电荷被分离，于是一个外电流场就产生了，电流从晶体硅片电池的底端经过负载流至电池的顶端。

将一个负载连接在太阳能电池的上、下两表面间时，将有电流流过负载，于是太阳能电池就产生了电流。太阳能电池吸收的光子越多，产生的电流也就越大。

光子的能量由波长决定，低于基能能量的光子不能产生自由电子，1 个高于基能能量的光子也仅产生 1 个自由电子，多余的能量将使电池发热，伴随电能损失的影响将使太阳能电池的效率下降。

目前世界上有三种已经商品化的硅太阳能电池，即单晶硅太阳能电池、多晶硅太阳能电池和非晶硅太阳能电池。由于单晶硅太阳能电池所使用的单晶硅材料与半导体工业所使用的材料具有相同的品质，所以材料成本比较昂贵。多晶硅太阳能电池晶体方向的无规则性，意味着正、负电荷对并不能全部被 PN 结电场所分离，因为电荷对在晶体与晶体之间的边界上可能因晶体的不规则性而损失，所以多晶硅太阳能电池的效率一般要比单晶硅太阳能电池稍低，而它的成本比单晶硅太阳能电池也要低。非晶硅太阳能电池属于薄膜电池，造价低廉，但光电转换效率比较低，稳定性也不如晶体硅。

b 防反充二极管

防反充二极管又称阻塞二极管，其作用是避免由于太阳能电池方阵在阴雨天和夜晚不发电时或出现短路故障时，蓄电池组通过太阳能电池方阵放电。防反充二极管串联在太阳能电池方阵电路中，起单向导通的作用。它必须能承受足够大的电流，而且正向电压降要小，反向饱和电流要小。一般可选用合适的整流二极管作为防反充二极管。

c 蓄电池组

蓄电池组的作用是储存太阳能电池方阵受光照时所发出的电能，并随时向负载供电。太阳能电池发电系统对所用蓄电池组的基本要求是：自放电率低，使用寿命长，深放电能力强，充电效率高，可以少维护或免维护，工作温度范围宽，价格低廉。目前我国与太阳能电池发电系统配套使用的蓄电池主要是铅酸蓄电池和镉镍蓄电池。配套 200A · h 以上的铅酸蓄电池，一般选用固定式或工业密封免维护型铅酸蓄电池；配套 200A · h 以下的铅酸蓄电池，一般选用小型密封免维护型铅酸蓄电池。

d 充放电控制器

充放电控制器是能自动防止蓄电池组过充电和过放电的设备，一般还具有简单的测量功能。蓄电池组经过过充电或过放电后会严重影响其性能和寿命，所以充放电控制器一般是不可缺少的。充放电控制器，按照其开关器件在电路中的位置，可分为串联控制型和分流控制型；按照其控制方式，可分为开关控制型（含单路和多路开关控制）和脉宽调制（PWM）控制型（含最大功率跟踪控制）。开关器件，可以是继电器，也可以是MOS晶体管。但脉宽调制（PWM）控制器，只能用MOS晶体管作为开关器件。

e 逆变器

逆变器是将直流电变换成交流电的一种设备。由于太阳能电池和蓄电池发出的是直流电，当应用于交流负载时，逆变器是不可缺少的。逆变器运行方式，可分为独立运行逆变器和并网逆变器。独立运行逆变器用于独立运行的太阳能电池发电系统，可为独立负载供电；并网逆变器用于并网运行的太阳能电池发电系统，它可将发出的电能馈入电网。逆变器按输出波形又可分为方波逆变器和正弦波逆变器。方波逆变器的电路简单，造价低，但谐波分量大，一般用于几百瓦以下和对谐波要求不高的系统；正弦波逆变器的成本高，但可以适用于各种负载。从长远看，晶体管正弦波（或准正弦波）逆变器将成为太阳能发电用逆变器的发展主流。

f 测量设备

对于小型太阳能电池发电系统来说，一般情况下只需要进行简单的测量，如测量蓄电池电压和充、放电电流，这时，测量所用的电压表和电流表一般就装在控制器上。对于太阳能通信电源系统、管道阴极保护系统等工业电源系统和大型太阳能光伏电站，则往往要求对更多的参数进行测量，如测量太阳辐射能、环境温度和充、放电电量等，有时甚至要求具有远程数据传输、数据打印和遥控功能。为了进行这种较为复杂的测量，就必须为太阳能电池发电系统配备数据采集系统和微机监控系统了。

B 太阳能光伏发电系统的分类

光伏发电系统，也即太阳能电池应用系统，一般分为独立运行系统和并网运行系统两大类，如图8-11所示。独立运行系统如图8-11a所示，它由太阳能电池方阵、储能装置、直流-交流逆变装置、控制装置与连接装置等组成。并网运行系统如图8-11b所示。

所谓独立运行光伏发电系统，是指与电力系统不发生任何关系的闭合系统。图8-12给出了独立运行系统的构成分类。

它通常用做便携式设备的电源，向远离现有电网的地区或设备供电，以及用于任何不想与电网发生联系的供电场合。独立运行系统的构成，按其用途和设备场所环境的不同而异。

（1）带专用负载的光伏发电系统。带专用负载的光伏发电系统可能是仅仅按照其负载的要求来构成和设计的。因此，输出功率为直流，或者为任意频率的交流，是较为适用的。这种系统，使用变频调速运行在技术上可行。如在电机负载的情况下，由变频启动可以抑制冲击电流，同时可使变频器小型化。

（2）带一般负载的光伏发电系统。带一般负载的光伏发电系统是以某个范围内不特定的负载作为对象的供电系统，作为负载，通常是电器产品，以工频运行比较方便。如是直流负载，可以省掉逆变器。当然，实际情况可能是交流、直流负载都有。一般要配有蓄电池储能装置，以便把太阳能电池板白天发的电储存在蓄电池里，供夜间或阴雨天时使用，如果负载仅为农用机械也可以不用设置蓄电池。一般负载可用光伏发电系统，还可以

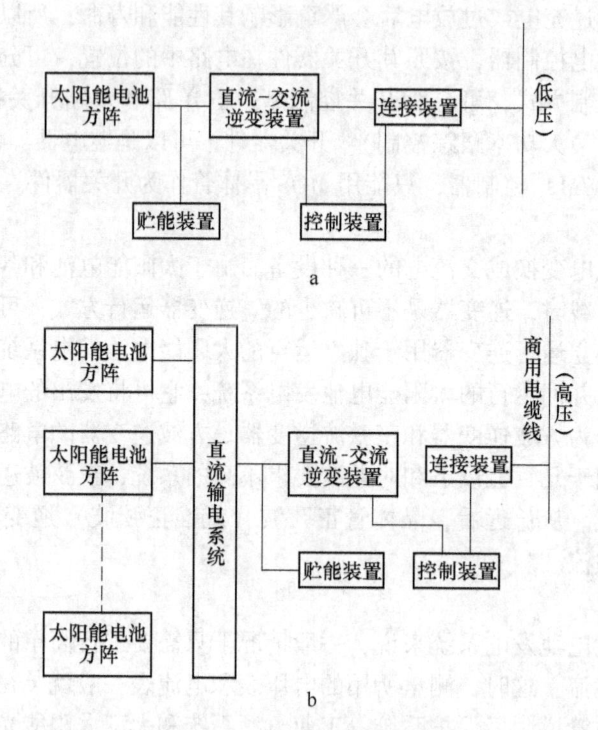

图 8-11　光伏系统的构成

a—独立运行系统；b—并网运行（集中式）系统

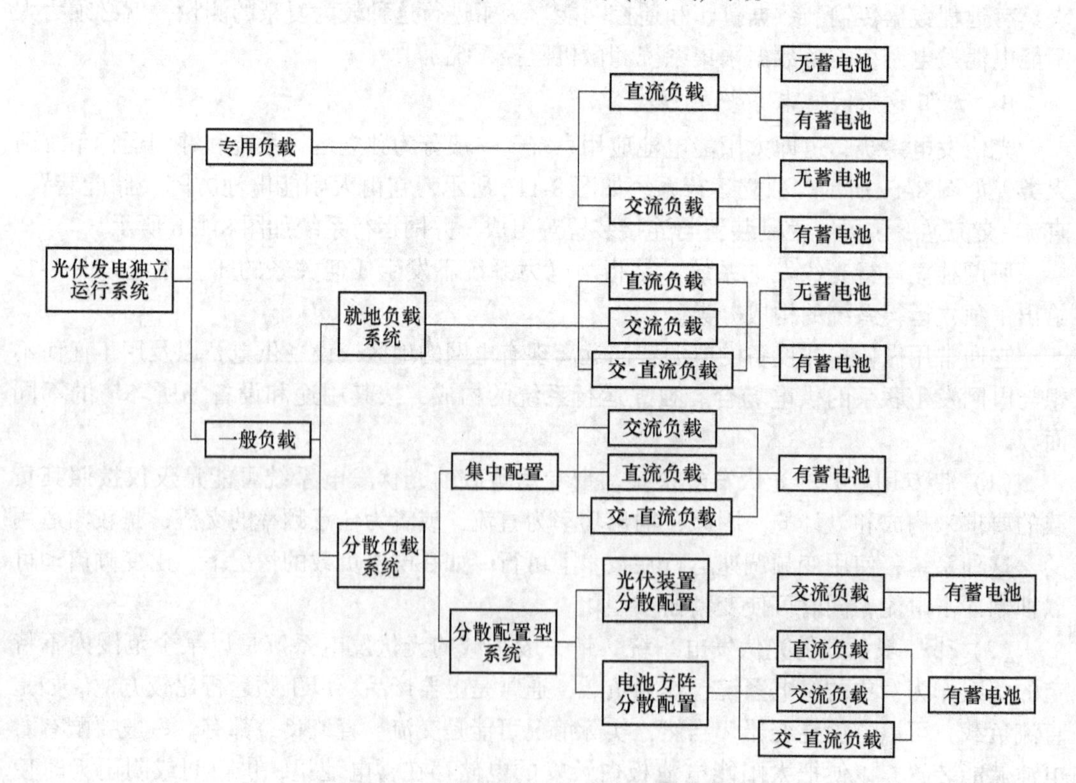

图 8-12　独立运行光伏发电系统分类

分为就地负载系统和分离负载系统。前者作为边远地区的家庭或某些设备的电源，是一种在使用场地就地发电和用电的系统。而后者则需要设置小规模的配电线路，以便对光伏电站所在地以外的负载也能供电。这种系统构成，可以设置一个集中型的光电场，以便于管理。如果建造集中型的光电场在用地上有困难，也可以沿配电线路分散设置多个单元光电场。

图 8-13 是光伏发电系统联网示意图。

由图 8-13 可知，光伏发电并网系统有集中光伏电站并网和屋顶光伏系统联网两种。前者功率容量通常在兆瓦级以上，后者则在千瓦级至百千瓦级之间。光伏系统的模块性结构等特点适合于发展这种分布的供电方式。

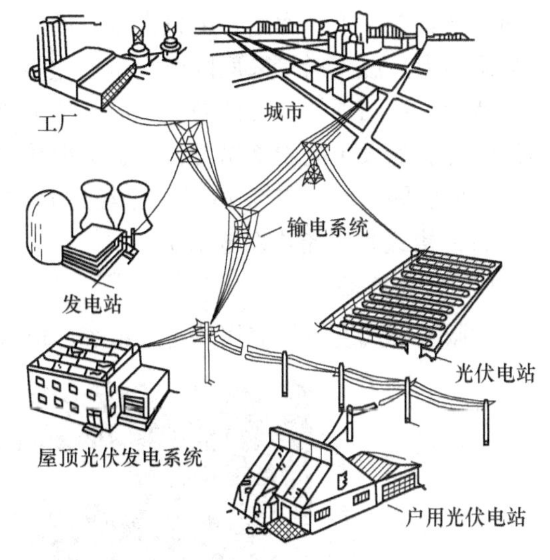

图 8-13 并网光伏发电系统示意图

8.2.4.2 太阳能热发电技术

利用大规模阵列抛物或碟形镜面收集太阳热能，通过换热装置提供蒸汽，结合传统汽轮发电机的工艺，从而达到发电的目的。采用太阳能热发电技术，避免了昂贵的硅晶光电转换工艺，可以大大降低太阳能发电的成本。而且，这种形式的太阳能利用还有一个其他形式的太阳能转换所无法比拟的优势，即太阳能所烧热的水可以储存在巨大的容器中，在太阳落山后几个小时仍然能够带动汽轮机发电。

一般来说，太阳能热发电形式有槽式、塔式、碟式三种系统。

A 槽式系统

槽式太阳能热发电系统全称为槽式抛物面反射镜太阳能热发电系统，是将多个槽型抛物面聚光集热器经过串并联的排列，加热工质，产生高温蒸汽，驱动汽轮机发电机组发电，20 世纪 70 年代，在槽式太阳能热发电技术方面，中国科学院和中国科技大学曾做过单元性试验研究。2009 年华园新能源应用技术研究所与中国科学院电工所、清华大学等科研单位联手研制开发的太阳能中高温热利用系统，设备结构简单、而且安装方便，整体使用寿命可达 20 年。槽式太阳能热发电见图 8-14。

图 8-14 槽式太阳能热发电

由于反射镜是固定在地上的，所以不仅能更有效地抵御风雨的侵蚀破坏，而且还大大降低了反射镜支架的造价。更为重要的是，该设备技术突破了以往一套控制装置只能控制一面反射镜的限制。其采用菲涅尔凸透镜技术可以对数百面反射镜进行同时跟踪，将数百或数千平方米的阳光聚焦到光能转换部件上（聚光度约 50 倍，可以产生三四百度的高温），采用菲涅尔线焦透镜系统，改变了以往整个工程造价大部分为跟踪控制系统成本的局面，使其在整个工程造价中只占很小的一部分。同时对集热核心部件镜面反射材料，以及太阳能中高温直通管采取国产化市场化生产，降低了成本，并且在运输安装费用上降低大量费用。这两项技术突破彻底克服了长期制约太阳能在中高温领域内大规模应用的技术障碍，为实现太阳能中高温设备制造标准化和产业化、规模化运作开辟了广阔的道路。

国外发展情况。美国 20 世纪已经建成 354MW 槽式太阳能热发电系统，西班牙已经建成 50MW 槽式太阳能热发电系统。

B　塔式系统

太阳能塔式发电是应用的塔式系统，塔式系统又称集中式系统（见图 8-15）。

图 8-15　塔式太阳能热发电

它是在很大面积的场地上装有许多台大型太阳能反射镜，通常称为定日镜，每台都各自配有跟踪机构准确地将太阳光反射集中到一个高塔顶部的接收器上。接收器上的聚光倍率可超过 1000 倍。在这里把吸收的太阳光能转化成热能，再将热能传给工质，经过蓄热环节，再输入热动力机，膨胀做工，带动发电机，最后以电能的形式输出。主要由聚光子系统、集热子系统、蓄热子系统、发电子系统等部分组成。1982 年 4 月，美国在加州南部巴斯托附近的沙漠地区建成一座称为“太阳 1 号”的塔式太阳能热发电系统。该系统的反射镜阵列，由 1818 面反射镜环包括接收器高达 85.5m 的高塔排列组成。1992 年装置经过改装，用于示范熔盐接收器和蓄热装置。以后，又开始建设“太阳 2 号”系统，并于 1996 年并网发电。

C　碟式系统

太阳能碟式发电也称盘式系统，主要特征是采用盘状抛物面聚光集热器，其结构从外形上看类似于大型抛物面雷达天线（见图 8-16）。

图 8-16　碟式太阳能热发电

由于盘状抛物面镜是一种点聚焦集热器，其聚光比可以高达数百到数千倍，因而可产生非常高的温度。碟式热发电系统在20世纪70年代末到80年代初，首先由瑞典US—AB和美国Advanco Corporation、MDAC、NASA及DOE等开始研发，大都采用镀银玻璃聚光镜、管状直接照射式集热管及USAB4—95型热机。进入20世纪90年代以来，美国和德国的某些企业和研究机构，在政府有关部门的资助下，用项目或计划的方式加速碟式系统的研发步伐，以推动其商业化进程。

8.3 电力能源可持续发展

8.3.1 可持续发展概念提出

可持续发展概念的提出，主要是因为传统的发展模式给我们人类造成了各种困境和危机，它们已开始危及人类的生存。具体体现为以下几个方面：

（1）资源危机。工业文明依赖的主要是非再生资源，如金属矿、煤、石油、天然气等。据估计，地球上（已探明的）矿物资源储量，长则还可使用一二百年，少则几十年。水资源匮乏也已十分严重。地球上97.5%的水是咸水，只有2.5%的水是可直接利用的淡水。而且这些水的分布极不均匀。发展中国家大多是缺水国家。我国70%以上城市日缺水1000多万吨，约有3亿亩耕地遭受干旱威胁。由于常年使用地下水，造成水位每年下降2m。

（2）土地沙化日益严重。“沙”字结构即“少水”之意。水是生命存在的条件。人体70%由水构成。沙漠即意味着死亡。由于森林被大量砍伐，草场遭到严重破坏，世界沙漠和沙漠化面积已达4700多万平方公里，占陆地面积的30%，而且还在以每年600万公顷的速度扩大着。

（3）环境污染日益严重。环境污染包括大气污染、水污染、噪声污染、固体污染、农药污染、核污染等。由于工业化大量燃烧煤、石油，再加上森林大量减少，二氧化碳大量增加，因而造成了温室效应。其后果就是气候反常，影响工农业生产和人类生活。由于氟利昂作为制冷剂的大量使用，使南极臭氧空洞不断扩大。

（4）物种灭绝和森林面积大量减少。由于热带雨林被大量砍伐和焚烧，每年减少4200英亩，按这个速度，到2030年将消失殆尽。据估计，地球表面最初有67亿公顷森林，陆地60%的面积由森林覆盖。到80年代已下降到26.4亿公顷。由于丛林减少，使得地球上每天有50~100种生物灭绝，其中大多数人们连名字都不知道。

当代发生的各种危机，都是人类传统的发展模式造成的。西方工业文明的发展道路，是一种以摧毁人类的基本生存条件为代价获得经济增长的道路。人类已走到十字路口，面临着生存还是死亡的选择。正是在这种背景下，人类选择了可持续发展的道路。

1987年，世界环境与发展委员会出版《我们共同的未来》报告，将可持续发展定义为：“既能满足当代人的需要，又不对后代人满足其需要的能力构成危害的发展。”它系统阐述了可持续发展的思想。1992年6月，联合国在里约热内卢召开的“环境与发展大会”，通过了以可持续发展为核心的《里约环境与发展宣言》《21世纪议程》等文件。1993年，我国为落实联合国大会决议，制定《中国21世纪议程》指出“走可持续发展之路，是中国在未来和下世纪发展的自身需要和必然选择”。1996 年 3 月，我国八届全国人大四次会议通过的《中华人民共和国国民经济和社会发展“九五”计划和 2010 年远景目标纲要》，明确把“实施可持续发展，推进社会主义事业全面发展”作为我们的战略目标。首次把可持续发展战略纳入我国经济和社会发展的长远规划。

8.3.2 可持续发展的基本原则

可持续发展既要达到发展经济的目的，又要保护好人类赖以生存环境，可持续发展的核心是发展，但要求在严格控制人口、提高人口素质和保护环境、资源永续利用的前提下进行经济和社会的发展，环境保护是可持续发展的重要方面。可持续发展理论的最终目的是达到共同、协调、公平、高效、多维的发展。可持续发展基本原则为：

（1）公平性原则。所谓公平是指机会选择的平等性。可持续发展的公平性原则包括两个方面：一方面是本代人的公平即代内之间的横向公平；另一方面是指代际公平性，即世代之间的纵向公平性。可持续发展要满足当代所有人的基本需求，给他们机会以满足他们要求过美好生活的愿望。可持续发展不仅要实现当代人之间的公平，而且也要实现当代人与未来各代人之间的公平，因为人类赖以生存与发展的自然资源是有限的。从伦理上讲，未来各代人应与当代人有同样的权力来提出他们对资源与环境的需求。可持续发展要求当代人在考虑自己的需求与消费的同时，也要对未来各代人的需求与消费负起历史的责任，因为同后代人相比，当代人在资源开发和利用方面处于一种无竞争的主宰地位。各代人之间的公平要求任何一代都不能处于支配的地位，即各代人都应有同样选择的机会空间。

（2）持续性原则。这里的持续性是指生态系统受到某种干扰时能保持其生产力的能力。资源环境是人类生存与发展的基础和条件，资源的持续利用和生态系统的可持续性是保持人类社会可持续发展的首要条件。这就要求人们根据可持续性的条件调整自己的生活方式，在生态可能的范围内确定自己的消耗标准，要合理开发、合理利用自然资源，使再生性资源能保持其再生产能力，非再生性资源不至过度消耗并能得到替代资源的补充，环境自净能力能得以维持。可持续发展的可持续性原则从某一个侧面反映了可持续发展的公平性原则。

（3）共同性原则。可持续发展关系到全球的发展。要实现可持续发展的总目标，必须争取全球共同的配合行动，这是由地球整体性和相互依存性所决定的。因此，致力于达成既尊重各方的利益，又保护全球环境与发展体系的国际协定至关重要。实现可持续发展就是人类要共同促进自身之间、自身与自然之间的协调，这是人类共同的道义和责任。

8.3.3 电力能源可持续发展

可持续发展有着多种内涵。可持续发展不仅仅要强调对环境的保护，而且应包括如何解决在人口已经高度密集，人均资源相对匮乏，自然生态环境已经十分脆弱的条件下，如何实现经济的长期高速发展，同时又要保护环境的这样一个史无前例的社会实践问题。能源既是重要的必不可少的经济发展和社会生活的物质前提，又是环境污染重要来源。因此能源可持续发展问题，是影响社会经济可持续发展的重要环节。而电力工业作为能源产业的重要分支，已成为国民经济的基础产业，是经济发展和社会进步的重要保障。电力工业的可持续发展，对我国全面建设小康社会具有重要意义 。

8.3.3.1 我国电力能源发展现状

我国电力工业发展迅速，装机先后超过法国、英国、加拿大、德国、俄罗斯和日本，从 1996 年年底开始排世界第二位，2011 年超过美国后稳居世界第一。截至 2017 年年底，全国发电装机容量达到 177708 亿千瓦，其中火电、水电、核电的占有率分别为 62.2%、19.3%、2%；风力、太阳能等新能源占比分别为 9.2%、7.3%。全国人均装机规模 1.28kW，超过世界平均水平，电力供应能力持续增强。然而随着经济的快速发展对电力能源需求的持续增长与化石能源的不可再生性的矛盾加剧，环境的约束力日益突出，中国电力能源生产也面临着诸多的难题和挑战。

A 资源枯竭问题

随着我国经济的快速发展，中国能源生产已经无法满足日益增加的能源消费需求。2015 年中国对煤炭、石油和天然气的消费量均居世界前列，对煤炭的消费量更是达到了世界煤炭消费总量的近一半水平，而同期中国能源生产总量却远低于能源消费总量，中国石油和天然气对外依存度分别达 60%和 30%以上。另外，根据当今中国一次性能源开采力度分析，煤炭可开采年数不足 100 年，石油、天然气可开采年数不到 50 年。可见，按目前的能源消费速度，三大化石能源开采的压力将越来越大。而我国目前电力结构，仍然是以煤电为主，因此化石能源枯竭，是影响我国电力可持续发展的重要因素，开发新能源和提高能源利用率是解决问题最主要的途径之一。

B 环境污染问题与日趋严格的污染控制标准的约束

人类频繁的活动以及对资源的过度开采也带来了一系列环境问题。当前我国的大气污染形势已十分严峻，在传统的煤烟型污染尚未得到解决的情况下，以 $PM_{2.5}$、O_3 和酸雨为特征的区域性复合型大气污染日趋严峻。硫酸型酸雨逐渐向硫氮混合型酸雨转变；高浓度细颗粒物污染日益严重，在中东部区域屡屡发生持续多日的区域性重污染灰霾天气。针对火力发电产生的大气污染，2011 年 7 月，环保部发布《火电厂大气污染物排放标准》，标准主要要求见表 8-5。

表 8-5 我国火电厂大气污染物排放标准

污染项目	燃煤锅炉排放浓度限值	燃煤锅炉重点地区特别排放限值	天然气燃气轮机组排放浓度限值
烟尘/$mg \cdot m^{-3}$	30	20	5
二氧化硫/$mg \cdot m^{-3}$	100（新建） 200（现有）	5	35
氮氧化物/$mg \cdot m^{-3}$	100	100	50
汞及化合物/$\mu g \cdot m^{-3}$	30	30	—

同时从“十一五”开始，SO_2 排放总量削减率成为约束性指标，“十二五”新增 NO_x 作为被强制削减的污染物。2012 年 12 月，环保部公布了《重点区域大气污染防治“十二五”规划》，这是我国第一部综合性大气污染防治规划。规划提出到 2015 年，我国重点区域可吸入颗粒物、细颗粒物年均浓度要分别下降 10%、5%。针对京津冀、长三角、珠三

角等复合型污染严重的特点，提高了细颗粒物控制要求，细颗粒物年均浓度下降 6%。

2013 年 9 月，国务院发布《大气污染防治行动计划》等多项措施及要求，具体指标：到 2017 年，全国地级及以上城市可吸入颗粒物浓度比 2012 年下降 10%以上，优良天数逐年提高；京津冀、长三角、珠三角等区域细颗粒物浓度分别下降 25%、20%、15%左右，其中北京市细颗粒物年均浓度控制在 60μg/m^3 左右，未来将陆续实施并严格考核。环保将逐步成为中国能源电力行业发展的"硬约束"，电力能源如何与生态环境可持续发展面临巨大挑战。

C　碳减排面临新形势新挑战

全球气候变暖是当前人类社会所面临的最大挑战之一。从 1880 年到 2012 年的 100 多年时间里，全球地表平均温度始终处于增长趋势，到了 20 世纪 80 年代，增温幅度更为显著。在引起全球气候变暖的诸多因素中，人类活动所排放的温室气体不断增加是最主要原因。在温室气体引致的全球气候变暖效应中，CO_2 的作用高达 77%，因此，减少 CO_2 的排放，是一个亟待解决的问题，对于控制温室效应、减缓全球变暖至关重要。联合国与世界各国政府相继行动起来，通过立法或政府规划的方式各自制定了相应的 CO_2 减排目标，通过调整经济结构，提高能源效率等途径提高经济发展的可持续能力，并大力探索新途径，为 CO_2 减排做好技术储备。从 2013 年世界主要国家 CO_2 排放总量统计数据来看，我国是全球 CO_2 排放量最大的国家。要实现我国提出 2020 年单位国内生产总值的 CO_2 排放比 2005 年下降 40%~45%的目标，实施低碳经济战略，是我国发展经济的必由之路。从我国 CO_2 的排放结构上看，由于我国的能源结构以煤为主，当前 CO_2 的排放主要来自能源部门，尤其电力行业占总排放量的主体。因此，面对低碳经济的发展模式，电力行业势必将成为 CO_2 减排的主力军。

我国在《国家应对气候变化规划（2014—2020 年）》中提出，在总结温室气体自愿减排交易和碳排放交易试点的经验基础上，研究全国碳排放总量控制目标地区分解落实机制，制订碳排放交易总体方案。"十三五"期间如政策落地实施，意味着燃煤电厂即便经过脱硫、脱硝等清洁化改造，也难以满足碳排放的要求，从而面临着更加严格的约束。

综上所述，在未来很长一段时间内，我国将面临着一次性化石能源日益减少、传统能源对环境造成很大影响的问题。鉴于我国每年消耗的能源将近一半用于发电，对于电力行业，未来大的发展方向是对三大传统化石能源的发电产业进行节能和减排，以及大力开发水电、核电、风电等清洁能源以缓解能源消费压力和环境污染问题。

8.3.3.2　我国电力能源可持续发展主要措施

A　电源结构调整

在电源结构方面国家推动化石能源清洁利用、提高能源领域绿色低碳发展质量和水平，我国化石能源发电规模逐渐减小。2013~2017 年煤电发电量占比呈逐年下降趋势。根据《国民经济和社会发展第十三个五年发展规划纲要》，到 2020 年，中国非化石能源占一次能源消费总量比重将增至 15%左右，预计未来我国火电发电量占比将进一步下降。在装机规模增速方面，火电装机增长呈下降趋势。此外，国家加速落后产能的淘汰，国内火电装机规模虽保持增长，但增速明显放缓。2013~2017 年中国火电发电量及占比情况如图 8-17 所示。

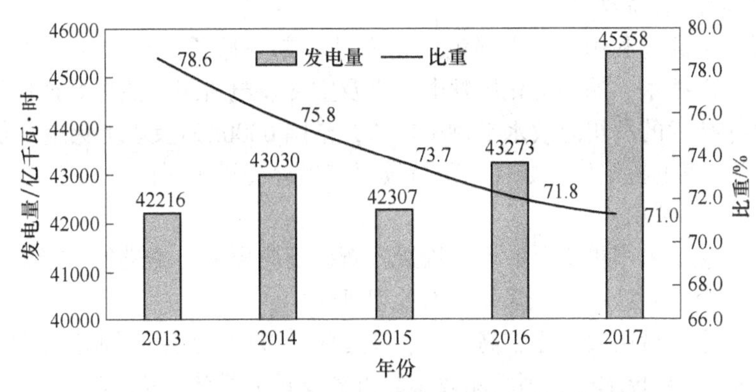

图 8-17 2013~2017 年中国火电发电量及占比情况

具体调整结果为 2017 年煤炭消费占能源消费的比重为 60.4%，天然气、水电、核电、风电等清洁能源消费量占能源消费总量的 20.8%，电源结构持续优化调整，截至 2017 年年底，全国全口径发电装机容量 177708 万千瓦，其中，水电 34359 万千瓦（其中抽水蓄能发电 2869 万千瓦，增长 7.5%），增长 3.5%；火电 110495 万千瓦（其中煤电 98130 万千瓦，增长 3.7%），增长 4.1%；核电 3582 万千瓦，增长 6.5%；并网风电 16325 万千瓦，增长 10.7%；并网太阳能发电 12942 万千瓦（其中分布式光伏发电 2966 万千瓦），增长 69.6%。全国人均装机规模 1.28kW，比 2016 年增加 0.09kW，超过世界平均水平，电力供应能力持续增强。全国非化石能源发电装机容量 68865 万千瓦，占全国总装机容量的 38.8%，分别比 2016 年和 2010 年提高 2.2 个和 11.7 个百分点；100 万千瓦级火电机组达到 103 台，60 万千瓦及以上火电机组容量所占比重达到 44.7%，比 2016 年提高 1.3 个百分点，非化石能源发电装机及大容量高参数燃煤机组比重继续提高，电源结构持续优化调整。

2017 新增装机规模创历年新高，新增装机的结构和地区布局进一步优化，全国基建新增发电生产能力 13118 万千瓦，太阳能发电装机容量新增 5341 万千瓦，比 2016 年多投产 2170 万千瓦。新增水电 1287 万千瓦，新增并网风电 1819 万千瓦，新增核电 218 万千瓦，新增火电 4453 万千瓦（其中新增煤电 3504 万千瓦），国家防范化解煤电产能过剩风险措施初见成效，火电及煤电新增规模连续三年缩小。2017 年，新增非化石能源发电装机容量 9044 万千瓦，占全国新增发电装机容量的 68.9%，比 2016 年提高 3.6 个百分点，新增装机结构进一步优化；东、中部地区新增新能源发电装机容量占全国新增新能源发电装机的 76.0%，新能源发电布局继续向东中部转移。2017 年，全国新增抽水蓄能发电装机容量 200 万千瓦，北方地区累计完成 10 个电厂、共计 725 万千瓦火电机组灵活性改造项目，对电网调节能力和新能源消纳能力提升起到了积极作用。

B 电力清洁高效的生产技术应用

在我国环境承载能力已近上限，而燃煤发电作为电力供应主体地位短期内又难以改变的背景之下，火电机组向大型化、清洁化发展及洁净煤技术大范围普及应用将是火电行业健康发展的关键。我国已经通过关停大批耗能高、污染严重的小机组，使火电高参数、大容量机组比重大幅增加。随着 60 万千瓦、100 万千瓦超（超）临界机组成为我国主力火电机组，我国火电机组的参数、性能和产量已全方位地占据世界首位。

a 化石能源清洁高效利用

化石能源清洁高效利用技术主要包括超临界/超超临界发电技术、整体煤气化联合循环（IGCC）发电技术、循环流化床发电技术及空冷发电机组、热电联产供热机组向大型化的发展。这些技术的利用能效水平持续提高，全国6000kW及以上火电厂供电标准煤耗309g/(kW·h)，煤电机组供电煤耗水平持续保持世界先进水平。

b 新能源技术利用

核能发电：主要采用更安全的堆内构造、新型反应原料、先进的非能动安全系统，提高核能利用的安全性和经济型，降低废物处理风险。

水力发电：主要沿用大型化、高效化、高适应性方向发展，包括水力设计技术、先进冷却技术、变速/变频技术等提高转轮效率、可靠及扩大优势水头范围等。

风力发电：单机容量持续增大，新型驱动方式和控制技术和变桨距功率可调节技术、变速恒频技术及全功率变流技术等快速发展，不断提高风能资源利用质量和风电装备可靠性、适应性。

太阳能发电：光伏方面通过新工艺、控制技术等提高光电转化效率、部件寿命和可靠性；光热方面采用新型系统设计、跟踪方式及传热介质，提高聚光比、运行温度、热电效率及系统发电连续性、可靠性和经济性。

氢能发电：国际上氢能技术已趋于成熟，进入商业化前期应用阶段。大规模制储氢技术取得突破，燃料电池性能和寿命已达到实用化目标，燃料电池发电模块功率已达兆瓦级。未来氢能技术将在多种应用场合的分布式供能系统、新能源汽车、轨道交通及海洋运输和工程领域大量应用。总的来看，国际上氢能技术正朝着提高效能、扩大规模和降低成本的方向发展。

储能技术：储能技术是分布式能源发展和实现大规模可再生能源集中并网接入、微电网运行、用户侧能源综合利用等目标的关键基础支撑技术。总体上看，储能技术的发展趋势是进一步提高技术经济性、储能特性、安全性、可靠性、免维护、延长服役寿命。

C 火力发电减排技术措施实施

“十二五”以来，国家将火电脱硫脱硝作为应对大气污染防治的重大举措，出台了一系列政策推动燃煤机组加装脱硫脱硝装置，经过多年的努力，全国火电行业脱硫脱硝工作进展良好。根据中国电力企业联合会的数据，截至2017年年底脱硫、脱硝减排现状：燃煤电厂100%实现脱硫后排放。其中，已投运煤电烟气脱硫机组容量超过9.4亿千瓦，占全国煤电机组容量的95.8%；其余煤电机组主要为循环流化床锅炉采用燃烧中脱硫技术；已投运火电厂烟气脱硝机组容量约10.2亿千瓦，占全国火电机组容量的92.3%；其中，煤电烟气脱硝机组容量约9.6亿千瓦，占全国煤电机组容量的98.4%。常规煤粉炉以选择性催化还原（SCR）脱硝技术为主，循环流化床锅炉则以选择性非催化还原（SNCR）脱硝技术为主，全国火电脱硫脱硝工作已接近尾声。但与此同时，国家已将火电行业环保政策重心开始移向燃煤电厂超低排放。随着《能源发展战略行动计划（2014~2020年）》《煤电节能减排升级与改造行动计划（2014~2020年）》，以及根据2015年12月的《全面实施燃煤电厂超低排放和节能改造工作方案》等要求到2020年，全国所有具备改造条件的燃煤电厂力争实现超低排放，全国有条件的新建燃煤发电机组达到超低排放水平，我国“十三五”电力行业节能减排发展目标已确定。截止到2017年全国累计完成燃煤电厂超低排放改造7亿千瓦，占全国煤电机组容量比重超过70%，提前两年多完成2020年改造目标任务。

应对气候变化制定《国家应对气候变化规划（2014—2020年）》，单位火电发电量二氧化碳排放减低到844g/(kW·h)，比2005年下降19.5%。以2005年为基准年，2006~2017年，通过发展非化石能源、降低供电煤耗和线损率等措施，电力行业累计减少二氧化碳排放约113亿吨，有效减缓了电力二氧化碳排放总量的增长，其中供电煤耗降低对电力行业二氧化碳减排贡献率为45%，非化石能源发展贡献率为53%。

思考与练习题

8-1 压水堆核电厂主要由哪些系统组成？

8-2 核电站一回路系统的主要功能是什么？

8-3 按照锅炉燃烧方式的不同，生物质直接燃烧发电技术可分为哪两种类型？各自的特点是什么？

8-4 简述生物质气化发电的主要过程。

8-5 基于轴位置的风力机可分为哪两类？分别具有哪些特点？

8-6 风力发电机组包含哪些基本部件？

8-7 在中国北方冬季寒冷地区，风电机组运行应考虑哪些方面的影响？

8-8 简述太阳能光伏发电的原理与组成。

8-9 简述单晶硅太阳能电池的一般制造方法。

8-10 太阳能热发电技术分为哪几种形式？分别具有什么特点？

8-11 简述我国电力能源发展现状及可持续发展面对的主要问题。

8-12 结合实际分析说明我国电力可持续发展实施的主要措施。

参考文献

[1] 何强，井文涌，王诩亭. 环境学导论［M］. 第3版. 北京：清华大学出版社，2004.
[2] 左玉辉. 环境学［M］. 第2版. 北京：高等教育出版社，2010.
[3] 陈英旭. 环境学［M］. 北京：中国环境科学出版社，2001.
[4] 刘培桐. 环境学概论［M］. 第2版. 北京：高等教育出版社，1995.
[5] 盛连喜. 现代环境科学导论［M］. 第2版. 北京：化学工业出版社，2011.
[6] 鞠美庭，邵超峰，李智. 环境学基础［M］. 第2版. 北京：化学工业出版社，2010.
[7] 刘天齐. 环境保护［M］. 第2版. 北京：化学工业出版社，2000.
[8] 陈静生. 水环境化学［M］. 北京：高等教育出版社，1987.
[9] 王晓蓉. 环境化学［M］. 南京：南京大学出版社，1997.
[10] 戴树桂. 环境化学［M］. 北京：高等教育出版社，1997.
[11] 钱易，唐孝炎. 环境保护与可持续发展［M］. 北京：高等教育出版社，2000.
[12] 龙湘犁，何美琴. 环境科学与工程概论［M］. 上海：华东理工大学出版社，2007.
[13] 赵毅，王卓昆，等. 电力环境保护技术［M］. 北京：中国电力出版社，2007.
[14] 邢运民，陶永红，张力. 现代能源与发电技术［M］. 西安：西安电子科技大学出版社，2015.
[15] 朱玲，周翠红. 能源环境与可持续发展［M］. 北京：中国石化出版社，2013.
[16] 周乃君. 能源与环境［M］. 长沙：中南大学出版社，2013.
[17] 韦保仁. 能源与环境［M］. 北京：中国建材工业出版社，2015.
[18] 齐立强，刘凤，李晶欣，等. 环境类专业燃煤电厂实习教程［M］. 北京：中国水利水电出版社，2018.
[19] 张庆国，程新华. 热力发电厂设备与运行实习［M］. 北京：中国电力出版社，2009.
[20] 岑可法，姚强，骆仲泱，等. 燃烧理论与污染控制［M］. 北京：机械工业出版社，2004.
[21] 毛建雄，毛健全，等. 煤的清洁燃烧［M］. 北京：科学出版社，1998.
[22] 陈志远. 中国酸雨研究［M］. 北京：中国环境科学出版社，1997.
[23] 章名耀. 洁净煤发电技术及工程应用［M］. 北京：化学工业出版，2012.
[24] 杨飏. 二氧化硫减排技术与烟气脱硫工程［M］. 北京：冶金工业出版社，2003.
[25] 齐立强，李晶欣，刘松涛，等. 发电厂动力与环保［M］. 北京：冶金工业出版社，2019.
[26] 李晓芸，张华，席兵. 火电厂用水与节水技术［M］. 北京：中国水利水电出版社，2007.
[27] 王加璇，姚文达. 电厂热力设备及其运行［M］. 北京：中国电力出版社，1997.
[28] 王罗春，张萍，赵由才，等. 电力工业环境保护［M］. 北京：化学工业出版社，2008.
[29] 孙英杰，赵由才. 危险废物处理技术［M］. 北京：化学工业出版社，2006.
[30] 战佳宇，李春萍，杨飞华，等. 固体废物协同处置与综合利用［M］. 北京：中国建材工业出版社，2014.
[31] 邓寅生，邢学玲，徐奉章，等. 煤炭固体废物利用与处置［M］. 北京：中国环境科学出版社，2008.
[32] 顾国维. 绿色技术及其应用［M］. 上海：同济大学出版社，1999.
[33] 杨慧芬. 固体废物处理技术及工程应用［M］. 北京：机械工业出版社，2003.
[34] 王建明. 城市固体废弃物管制政策的理论与实证研究：组织反应、管制效应与政策营销［M］. 北京：经济管理出版社，2007.
[35] 于晓彩. 粉煤灰与造纸废水资源化技术的研究［M］. 辽宁：辽宁教育出版社，2013.
[36] 安艳玲. 磷石膏脱硫石膏资源化与循环经济［M］. 贵州：贵州大学出版社，2011.
[37] 杜雅琴，刘雪伟，张卷怀，等. 脱硫设备运行与检修技术［M］. 北京：中国电力出版社，2012.

[38] 张佶. 矿产资源综合利用 [M]. 北京：冶金工业出版社，2013.

[39] 吴占松，马润田，赵满成，等. 煤炭清洁有效利用技术 [M]. 北京：化学工业出版社，2007.

[40] 赵由才，牛冬杰，柴晓利，等. 固体废物处理与资源化 [M]. 北京：化学工业出版社，2006.

[41] 孙秀云，王连军，李健生，等. 固体废物处置及资源化 [M]. 江苏：南京大学出版社，2007.

[42] 李秀金. 固体废物工程 [M]. 北京：中国环境科学出版社，2003.

[43] 杨国清. 固体废物管理工程 [M]. 北京：科学出版社，2000.

[44] 陈昆柏，郭春霞. 危险废物处理与处置 [M]. 河南：河南科学技术出版社，2017.

[45] 苏先明. 电力工业噪声与听力保护 [M]. 北京：中国电力企业联合会会员部，2000.

[46] [苏] B. H. 波克罗夫斯基，E. П. 阿拉克契也夫. 火力发电厂废水处理 [M]. 北京：水利电力出版社，1986.

[47] 冯裕华，傅仲逑. 环境污染控制 [M]. 北京：中国环境科学出版社，2004.

[48] 钱达中. 核电站水质工程 [M]. 北京：水利电力出版社，1992.

[49] 陈杰瑢. 物理性污染控制 [M]. 北京：高等教育出版社，2007.

[50] 杜翠凤，宋波，蒋仲安. 物理污染控制工程 [M]. 北京：冶金工业出版社，2018.

[51] 刘惠玲，辛言君. 物理性污染控制工程 [M]. 北京：电子工业出版社，2015.

[52] 孙兴滨，闫立龙，张宝杰. 环境物理性污染控制 [M]. 北京：化学工业出版社，2010.

[53] 竹涛，徐东耀，侯嫔. 物理性污染控制 [M]. 北京：冶金工业出版社，2014.

[54] 高艳玲，张继有. 物理污染控制 [M]. 北京：中国建材工业出版社，2005.

[55] 王敦球. 固体废物处理工程 [M]. 北京：科学出版社，2016.

[56] 王黎. 固体废物处置与处理 [M]. 北京：冶金工业出版社，2014.

[57] 牛冬杰，孙晓杰，赵由才. 工业固体废物处理与资源化 [M]. 北京：冶金工业出版社，2007.

[58] 徐晓军，管锡君，羊依金. 固体废物污染控制原理与资源化技术 [M]. 北京：冶金工业出版社，2007.

[59] 臧希年. 核电厂系统及设备 [M]. 北京：清华大学出版社，2010.

[60] 陈锡芳. 水力发电技术与工程 [M]. 北京：中国水利水电出版社，2010.

[61] 钱显毅，钱显忠. 新能源与发电技术 [M]. 西安：西安电子科技大学出版社，2015.

[62] Alireza Khaligh，Omer C. Onar. 环境能源发电：太阳能、风能和海洋能 [M]. 北京：机械工业出版社，2013.

[63] 钱爱玲. 新能源及其发电技术 [M]. 北京：中国水利水电出版社，2013.

[64] 孙云莲. 新能源及分布式发电技术 [M]. 北京：中国电力出版社，2009.

[65] 李国庆，董存，姜涛. 电力系统输电能力理论与方法 [M]. 北京：科学出版社，2018.

[66] 王慧钧，陈静生. 论环境科学的分科体系 [J]. 环境科学，1992，4（13）：48-51.

[67] 范凤岩，雷涯邻，等. 能源、经济和环境（3E）系统研究综述 [J]. 生态经济，2013（12）：42-48.

[68] 于敦喜，徐明厚，易中凡，等. 燃煤过程中颗粒物的形成机理研究进展 [J]. 煤炭转化，2004，27（4），7-12.

[69] 任凯锋，李建军，王文丽，等. 光化学烟雾模拟实验系统 [J]. 环境科学学报，2005，25（11）：1431-1435.

[70] 梁淑轩，袁晨光，孙汉文. 我国二氧化碳排放现状与减排对策探析 [EB/OL]. 北京：中国科技论文在线 [2008-03-31]. http：//www. paper. edu. cn/releasepaper/content/200803-988.

[71] 张仁健，王明星，郑循华，等. 中国二氧化碳排放源现状分析 [J]. 气候与环境研究，2001，3（6）：321-326.

[72] 郭小玲，等. 电袋复合式除尘器的发展趋势分析 [J]. 华北电力技术，2008（9）：50-54.

[73] 马敬昆，等. 我国二氧化碳排放现状及对策研究［J］. 低碳经济，2013，2（4）：137-143.
[74] 魏建鹏，朱江，雷新政 . 电袋复合式除尘器改造的技术探讨［J］. 环境保护与循环经济，2014，29.
[75] Werner Stumm. Chemistry of solid-water interface. John Wiley & Sons Inc. , 1992：243-288.
[76] 侯小洁 . 我国固体废弃物处理现状及对策［J］. 中国高新技术企业，2014（1）：79-81.
[77] 潘荔，毛专建，杨帆 . 中国燃煤电厂脱硫石膏综合利用研究（上）［J］. 设备监理，2015（4）：40-43.
[78] 戴枫，樊娇，牛东晓 . 我国粉煤灰综合利用问题分析及发展对策研究［J］. 华东电力，2014（10）：2205-2208.
[79] 侯芹芹，张创，赵亚娟，等 . 粉煤灰综合利用研究进展［J］. 应用化工，2018（6）：1281-1284.
[80] 尹茂书，李大纲，邢鹏飞 . 我国煤矸石的资源化利用分析［J］. 内蒙古煤炭经济，2013（9）：7-8.
[81] 黄镜宇，黄珏 . 热泵蒸发技术在放射性废液处理中的应用［J］. 原子能科学技术，2012（46）：147-152.
[82] 王松平，陈小莉，李俊雄，等 . 内陆核电厂放射性废液中硼酸的反渗透分离实验研究［J］. 中国水利水电科学研究院学报，2017（2）：129-134.
[83] 刘佩，刘昱 . CPR1000 放射性废气处理系统改进的可行性分析［J］. 辐射防护，2013（3）：174-178.
[84] 黄来喜，何文新，陈德淦 . 大亚湾核电站放射性固体废物管理［J］. 辐射防护，2004：211-226.
[85] 陈明周，张瑞峰，吕永红，等 . 放射性固体废物玻璃固化技术综述［J］. 热力发电，2012（3）：1-6.
[86] 刘永叶，刘森林，陈晓秋 . 核电站温排水的热污染控制对策［J］. 原子能科学技术，2009：191-196.
[87] 储荣邦，吴双成，王宗雄 . 噪声的危害与防治［J］. 电镀与涂饰，2013（12）：52-57.
[88] 李梁杰，杨伯元 . 生物质能直燃发电项目的环境影响经济损益分析［J］. 工业技术经济，2009，28（12）：29-30.
[89] 魏一鸣，刘兰翠，范英，等. 中国能源报告（2008）：碳排放研究［M］. 北京：科学出版社，2008.
[90] 孙寿广 . 低碳经济对电网规划和发展的影响［J］. 中国电力，2010，43（3）：1-4.
[91] 汪琼，姚美香 . 浅谈我国生物质能发电的现状及其产生的环境问题［J］. 环境科学导刊，2011，30（2）：30-32.
[92] 王贵师. 数字频率锁定技术空气中甲烷浓度测量中的应用［C］//第 19 届中国大气环境科学与技术大会暨中国环境科学学会大气环境分会论文集，青岛：中国环境科学学会，2012，11.
[93] 中国大百科全书环境科学编辑委员会 . 中国大百科全书环境科学卷［M］. 北京：中国大百科全书出版社，1989.